数字化机械制图及应用

主　编◎高　慧
副主编◎董　俊　武瑞峰
参　编◎周克媛　李兆坤　周凤颖

重庆大学出版社

内容提要

本教材为新型活页式教材，并配套开发了信息化教学资源。主要内容涉及拆装装配体、绘制简单形体、绘制盘盖类零件、绘制轴套类零件、绘制标准件与常用件、绘制箱体类零件、绘制叉架类零件、绘制装配体8个学习情境，每一学习情境又根据难易程度的不同，分别设置了1~4个、共20个具体的典型性学习任务，每一任务分为任务描述、学习目标、任务准备、引导性学习资料、任务拓展与巩固训练，每一学习情境后有学习成果与评价反馈及总结报告。全部采用最新机械制图标准，涵盖了机械制图课程的全部基本知识和基本技能。内容充实，形式新颖。可供职业院校机械类专业的师生及企业技术人员自学使用。

图书在版编目（CIP）数据

数字化机械制图及应用/高慧主编. --重庆：重庆大学出版社，2023.8

ISBN 978-7-5689-4111-2

Ⅰ.①数…　Ⅱ.①高…　Ⅲ.①机械制图　Ⅳ.①TH126

中国国家版本馆CIP数据核字（2023）第150384号

数字化机械制图及应用

SHUZIHUA JIXIE ZHITU JI YINGYONG

主　编　高　慧

策划编辑：范　琪

责任编辑：陈　力　　版式设计：范　琪

责任校对：刘志刚　　责任印制：张　策

*

重庆大学出版社出版发行

出版人：陈晓阳

社址：重庆市沙坪坝区大学城西路21号

邮编：401331

电话：（023）88617190　88617185（中小学）

传真：（023）88617186　88617166

网址：http://www.cqup.com.cn

邮箱：fxk@cqup.com.cn（营销中心）

全国新华书店经销

重庆愚人科技有限公司印刷

*

开本：787mm×1092mm　1/16　印张：20　字数：502千

2023年8月第1版　2023年8月第1次印刷

ISBN 978-7-5689-4111-2　定价：65.00元

前　言

本教材是按《国家职业教育改革实施方案》中倡导使用的新型活页式、工作手册式教材的要求而编写的新型活页式教材，并配套开发了其信息化教学资源。

本教材具有如下特点：

(1)本教材综合了项目式教材和工作页式教材的特点，用于培养学习者的职业能力和职业特质，从根本上有别于用于学科教育的结构教材及用于技术教育和培训的技术体系教材，同时符合目前活页式教材开发所具有的开拓与改革的特质。本活页式教材兼具“工作活页”和“教材”的双重属性，既具有形式化、结构化、模块化、灵活性、重组性等诸多符合职业教育教学和自主学习的特征，又具有引导性、过程性、专业性、综合性等特征。并且完全按照“以学生为中心、学习成果为导向”的思路进行设计，将其“教学材料”的特征与“学习资料”的功能尽可能完美结合。

(2)本教材对以往机械制图的教学内容设计和教学模式设计进行了大胆改革尝试，在内容上突破了传统的结构体例，在形式上打破了传统课程的模式，符合职业教育专业课程内容的需求。本教材将“机械制图”课程原有的知识体系先进行了打散解构，设计，选择了具有代表性的教学载体，再将其重新架构，使传统的“机械制图与识图”“计算机绘图”“机械零部件测绘”3 个模块的内容整合起来，将其知识与技能有机地融为一体。以某一典型的零件或装配体为载体，方便学生完成拆卸、测量、识图、绘图、建模、装配这一典型工作任务的各个环节，从而使学生对机械产品有一个完整的认识。也可使学习者在完成由简单到复杂的零部件图样识读及装配体测绘的过程中，稳步提升其机械图样的识读与绘制能力。同时，打破了原有教和学的逻辑顺序，形成了新的以工作过程为导向的、符合学生认知规律的逻辑顺序，为实现有效教学构建了新的知识和技能体系，在学习中逐步培养学生的工程意识和职业能力。

(3)职业教育专业课程的内容是从典型工作任务转化来的，包括“工作”的全部内容，如工作对象、工具、方法、要求和劳动组织等。该课程结合企业的典型工作任务，学生通过对综合性学习任务的学习，就可以完成一个职业典型工作任务，处理一种典型“问题情境”。本教材内容源于职业典型工作任务，由工作岗位——机械绘图、产品设计、加工制造、装配与调试、质量检验、机电设备维修维护及售后服务人员分析，知其典型工作任务即是对机械零部件图样的识读与测绘。对其进行具体分析，以单级圆柱齿轮减速器为载体，得出拆装装配体、绘制简单形体、绘制盘盖类零件、绘制轴套类零件、绘制标准件与常用件、绘制箱体类零件、绘制叉架类零件、绘制装配体 8 个学习情境，每一学习情境又根据难易程度的不同，分别设置了 1 ~4 个不等、共 20 个具体的典型性学习任务。学习性任务是学习情境的具体化表现。需要特别指出的是，本教材设计学习任务的排序，根据其难易程度进行，可以针对不同层次学生的学习进行教学取舍，以满足层次化教学需要。比如对于第二和第七学习情境，低阶的可只学习学习性工作任务(一)，高阶的可跳过学习学习性工作任务(一)直接学习后面的学习性工作任务。

(4)本教材有利于解决以往课程内容衔接不适的问题。“机械制图”课程大多开设在专业课之前，“零部件测绘实训”课程紧随“机械制图”课程之后。由于学生没有进行过任何亲临实际的工程意识接触或熏陶,不可避免地会出现学生潦草、应付完事的问题,很难达到对基本的测量、材料、公差、拆装等知识与技能的融会贯通。通过机械制图、机械 CAD/CAM 应用及零部件的测绘实训课程的整合,结合教学感受和学生的实际需求,将机械基本知识与技能渗透贯穿至每个环节,逐步建立和培养学生初步的工程意识。将二维制图与三维建模穿插进行,让学生先认识自己制作的三维模型,再由此引入二维机械制图的基本要求,可加快提高空间思维及想象能力,使学生较快适应机件在不同纬度中的转换,增加一定的趣味性,提升学习成就感,激发潜在学习动力和热情。同时可提高学生的动手能力,真正做到做中教、做中学、学中做,理实一体,学习效果大幅改善,学习成绩大幅提升。

(5)在载体形式上,本教材采用"纸质内容+数字内容"的融合出版形式,"数字内容"通过纸质图书中配套的二维码予以链接,目的是扩充固化在纸质图书中的内容,给学习者提供更多的知识和思路。

(6)本教材注重对学习过程和结果的质量进行评价和总结。在每一学习情境的后面,针对该学习情境,单独设置评价活页,给出评价内容,并总结反思工作任务完成情况,包含专业能力和关键能力,讨论今后完成类似工作任务时的注意事项与改进意见。这样方便从活页教材中取出,以便进行评价,填写后也便于单独提交与留存。

(7)本教材根据各学习情境的主要教学内容,深刻剖析并挖掘思政元素。通过摆事实、讲道理,并以小故事、图片等形式,结合不断发展变化的社会经济、政治、文化环境,对学生进行爱国敬业、责任担当、感恩社会、学习兴趣、包容奉献、责任道义、人生理想等诸多方面的思政教育与引领,将思政元素"润物细无声"地融入课程中,渗透、贯穿于教育教学的全过程,从各个方面进行课程思政建设,真正实现专业课程与思想政治理论课程的"协同育人效应",助力学生的全面成长与发展。通过学习,学习者的综合素养将会有显著提高。

(8)本教材可满足"1+X"证书培养模式的需求。响应教育部在职业院校实施"学历证书+若干职业技能等级证书"制度,其中的"机械工程制图""机械产品三维模型设计""机械数字化设计与制造"及"增材制造模型设计"等证书,在使用本教材学习完本课程后,即可陆续开展。

本教材不仅可供高等职业学校机械制造及自动化、机电一体化、数控加工技术、模具设计、机械设计与制造专业等机械类专业的师生使用,还可供识图、制图能力欠缺的一线企业技术人员自学使用。本教材由北京工业职业技术学院高慧任主编,北京工业职业技术学院董俊、北京信息职业技术学院武瑞峰任副主编,北京工业职业技术学院周克媛、北京工业职业技术学院李兆坤、北京工业职业技术学院周凤颖参编。其中,董俊编写学习情境一;高慧编写学习情境二;武瑞峰编写学习情境三;周克媛编写学习情境四和学习情境六;李兆坤编写学习情境五和学习情境七;周凤颖编写学习情境八。全书由高慧统稿。

由于编者水平有限,书中不妥之处在所难免,恳请读者批评指正。

编　者

2023 年 2 月

目　录

学习情境一　拆装装配体

学习情境描述

对给定的机械装配体实物，如图 1-1 所示的球阀，进行拆卸和装配，分析其结构组成及特点，了解其工作原理、分类、功用；认识并学会正确使用拆卸工具；掌握装配体拆卸步骤及注意事项；认识装配示意图、零件草图、零件工作图、装配图，以及它们在机械制造生产过程中的重要作用；能够大致绘制装配体的装配示意图；了解机械装配的基本知识以及机械产品设计、仿制、加工、维修维护的基本过程。由此，对机械有一个大概和总体的认识。

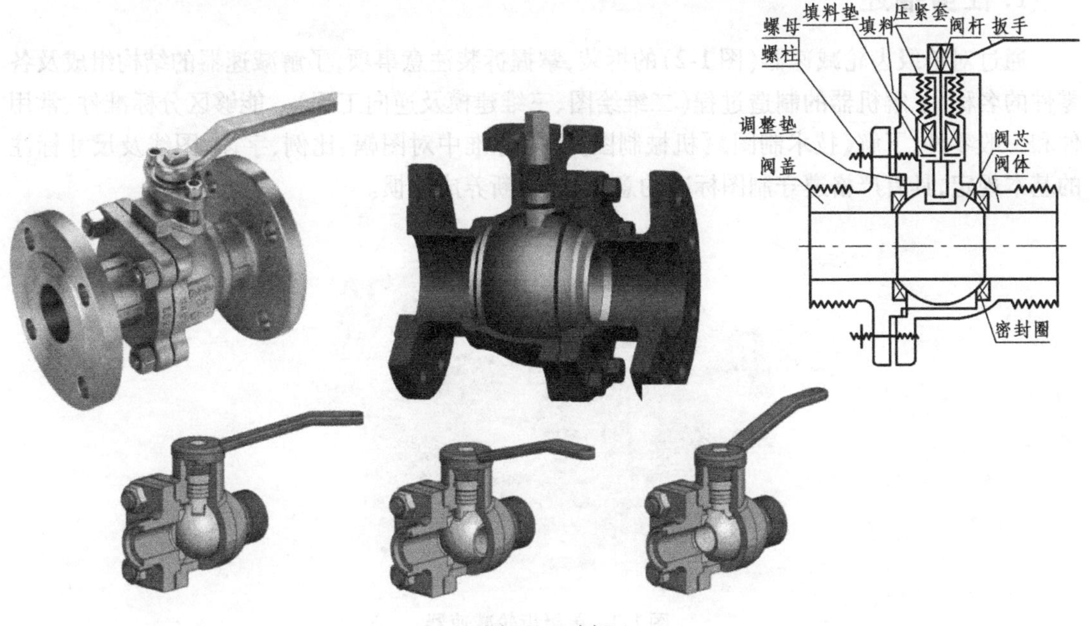

图 1-1　球阀

知识目标：

①典型装配体的结构组成及特点、工作原理、分类、功用。

②机械装配的基本知识。

③常用拆卸工具的种类及使用方法。

④机械装配体示意图、零件草图、零件工作图、装配图的作用及内容。

⑤装配体拆卸与装配的原则。

技能目标:

①能够正确使用拆卸、装配工具,根据装配体拆卸和装配的原则拆装装配体。

②能够对拆卸的装配体零件进行正确的摆放及标记。

③能够说出装配示意图、零件草图、零件工作图、装配图的作用及各自包含的内容。

④能够根据装配示意图的绘制方法及规定的符号,大致绘制装配体示意图。

⑤能够根据所学的知识解释有关的机械术语,并能够简要列出它们之间的关系。

素质培养:

①培养动手实践能力。

②培养严格遵守制图标准的意识和习惯。

③注重培养产品的质量意识。

④注重培养工作的环保意识。

⑤培养规范操作的职业素养。

⑥培养严肃认真的工作态度和一丝不苟的工作精神。

学习性工作任务　拆装减速器

1. 任务描述

通过对单级齿轮减速器(图1-2)的拆装,掌握拆装注意事项,了解减速器的结构组成及各零件的名称,了解机器的制造过程(二维绘图、三维建模及逆向工程)。能够区分标准件、常用件和一般零件,了解《技术制图》《机械制图》国家标准中对图幅、比例、字体、图线及尺寸标注的基本规定,具有严格遵守制图标准的意识,并不断养成习惯。

图1-2　单级齿轮减速器

学习条件及环境要求:机械制图实训室,计算机、绘图软件(二维、三维)、多媒体、拆装工具、单级圆柱齿轮减速器模型、教材、参考书、网络课程及其他资源等。

教学时间(计划学时):4学时。

任务目标:

①叙述减速器的功用、分类、结构组成、特点及工作原理。

②列出减速器的所有零件明细清单(序号、名称、数量、材料),并区分标准件、常用件和一般零件。

③能够大致说出《技术制图》《机械制图》国家标准中对图幅、比例、字体、图线及尺寸注法的基本规定。

④认识常用的拆装工具,并能够正确使用。

⑤叙述机械、机器、部件、零件等机械术语,并列出它们的关系。

⑥叙述装配体的拆装原则和注意事项。

⑦叙述机器的制造过程(计算机二维绘图、三维建模及逆向工程在其中的作用)。

⑧能够认识各种机械图样,并能够说出它们各自的作用及内容。

⑨具有严格遵守标准的意识,并不断养成习惯。

2. 任务准备

(1)信息收集

①常用拆装工具的种类与正确使用、拆装原则及注意事项。

②减速器的结构组成及特点、工作原理。

③机械、机器、部件、零件等机械术语。

④机器的制造过程。

⑤《技术制图》《机械制图》国家标准中对图幅、比例、字体、图线及尺寸注法的基本规定。

⑥装配示意图、草图、零件工作图、装配图的作用及内容。

(2)材料、工具

所用材料、工具分别见表1-1及表1-2。

表1-1　材料计划表

材料名称	规格	单位	数量	备注
减速器装配体	单级、圆柱	套	6	—
零件明细表	—	张	40	自备
白纸	A4	张	若干	自备

表1-2　工具计划表

工具名称	规格	单位	数量	备注
扳手	10、17、19	个	6	—
改锥	一字、十字	套	6	—
橡胶锤	—	个	6	—
绘图铅笔	2H、H	支	若干	自备

(3)任务分组

学生按4~6人一组,通常为5人,明确每组的工作任务,填写分组任务表及学生小组任务分配表,每组及每个学生的任务,可以相同也可以有差异性,视具体情况而定。

具体分组情况表见附页。

3. 引导性学习资料

引导问题(1)

①减速器的功用、分类、结构如何?
②拆卸减速器的工具有哪些?
③拆卸减速器的方法及注意事项有哪些?
④减速器的拆卸步骤有哪些?
⑤减速器的拆卸和装配顺序是什么?

(1)减速器的功用

减速器是一种由封闭在刚性壳体内的传动零件所组成的独立部件,常用作原动机与工作机之间的减速传动装置。在原动机和工作机或执行机构之间起匹配转速和传递转矩的作用,在现代机械中应用极为广泛。产品服务领域涉及冶金、有色、煤炭、建材、船舶、水利、电力、工程机械及石化等行业。使用其目的是降低转速,增加转矩。

(2)减速器的分类

减速器的种类繁多,型号各异,不同种类有不同的用途。

①按照传动级数不同可分为单级、二级和多级减速器,如图1-3(a)、(b)所示。

②按照传动类型可分为齿轮减速器、蜗杆减速器和行星齿轮减速器,如图1-3(c)、(d)所示。

③按照齿轮形状可分为圆柱齿轮减速器、圆锥齿轮减速器和圆锥-圆柱齿轮减速器。

④按照传动的布置形式又可分为展开式减速器、分流式减速器和同轴式减速器。

(a)单级齿轮减速器

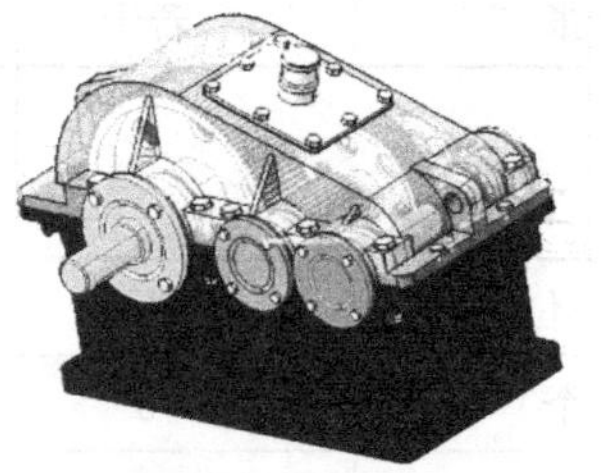
(b)多级齿轮减速器

(c)蜗杆减速器

(d)行星齿轮减速器

图1-3 减速器的分类

(3)圆柱齿轮减速器的优点及应用

圆柱齿轮减速器的齿轮采用渗碳、淬火、磨齿加工,因此具有承载能力高、噪声低、寿命长、体积小、效率高、质量小等优点。其主要用于带式输送机及各种运输机械,也可用于其他通用机械的传动机构中,广泛应用于矿山、起重、运输、建筑、化工、纺织、制药等领域。

(4)常用拆装工具

1)扳手类工具

扳手,是一种常用的安装与拆卸工具,是利用杠杆原理拧转螺栓、螺钉、螺母和其他螺纹紧固件的手工工具。扳手通常在柄部的一端或两端制有夹持螺栓或螺母的开口或套孔。使用时沿螺纹旋转方向在柄部施加外力即能拧转螺栓或螺母。

常用扳手有以下分类:呆扳手[图1-4(a)]、活扳手[图1-4(b)]、钩形扳手、扭力扳手、内六角扳手[图1-4(c)]、两用扳手[图1-4(d)]、套筒扳手[也称套筒,图1-4(e)]。其中内六角扳手的型号是按照六方的对边尺寸而言的;套筒扳手由套筒、连接件、传动附件等组成,其规格以适用的六角孔对边宽度表示,用于六角螺栓、螺母的拆卸和安装,适用于空间狭小、位置深凹的工作场合。

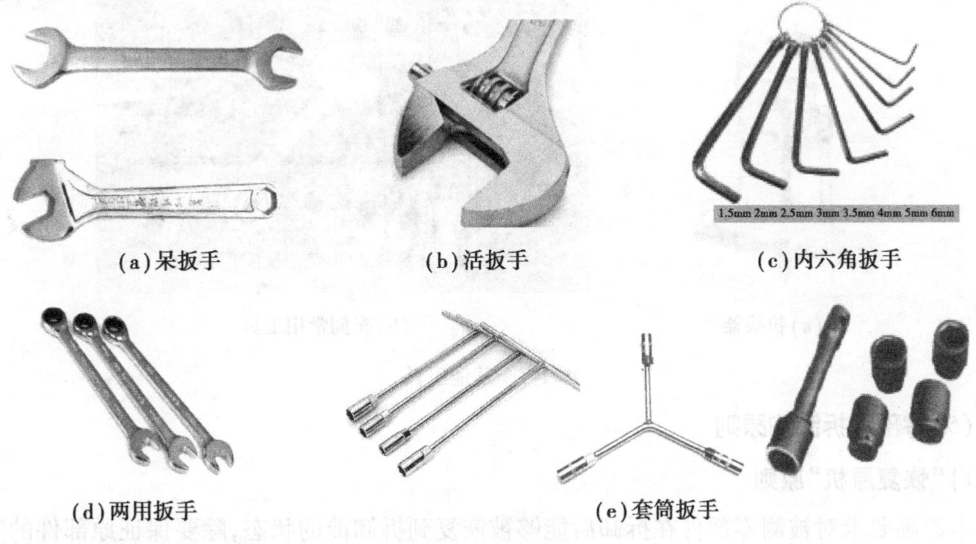

(a)呆扳手　(b)活扳手　(c)内六角扳手

(d)两用扳手　(e)套筒扳手

图1-4　各类扳手

2)手锤、改锥类工具

手锤、改锥类工具如图1-5所示。

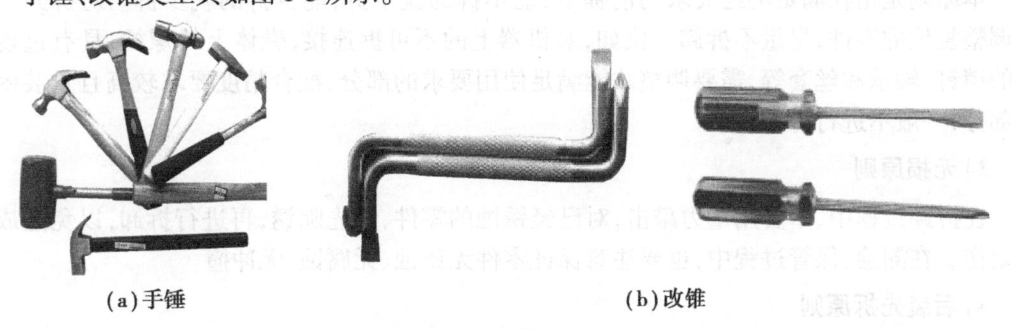

(a)手锤　(b)改锥

图1-5　手锤、改锥类工具

3)手钳类工具

钢丝钳主要用于夹持弯曲金属薄片、切断金属丝,有尖嘴钳和扁嘴钳,还有管钳等,如图1-6所示。

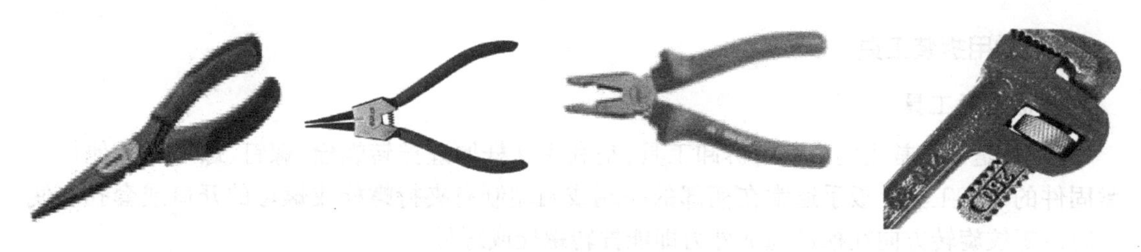

图 1-6　手钳类工具

4）其他工具

其他工具还有毛刷、拉拔器等。拉拔器主要用于拆卸轴上的轴承、轮盘等，如图 1-7(a)所示。车间其他常用工具如图 1-7(b)所示。

(a)拉拔器

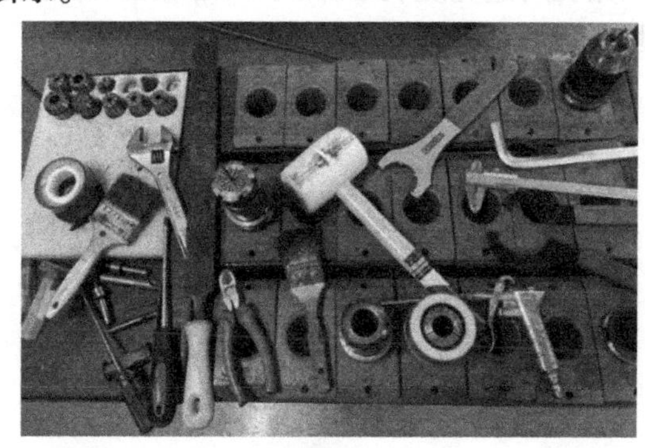

(b)车间常用工具

图 1-7　其他工具

(5)零部件拆卸的原则

1)“恢复原机”原则

本原则要求对被测零部件在拆卸后能够被恢复到拆卸前的状态，除要保证原部件的完整性、密封性和准确度外，还要保证在使用性能上与原部件相同。

2)不拆卸原则

本原则是指在满足测绘要求的前提下，能不拆的就不拆，能少拆的就少拆。对拆开后不易调整复位的零件，尽量不拆卸。比如，对机器上的不可拆连接，壳体上的螺柱，具有过盈配合的销钉、轴承和丝套等，需要调整才能满足使用要求的部分，配合精度要求较高且重装困难的部分，一般不进行拆卸。

3)无损原则

在拆卸过程中，不要用重力敲击，对已经锈蚀的零件，应先除锈，再进行拆卸，以免造成零件划伤。在测绘、保管过程中，也要注意保证零件无锈蚀、无腐蚀、无冲撞。

4)后装先拆原则

即先拆下的零件后装配，后拆下的零件先装配，也即装配顺序与拆卸顺序正好相反。

(6)零部件的拆卸步骤

1)做好拆卸前的准备工作

①选择并清理好拆卸工作场地，保护好电气设备和易氧化、锈蚀的零件，将机械设备中的

油液放尽。

②装配示意图画好后，要准备好带有号码的胶贴，以对图上所有零件进行编号。

③根据需要准备好必要的拆卸工具。

2）了解机器的连接方式

①永久性连接：焊接、过盈量大的配合。

②半永久性连接：过盈量较小的配合，具有过盈的过渡配合。

③活动连接：配合的零件间有间隙，如滑动轴承的孔与其相配合的轴颈。

④可拆卸连接：如螺纹连接、键与销的连接等。

3）确定拆卸的大致顺序

①先将机器中的大部件解体，然后拆成组件。

②将各组件再拆成能够进行测绘的小件或零件。

（7）零部件拆卸中的注意事项

①注意操作安全。

②采用正确的拆卸步骤，防止零件丢失。

③正确选择和使用拆卸工具，拆卸时尽量采用合适的专用工具，不能乱敲和猛击。用锤子直接打击拆卸零件时，应该用铜或硬木作衬垫。连接处在拆卸之前最好使用润滑油浸润，不易拆卸的配合件，可用煤油浸润或浸泡。

④保管好拆卸的零件，丝杠、轴类零件应涂油后悬挂于架上，以免生锈、变形。拆卸下来的零件应按部件归类并放置整齐，对偶件应打印记并成对存放，对有特定位置要求的装配零件需要做出标记，重要、精密零件要单独存放，注意不要碰伤已拆卸下来零件的加工表面，保护好贵重零件和零件的高精度表面。

⑤注意特殊零件的拆卸及废弃件的处理。

我们必须牢固树立新时代的设计思想，爱岗敬业，具备“工匠”的气质。爱护每一台教具产品，按规矩拆卸、组装；按次序摆放各类零件；按规定摆放各类工具、量具。及时清理工作场地。离开测绘现场时，必须做到关闭窗户、关闭电源，杜绝一切安全事故的发生。

引导问题（2）

①机械装配有关的术语有哪些？它们之间的关系如何？

②各种机械图样的作用是什么？

③如何画装配示意图？

④标准件、常用件与一般零件的区别是什么？

⑤零件与机器的关系如何？

⑥轴上零件、铆件、焊件、滚动轴承如何拆卸？

⑦拆卸下的零部件如何清洗？

(8)机械装配的基本知识

1)机械

机械是执行机械运动的装置,用来变换能量或传递物料,如交通运输机械、工程机械、机床、起重机等。

2)零件

零件是组成产品的最小单元。在机械装配中,一般先将零件装成套件、组件或部件,然后再装配成产品。

3)套件

套件也称合件,是在一个基准零件上安装一个或若干个零件而构成的,它是最小的装配单元。套件中基准零件的作用是连接相关零件和确定各零件的相对位置。为套件而进行的装配称为套装。套件装配好之后,在后续的装配过程中将其作为一个零件,不再分开,如双联齿轮。

4)组件

组件是在一个基准零件上安装若干套件及零件而构成的。组件中唯一的基准零件的作用是连接相关零件和套件,并确定它们的相对位置。为形成组件而进行的装配称为组装。组件中可以没有套件,即由一个基准零件和若干个零件组成。组件与套件的区别在于,组件在以后的装配中可拆卸,如机床主轴箱中的主轴组件。

5)部件

部件是在一个基准零件上安装若干组件、套件和零件而构成的。部件中唯一的基准零件的作用是连接各个组件、套件和零件,并决定它们之间的相对位置。为形成部件而进行的装配称为部装。部件在产品中能完成一定完整的功能,如机床中的主轴箱就是一个部件。

6)产品

在一个基准零件上安装若干部件、组件、套件和零件即成为整个产品。

7)总成

一系列零件或者产品,组成一个实现某个特定功能的整体,这一系统的总称,即为总成。例如,汽车上的大灯总成、发动机动力总成、传动总成以及齿轮总成等。

8)总装

总装一般来说大于或等于总成,看设备复杂到何种程度,如果总成更上一级还需要表达,可以用总装来体现。在一个基准零件上安装若干部件、组件、套件和零件就成为整个产品。同样,一部产品中只有一个基准零件,作用与上述相同。为形成产品而进行的装配称为总装。例如,卧式车床便是以床身作为基准零件,再安装上主轴箱、进给箱、溜板箱等部件及其他组件、套件及零件而构成的。总装体现了整机的意义。

总装≥总成>部件>组件>套件>零件

相对复杂程度不同的装配组合,并不能在不同的机器设备间相比较,有些机器设备的部件,可能会比另一个机器设备的总成还要复杂。

(9)零件的分类

零件的分类如图 1-8 所示。

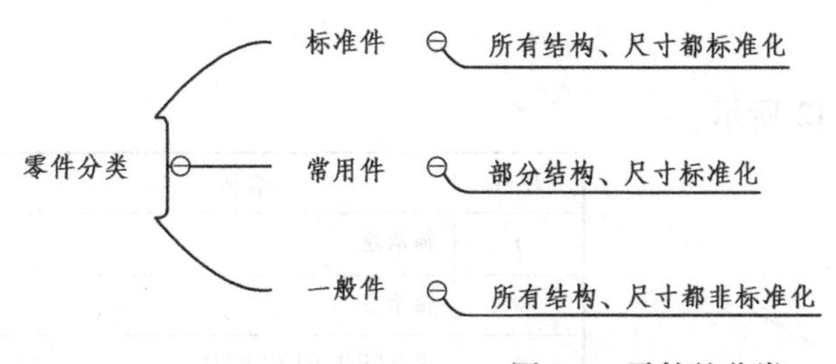

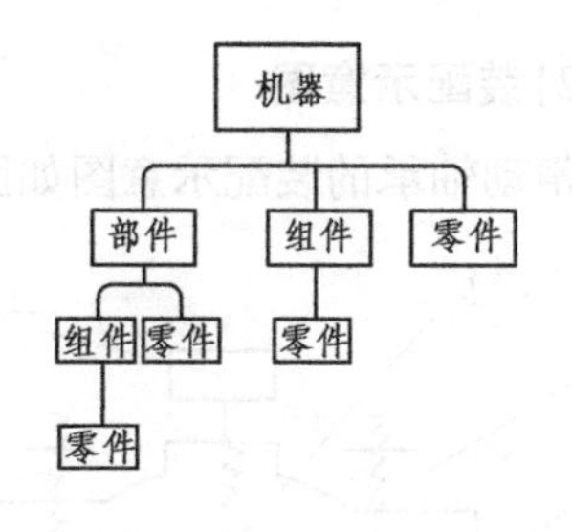

图 1-8　零件的分类

(10)零件的加工制造

图 1-9 所示为一常见工具——扳手的实物图。若要制造扳手,必须先将实物转换成工程界通用的技术语言,即图样,这样工厂才能按照图样上的具体形状、尺寸和技术要求,生产出合格的扳手。在加工制造过程中,特别需要“精益求精”的工匠精神(码 1-1),图 1-10 即为扳手的部分图样,包括视图、必要的尺寸标注等。

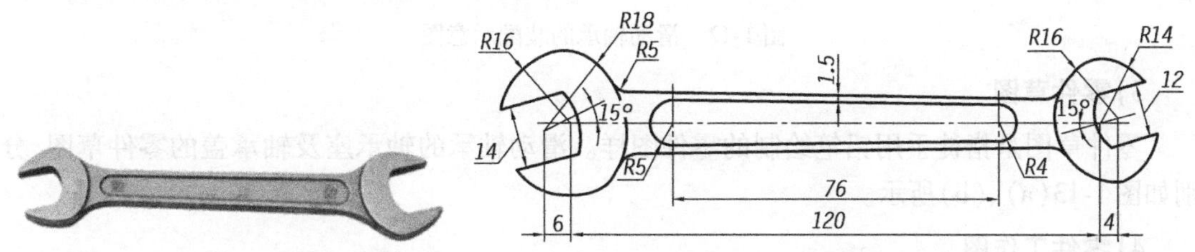

图 1-9　扳手实物图　　图 1-10　扳手的部分图样

制造由多个零件构成的机器或部件时,除螺栓、螺母、垫圈、螺柱、螺钉、键、销等标准件可直接购买外,构成该机器或部件的其他所有零件(包括非标准件)都需画出其零件图样,并需要画出表示该机器或部件中各零件的连接方式、装配关系、工作原理和传动方式的装配图样。

码 1-1　大国“工匠精神”

在机械制造业中,零件图样和装配图样统称为机械图样。机械图样,即根据正投影原理,按照《机械制图》国家标准的规定绘制出的图样。机械制图就是研究机械图样的绘制原理、方法和识图方法的一门技术性、专业性很强的机械基础课程。

(11)各种机械图样

1)三维装配图及三维爆炸图

以滑动轴承为例,其三维装配图及三维爆炸图分别如图 1-11(a)、(b)所示。

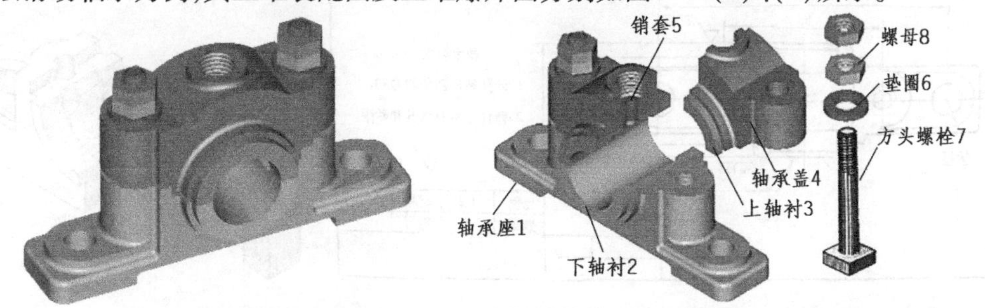

(a)滑动轴承的三维装配图　　(b)滑动轴承的三维装配爆炸图

图 1-11　三维装配图及爆炸图

2）装配示意图

滑动轴承的装配示意图如图 1-12 所示。

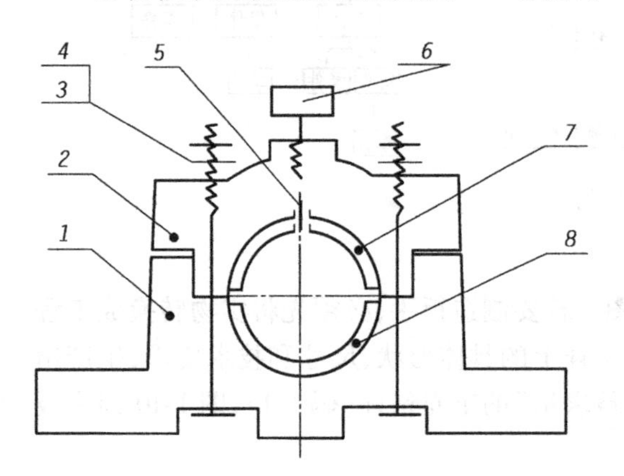

序号	名称	数量
1	轴承座	1
2	轴承盖	1
3	螺母GB/T 6170-M10	4
4	螺栓GB 8-M10×90	2
5	轴瓦固定套	1
6	油杯JB/T 7940.3-B12	1
7	上轴瓦	1
8	下轴瓦	1

图 1-12　滑动轴承的装配示意图

3）零件草图

零件草图是指徒手用铅笔绘制的零件图样。滑动轴承的轴承座及轴承盖的零件草图，分别如图 1-13（a）、（b）所示。

4）零件工作图

零件工作图是用尺、规绘图工具在专用绘图纸上，或者应用绘图软件在计算机上绘制的表达某个零件的图样。图 1-14 所示的滑动轴承的轴承座零件工作图。

5）装配图

装配图是用尺、规等绘图工具在专用绘图纸上，或者应用绘图软件在计算机上绘制的表达整个装配体的图样。图 1-15 所示为滑动轴承的装配图。

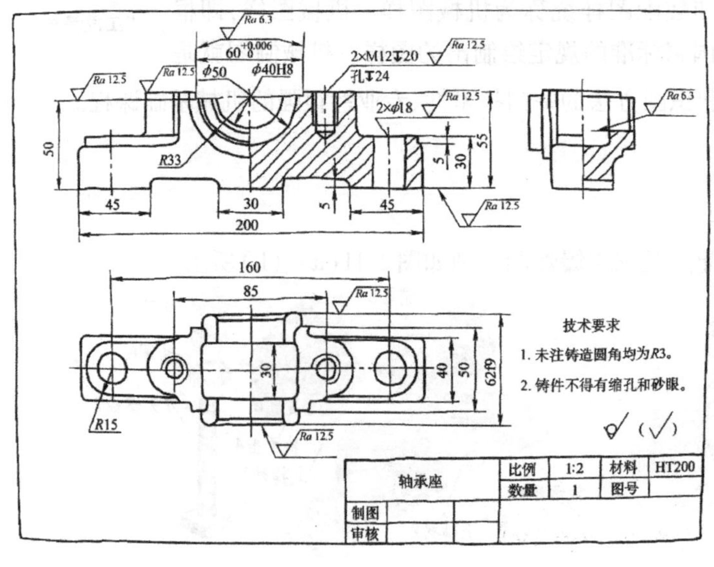

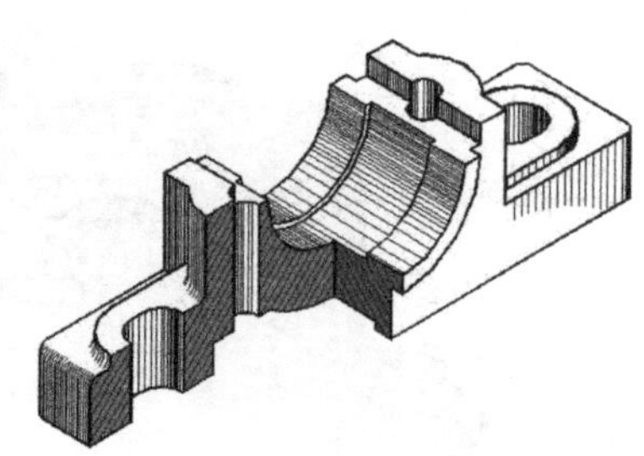

（a）轴承座草图

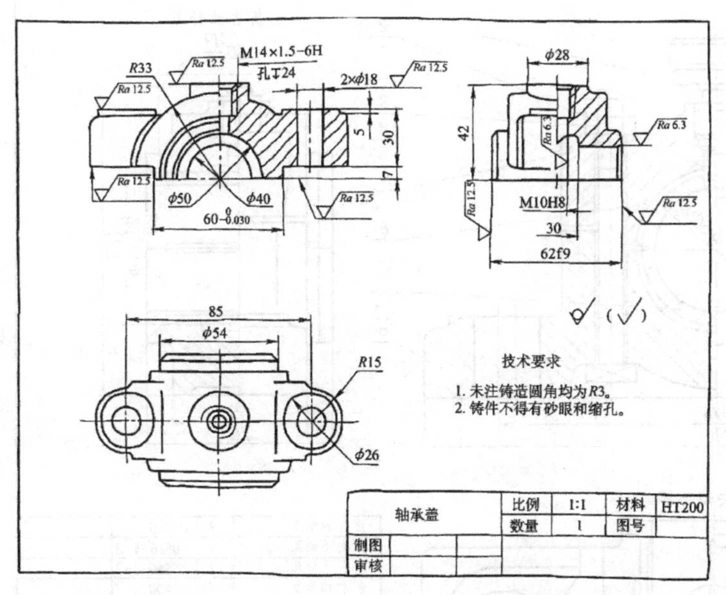

(b) 轴承盖草图

图 1-13 滑动轴承的零件草图

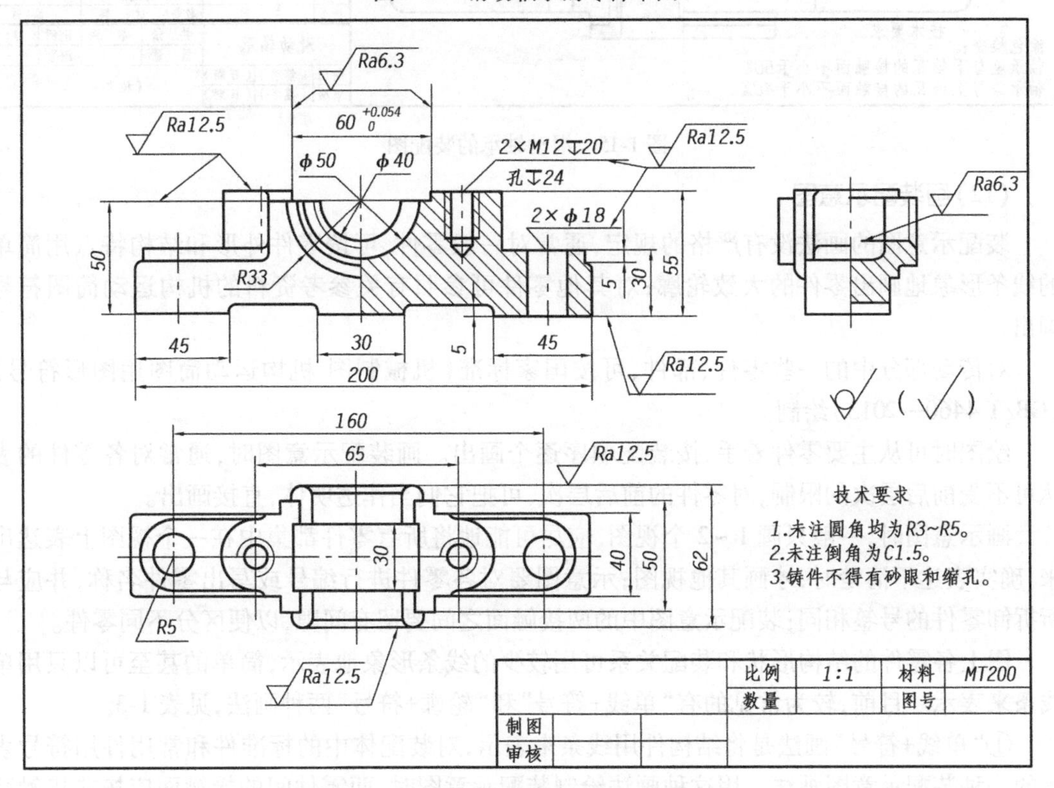

图 1-14 滑动轴承的轴承座零件工作图

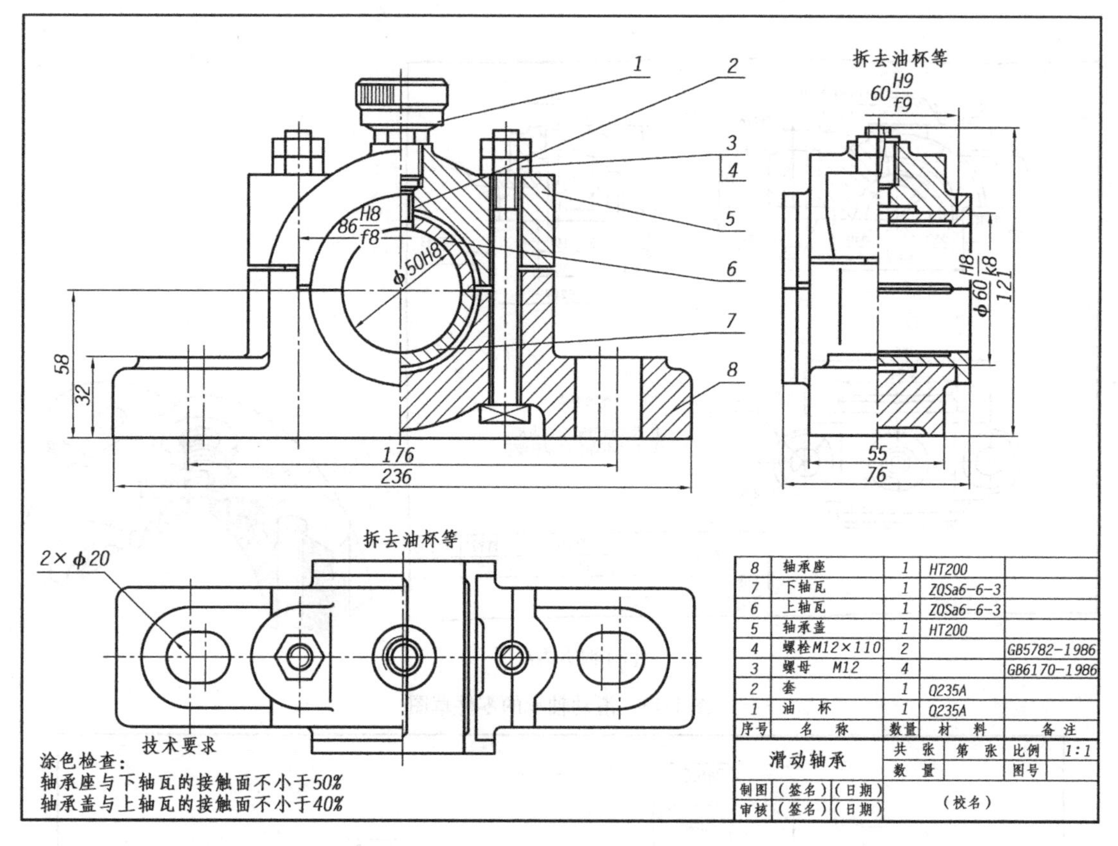

图 1-15　滑动轴承的装配图

(12)画装配示意图

装配示意图的画法没有严格的规定,通常对一般零件,可按零件外形和结构特点用简单的线条形象地画出零件的大致轮廓;对其他零件可参照有关参考资料的机构运动简图符号画出。

对传动部分中的一些零件、部件,可按国家标准《机械制图 机构运动简图用图形符号》(GB/T 4460—2013)绘制。

绘图时可从主要零件着手,按装配顺序逐个画出。画装配示意图时,通常对各零件的表达可不受前后层次的限制,对零件的前后层次,可把它们当作透明体,直接画出。

画示意图时,一般只画 1 ~2 个视图,应尽可能地将所有零件都集中在一个视图上表达出来,确实表达不清楚时,才画其他视图;示意图要对各零件进行编号或写出零件名称,并应与所拆卸零件的号签相同;装配示意图中的两接触面之间要留有间隙,以便区分不同零件。

图上各零件的结构形状和装配关系可用较少的线条形象地表示,简单的甚至可以只用单线条来表示。目前,较为常见的有“单线+符号”和“轮廓+符号”两种画法,见表 1-3。

①“单线+符号”画法是将结构件用线条来表示,对装配体中的标准件和常用件用符号表示的一种装配示意图画法。用这种画法绘制装配示意图时,两零件间的接触面应按非接触面的画法来绘制。

②用“轮廓+符号”画法画装配示意图时,首先画出部件中一些较大零件的轮廓,其他较小的零件用单线或符号来表示。

表 1-3 示意图的画法

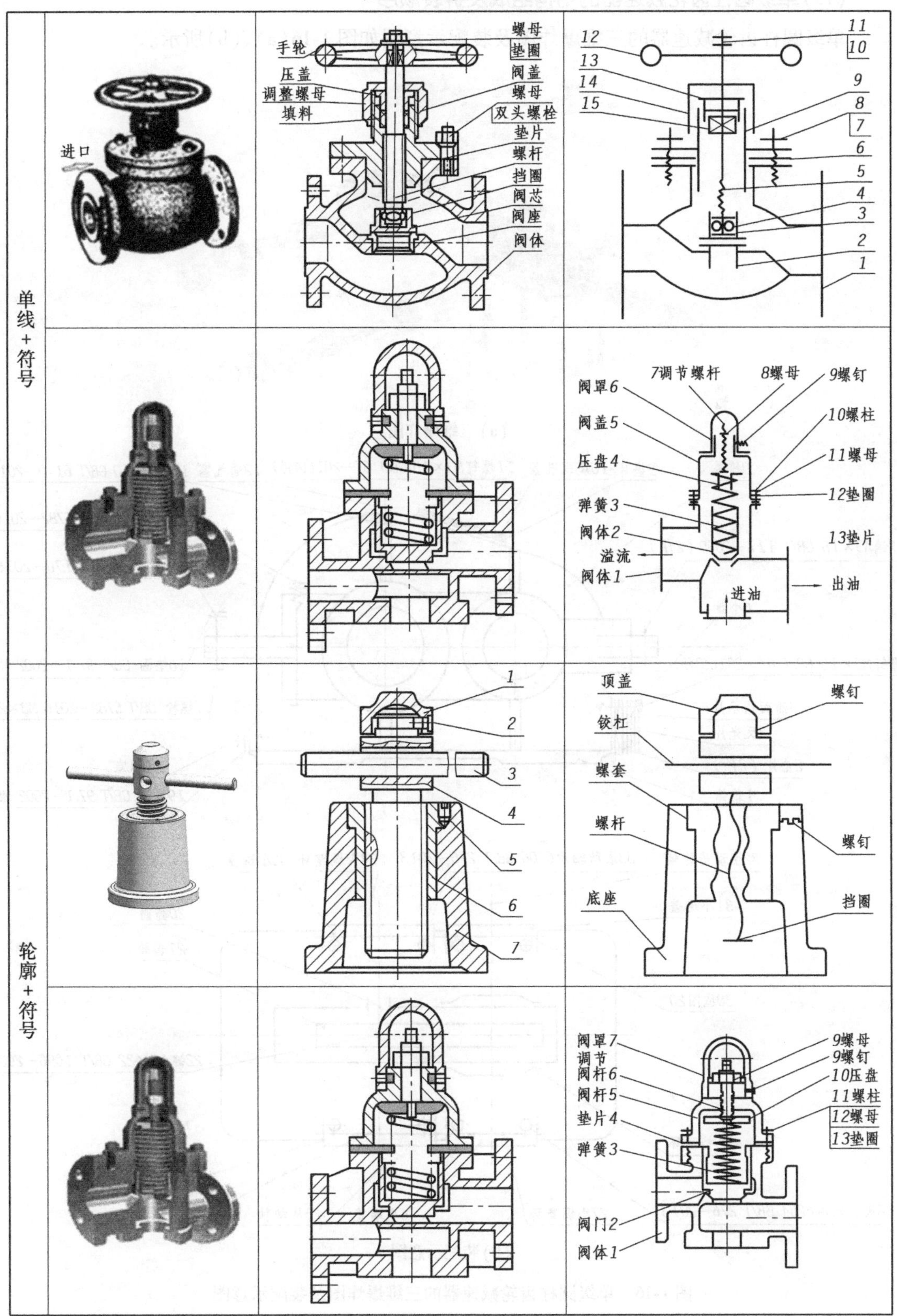
单线+符号
轮廓+符号
进口
手轮
压盖
调整螺母
填料
螺母
垫圈
阀盖
螺母
双头螺栓
垫片
螺杆
挡圈
阀芯
阀座
阀体
12
13
14
15
11
10
9
8
7
6
5
4
3
2
1
7调节螺杆
8螺母
9螺钉
阀罩6
阀盖5
压盘4
弹簧3
阀体2
溢流
阀体1
10螺柱
11螺母
12垫圈
13垫片
进油
出油
1
2
3
4
5
6
7
顶盖
铰杠
螺套
螺杆
底座
螺钉
螺钉
挡圈
阀罩7
调节
阀杆6
阀杆5
垫片4
弹簧3
阀门2
阀体1
9螺母
9螺钉
10压盘
11螺柱
12螺母
13垫圈

(13)单级圆柱齿轮减速器的结构组成及拆装顺序

单级圆柱齿轮减速器的三维爆炸图及装配示意图如图1-16(a)、(b)所示。

(a)三维爆炸图

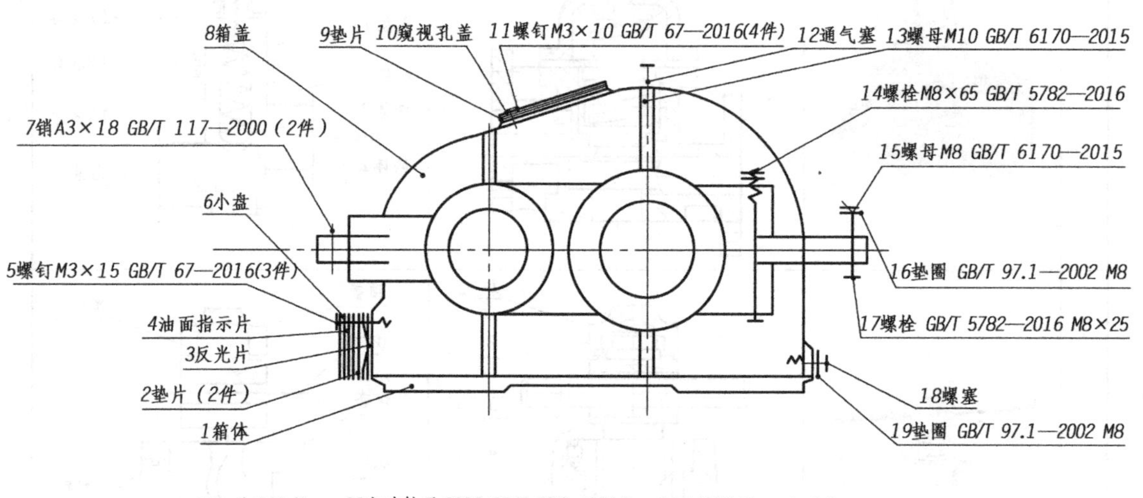

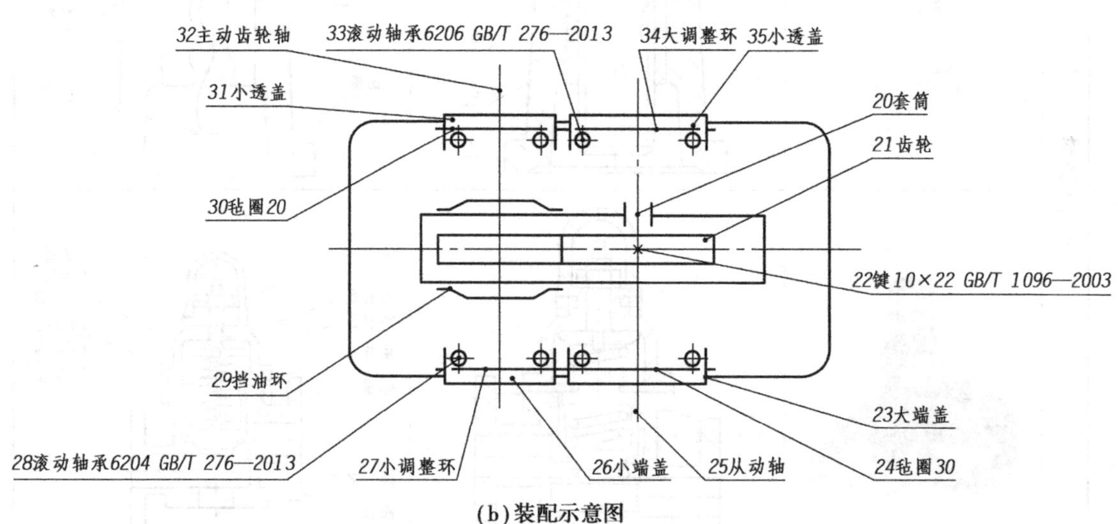

(b)装配示意图

图1-16 单级圆柱齿轮减速器的三维爆炸图及装配示意图

单级齿轮减速器零件明细见表1-4。

表1-4 单级齿轮减速器零件明细

标准件(14种)				
序号	名称	材料	件数	备注
5	螺钉 GB/T 67—2016 M3×15		3	
7	销 GB/T 117—2000 A3×18		2	
11	螺钉 GB/T 67—2016 M3×10		4	
13	螺母 GB/T 6170—2015 M10		1	
14	螺栓 GB/T 5782—2016 M8×65		4	
15	螺母 GB/T 6170—2015 M8		6	
16	垫圈 GB/T 97.1—2002 8-140HV		6	
17	螺栓 GB/T 5782—2016 M8×25		2	
19	垫圈 GB/T 97.2—2002 M8		1	
22	键 10×22 GB/T 1096—2003		1	
24	毡圈 30		1	FJ145—2000
28	滚动轴承 6204 GB/T 276—2013		2	
30	毡圈 20		1	FJ145—2000
33	滚动轴承 6206 GB/T276—2013		2	
非标准件(21种)				
1	箱体	HT200	1	测绘
2	垫片	压纸板	2	
3	反光片	铝板	1	
4	油面指示片	有机玻璃	1	
6	小盘	Q235	1	
8	箱盖	HT200	1	测绘
9	垫片	压纸板	2	
10	窥视孔盖	有机玻璃	1	
12	通气塞	Q235	1	
18	螺塞	Q235	1	
20	套筒	15	1	
21	齿轮	HT200	1	测绘
23	大端盖	HT100	1	
25	从动轴	45	1	测绘
26	小端盖	HT100	1	
27	小调整环	Q235	1	
29	挡油环	Q235	2	
31	小透盖	HT100	1	
32	主动齿轮轴	45	1	
34	大调整环	Q235	1	
35	小透盖	HT100	1	

减速器的拆卸步骤为:联结件→箱盖→轴组件→出气孔→观察窗孔→放油孔。

第一步,先将连接螺栓、螺钉拆下,使盖与体分离,即可画装配示意图,此时不必全部拆散。首先测量总长、总宽和总高。然后按先后次序,拧出箱盖上4个M8×65的螺栓和2个M8×25的螺栓以及2个定位销3×18。将箱盖和其上的透气塞、窥视孔盖一起卸下。齿轮减速器的输入轴总成和输出轴总成就呈现在眼前,减速箱内2根传动轴平行且平面排列,都由滚动轴承支承。通过输入轴上的小齿轮和输出轴上的大齿轮实现变速。在轴的两端分别有透盖和闷盖等零件。

第二步,对于看不清楚的内部结构,再逐步拆开,边拆边画,完成整个装配示意图。在进一步拆卸前先测量输入轴和输出轴中心距70 mm,中心高80 mm。箱体内零件的拆卸,主要拆卸输入、输出轴,使用轴承拆卸工具拆下左、右端轴承,对两轴系上的零件套筒、大齿轮和普通平键等零件,整个取下该轴系,即可一一卸下。其他各部分的拆卸比较简单,此处不再赘述。装配时,其顺序与拆卸顺序正好相反,后拆的零件先装,先拆的零件后装即可完成。

从减速器的整个装拆过程,我们可以感受到做任何事情都要有树立远大理想,有爱国情怀、责任感与使命感(码1-2)。

码1-2 理想 爱国 责任 使命

4. 边学边做

①检查所需工具、材料是否齐全;检查工作环境是否干净、整洁。

②先观察整个装配体,必要时记录缺损部分,再按顺序拆卸装配体,将各个零件按顺序摆放整齐,并进行编号。

③对照装配示意图填写零件明细表,并认识每种零件,区分其中的标准件、常用件与一般件。

④对照装配示意图,画出传动路线。

⑤对照装配示意图,按照拆卸的相反顺序,逐一装配各个零件,完成单级圆柱齿轮减速器的装配。

⑥仿照已有的减速器装配示意图,按照装配示意图的画图方法和步骤,依据拆卸的零件,仔细分析,依照国家标准中有关示意图的规定符号,绘制减速器装配示意图。

请将填写的减速器的零件明细表、绘制的装配示意图等工作任务成果资料,折叠、粘贴放置在此页。

5. 任务拓展与巩固训练

①我国工程图学发展简介(码1-3)。

②有关标准的分类、分级及制定原则(码1-4)。

③列出各机械装配术语之间的区别与联系。标准件、常用件与一般零件的区别是什么?

④列出各种机械图样的作用与内容。

⑤你了解的逆向工程是什么?你了解的在产品设计、加工制造过程中,有哪些款常用的2D、3D计算机绘图软件?它们各自的优势是什么(码1-5)?

⑥工程图样的种类(码1-6)。

⑦典型零件的拆卸及零部件的清洗(码 1-7)。

码 1-3　工程图学发展简介

码 1-4　制图标准分类等问题

码 1-5　逆向工程及绘图软件简介

码 1-6　工程图样的种类

码 1-7　零件的拆卸及清洗

学习成果与评价反馈

学生自评(20%);小组互评(30%);教师评价(50%)

小组互评表、学习情境总评成绩表见附页。

学习情境评价表

班级______		姓名______		学号______		
学习情境一		拆装装配体	分值	得分		
评价项目		评价标准		学生自评	小组互评	教师评价
1	拆装工具的使用及零件的摆放	能够正确使用拆装工具,拆卸的零件摆放整齐、顺序编号	10			
2	装配体的理解	能够说出各装配体的功用、工作原理及结构组成	10			
3	装配示意图的绘制	能够正确使用机构运动简图绘制出装配示意图	10			
4	机械图样的理解	能够准确认识各种机械图样,并大致说出其用途	10			
5	拆装方法、步骤、注意事项	能够按照常用的拆装方法和步骤正确拆装装配体	10			
6	对机器、机械等装配与制造基本知识的理解	能够说出与机械有关的基本术语之间的关系;能够说出机械产品设计与制造的基本过程	20			
7	工作态度	态度端正,无无故缺勤、迟到、早退现象	10			
8	协调能力	与小组成员、同学之间能够顺畅沟通、有效交流,主动给同学答疑、协调工作	5			
9	职业素质	能够做到懂文明讲礼貌,勤俭节约,爱护公共财物及设施、保护环境	10			
10	创新能力	积极思考、主动请教别人、善于提问,总结反思、提出有代表性的问题等	5			
合计(总评)			100			

总结报告

1. 知识思维导图

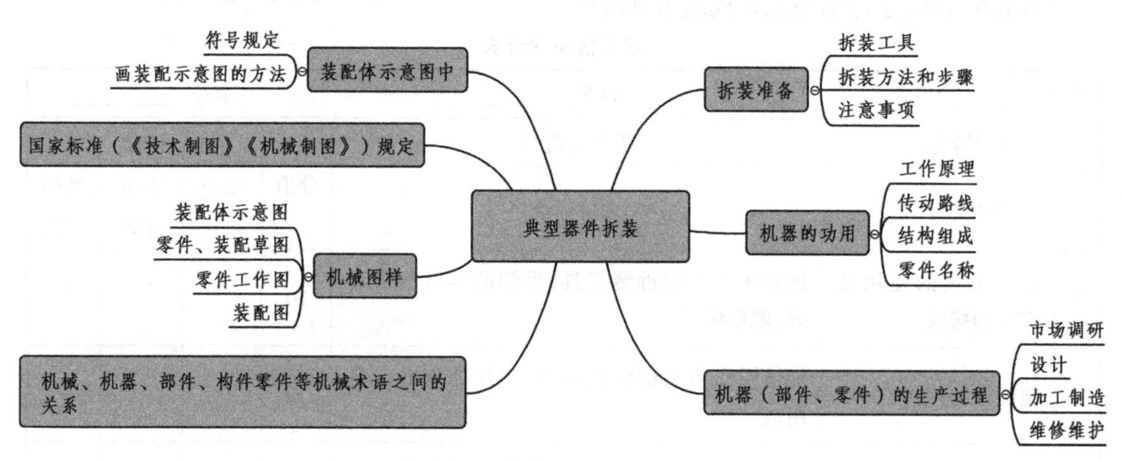

2. 自我反思

①在本学习情境中学会了哪些知识点？掌握了哪些技能？

②任务完成情况如何？应注意哪些问题？

③还有哪些知识与技能尚未完全明白？

④工作过程中有何不足？准备怎么改进？

⑤对教学的意见与建议。

学习笔记

学习情境二　绘制简单形体

学习情境描述

依据给定的简单形体的三维立体图,如图 2-1 所示,分析其形状、结构、尺寸,根据正投影法,遵守国家标准的有关规定,绘制能准确表达其形状结构的二维图样,并标注尺寸。

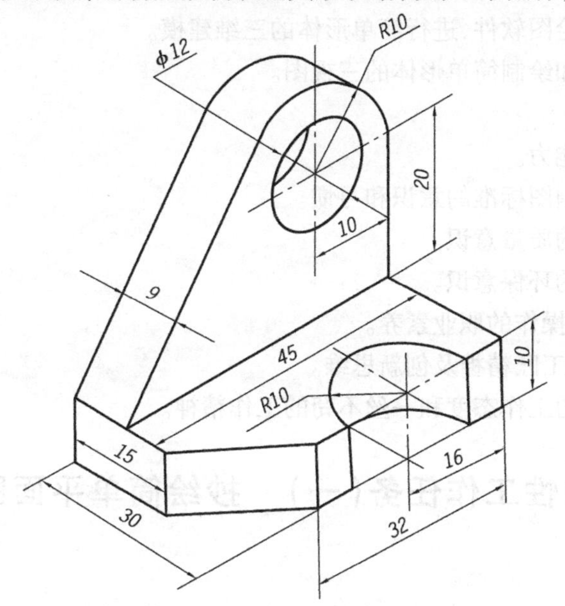

图 2-1　简单形体的三维立体图

知识目标：

①常用手工绘图工具、仪器的种类。

②机械制图的基本规定(图幅、比例、图线、字体、尺寸注法)。

③平面图形的尺寸分析、线段分析。

④投影的概念、原理、分类及正投影法的特性。

⑤三视图的形成及三视图之间的投影关系、方位关系。

⑥点、线、面、基本立体、组合体的三视图画法。

⑦截交线、相贯线的形成、性质及求法。

⑧基本立体、组合体的三视图的尺寸标注及识图。

技能目标：

①能够正确使用常用的绘图工具与仪器。

②能够叙述国家标准中对图幅、比例、图线、字体、尺寸注法等的基本规定。

③能够绘制常用的基本几何图形（等分线段、圆周，做正多边形、椭圆、圆弧连接、斜度、锥度），能够对斜度、锥度进行正确标注。

④在教师的指导下，能够对给定的平面图形进行正确的尺寸分析和线段分析，按照平面图形的抄绘方法和步骤，正确抄绘平面图形。

⑤叙述正投影法的基本特性及三视图之间的投影关系、对应方位关系。

⑥叙述点的投影特性及各种位置的直线、平面的投影特性。

⑦叙述截交线、相贯线的特性。

⑧叙述平面截切圆柱、圆锥、圆球时，各种不同位置情况下的截交线形状特点。

⑨在教师的指导下，能够应用正投影法，按照国家标准，依据给出的轴测立体投影图，绘制简单形体的三视图（标注尺寸）。

⑩能够利用二维绘图软件，进行平面图形、简单形体三视图的抄绘制。

⑪能够利用三维绘图软件，进行简单形体的三维建模。

⑫能够正确识读和绘制简单形体的三视图。

素质培养：

①培养动手实践能力。

②培养严格遵守制图标准的意识和习惯。

③注重培养产品的质量意识。

④注重培养工作的环保意识。

⑤培养规范、安全操作的职业素养。

⑥培养信息素养、工匠精神及创新思维。

⑦培养严肃认真的工作态度和一丝不苟的工作精神。

学习性工作任务（一） 抄绘简单平面图形

1. 任务描述

通过对给定的简单平面图形，如图 2-2 所示，对其进行抄绘，熟悉常用手工绘图工具与仪器的使用，掌握国家标准《技术制图》《机械制图》中对图幅、比例、字体、图线、尺寸注法的规定，能够对简单平面图形进行尺寸分析和线段分析，按照基本的作图步骤进行正确抄绘。熟悉二维绘图软件的绘图界面及常用的绘图命令、编辑命令，能够使用二维绘图软件抄绘简单平面图形。

学习条件及环境要求：机械制图实训室，计算机、绘图软件（二维）、多媒体、教材、参考书、网络课程及其他资源等。

教学时间（计划学时）：8 学时。

任务目标：

①能够正确使用常用的绘图工具与仪器。

②叙述国家标准中对图幅、比例、图线、字体、尺寸注法等的基本规定。

③能够绘制常用的基本几何图形（等分线段、圆周，做正多边形，椭圆、斜度），能够对斜度进行正确标注。

④在教师的指导下，能够对给定的平面图形，进行正确的尺寸分析和线段分析，按照平面图形的抄绘方法和步骤，正确抄绘平面图形。

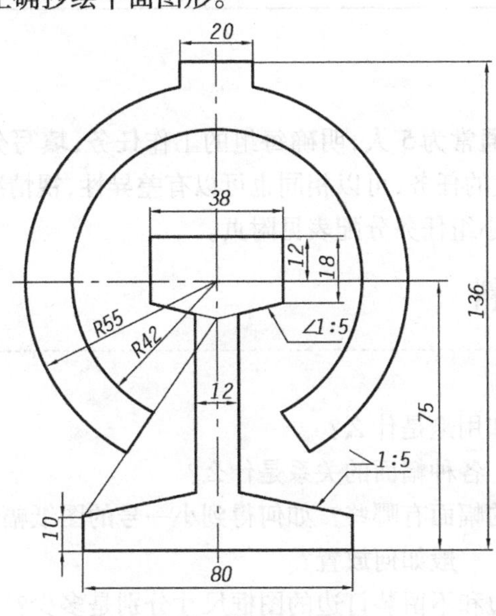

图 2-2　简单平面图形

2. 任务准备

(1)信息收集

①常用绘图工具及仪器的正确使用方法（铅笔的削法、圆规的使用）。

②国家制图标准中对图幅、比例、字体、图线、尺寸注法的基本规定。

③常用基本几何图形的作图方法（等分线段、圆周，做正多边形，椭圆）。

④斜度的画法、标注方法及要求。

⑤抄绘平面图形的方法、步骤。

⑥CAD 二维绘图软件的使用界面及常用绘图命令、编辑命令。

(2)材料、工具

所用材料、工具分别见表 2-1 及表 2-2。

表 2-1　材料计划表

材料名称	规格	单位	数量	备注
标准图纸	A4（A3）	张	1	—
草稿纸	—	张	若干	—

表 2-2 工具计划表

工具名称	规格	单位	数量	备注
绘图铅笔	2H、2B	支	2	自备
图板	A3	块	1	—
丁字尺	60 mm	个	1	—
计算机(CAD 绘图软件)	二维、三维	台	40	—

(3)任务分组

学生按 4 ~6 人一组,通常为 5 人,明确每组的工作任务,填写分组任务表及学生小组任务分配表,每组及每个学生的任务,可以相同也可以有差异性,视情况而定。

具体学生分组及学习小组任务分配表见附页。

3. 引导性学习资料

引导问题(1)

①机械图样的概念和用途是什么?

②图纸幅面有哪些? 各种幅面的关系是什么?

③必要时允许加长的幅面有哪些? 如何得到小一号的图纸幅面?

④图框格式有哪些? 一般如何放置?

⑤各种图幅留装订边和不留装订边的图框尺寸分别是多少?

⑥标题栏的位置如何? 标题栏的线型如何?

(1)机械图样

工程图样是在工程技术中,根据投影原理及国家标准规定,准确表达工程对象的形状、大小并注有必要的技术要求的图。工程图样是设计者表达设计思想及意图,制造者领会设计意图,了解制造对象并按图样实施产品的加工、制造及检验,使用者依此使用和维修设备的重要技术资料。它与文字、语言一样,是人类表达和交流技术思想的工具。所以图样被称为工程界的技术语言,享有“工程语言”之称。

在现代生产中,无论是交通工具、机械、电气设备的设计、制造、安装,还是房屋、桥梁、道路的建造等领域,如图 2-3 所示,都要根据图样进行。因此,图样的种类很多,不同的行业或专业,对图样有不同的要求和命名规则,如机械图样、建筑图样、水利图样、电气图样等。机械图样是其中的一种,它是用来表达机械零、部件或整台机器的形状、大小、材料、结构以及技术要求等内容的,是机械制造与生产加工的依据。

图 2-3　图样应用领域

(2)图纸幅面和图框格式

1)图纸幅面

图纸幅面(GB/T 14689—2008,等效采用 ISO 5457)是指图纸宽度与长度组成的大小。为了方便图样的绘制、使用和管理,图样均应绘制在标准的图纸幅面上。应优先选用表 2-3 所规定的基本幅面尺寸(B 为图纸短边,L 为长边,而且 $L=\sqrt{2}B$,有 A0、A1、A2、A3、A4 五种基本幅面),如图 2-3 所示。必要时长边可以加长,以利于图纸的折叠和保管,但加长的尺寸必须按照国标 GB/T 14689—2008 的规定,由基本幅面的短边成整数倍增加得到,长边不得加长,见表 2-4 和表 2-5 及图 2-5 所示。需要说明的是,加长幅面 A3×3,实际是沿 A3 基本幅面的短边增加 2 倍,实际是 A3 基本幅面短边的 3(2+1=3)倍,所以是 A3(基本幅面)×3(倍数),而不能理解成是 A2 基本幅面沿长边增加 0.5 倍(不能沿基本幅面的长边加长)。

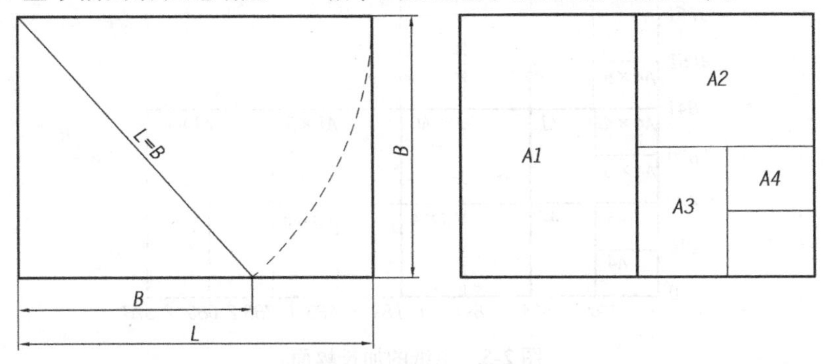

图 2-4　图纸的基本幅面

幅面代号的几何含义,实际上就是对 0 号幅面的裁切次数。A1 中的“1”表示将 A0 幅面图纸的长边裁切一次,A4 中的“4”表示将 A0 幅面图纸的长边裁切 4 次,从图 2-4 中可以看出，A0 幅面对裁得到 A1 幅面，A1 幅面对裁得到 A2 幅面，其余类推，而且，图中粗实线所示为基本幅面(第一选择)，细实线所示为表 2-4(第二选择)，虚线所示为表 2-5(第三选择)。

表 2-3 基本幅面尺寸及图框尺寸(第一选择) (单位:mm)

基本幅面代号		A0	A1	A2	A3	A4
B×*L*		841×1 189	594×841	420×594	297×420	210×297
图框尺寸	*a*	25				
	e	20			10	
	c	10		5		

表 2-4 加长幅面尺寸(第二选择) (单位:mm)

幅面代号	A3×3	A3×4	A4×3	A4×4	A4×5
B×*L*	420×891	420×1 189	297×630	297×841	297×1 051

表 2-5 加长幅面尺寸(第三选择) (单位:mm)

幅面代号	A4×9	A4×8	A4×7	A4×6	A3×7	A3×6	A3×5
B×*L*	297×1 892	297×1 682	297×1 472	297×1 261	420×2 080	420×1 783	420×1 486
幅面代号	A2×5	A2×4	A2×3	A1×4	A1×3	A0×3	A0×2
B×*L*	594×2 102	594×1 682	594×1 261	841×2 378	841×1 783	841×2 523	1 189×1 682

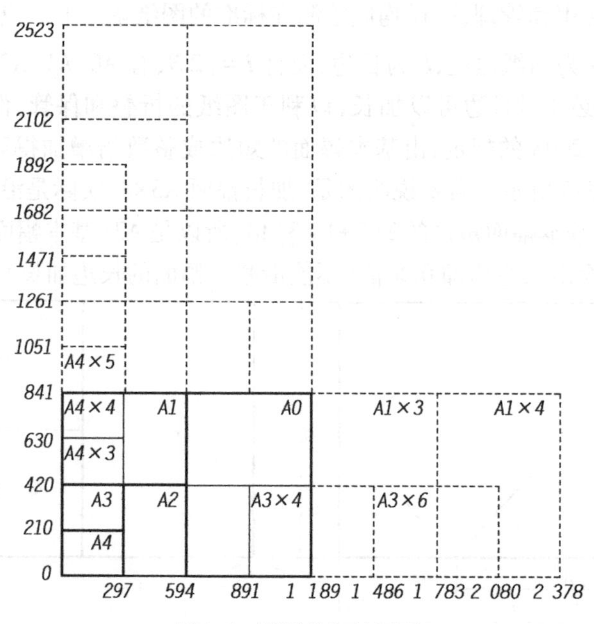

图 2-5 图纸的加长幅面

2) 图框格式

图框是图纸上限定绘图范围的线框。图样均应绘制在用粗实线画出的图框内。其格式分为不留装订边和留有装订边两种，但同一产品的图样只能采用一种格式。

留有装订边的图纸，其图框用格式如图 2-6 所示。不留装订边的图纸，其图框格式如图 2-7 所示。优先采用不留装订边的格式。

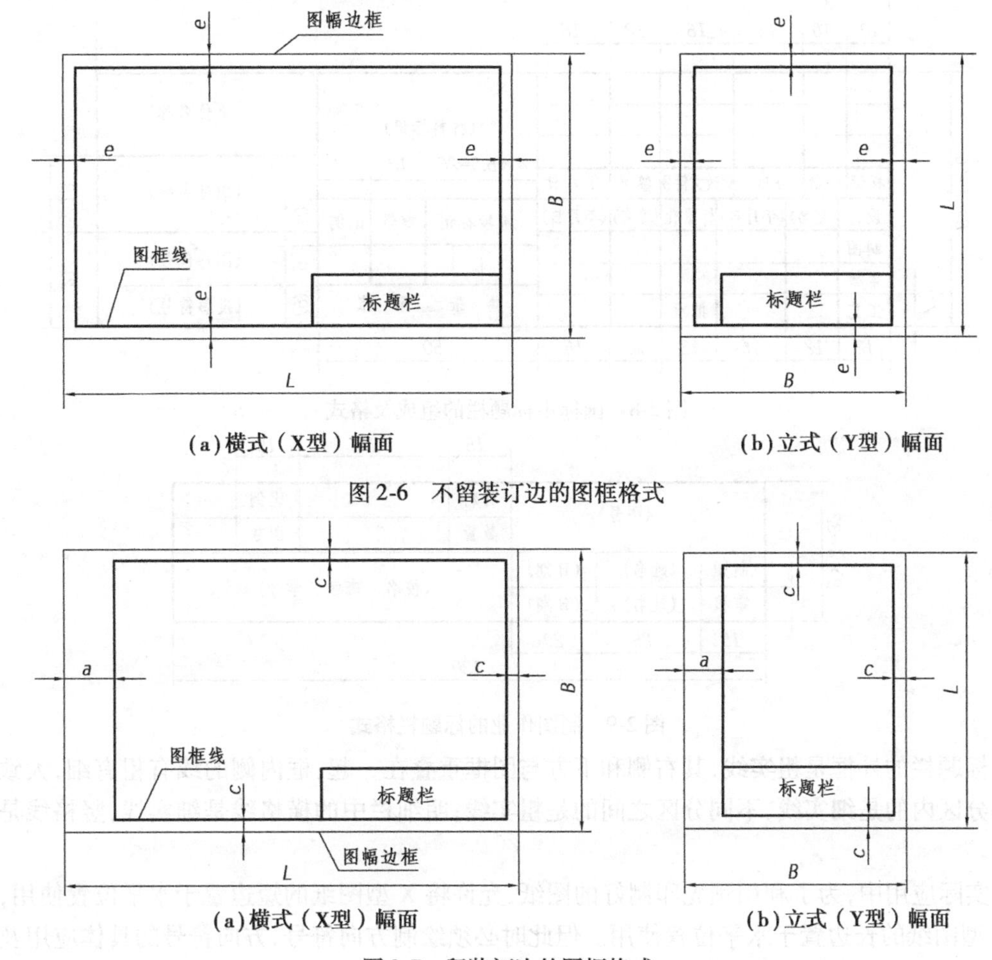

(a)横式（X型）幅面　　(b)立式（Y型）幅面

图 2-6　不留装订边的图框格式

(a)横式（X型）幅面　　(b)立式（Y型）幅面

图 2-7　留装订边的图框格式

两种格式的周边尺寸见表 2-3。加长格式的图框尺寸，按照比所选用的基本幅面大一号的图纸的图框尺寸来确定。

3）标题栏

国家标准规定，在机械图样中，必须画出标题栏，用以说明图样的名称、图号、零件材料、设计单位及有关人员的签名等内容，它一般包含更改区、签字区、其他区及名称代号区 4 个部分。《技术制图 标题栏》(GB/T 10609.1—2008)中，规定了标准图纸的标题栏的内容、格式及尺寸。

在装配图中，一般应有明细栏。明细栏一般配置在装配图中标题栏的上方，《技术制图 明细栏》(GB/T 10609.2—2009)规定了标准图纸的明细栏的内容、格式及尺寸，如图 2-8 所示。为简化作图，学校里制图作业中的标题栏和明细栏可以按照图 2-9 所示的简化的格式绘制。

标题栏一般应置于图样的右下角。若标题栏的长边置于水平方向且和图纸的长边平行时，构成 X 型的图纸，也称横式幅面，如图 2-6、图 2-7 中的(a)图；若标题栏的长边和图纸的长边垂直，则构成 Y 型的图纸，也称立式幅面，如图 2-6、图 2-7 中的(b)图。一般 A0 ~ A3 号图纸幅面宜横放，A4 号以下的图纸幅面宜竖放。在此情况下，看图的方向与标题栏中的文字方向一致。

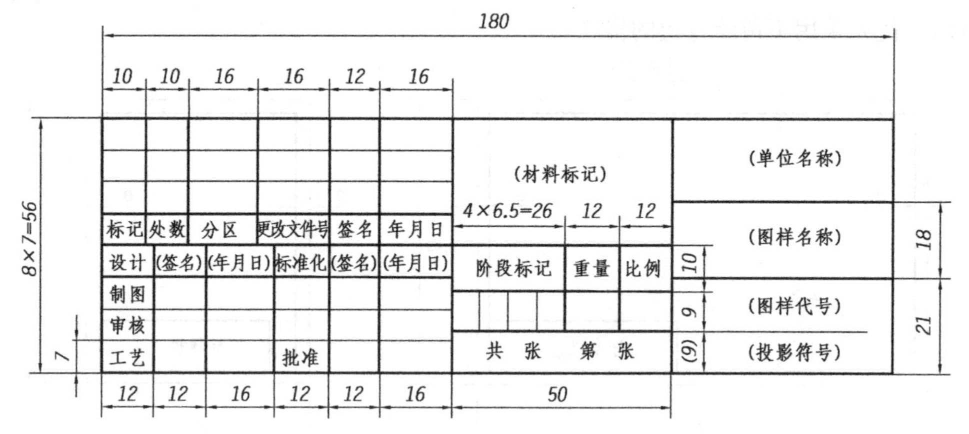

图 2-8　国标中标题栏的组成及格式

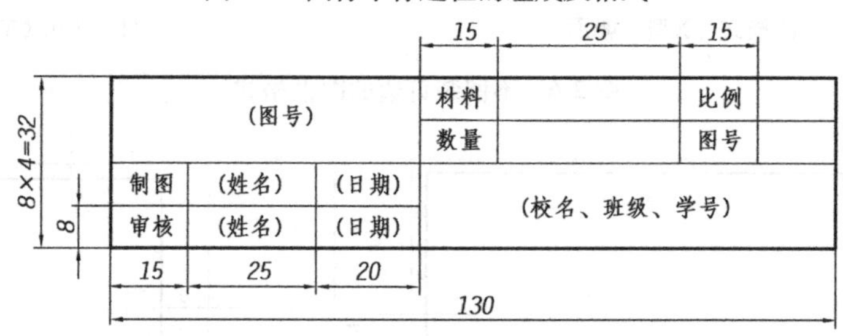

图 2-9　制图作业的标题栏格式

标题栏的外框是粗实线，其右侧和下方与图框重叠在一起；框内侧的线有粗有细，大致为同一分区内的是细实线，不同分区之间的是粗实线；明细栏中的横格线是细实线，竖格线是粗实线。

实际应用中，为了利用预先印制好的图纸，允许将 X 型图纸的短边置于水平位置使用，或将 Y 型图纸的长边置于水平位置使用。但此时必须绘制方向符号，方向符号的具体应用及绘制见下述的附加符号中对应的内容。

4）附加符号

图样中的附加符号包括对中符号、方向符号、剪切符号、投影符号及图幅分区代号等，以上附加符号的作用、内容及规定详见参考资料（码 2-8）。

码 2-8　标题栏分区及附加符号

(3)比例

图样的比例（GB/T 14690—1993，等效采用 ISO 5455），是图中图形与其实物相应要素的线性尺寸之比。线性尺寸是指相关的点、线、面本身的尺寸或它们的相对距离，如直线的长度、圆的直径、两平行表面的距离等。

比例的大小是指其比值的大小，如 1∶50 大于 1∶100。比例的符号为“∶”，比例应以阿拉伯数字表示，如 1∶1、1∶100 等。比值为 1 的比例，称为原值比例，即 1∶1 的比例，也称等值比例。比值大于 1 的比例称为放大比例，如 2∶1 等。比值小于 1 的比例，称为缩小比例，如 1∶2 等。

图样不论采用放大或缩小比例，不论作图的精确程度如何，在标注尺寸时，均应按机件的实际尺寸和角度即原值标注。一般情况下，比例应标注在标题栏中的比例一栏内。比例也可注写在图名的右侧或下方，如图2-10所示。

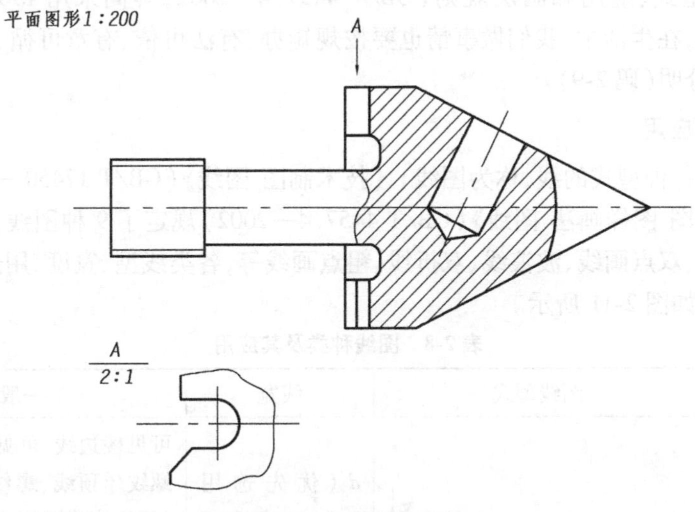

图2-10　比例的注写

绘图时所用的比例，应根据图样的用途与被绘对象的复杂程度，从表2-6和表2-7中选用，并优先用表2-6中的常用比例，必要时，允许选用表2-7中的可用比例。一般情况下，一个图样应选用一种比例。根据专业制图的需要，同一图样可选用两种比例，即某个视图或某一部分可采用不同的比例（如局部放大图），但必须另行标注。另行标注时，要按图2-10所示来标注。

表2-6　常用比例

原值比例	1∶1
缩小比例	1∶2　1∶5　1∶10　$1:2\times10^n$　$1:5\times10^n$　$1:10\times10^n$
放大比例	5∶1　2∶1　$5\times10^n:1$　$2\times10^n:1$　$1\times10^n:1$

表2-7　可用比例

缩小比例	1∶1.5　1∶2.5　1∶3　1∶4　1∶6　$1:1.5\times10^n$ $1:2.5\times10^n$　$1:3\times10^n$　$1:4\times10^n$　$1:6\times10^n$
放大比例	4∶1　2.5∶1　$4\times10^n:1$　$2.5\times10^n:1$

引导问题（2）

①图样的常用线型有哪些？

②粗实线、细实线、细虚线、细点画线、波浪线分别用于什么场合下？

③绘制图线时应注意什么？

④比例的概念是什么？包括什么？优先选用第几系列？

⑤同一张图样上一般采用比例是什么？比例一般应注写在哪里？

(4)图线及其画法

码 2-9　坚持原则是非分明

画在图纸上的各种型式的线条,统称图线。国家标准规定了技术制图所用图线的名称、型式、应用和画法规则(GB/T 4457.4—2002,等同采用 ISO 128—20)。同理,在生活中,我们做事情也要按规矩办、有法可依、有章可循、坚持原则、是非分明(码 2-9)。

1)线型及其应用

图中所采用各种型式的线,称为图线。《技术制图 图线》(GB/T 17450—1998)规定了 15 种图线,《机械制图 图样画法 图线》(GB/T 4457.4—2002)规定了 9 种图线,如粗实线、细实线、虚线、点画线、双点画线、波浪线、双折线、粗点画线等,各类线型、宽度、用途见表 2-8,各种线型的应用示例如图 2-11 所示。

表 2-8　图线种类及其应用

	图线名称	图线型式	线宽	一般用途
基本线型	粗实线	d	d(优先选用 0.5 mm 或 0.7 mm)	可见棱边线、可见轮廓线、相贯线、螺纹牙顶线、螺纹终止线、齿顶圆(线)、表格图和流程图中的主要表示线、系统结构线(金属结构工程)、模样分型线、剖切符号用线
	细实线		d/2	过渡线、尺寸线、尺寸界线、指引线和基准线、剖面线、重合断面的轮廓线、短中心线、螺纹牙底线、尺寸线的起止线、表示平面的对角线、零件成形前的弯折线、范围线及分界线、重复要素表示线、锥形结构的基面位置线、叠片结构位置线、辅助线、不连续同一表面连线、成规律分布的相同要素连线、投射线、网格线
	细虚线	12d　3d	d/2	不可见棱边线、不可见轮廓线
	粗虚线		d	允许表面处理的表示线
	细点画线	6d　24d	d/2	轴线、对称中心线、分度圆(线)、剖切线、孔系分布的中心线
	细双点画线	9d　24d	d/2	轨迹线、相邻辅助零件的轮廓线、可动零件的极限位置的轮廓线、重心线、成型前轮廓线、剖切面前的结构轮廓线、毛坯图中制成品的轮廓线、特定区域线、延伸公差带表示线、工艺用结构的轮廓线、中断线
	粗点画线		d	限定范围表示线

续表

	图线名称	图线型式	线宽	一般用途
基本线型变形	波浪线		$d/2$	断裂处的边界线
	双折线	(7.5d) 14d 30°	$d/2$	断裂处的边界线

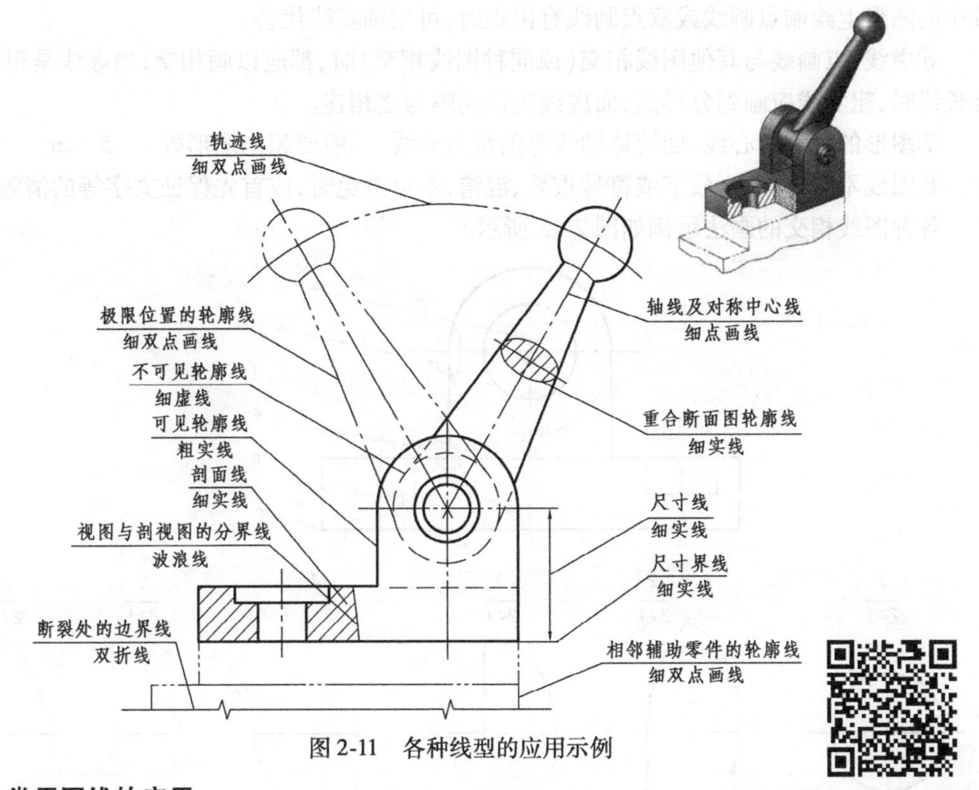

图 2-11　各种线型的应用示例

码 2-10　图线与字体

2）常用图线的应用

常用图线中的双折线的画法、相邻辅助零件的线型及画法、薄壁零件成型前的弯折线画法、粗实线的应用、粗点画线的应用及剖切面之前的结构的表达等内容详见参考资料（码 2-10）。

3）图线宽度

技术制图中有粗线、中粗线、细线之分，其宽度比率为 4∶2∶1。图线的宽度 b，图线宽度数系共 9 种：0.13、0.18、0.25、0.35、0.5、0.7、1、1.4、2.0（单位均为 mm），该数系的公比为 $1:\sqrt{2}$。在机械图样中只采用粗、细两种线宽，其宽度比例为 2∶1，其中粗线宽度可在表 2-9 中选择，优先采用 0.5 mm 和 0.7 mm 的线宽。

表 2-9　线宽组　（单位：mm）

粗线的宽度系列	0.25	0.35	0.5	0.7	1	1.4	2.0
对应细线的宽度系列	0.13	0.18	0.25	0.35	0.5	0.7	1

4）图线的画法

①在同一张图纸内，同类图线的宽度应基本一致。

②相互平行的图线（包括剖面线），其间隙不宜小于其中的粗线宽度，且不宜小于0.7 mm。

③虚线、点画线及双点画线的线段长度和间隔应大致相等。

④单点长画线或双点长画线，当在较小图形中绘制有困难时，可用实线代替。

⑤点画线与点画线或点画线与其他图线相交时，应是画相交，而不应是点相交。绘制圆的对称中心线时，圆心应为画的交点。单点画线和双点画线的首末两端应是画而不是点。在较小的图形上绘制点画线或双点画线有困难时，可用细实线代替。

⑥虚线、点画线与其他图线相交（或同种图线相交）时，都应以画相交；当虚线是粗实线的延长线时，粗实线应画到分界点，而虚线应以间隔与之相连。

⑦图形的对称中心线、回转体轴线等的细点画线，一般要超出图形外2～5 mm。

⑧图线不得与文字、数字或符号重叠、混淆，不可避免时，应首先保证文字等的清晰。

各种图线相交的画法示例如图2-12所示。

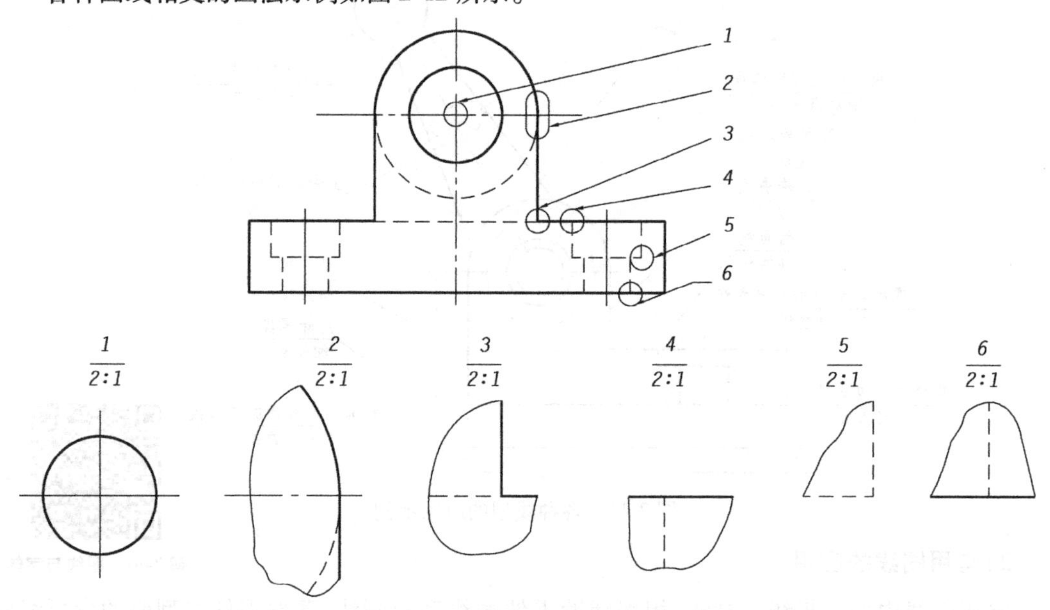

图2-12　各种图线相交的画法示例

引导问题（3）

①什么是字体的号数？

②图样上的汉字应写为什么字体？

③常用字体的号数为多少？字宽为字高的多少倍？

④字母和数字怎样倾斜？

⑤用作指数、分数、极限偏差、注脚的数字及字母的字号一般采用小几号的字？

(5)字体

1)关于字体(GB/T 14691—1993,等效采用 ISO 3098/1 及 3098/2)等名词的定义

字体:图中文字、字母、数字或符号的书写形式。

字符:不包括汉字在内的所有字母、数字及其他符号。

字距:每两个汉字间的距离。

字符间距:每两个字母、或数字、或字母与数字间的距离。

工程图纸上的字体均应做到笔画清晰、字体工整、排列整齐、间隔均匀,标点符号应清楚正确。汉字、数字、字母等字体的大小以字号来表示,字号就是字体的高度,用 h 来表示。图纸中字体的大小应依据图纸幅面、比例等情况从国标规定的公称尺寸系列中选用:3.5、5、7、10、14、20(单位)mm。如需书写更大的字,其高度应按$\sqrt{2}$的比值递增,并取毫米的整数。

2)汉字

图样及说明中的汉字,由于笔画较多,应采用简化汉字书写,必须遵守国务院公布的《汉字简化方案》和有关规定,并用长仿宋字体。长仿宋字体的字高与字宽的比例为 $1:\sqrt{2}$,字号不应小于 3.5 mm,长仿宋字的基本笔画有:点、横、竖、撇、捺、挑、折、勾等。长仿宋字的书写要领:横平竖直,注意起落,结构匀称、填满方格。

码 2-10　图线与字体

机械图样中字体的其他书写标准规定等内容详见参考资料(码 2-10)。

引导问题(4)

①尺寸标注的基本规则有哪些?

②尺寸的组成有哪些?

③什么是尺寸线,有哪些要求?

④尺寸数字的书写有什么要求?

⑤什么是尺寸界线?有什么要求?

⑥尺寸线的终端有什么要求?字母和数字怎样倾斜?

(6)尺寸注法《机械制图 尺寸注法》(GB/T 4458.4—2003)

在图样中,其图形只能表达机件的结构形状,只有标注尺寸后,才能确定零件的大小。因此,尺寸是图样的重要组成部分,尺寸标注是一项十分重要的工作,它的正确、合理与否,将直接影响到图纸的质量。标注尺寸必须认真仔细,准确无误,如果尺寸有遗漏或错误,都会给加工带来困难和经济损失。

1)基本原则

①机件的真实大小应以图样中所注的尺寸数值为依据,与图形的大小、所使用的比例及绘图的准确程度无关。

②图样中(包括技术要求和其他说明)的尺寸,以 mm 为单位时,无须标注计量单位的代号或名称,若采用其他单位,则必须注明相应的计量单位的代号或名称。例如,角度为 30 度 10 分 5 秒,则在图样上应标注为"30°10′5″"。

③机件的每一尺寸,一般只标注一次,并应标注在反映该结构最清晰的图形上。

④标注尺寸时,应尽量使用符号和缩写词。常用符号和缩写词见表 2-10。

表 2-10 常用符号和缩写词

名称	符号和缩写词	名称	符号和缩写词	名称	符号和缩写词
直径	ϕ	厚度	t	沉孔或锪平	⌴
半径	R	正方形	□	埋头孔	∨
球直径	$S\phi$	45°倒角	C	均布	EQS
球半径	SR	深度	↧	弧长	⌒

注:正方形符号、深度符号、沉孔或锪平符号、埋头孔符号、弧长符号的线宽为 $h/10$,符号高度为 h,h 为图样中的字体高度。

2)尺寸的组成

图样上的尺寸包括 4 个要素:尺寸界线、尺寸线、尺寸线终端和尺寸数字、符号,如图 2-13 所示。

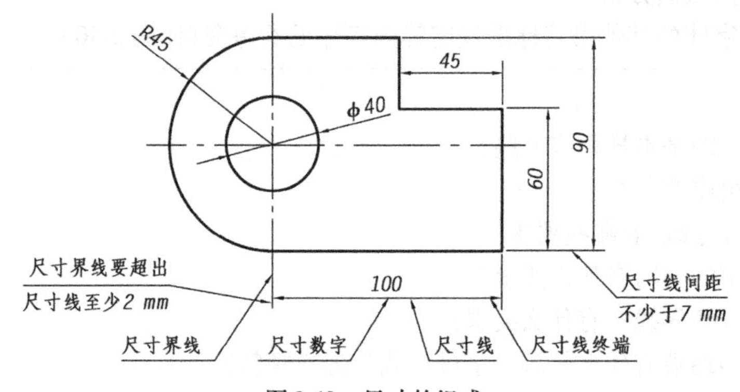

图 2-13 尺寸的组成

①尺寸界线。尺寸界线用来表示所注尺寸的范围界限,应用细实线绘制,一般应与被标注长度垂直,必要时才允许与尺寸线倾斜,如光滑过渡处的标注。其一端应从图样的轮廓线、轴线或对称中心线引出,另一端应超出尺寸线 2 ~ 5 mm。必要时可直接利用图样轮廓线、中心线及轴线作为尺寸界线。尺寸界线的画法如图 2-14 所示。

在光滑过渡处标注尺寸时,尺寸界线和尺寸线可以倾斜,这时应用细实线将轮廓线延长,从它们的交点处引出尺寸界线,但两尺寸界线仍相互平行,如图 2-15 所示。

标注角度的尺寸界线应沿径向引出,如图 2-16(a)所示;标注弦长的尺寸界线应平行于该弦的垂直平分线,如图 2-16(b)所示;标注弧长的尺寸界线应平行于该弧所对圆心角的角平分线,如图 2-16(c)所示;但当弧度较大时,可沿径向引出标注,如图 2-16(d)所示。

②尺寸线。尺寸线应用细实线绘制,标注线性尺寸时,应与被标注的线段平行,与尺寸界线垂直相交,但不应超出尺寸界线外。互相平行的尺寸线,应从被注的图样轮廓线由近向远整齐排列,小尺寸应离轮廓线较近,大尺寸离轮廓线较远。图样轮廓线以外的尺寸线,距图样

最外轮廓线之间距离不宜小于7 mm,平行排列的尺寸线的间距为5~10 mm,并应保持一致。图样上任何图线都不得用作为尺寸线,也即尺寸线不能用其他任何图线代替,一般也不得与其他图线重合或画在其延长线上。

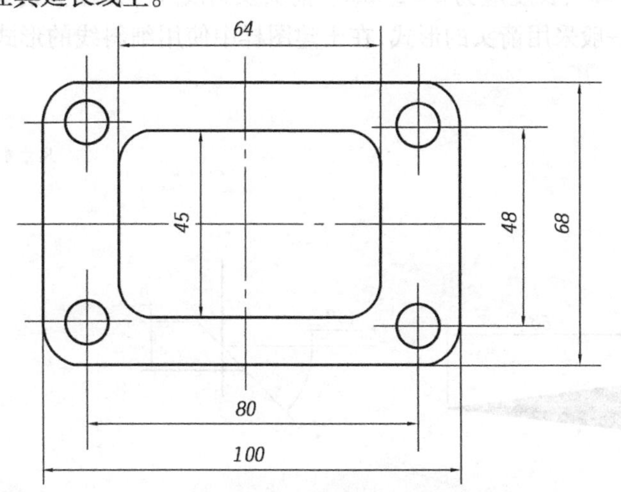

图2-14 尺寸界线的画法

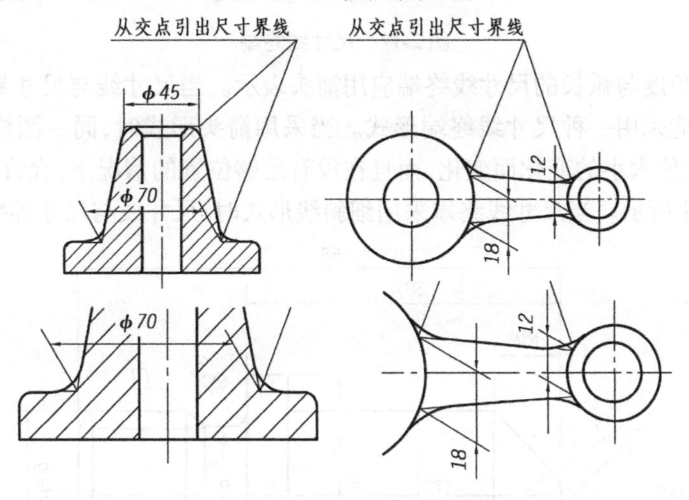

图2-15 尺寸界线和尺寸线倾斜时的画法

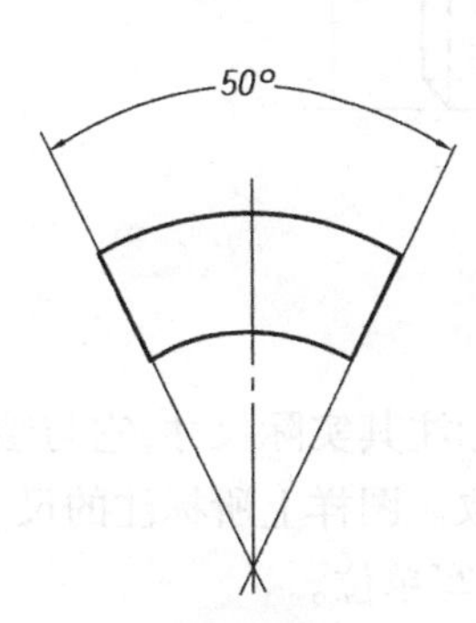

(a)标注角度的尺寸界线画法

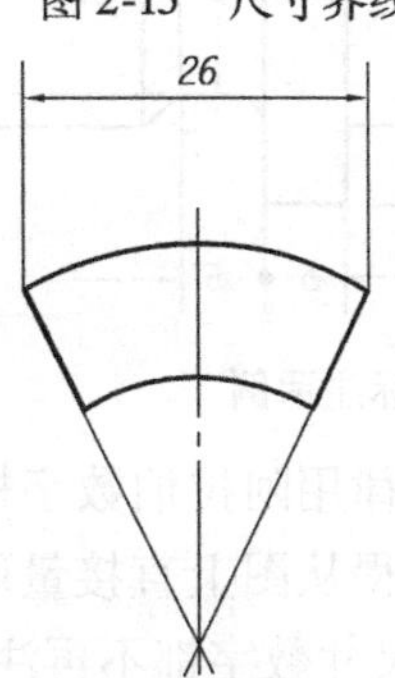

(b)标注弦长的尺寸界线画法

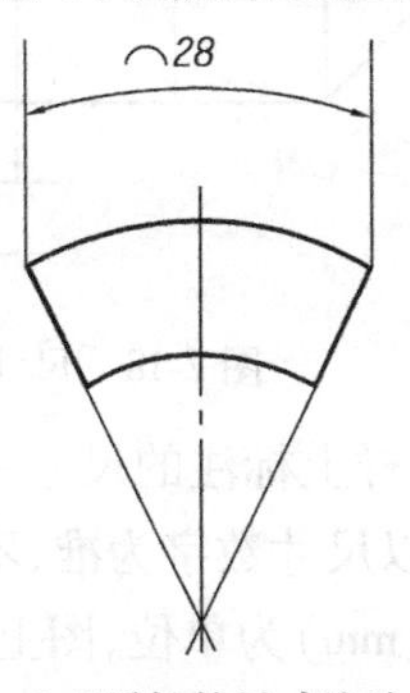

(c)弧长的尺寸注法

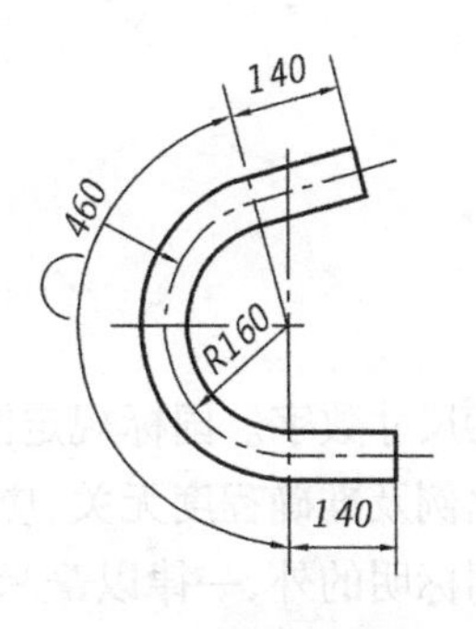

(d)弧度较大时的注法

图2-16 角度、弦长、弧长及弧度较大时的注法

③尺寸线终端。尺寸线终端一般用箭头或细斜线绘制，并画在尺寸线与尺寸界线的相交处。箭头的形式如图，适用于各种类型的图样。而细斜线的形式如图，其倾斜方向应以尺寸线为准，逆时针旋转45°，长度应为2～3 mm。箭头及斜线尺寸画法分别如图2-17(a)、(b)所示。在机械图样中一般采用箭头的形式，在土建图样中使用细斜线的形式。错误的箭头形式如图2-17(c)所示。

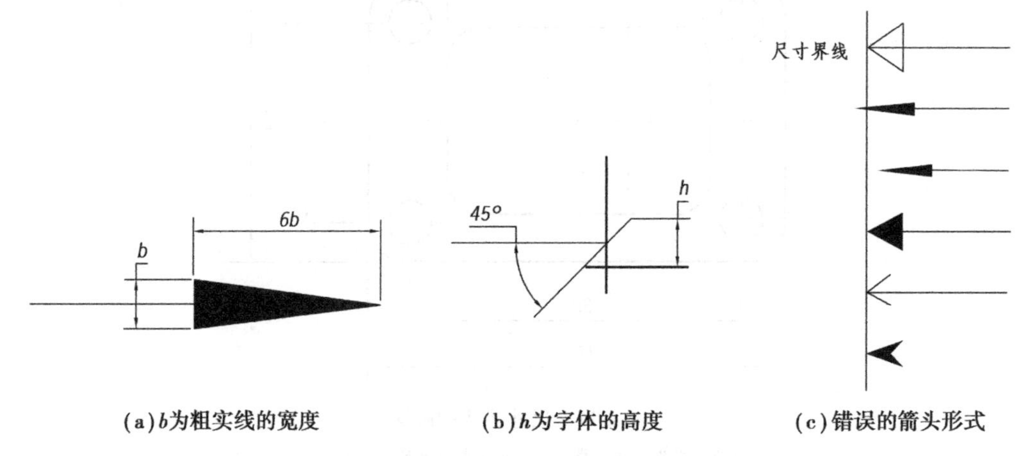

(a) b为粗实线的宽度　(b) h为字体的高度　(c) 错误的箭头形式

图2-17　尺寸线终端

半径、直径、角度与弧长的尺寸线终端应用箭头表示。当尺寸线与尺寸界线互相垂直时，同一张图样中只能采用一种尺寸线终端形式。当采用箭头形式时，同一图样上，箭头大小要一致，不随尺寸数值大小的变化而变化，而且在没有足够位置的情况下，允许用圆点或斜线代替箭头，如图2-18所示。当尺寸线终端采用细斜线形式时，尺寸线与尺寸界线必须相互垂直。

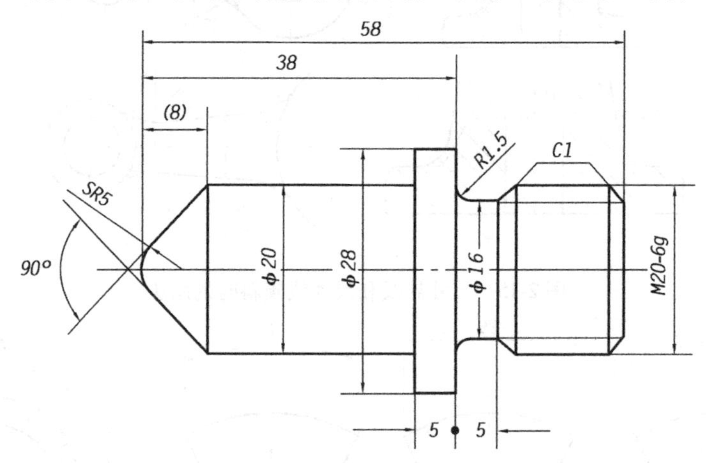

图2-18　尺寸标注示例

④尺寸数字。国标规定图样上标注的尺寸一律用阿拉伯数字标注其实际尺寸，它与绘图所用比例及准确程度无关，应以尺寸数字为准，不得从图上直接量取。图样上所标注的尺寸，除特别标明的外，一律以毫米(mm)为单位，图上尺寸数字都不再注写单位。

尺寸数字一般注写在尺寸线的中部。水平方向的尺寸，尺寸数字要写在尺寸线的上面，字头朝上；竖直方向的尺寸，尺寸数字要写在尺寸线的左侧，字头朝左；倾斜方向的尺寸，尺寸数字的方向应按图2-19(a)的规定注写。应尽可能避免在图中所示30°影线范围内标注尺寸数字，当无法避免时可按图2-19(b)的形式注写。

对于非水平方向的尺寸数字，在不致引起误解时，其数字也允许水平地注写在尺寸线的中断处，如图2-20所示，但在同一图样中，应采用同一种方法注写尺寸数字。

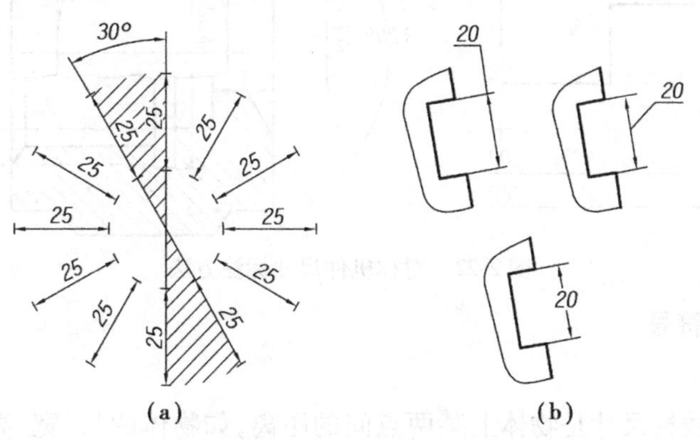

图2-19　尺寸数字的注写方向

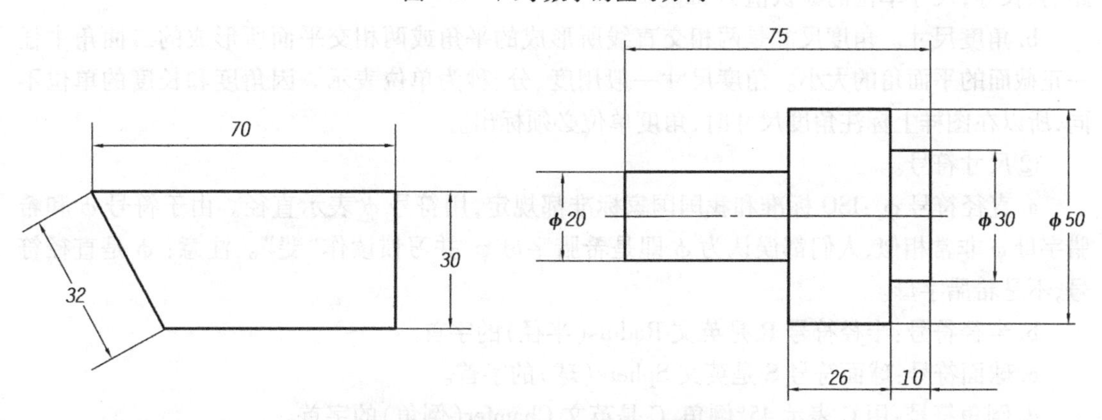

图2-20　非水平方向的尺寸数字的注写方向

尺寸数字如果没有足够的注写位置时，尺寸数字也可引出标注，如图2-19(b)所示，尺寸数字不可被任何图线穿过，否则必须断开图线，如图2-21所示。

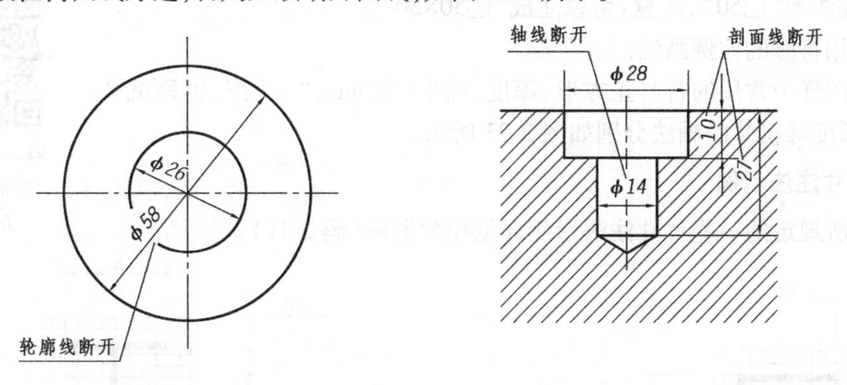

图2-21　尺寸数字不可被任何图线穿过

当对称机件采用对称省略画法时，该对称机件的尺寸线应略超过对称符号，仅在尺寸线的一端画尺寸起止符号，尺寸数字应按整体全尺寸注写，其注写位置宜与对称符号对齐，如图2-22所示。

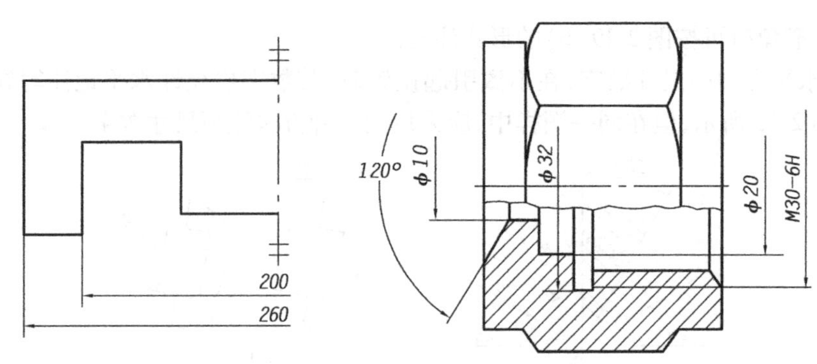

图 2-22　对称机件尺寸标注方法

3）尺寸及尺寸符号

①尺寸。

a. 线性尺寸。线性尺寸是物体上某两点间的距离，如物体的长、宽、高、直径、半径、中心距、弦长等，尺寸单位的默认值为 mm。

b. 角度尺寸。角度尺寸是两相交直线所形成的平角或两相交平面所形成的二面角中任一正截面的平面角的大小。角度尺寸一般用度、分、秒为单位表示。因角度和长度的单位不同，所以在图样上标注角度尺寸时，角度单位必须标出。

②尺寸符号。

a. 直径符号 ϕ：ISO 标准和我国国家标准都规定，用符号 ϕ 表示直径。由于符号 ϕ 和希腊字母 φ 非常相似，人们都误认为 ϕ 即是希腊字母 φ，并习惯读作"斐"。注意：ϕ 是直径符号，不是希腊字母。

b. 半径符号：半径符号 R 是英文 Radius（半径）的字首。

c. 球面符号：球面符号 S 是英文 Sphere（球）的字首。

d. 倒角符号：用 C 表示 45°倒角，C 是英文 Chamfer（倒角）的字首。

e. 厚度符号：用字母 t 来表示厚度，t 是英文 Thickness（厚度）的字首。

f. 正方形符号：除英国和美国等国外，ISO 标准和其他大多数国家都采用符号"□"表示正方形，其注法为"□50"，注意：切忌注成"□50×50"。

③常用符号的比例画法。

机械图样中常用的符号正方形、深度、锪平（念 huo，"一"声，也称沉孔）、埋头孔、弧度等符号的画法分别如图 2-23 所示。

码 2-11　尺寸标注、简化注法及几点说明

4）尺寸注法示例

国标所规定的一些尺寸注法示例详见相关资料（码 2-11）。

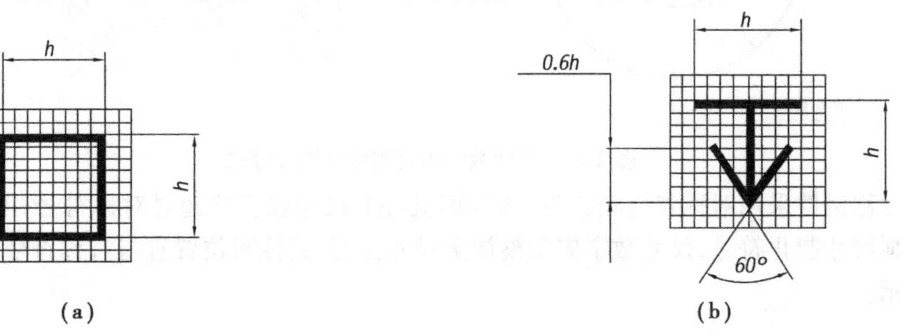

（a）　　（b）

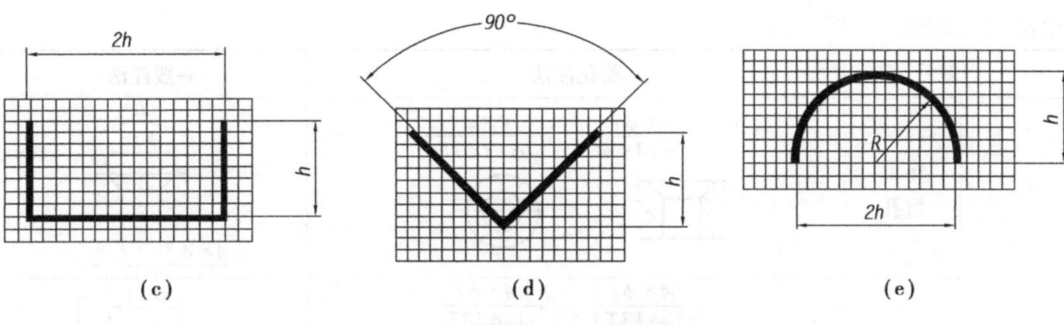

图 2-23 机械图样中常用符号的画法

5)各种孔的标注示例

各种孔的标注示例见表 2-11。

表 2-11 各种孔的标注示例

类型		简化注法	一般注法
光孔	一般孔	4×ϕ5↧10 4×ϕ5↧10	4×ϕ5 10
	精加工孔	4×$\phi 5^{+0.012}_{0}$↧10 孔↧12 4×$\phi 5^{+0.012}_{0}$↧10 孔↧12	4×$\phi 5^{+0.012}_{0}$ 10 12
	锥孔	锥销孔ϕ5 配作 锥销孔ϕ5 配作	锥销孔ϕ5 配作
通孔		2×M8-6H 2×M8-6H	2×M8-6H
		2×M8-6H↧10 孔↧12 2×M8-6H↧10 孔↧12	2×M8-6H 10 12

续表

类型		简化注法	一般注法
沉孔	锥形沉孔	4×φ7 ⌵φ13×90°；4×φ7 ⌵φ13×90°	90° φ13 4×φ7
	柱形沉孔	4×φ7 ⌴φ13↧3；4×φ7 ⌴φ13↧3	φ13 3 4×φ7
	锪平沉孔	4×φ7 ⌴φ13；4×φ7 ⌴φ13	φ13 锪平 4×φ7

6)简化注法

标注尺寸时,可使用单边箭头;也可采用带箭头的指引线;还可采用不带箭头的指引线。在同一图形中,对于尺寸相同的孔、槽等组成要素的标注。在标注板状零件的厚度时,可在尺寸数字前加注厚度符号“t”。其示例及阶梯轴直径的简化注法、同一基准出发的尺寸的简化标注方法、链式尺寸的简化注法、一组同心圆弧的简化标注、常见各种薄板的标注和倒角与退刀槽的简化标注详见参考资料(码2-11)。

码2-11 尺寸标注、简化注法及几点说明

7)斜度和锥度的标注

①斜度符号的斜线所示方向应与所标斜度的方向一致,如图2-24所示。

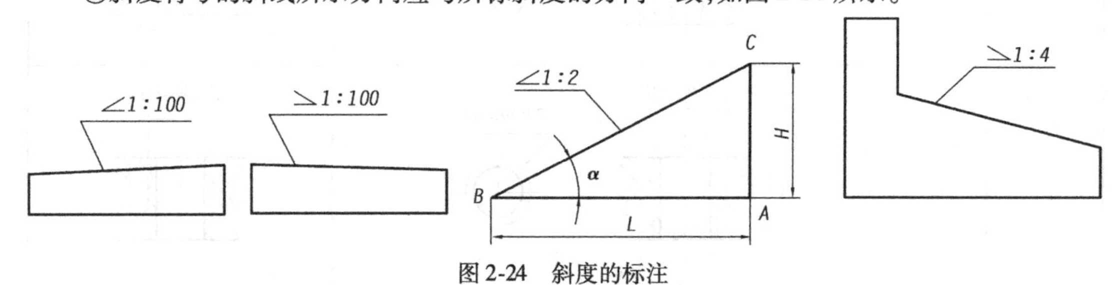

图2-24 斜度的标注

②锥度符号的方向与图形的大小端方向统一,如图2-25所示。

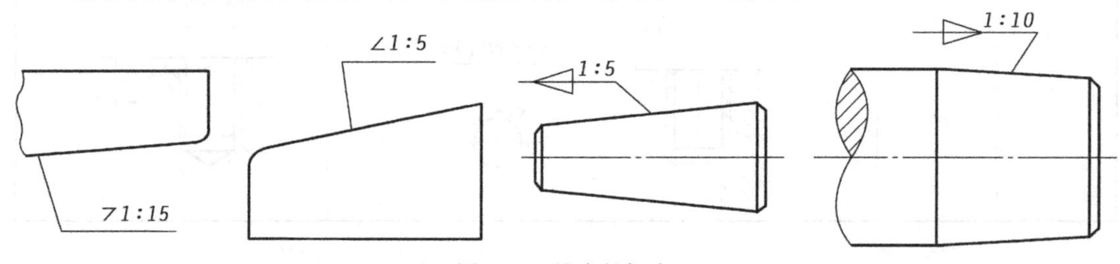

图2-25 锥度的标注

8）几点说明

有关尺寸标注的正确与否直接影响产品的加工，尺寸线终端的正确形式，新、旧国家标准对弧长的尺寸注法的规定对比，当需要指明半径尺寸是由其他尺寸所确定时，应用尺寸线和符号“R”标出，但不要注写尺寸数字等问题，详见参考资料（码 2-11）。

以上我们学习了机械标准中的一些基本规定，具有科学性和严肃性，必须严格遵守，现实生活、工作中也要遵纪守法（码 2-12）。

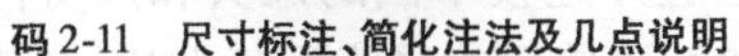

码 2-11　尺寸标注、简化注法及几点说明

码 2-12　不依规矩，不成方圆

引导问题（5）

①常用的绘图工具有哪些？

②常用的图板规格有哪些？

③怎样可以画出垂直线、水平线和 15°整倍数的斜线？

④绘图时打底稿用什么铅笔？削成什么形状？

⑤描深细线与写字用什么铅笔？削成什么形状？描深粗实线用什么铅笔？削成什么形状？

⑥画圆时的铅芯应比画直线时的铅芯软硬度如何？

⑦如何用圆规画出均匀的粗实线圆和细实线圆？

（7）手工绘图工具、仪器及用品

图样绘制的质量好坏与速度快慢取决于绘图工具和仪器的质量，同时也取决于其能否正确使用。因此，要能够正确挑选绘图工具和仪器，并养成正确使用和经常维护、保养绘图工具和仪器的良好习惯。下面介绍几种常用的绘图工具和仪器、用品以及它们的使用方法。

1）图板、丁字尺、三角板

①图板。图板是用来铺放和固定图纸的。板面要求平整光滑，图板四周一般都镶有硬木边框，图板的左边是工作边，称为导边，需要保持其平直光滑。使用时，要防止图板受潮、受热。图纸要铺放在图板的左下部，用胶带纸粘住四角，并使图纸下方至少留有一个丁字尺宽度的空间，如图 2-26 所示。

图板大小有多种规格，它的选择一般应与绘图纸张的尺寸相适应，与同号图纸相比每边加长 20 ~ 50 mm。常用的图板尺寸规格见表 2-12。

表 2-12　图板尺寸规格　　单位：mm

图板尺寸规格代号	A0	A1	A2	A3
图板尺寸（宽×长）	920×1 220	610×920	460×610	305×460

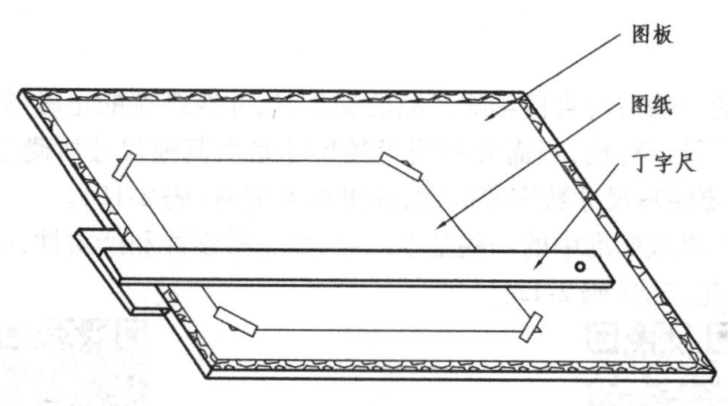

图 2-26　图板及丁字尺

②丁字尺。丁字尺主要用于画水平线，由互相垂直并连接牢固的尺头和尺身两部分组成，尺身沿长度方向带有刻度的侧边为工作边。绘图时，要使尺头紧靠图板左边，并沿其上下滑动到需要画线的位置，同时使笔尖紧靠尺身，笔杆略向右倾斜，即可从左向右匀速画出水平线。应注意：尺头不能紧靠图板的其他边缘滑动而画线；丁字尺不用时应悬挂起来（尺身末端有小圆孔），以免尺身翘起变形，如图 2-26 所示。

③三角板。三角板由 45°和 30°（60°）各一块组成一副，规格用长度 L 表示，常用的大三角板有 20 cm、25 cm、30 cm。它主要用于配合丁字尺使用来画垂直线与倾斜线。画垂直线时，应使丁字尺尺头紧靠图板工作边，三角板一边紧靠住丁字尺的尺身，然后用左手按住丁字尺和三角板，且应靠在三角板的左边自下而上画线。画 30°、45°、60°倾斜线时均需丁字尺与一块三角板配合使用，当画其他 15°整数倍角的各种倾斜线时，需丁字尺和两块三角板配合使用画出。同时，两块三角板配合使用，还可以画出已知直线的平行线或垂直线，如图 2-27 所示。

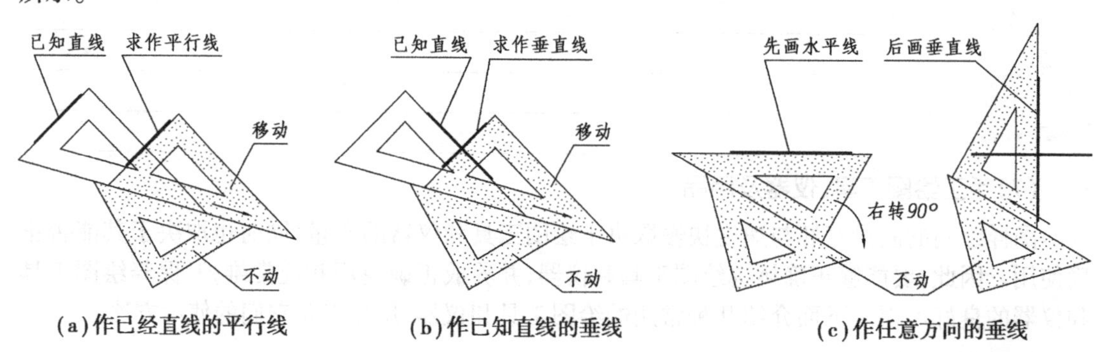

（a）作已经直线的平行线　（b）作已知直线的垂线　（c）作任意方向的垂线

图 2-27　三角板和丁字尺的配合使用

2）比例尺

比例尺是用来按一定比例量取长度时的专用量尺，可放大或缩小尺寸。详见参考资料（码 2-13）。

码 2-13　机械绘图工具汇总（比例尺）

3）圆规和分规

圆规主要是用来画圆及圆弧的。一般较完整的圆规应附有铅芯插腿、钢针插腿、鸭嘴笔插腿和延伸杆等，如图 2-28（a）所示。在画图时，应使用钢针具有台阶的一端，并将其固定在圆心上，这样可不使圆心扩大，同时还应使肩台与铅芯尖平齐，针尖及铅芯与纸面垂直，如图 2-28（b）所示。在一般情况下画圆或圆弧时，应使圆规按顺时针转动，并稍向前方倾斜。在画较大圆或圆弧时，应使圆规的两条腿都垂直于纸面，如图 2-28(c)所示。在画大圆时，还应加接上延伸杆，如图 2-28(d)所示。

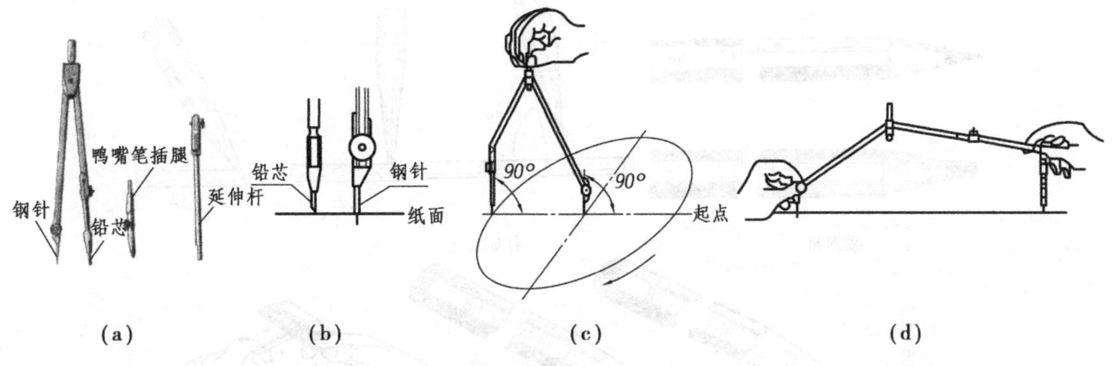

图 2-28　圆规的用法

分规主要是用来量取线段长度和等分线段的。其形状与圆规相似，但两腿都是钢针。为了能准确地量取尺寸，分规的两针尖应保持尖锐，使用时，两针尖应调整到平齐，即当分规两腿合拢后，两针尖必聚于一点，如图 2-29(a)所示。

等分线段时，通常用试分法，首先逐渐地将分规两针尖调到所需距离。然后在图纸上使两针尖沿需要等分的线段依次摆动前进，如图 2-29(b)所示。弹簧分规用于精确的截取距离。

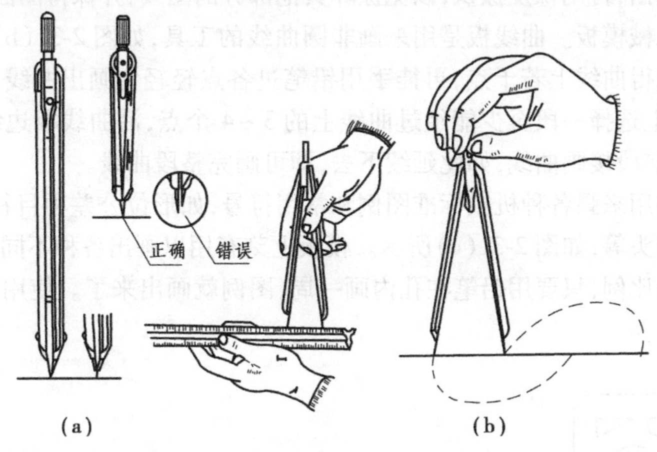

图 2-29　分规及其使用方法

4)绘图用品

①绘图纸。绘图时要选用专用的绘图纸。专用绘图纸的纸质应坚实、纸面洁白，且符合国家标准规定的幅面尺寸。图纸有正反面之分，绘图前可用橡皮擦拭来检验其正反面，擦拭起毛严重的一面为反面。

②铅笔。铅笔是用来画图线或写字的。铅笔的铅芯有软硬之分，铅笔上标注的“H”表示铅芯的硬度，“B”表示铅芯的软度，“HB”表示软硬适中，“B”“H”前的数字越大表示铅笔越软或越硬，6H 和 6B 分别为最硬和最软的。画工程图时，应使用较硬的铅笔打底稿，如 H、2H 等，用 HB 铅笔写字，用 B 或 2B 铅笔加深图线。铅笔通常削成锥形或铲形，笔芯露出 6 ~ 8 mm。画图时应使铅笔略向运动方向倾斜，并使之与水平线大致成 75°角，如图 2-30 所示，且用力要得当。用锥形铅笔画直线时，要适当转动笔杆，这样可使整条线粗细均匀；用铲形铅笔

加深图线时，可削得与线宽一致，以使所画线条粗细一致。

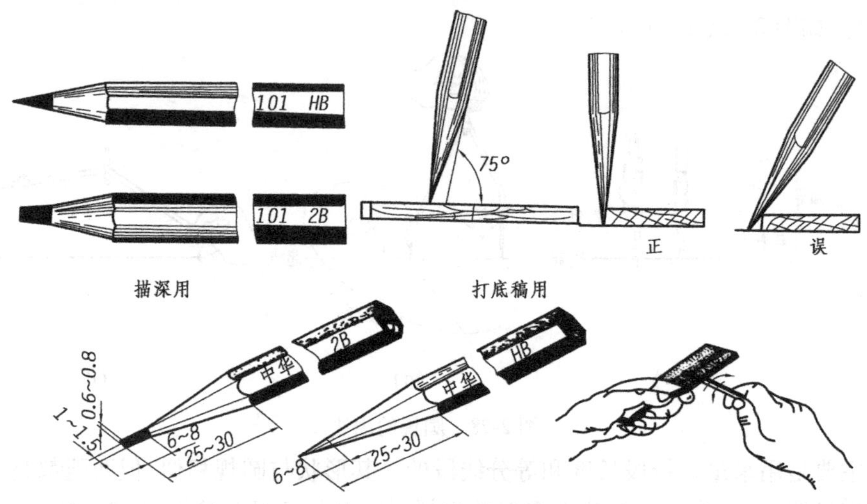

图 2-30　铅笔的使用

③擦图片。擦图片是用来擦除图线的。擦图片由薄塑料片或金属片制成，上面刻有各种形式的镂空，如图 2-31(a)所示。使用时，可选择擦图片上适宜的镂孔，盖在图线上，使要擦去的部分从镂孔中露出，再用橡皮擦拭，以免擦坏其他部分的图线，并保持图面清洁。

④曲线板和机械模板。曲线板是用来画非圆曲线的工具，如图 2-31(b)所示。曲线板的使用方法是首先求得曲线上若干点，再徒手用铅笔过各点轻轻勾画出曲线，然后将曲线板靠上，在曲线板边缘上选择一段至少能经过曲线上的 3 ~4 个点，沿曲线板边缘画出此段曲线，再移动曲线板，自前段接画曲线，如此延续下去，即可画完整段曲线。

机械模板主要用来画各种机械标准图例和常用符号，如形位公差项目符号、粗糙度符号、斜度、锥度符号、箭头等，如图 2-31(c)所示。模板上刻有用以画出各种不同图例或符号的孔。其大小符合一定的比例，只要用铅笔在孔内画一周，图例就画出来了。使用机械模板，可提高画图的速度和质量。

(a)擦图片　　(b)曲线板　　(c)机械模板

图 2-31　擦图片、曲线板与机械模板

⑤其他绘图用品。除上述用品外，绘图时还需要小刀(或刀片)、绘图橡皮、胶带纸、量角器、砂纸及软毛刷等，如图 2-32 所示。

图 2-32　其他绘图用品

机械绘图工具汇总详见参考资料(码 2-13)。

引导问题(6)

①常用几何图形的作图方法有哪些?

②什么是斜度?如何画?怎样标注?

③抄绘平面图形的方法、步骤如何?

(8)常用几何图形的画法

常用的几何图形画法包括等分线段、做角平分线、等分圆周作正多边形、椭圆画法等,其作图方法详见参考资料(码 2-14)。

码 2-13　机械绘图工具汇总(比例尺)

码 2-14　常用几何图形的画法

(9)斜度

斜度是指一直线(或一平面)对另一直线(或一平面)的倾斜程度,如图 2-33 所示。其大小用该两直线(或平面)间夹角的正切来表示,斜度代号为"S",即 $S=\tan\beta=(H-h)/L$,通常把比例的前项化为 1,以简单分数 $1:n$ 的形式来表示斜度,也即 $S=1:L/(H-h)=1:n$,n 为自然数。

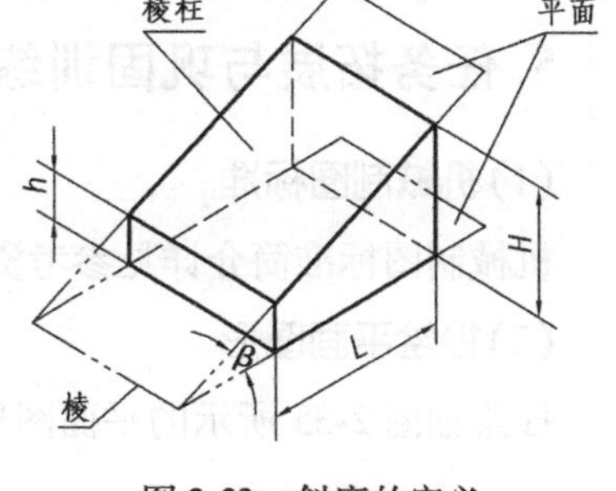

图 2-33　斜度的定义

斜度的作法及斜度符号的绘制方法如图 2-34 所示。

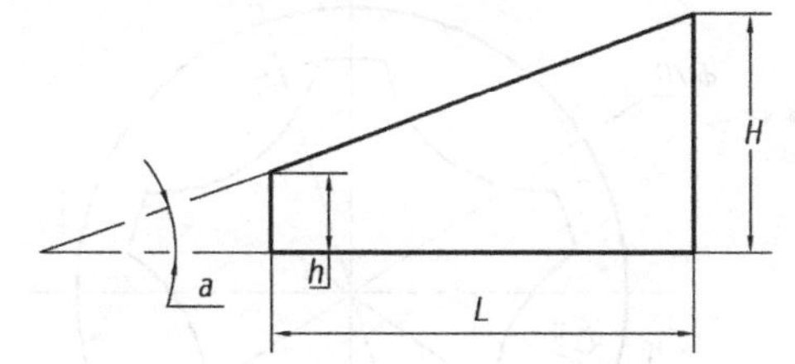

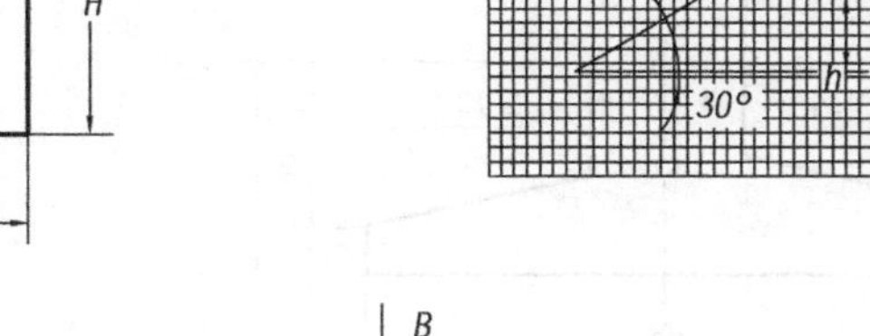

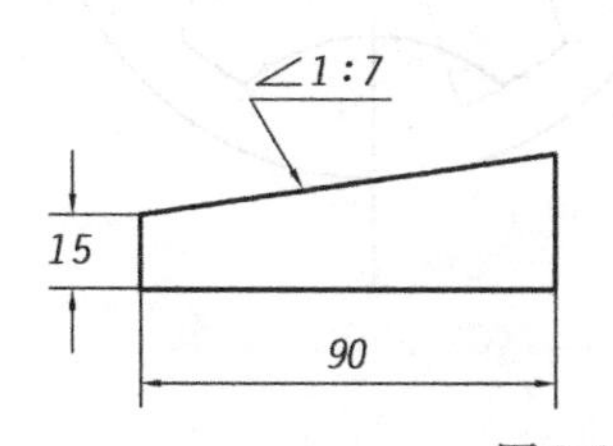

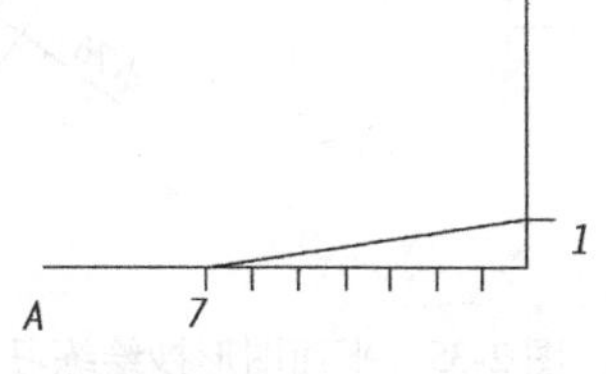

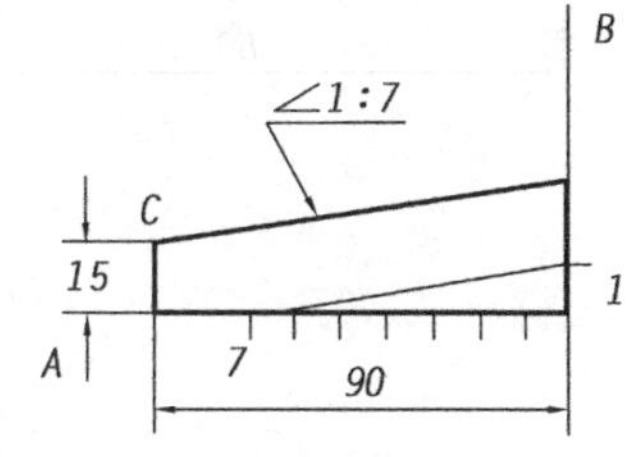

图 2-34　斜度的作法及斜度符号的绘制方法

(10)抄绘平面图形的绘图步骤和方法

①准备好绘图工具和用品,将绘图铅笔及圆规上的铅芯削成需要的形状。
②选定绘图的比例及图幅,并将图纸铺放并固定在图板的合适位置上。
③用细实线绘制图纸的边界线、图框线及标题栏的外框线。
④根据所绘制图形的尺寸大小,布局图面,绘制出基准线及重要的图线。
⑤绘制底稿。
⑥检查、描深,标注尺寸。

4. 边学边做

①检查所需工具、材料是否齐全;检查工作环境是否干净、整洁。
②先分析给定的平面图形,确定其总体尺寸大小,再确定绘图的比例及图幅。
③整理干净桌面,铺放并固定图纸。
④用细实线绘制图纸的边界线、图框线及标题栏的外框线。
⑤根据所绘制图形的尺寸大小,布局图面,绘制出基准线及重要的图线。
⑥绘制底稿。
⑦检查、描深,标注尺寸,填写标题栏。
⑧使用二维 CAD 绘图软件抄绘平面图形并打印或截图。

请将尺规绘制的图样折叠粘贴在此页,或将用计算机绘图软件绘制的二维或三维图样,截图打印粘贴在此页。

5. 任务拓展与巩固训练

(1)机械制图标准

机械制图标准简介详见参考资料(码 1-4)。

码 1-4 制图标准分类等问题

(2)抄绘平面图形

抄绘如图 2-35 所示的平面图形。

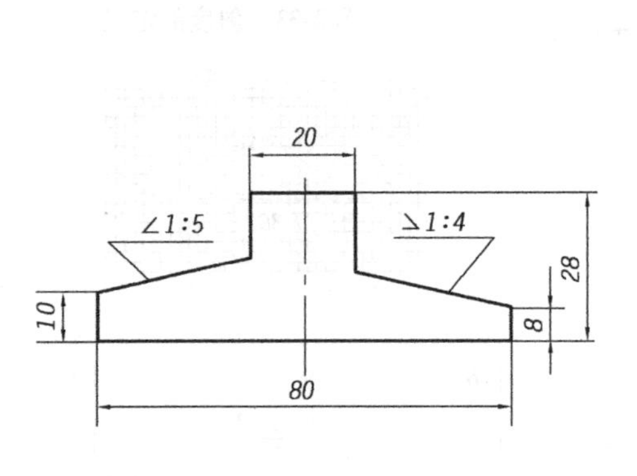

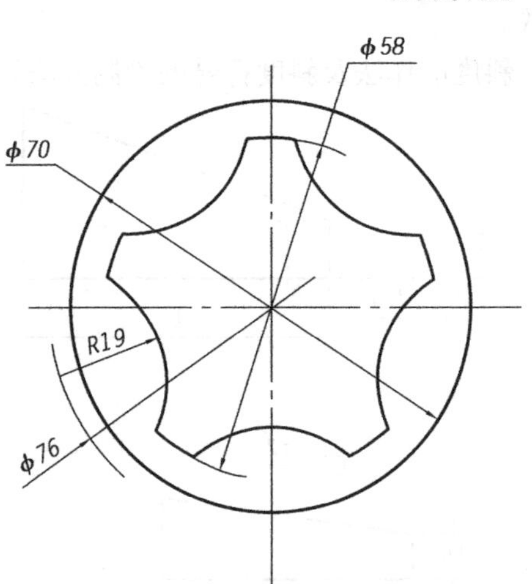

图 2-35 平面图形抄绘练习

(3)用计算机绘图软件绘制槽钢的平面图形

用计算机绘图软件绘制平面图形(槽钢)示例,详见参考资料(码2-15)。

码2-15 用绘图软件绘制平面图形

(4)标注尺寸的符号和缩写词新旧标准对照

标注尺寸的符号和缩写词新旧标准对照见表2-13。

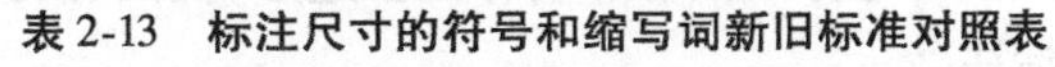

表2-13 标注尺寸的符号和缩写词新旧标准对照表

序号	符号及缩写词			序号	符号及缩写词		
	含义	现行	曾用		含义	现行	曾用
1	直径	ϕ	(未变)	9	深度	↧	深
2	半径	R	(未变)	10	沉孔或锪平	⌴	沉孔、锪平
3	球直径	$S\phi$	球ϕ	11	埋头孔	⌵	沉孔
4	球半径	SR	球R	12	弧长	⌒	(仅变注法)
5	厚度	t	厚,δ	13	斜度	◺	(未变)
6	均布	EQS	均布	14	锥镀	◁	(仅变注法)
7	45°倒角	$C2$	2×45°	15	展开长	⌒→	(新增)
8	正方形	□	(未变)	16	型材截面形状	GB/T 4656.1—2000	GB/T 4656—1984

(5)用计算法作圆的任意等分

利用弦长表,计算出每一等分所对应的弦长,用分规直接作图。详见参考资料(码2-14)。

码2-14 常用几何图形的画法

学习性工作任务(二) 抄绘复杂平面图形

1.任务描述

通过对给定的复杂平面图形的抄绘,如图2-36所示,进一步熟悉常用手工绘图工具与仪器的使用,进一步掌握国家标准《技术制图》《机械制图》中对图幅、比例、字体、图线、尺寸注法的规定,能够对平面图形进行尺寸分析和线段分析,按照基本的作图步骤进行正确抄绘,并进一步熟练掌握二维绘图软件的常用绘图命令和编辑命令,能够使用二维绘图软件抄绘简单平面图形。

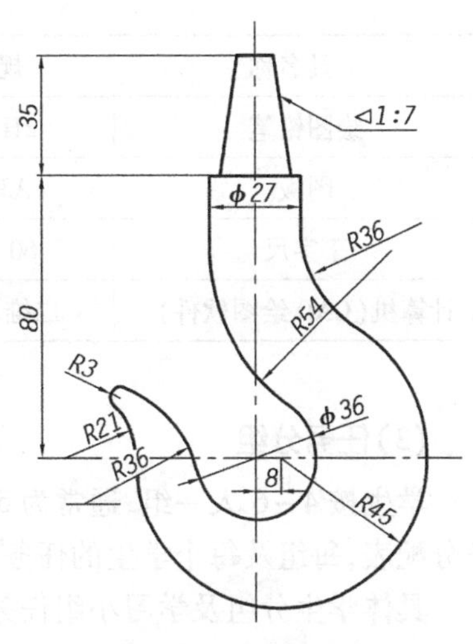

图2-36 复杂平面图形

2.任务准备

学习条件及环境要求:机械制图实训室,计算机、绘图软件(三维、二维)、多媒体、教材、参考书、网络课程及其他资源等。

教学时间(计划学时):8 学时。

任务目标:

①能够正确、熟练使用常用的绘图工具与仪器。

②详细叙述国家标准中对图幅、比例、图线、字体、尺寸注法等的基本规定。

③能够绘制常用的基本几何图形(等分线段、圆周,作正多边形,椭圆、圆弧连接、斜度、锥度),能够对斜度、锥度进行正确标注。

④在教师的指导下,能够对给定的平面图形,进行正确的尺寸分析和线段分析,按照平面图形的抄绘方法和步骤,正确抄绘平面图形。

(1)信息收集

①国家 CAD 制图标准中对图幅、比例、字体、图线、尺寸注法的基本规定。

②常用基本几何图形的作图方法(等分线段、圆周,作正多边形,椭圆)。

③锥度的画法与标注要求。

④圆弧连接的画法。

⑤平面图形的尺寸分析和线段分析。

⑥抄绘平面图形的步骤、方法。

⑦CAD 二维绘图软件的常用绘图命令及编辑命令。

(2)材料、工具

所用材料、工具分别见表 2-14 及表 2-15。

表 2-14 材料计划表

材料名称	规格	单位	数量	备注
标准图纸	A4(A3)	张	1	—
草稿纸	—	张	若干	—

表 2-15 工具计划表

工具名称	规格	单位	数量	备注
绘图铅笔	2H、2B	支	2	自备
图板	A3 号	块	1	—
丁字尺	60 mm	个	1	—
计算机(CAD 绘图软件)	二维、三维	台	40	—

(3)任务分组

学生按 4~6 人一组,通常为 5 人,明确每组的工作任务,填写分组任务表及学生小组任务分配表,每组及每个学生的任务,可以相同也可以有差异性,视情况而定。

具体学生分组及学习小组任务分配见附表。

3. 引导性学习资料

引导问题(1)

①什么是绝对坐标和相对坐标?

②画直线、圆和圆弧、矩形和正多边形应注意什么?

③画椭圆、应用样条曲线应注意什么?

④尺寸标注样式设置、标注及编辑应注意什么?

⑤应用修剪、延伸、偏移编辑命令应注意什么?

⑥应用移动、复制、旋转编辑命令应注意什么?

⑦如何设置样板图的图幅?

⑧如何设置样板图的图层?

⑨如何设置样板图的文字样式?

⑩如何设置样板图的尺寸标注样式?

⑪如何画样板图的标题栏?

(1)机械工程 CAD 制图规则简介

国家标准《机械工程 CAD 制图规则》(GB/T 14665—2012)规定了机械工程中采用计算机辅助设计(Computer Aided Design,CAD)时的制图规则,它适用于在计算机及其外围设备中显示、绘制、打印的机械工程图样及有关技术文件。

1)图线

CAD 中的图线除应遵照《技术制图 图线》(GB/T 17450—1998)和《机械制图 图样画法 图线》(GB/T 4457.4—2002)中的规定外,还应符合以下规定:

①图线组别 CAD 中的图线组别,按表 2-16 的规定选取。

表 2-16　CAD 中的图线组别

组别	1	2	3	4	5	一般用途
线宽/mm	2.0	1.4	1.0	0.7	0.5	粗实线、粗点画线、粗虚线
	1.0	0.7	0.5	0.35	0.25	细实线、波浪线、双折线、细虚线、细点画线、细双点画线

②重合图线的优先顺序。当两条以上不同类型的图线重合时应遵守以下优先顺序:

可见轮廓线和棱线(粗实线)→不可见轮廓线和棱线(细实线)→剖切线(细点画线)→轴线和对称中心线(细点画线)→假想轮廓线(细双点画线)→尺寸界线和分界线(细实线)。

2)字体

CAD 中的字体应符合《技术制图 字体》(GB/T 14691—1993)的要求。数字一般应以正体输出;字母除表示变量外,一般应以正体输出;汉字在输出时一般采用正体,并采用国家正式公布和推行的简化字。小数点、标点符号应占一个字位(省略号和破折号占两个字位)。字高与图幅关系见表2-17。

表2-17　字高与图幅的关系

图幅	A0	A1	A2	A3	A4	备注
字母与数字 h	5		3.5			h=汉字、字母及数字的高度,单位为 mm
汉字 h	7		5			

《机械工程 CAD 制图规则》(GB/T 14665—2012)规定:机械工程的 CAD 制图中,数字一般应以正体输出;字母除表示变量外,一般应以正体输出;汉字在输出时一般采用正体,并采用国家正式公布和推行的简化字。

引导问题(2)

①什么是锥度?如何画?

②什么是圆弧连接?圆弧连接的作图步骤如何?

③常见几何图形的作图方法有哪些?

(2)锥度

锥度(GB/T 15754—1995)是指正圆锥的底圆直径与圆锥高度之比,如图2-37所示。如果是锥台,则为两底圆直径之差与其锥台高之比。锥度代号为 C。如下所示:$C=D/H=(D-d)/L=2\tan\alpha/2$ 。

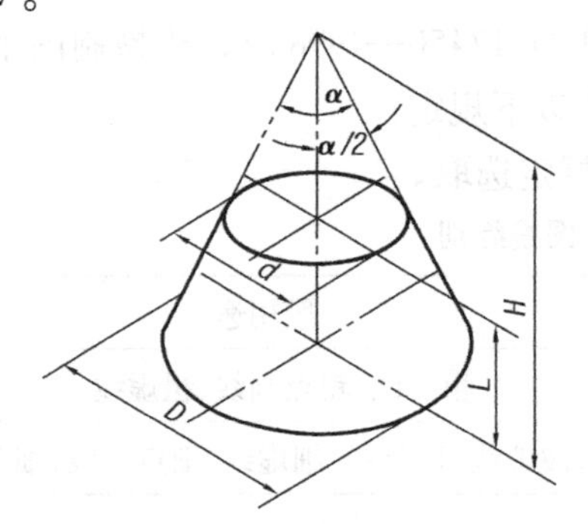

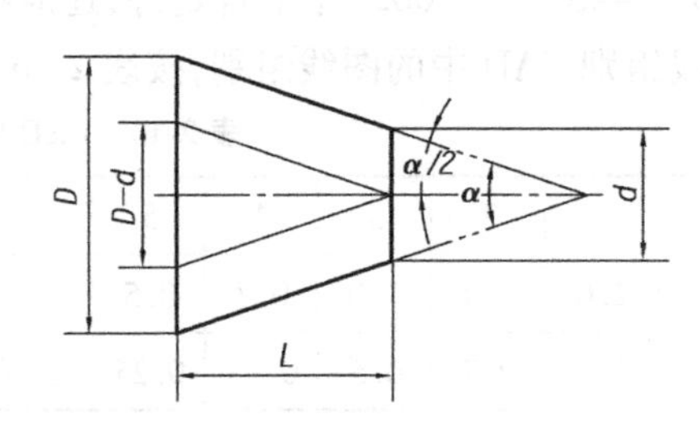

图2-37　锥度的定义

锥度的作法及锥度符号的绘制方法如图2-38所示。

(3)圆弧连接

绘制平面图形时,经常需要用圆弧将两条直线、一圆弧与一直线或两个圆弧之间光滑地连接起来,如图2-39(a)所示,这种连接作图称为圆弧连接,用来连接已知直线或已知圆弧的圆弧称为连接圆弧。圆弧连接的要求就是光滑,而要做到光滑连接就必须使连接圆弧与已知

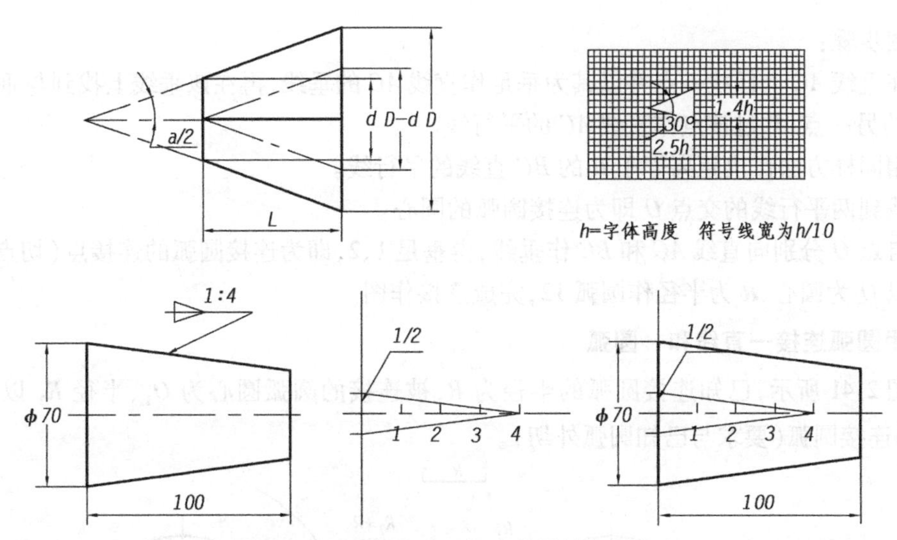

图 2-38　锥度的作法及锥度符号的绘制方法

直线、圆弧相切，切点称为连接点，如图 2-39(b)所示。为了能准确连接，作图时必须先求出连接圆弧的圆心，再找连接点(切点)，最后作出连接圆弧。

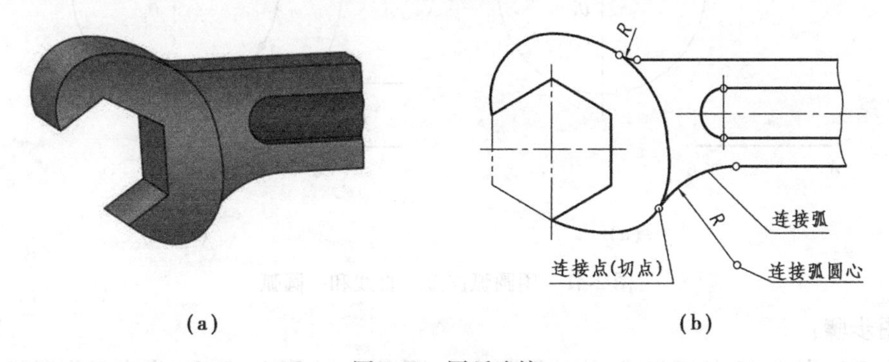

图 2-39　圆弧连接

1)用圆弧连接两直线

如图 2-40 所示，已知直线 AC 和 CB，连接圆弧的半径为 R，求作连接圆弧。

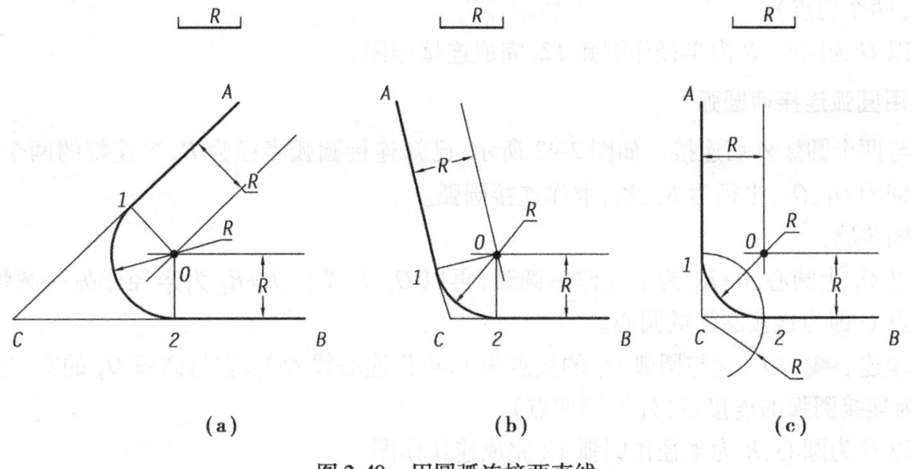

图 2-40　用圆弧连接两直线

作图步骤：

①在直线 AC 上任找一点并以其为垂足作直线 AC 的垂线，再在该垂线上找到与垂足的距离为 R 的另一点，并过该点作直线 AC 的平行线。

②用同样方法作出距离等于 R 的 BC 直线的平行线。

③找到两平行线的交点 O 即为连接圆弧的圆心。

④自点 O 分别向直线 AC 和 BC 作垂线，得垂足 1、2，即为连接圆弧的连接点（切点）。

⑤以 O 为圆心、R 为半径作圆弧 12，完成连接作图。

2）用圆弧连接一直线和一圆弧

如图 2-41 所示，已知连接圆弧的半径为 R，被连接的圆弧圆心为 O_1、半径 R_1 以及直线 AB，求作连接圆弧（要求与已知圆弧外切）。

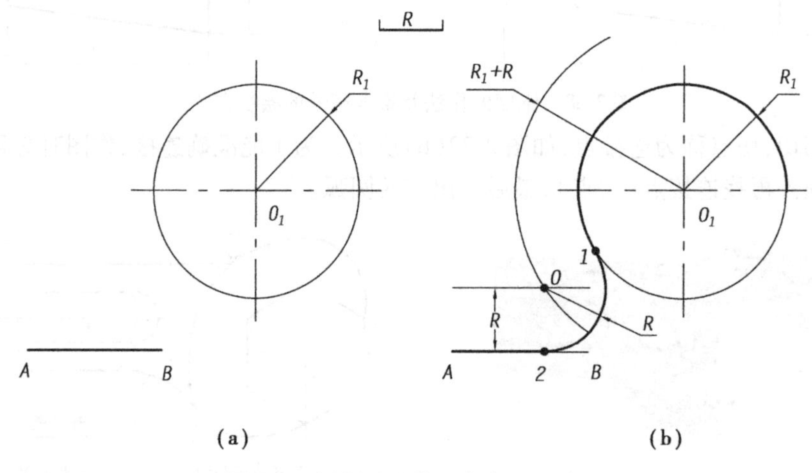

图 2-41　用圆弧连接一直线和一圆弧

作图步骤：

①作已知直线 AB 的平行线，使其间距为 R，再以 O_1 为圆心、$R+R_1$ 为半径作圆弧，该圆弧与所作平行线的交点 O 即为连接圆弧的圆心。

②由点 O 作直线 AB 的垂线得垂足 2，连接 OO_1，与圆弧 O_1 交于点 1，1、2 即为连接圆弧的连接点（两个切点）。

③以 O 为圆心，R 为半径作圆弧 12，完成连接作图。

3）用圆弧连接两圆弧

①与两个圆弧外切连接。如图 2-42 所示，已知连接圆弧半径为 R，被连接的两个圆弧的圆心分别为 O_1、O_2，半径为 R_1、R_2，求作连接圆弧。

作图步骤：

a. 以 O_1 为圆心，$R+R_1$ 为半径作一圆弧，再以 O_2 为圆心、$R+R_2$ 为半径作另一圆弧，两圆弧的交点 O 即为连接圆弧的圆心。

b. 作连心线 OO_1，它与圆弧 O_1 的交点为 1，再作连心线 OO_2，它与圆弧 O_2 的交点为 2，则 1、2 即为连接圆弧的连接点（外切的切点）。

c. 以 O 为圆心，R 为半径作圆弧 12 完成连接作图。

②与两个圆弧内切连接。

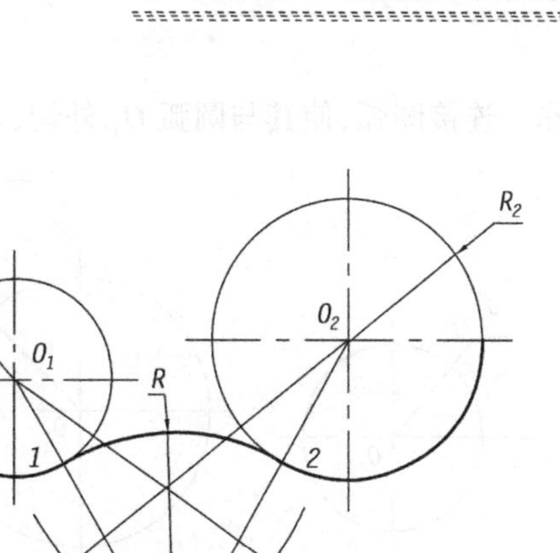

图 2-42　用圆弧连接两圆弧(外切)

如图 2-43 所示,已知连接圆弧的半径为 R,被连接的两个圆弧圆心分别为 O_1、O_2,半径为 R_1、R_2,求作连接圆弧。

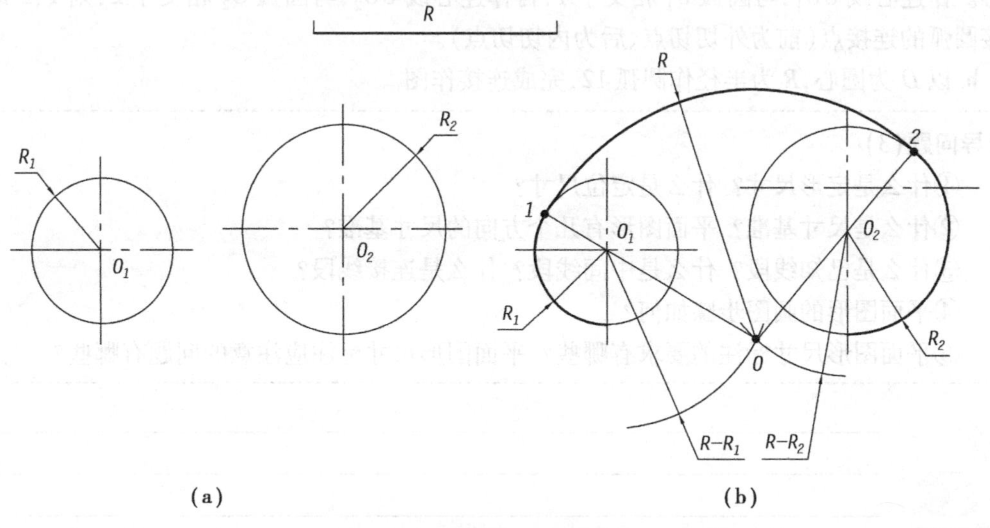

图 2-43　用圆弧连接两圆弧(内切)

作图步骤:

a. 以 O_1 为圆心,$R-R_1$ 为半径作一圆弧,再以 O_2 为圆心、$R-R_2$ 为半径作另一圆弧,两圆弧的交点 O 即为连接圆弧的圆心。

b. 作连心线 OO_1,它与圆弧 O_1 的交点为 1,再作连心线 OO_2,它与圆弧 O_2 的交点为 2,则 1、2 即为连接圆弧的连接点(内切的切点)。

c. 以 O 为圆心,R 为半径作圆弧 12,完成连接作图。

③与一个圆弧外切,与另一个圆弧内切。

如图 2-44 所示,已知连接圆弧半径为 R,被连接的两个圆弧圆心为 O_1、O_2,半径为 R_1、R_2,

求作一连接圆弧,使其与圆弧 O_1 外切,与圆弧 O_2 内切。

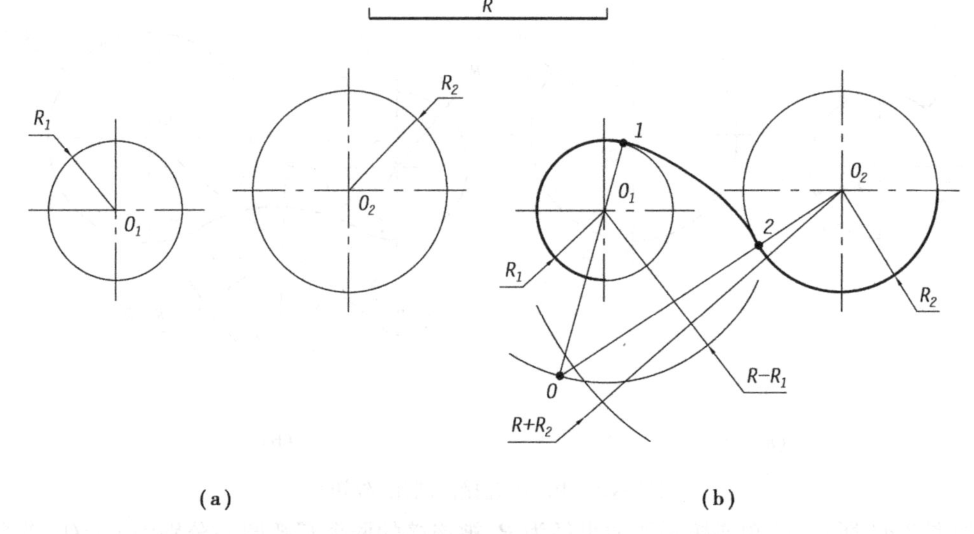

图 2-44　用圆弧连接两圆弧(一外切、一内切)

作图步骤:

a. 分别以 O_1、O_2 为圆心,$R+R_1$、$R-R_2$ 为半径作两个圆弧,两圆弧交点 O 即为连接圆弧的圆心。作连心线 OO_1,与圆弧 O_1 相交于 1;再作连心线 OO_2,与圆弧 O_2 相交于 2,则 1、2 即为连接圆弧的连接点(前为外切切点、后为内切切点)。

b. 以 O 为圆心,R 为半径作圆弧 12,完成连接作图。

引导问题(3)

①什么是定形尺寸？什么是定位尺寸？

②什么是尺寸基准？平面图形有几个方向的尺寸基准？

③什么是已知线段？什么是中间线段？什么是连接线段？

④平面图形的画图步骤如何？

⑤平面图形尺寸标注的要求有哪些？平面图形尺寸标注应注意的问题有哪些？

(4)平面图形的分析与画法

平面图形是由若干段线段所围成的,而线段的形状与大小是根据给定的尺寸确定的。现以图 2-45 所示的平面图形为例,说明尺寸与线段的关系。

1)平面图形的尺寸分析

①尺寸基准。尺寸基准是标注尺寸的起点。平面图形的长度方向和高度方向都要确定一个尺寸基准。尺寸基准常常选用图形的对称线、底边、侧边、图中圆周或圆弧的中心线等。在图 2-45 所示的平面图形中,水平中心线 B 是高度方向的尺寸基准,端面 A 是长度方向的尺

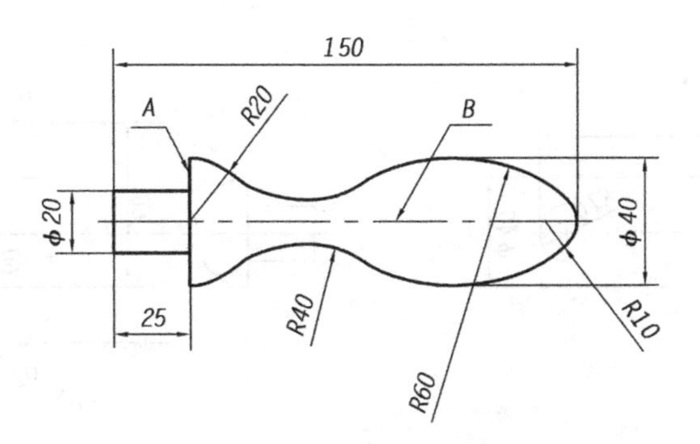

图 2-45　平面图形的尺寸与线段分析

寸基准。

②定形尺寸和定位尺寸。定形尺寸是确定平面图形各组成部分大小的尺寸，如图 2-45 中的 $R60$、$R40$、$R10$、$\phi20$ 等；定位尺寸是确定平面图形各组成部分相对位置的尺寸，如图 2-45 中的 $\phi40$、长度 25 等，该图中还有的定位尺寸需经计算后才能确定，如半径为 $R10$ 的圆弧，其圆心在水平中心线 B 上，且到端面 A 的距离为 $[150-(25+10)]=115$。从尺寸基准出发，通过各定位尺寸，可确定图形中各组成部分的相对位置，通过各定形尺寸可确定图形中各组成部分的大小。

③尺寸标注的基本要求。平面图形的尺寸标注要作到正确、完整、清晰。尺寸标注应符合国家标准的规定；标注的尺寸应完整，没有遗漏的尺寸；标注的尺寸要清晰、明显，并标注在便于看图的地方。

2）平面图形的线段分析

在绘制有连接作图的平面图形时，需要根据尺寸的条件进行线段分析。平面图形的圆弧连接处的线段，根据尺寸是否完整可分为下述 3 类。

①已知线段。根据给出的尺寸可以直接画出的线段称为已知线段。即这个线段的定形尺寸和定位尺寸都完整。在图 2-45 中，圆心位置由尺寸 25、$[150-(25+10)]=115$ 确定的半径为 $R20$、$R10$ 的两个圆弧是已知线段（也称为已知弧）。

②中间线段。有定形尺寸，缺少一个定位尺寸，需要依靠两端相切或相接的条件才能画出的线段称为中间线段。如图 2-45 中 $R60$ 的圆弧是中间线段（也称为中间弧）。

③连接线段。图 2-45 中圆弧 $R40$ 的圆心，其两个方向定位尺寸均未给出，而需要用与两侧相邻线段的连接条件来确定其位置，这种只有定形尺寸而没有定位尺寸的线段称为连接线段（也称为连接弧）。

3）平面图形的画法

①首先对平面图形进行尺寸分析和线段分析，找出尺寸基准和圆弧连接的线段，拟定作图顺序。

②选定比例，画底稿。先画平面图形的对称线、中心线或基线，再顺次画出已知线段、中间线段、连接线段。

③画尺寸线和尺寸界线，并校核修正底稿，清理图面。

④按规定线型加深或上墨，写尺寸数字，再次校核修正。

抄绘图 2-45 所示平面图形的绘图步骤，如图 2-46 所示。

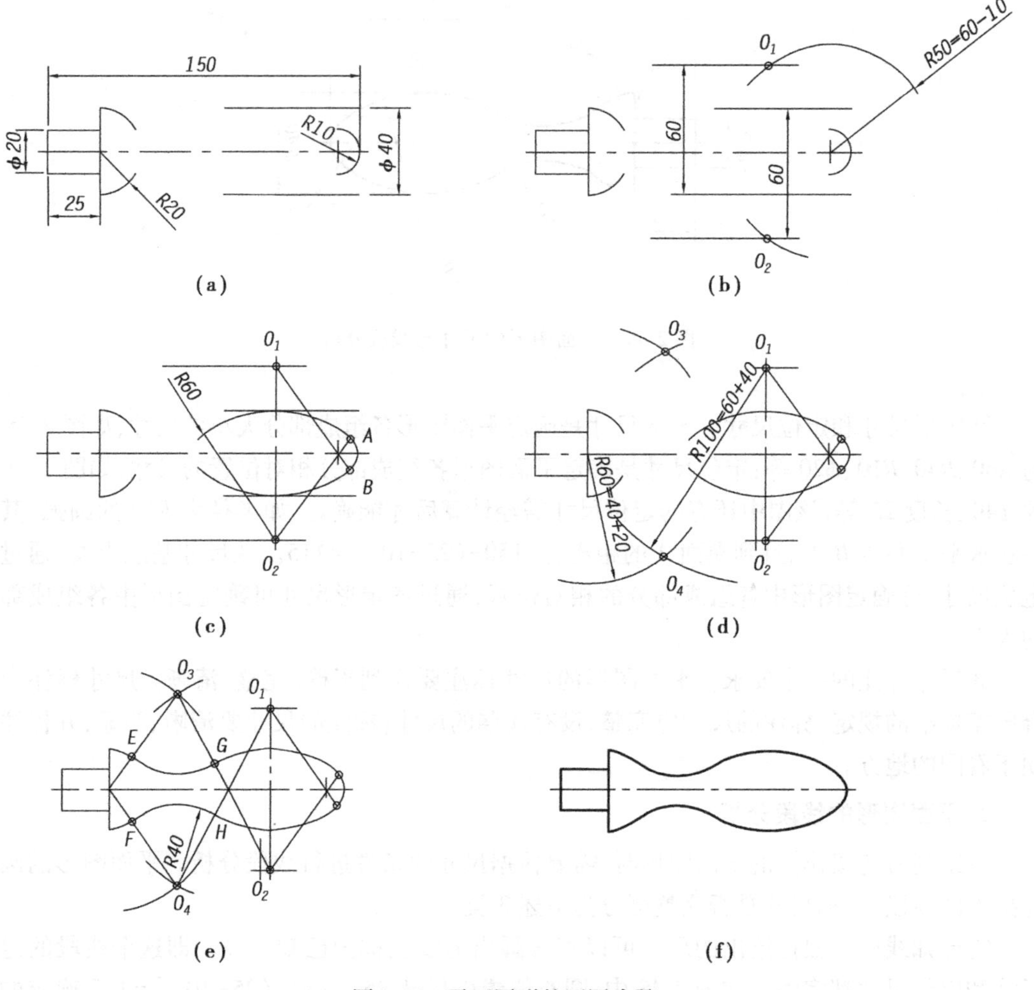

图 2-46　平面图形的画图步骤

(5)绘图的一般方法和步骤

1)用绘图工具和仪器绘制图样

为了保证绘图的质量,提高绘图的速度,除正确使用绘图仪器、工具,熟练掌握几何作图方法和严格遵守国家制图标准外,还应注意下述的绘图步骤和方法。

①准备工作。

a. 收集阅读有关的文件资料,对所绘图样的内容及要求进行了解,在学习过程中,对作业的内容、目的、要求要了解清楚,在绘图之前做到心中有数。

b. 准备好必要的制图仪器、工具和用品。

c. 将图纸用胶带纸固定在图板上,位置要适当。一般将图纸粘贴在图板的左下方,图纸左边至图板边缘 3 ~5 cm,图纸下边至图板边缘的距离略大于丁字尺的宽度。

②画底稿。

a. 按制图标准的要求,先将图框线及标题栏的位置画好。

b. 根据图样的数量、大小及复杂程度选择比例,安排图位,定好图形的中心线。

c. 画图形的主要轮廓线,再由大到小,由整体到局部,直至画出所有轮廓线。

d. 画尺寸界线、尺寸线以及其他符号等。

e. 最后进行仔细的检查，擦去多余的底稿线。

③用铅笔加深。

a. 当直线与曲线相连时，先画曲线后画直线。加深后的同类图线，其粗细和深浅要保持一致。加深同类线型时，要按照水平线从上到下，垂直线从左到右的顺序一次完成。

b. 各类线型的加深顺序是：中心线、粗实线、虚线、细实线。

c. 加深图框线、标题栏及表格，并填写其内容及说明。

④注意事项。

a. 画底稿的铅笔用 H 至 3H，线条要轻而细。

b. 加深粗实线的铅笔用 HB 或 B，加深细实线的铅笔用 H 或 2H。写字的铅笔用 H 或 HB。加深圆弧时所用的铅芯，应比加深同类型直线所用的铅芯软一号。

c. 加深或描绘粗实线时，要以底稿线为中心线，以保证图形的准确性。

d. 修图时，如果是用绘图墨水绘制的，应等墨线干透后，用刀片刮去需要修整的部分。

2)用 CAD 绘图软件抄绘图样

①绘图环境的设置（图层、图幅、字体样式、标注样式）。

②绘图及编辑。

③检查。

4. 边学边练

①检查所需工具、材料是否齐全；检查工作环境是否干净、整洁。

②先分析给定的平面图形，确定其总体尺寸大小，再确定绘图的比例及图幅。

③整理干净桌面，铺放并固定图纸，用细实线绘制图纸的边界线、图框线及标题栏的外框线。

④根据所绘制图形的尺寸大小，布局图面，绘制出基准线及重要的图线。

⑤进一步对给定的平面图形进行尺寸分析和线段分析，确定绘制图线的先后顺序：先画已知线段，再画中间线段，最后画连接线段。

⑥绘制底稿。

⑦检查、描深，标注尺寸，填写标题栏。

⑧使用二维 CAD 绘图软件抄绘平面图形并打印或截图。

请将尺规绘制的图样折叠粘贴在此页，或将用计算机绘图软件绘制的二维或三维图样，截图打印粘贴在此页。

5. 任务拓展与巩固训练

码 2-15　用绘图软件绘制平面图形

①用绘图软件绘制简单平面图形（码 2-15）。

②用绘图软件绘制较复杂的平面图形（码 2-15）。

③按 1∶1 的比例绘制吊钩的平面图形。

吊钩的平面图形如图 2-47 所示。

④用 4∶1 的比例绘制如图 2-48 所示的平面图形，并标注全部尺寸。

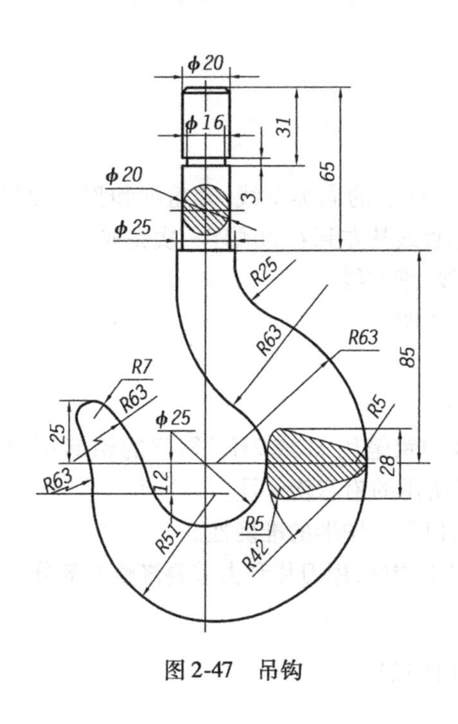

图 2-47　吊钩

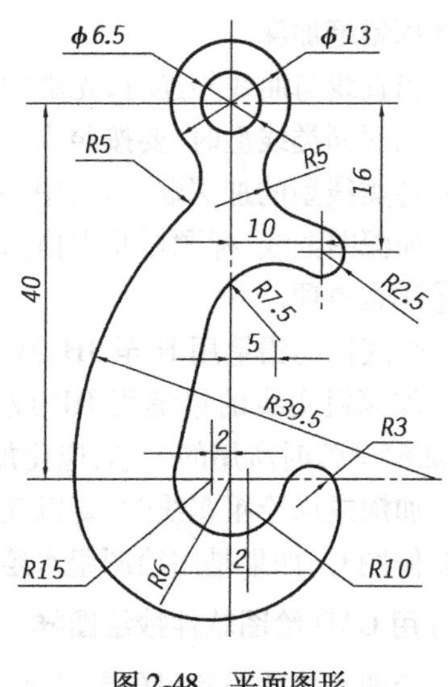

图 2-48　平面图形

学习性工作任务(三)　绘制垫块

1. 任务描述

根据给定的垫块三维立体图,如图 2-49 所示,分析其结构,利用正投影原理及三视图的形成规律,按照国家制图标准,合理确定其表达方案,绘制垫块的三视图。

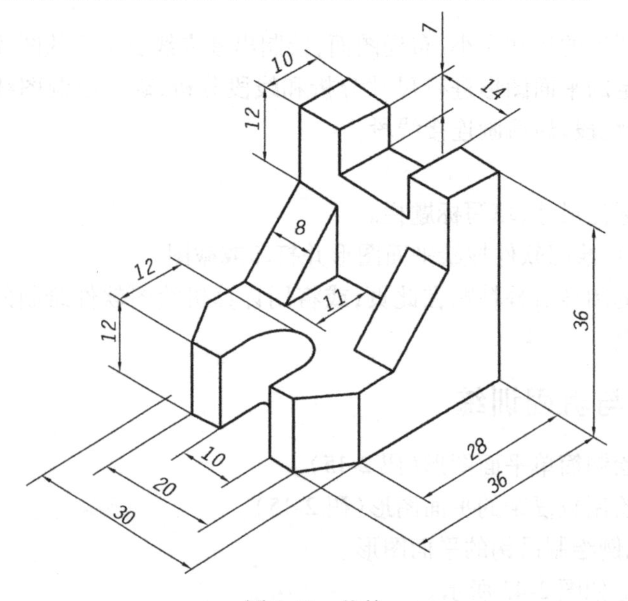

图 2-49　垫块

学习条件及环境要求:机械制图实训室,计算机、绘图软件(三维、二维)、多媒体、拆装工具、适量模型、教材、参考书、网络课程及其他资源等。

教学时间(计划学时):8 学时。

任务目标:

①能够正确使用常用的绘图工具与仪器。

②叙述投影的概念及正投影的投影特性。

③能够叙述三视图的形成及其投影规律(三等定律及方位关系)。

④能够根据简单立体的轴测图绘制其三视图,并进行尺寸标注。

⑤在教师的指导下,能够对给定的简单组合体进行正确的形体分析,按照组合体三视图的作图方法和步骤,正确绘制其三视图。

2.任务准备

(1)信息收集

①投影基础(投影的定义、分类、投影特性)。

②三视图(三投影面体系的建立、三视图的形成、分角、三视图的投影规律)。

③几何要素(图素)点、线、面的投影(特殊位置的点、线、面的投影特性)。

④平面基本几何体的投影。

⑤平面基本几何体表面取点及尺寸标注。

⑥截交线的概念、性质、作图方法和步骤。

⑦平面基本几何体截交线的作图方法和步骤。

⑧简单组合体的三视图的画图、看图、尺寸标注。

⑨手工绘制简单组合体三视图的方法和步骤。

⑩CAD 绘图软件绘制简单组合体三视图的方法和步骤。

(2)材料、工具

所用材料、工具分别见表 2-18 及表 2-19。

表 2-18　材料计划表

材料名称	规格	单位	数量	备注
标准图纸	A4(A3)	张	1	—
草稿纸	—	张	若干	—

表 2-19　工具计划表

工具名称	规格	单位	数量	备注
绘图铅笔	2H、2B	支	2	自备
图板	A3 号	块	1	—
丁字尺	60 mm	个	1	—
计算机(CAD 绘图软件)	二维、三维	台	40	—

(3)任务分组

学生按4～6人一组,通常为5人,明确每组的工作任务,填写分组任务表及学生小组任务分配表,每组及每个学生的任务,可以相同也可以有差异性,视情况而定。

具体学生分组及学习小组任务分配见附表。

3.引导性学习资料

引导问题(1)

①物体的影子,物体的投影以及它们之间的区别是什么?

②投影法的概念是什么?投影的种类有哪些?

③什么是正投影法?正投影法的基本性质是什么?

④三视图是怎样形成的?视图的概念是什么?

⑤三视图的投影规律(三等关系)是什么?三视图的方位关系是什么?

⑥三视图的方位关系与坐标之间的对应关系是什么?

⑦三视图的作图方法和步骤是什么?

(1)投影法概述

1)投影的概念

在日常生活中,人们经常可以看到,物体在日光或灯光的照射下,就会在地面或墙面上留下影子,如图2-50(a)所示。这个影子只能反映物体的轮廓,却无法表达物体的形状和大小。人们对自然界的这一物理现象经过科学的抽象,逐步归纳概括,总结出了影子与物体之间的几何关系,进而形成了投影法。在图2-50(b)中,把光源抽象为一点,称为投射中心,把光线抽象为投射线,把物体抽象为形体(只研究其形状、大小、位置,而不考虑它的物理性质和化学性

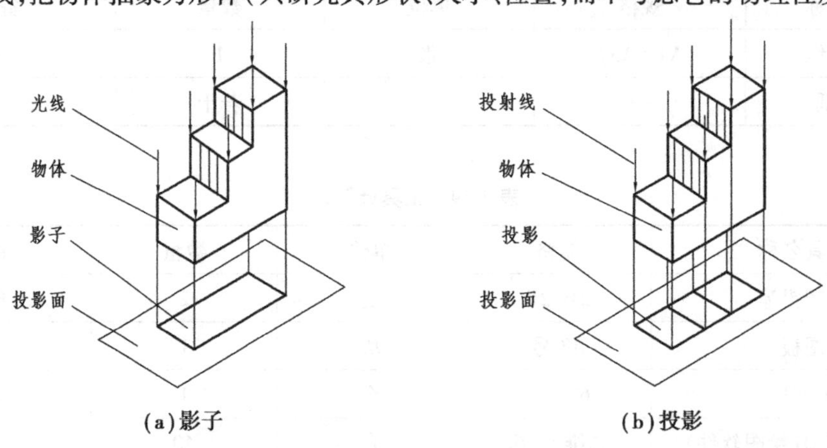

(a)影子　(b)投影

图2-50　影子与投影

质的物体),把地面抽象为投影面,即假设光线能穿透物体,而将物体表面上的各个点和各条线都在承接影子的平面上落下它们的投影,从而使这些点、线的投影组成能够反映物体形状和大小的投影图,使在图纸上表达物体形状与大小的要求得以实现。这种把空间形体转化为平面图形的方法称为投影法。

要产生投影必须具备:投射线、形体、投影面,即投影的三要素。

2)投影的分类

根据投射线之间的相互关系(平行或汇交),可将投影法分为中心投影法和平行投影法。

①中心投影法。当投射中心 S 在有限的距离内,所有的投射线都汇交于一点,这种方法所得到的投影,称为中心投影,如图 2-51 所示。在此条件下,物体投影的大小,随物体距离投射中心 S 及投影面 P 的远近的变化而变化,因此,用中心投影法得到的物体的投影,虽然具有较强的立体感,但不能反映该物体真实形状和大小,且度量性差,作图比较复杂,在机械图样中很少采用。

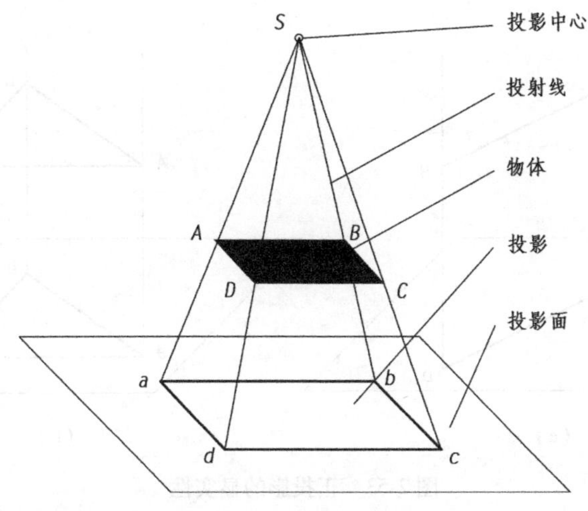

图 2-51　中心投影

②平行投影法。将投射中心 S 移到离投影面无限远处,则投射线可看成互相平行,由此产生的投影称为平行投影。因其投射线互相平行,所得投影的大小与物体离投影中心及投影面的远近均无关。

在平行投影法中,根据投射线与投影面之间是否垂直,又分为斜投影法和正投影法两种:投射线与投影面倾斜时称为斜投影法,如图 2-52(a)所示。用斜投影法所得到的图形,称为斜投影(图);投射线与投影面垂直时称为正投影法,如图 2-52(b)所示。用正投影法所得到的图形,称为正投影(图)。

由于正投影图能反映物体的真实形状和大小,度量性好,作图简便,所以在工程上应用十分广泛,机械图样都是采用正投影法绘制的。正投影法是机械制图的理论基础。

3)正投影的基本性质

①同素性。在通常情况下,直线或平面不平行(或不垂直)于投影面,因而点的投影仍是点,直线的投影仍是直线。这一性质称为同素性。

②显实性(真形性、真实性)。当直线或平面平行于投影面时,它们的投影反映实长或实形。如图 2-53(a)所示,直线 AB 平行于 H 面,其投影 ab 反映 AB 的真实长度,即 $ab=AB$。如

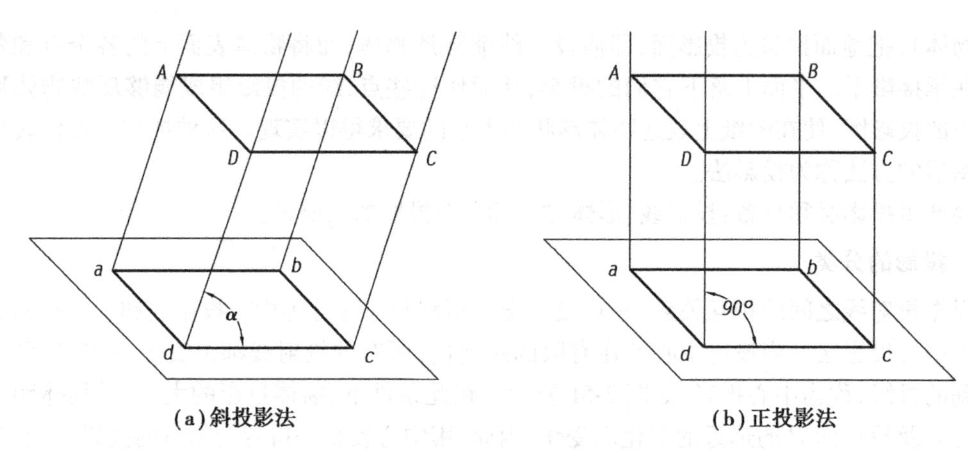

(a)斜投影法　　(b)正投影法

图 2-52　平行投影

图 2-53(b)所示,平面 *ABCD* 平行于 *H* 面,其投影反映实形,即△*abc*≌△*ABC*。这一性质称为显实性。

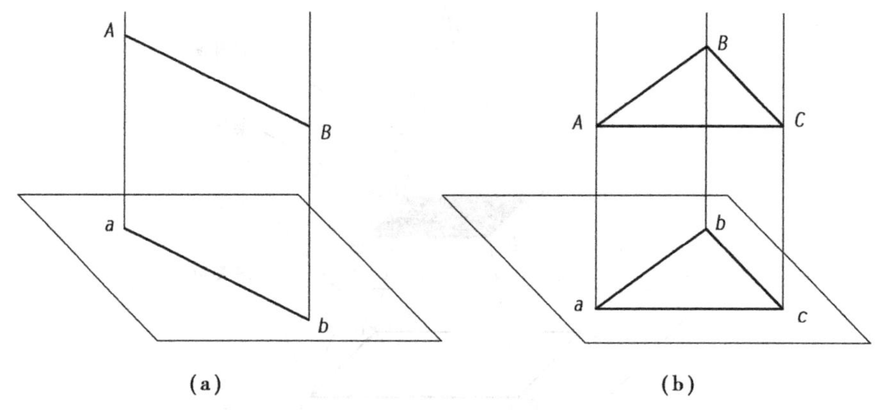

(a)　　(b)

图 2-53　正投影的显实性

③积聚性。当直线或平面平行于投射线(同时也垂直于投影面)时,其投影积聚为一点或一直线。这样的投影称为积聚投影。如图 2-54(a)所示,直线 *AB* 平行于投影线,其投影积聚为一点 *a*(*b*);如图 2-54(b)所示;平面三角形 *ABC* 平行于投影线,其投影积聚为一直线 *ac*。正投影的这种性质称为积聚性。

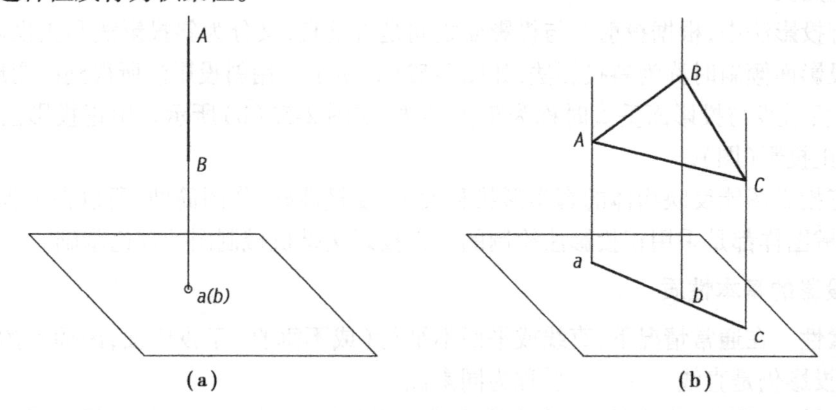

(a)　　(b)

图 2-54　正投影的积聚性

④类似性(仿形性)。当直线或平面倾斜于投影面时,直线在该投影面上的投影短于实长,如图 2-55(a)所示。而平面在该投影面上的投影要发生变形,比原实形要小,但与原形对应线段间的比值保持不变,所以在轮廓间的平行性、凸凹性、直曲等方面均不变,如图 2-55(b)所示。这种情况下,直线和平面的投影不反映实长或实形,其投影形状是空间形状的类似形,因而将正投影的这种性质称为类似性。

⑤平行性。当空间两直线互相平行时,它们在同一投影面上的投影仍互相平行。如图 2-56(a)所示,空间两直线 $AB // CD$,则平面 $ABba //$ 平面 $CDdc$,两平面与投影面 H 的交线 ab、cd 必互相平行。这一性质称为平行性。

⑥从属性与定比性。点在直线上,则点的投影必定在直线的投影上。如图 2-56(b)所示,$C \in AB$,则 $c \in ab$,这一性质称为从属性。

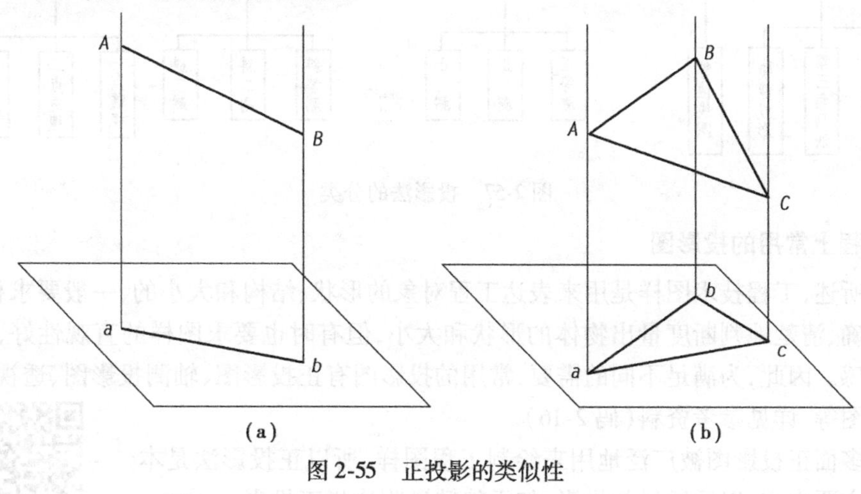

图 2-55　正投影的类似性

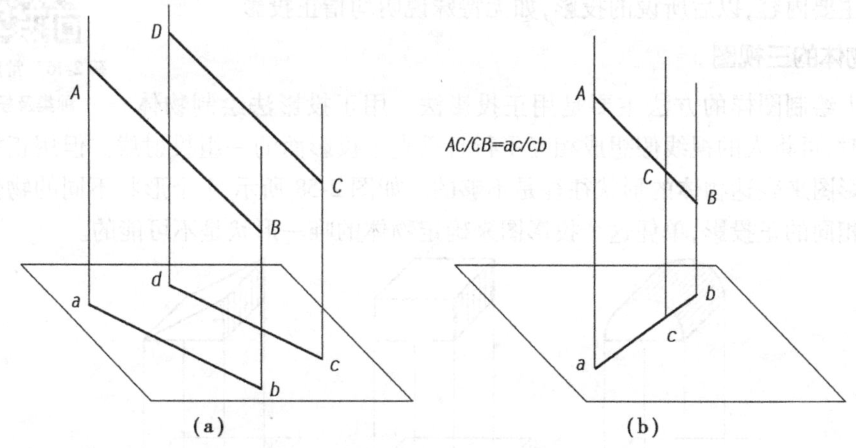

图 2-56　正投影的平行性、从属性与定比性

点分线段的比例等于点的投影分线段的投影所成的比例,如图 2-56(b)所示,$C \in AB$,则 $AC : CB = ac : cb$,这一性质称为定比性。

4)国标中投影的分类

在《技术制图 投影法》(GB/T 14692—2008)中,投影法的分类如图 2-57 所示。

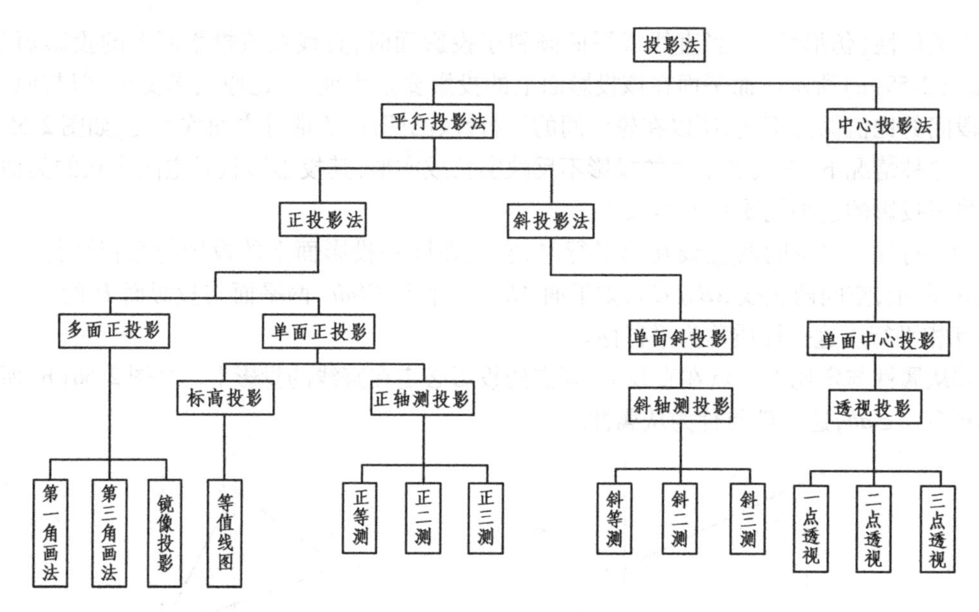

图 2-57　投影法的分类

5）工程上常用的投影图

如前所述，工程技术图样是用来表达工程对象的形状、结构和大小的，一般要求根据图样就能够准确、清楚地判断度量出物体的形状和大小，但有时也要求图样的直观性好，易读懂，富有立体感。因此，为满足不同的需要，常用的投影图有正投影图、轴测投影图、透视投影图、标高投影图等，详见参考资料（码 2-16）。

由于多面正投影图被广泛地用来绘制工程图样，所以正投影法是本书介绍的主要内容，以后所说的投影，如无特殊说明均指正投影。

码 2-16　常用投影图种类及投影法

（2）物体的三视图

工程上绘制图样的方法主要是用正投影法。用正投影法绘制物体的投影图时，可将人的视线假想成相互平行且垂直于投影面的一组投射线。但用正投影法绘制一个投影图来表达物体的形状往往是不够的。如图 2-58 所示，4 个形状不同的物体在投影面上具有相同的正投影，单凭这个投影图来确定物体的唯一形状是不可能的。

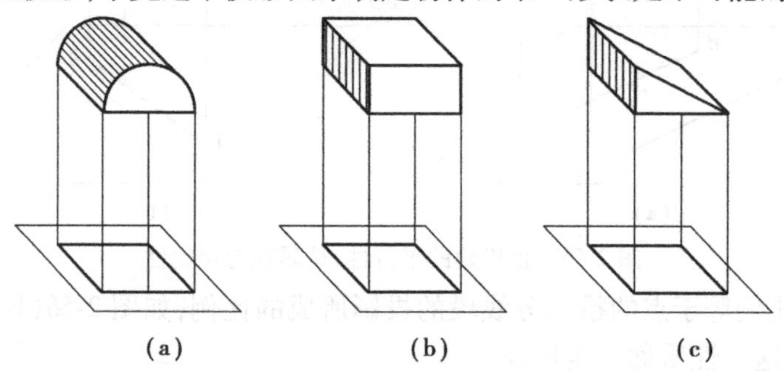

图 2-58　不同形体的单面投影

如果对一个较为复杂的形体，即便是向两个投影面做投影，其投影也就只能反映其两个方向的形状和大小，亦不能确定物体的唯一形状。如图 2-59 所示的 3 个形体，它们的两面投影相同，要凭这两面的投影来区分它们的形状，是不可能的。因此，若要使正投影图唯一的确定物体的完整形状结构,仅有一面或两面投影是不够的,常需要从几个不同的方向进行投射,采用多面投影的方法,获得多面正投影,以表示物体各个方向的形状和结构,综合起来反映物体的完整形状和结构。为此,我们设立了三投影面体系。

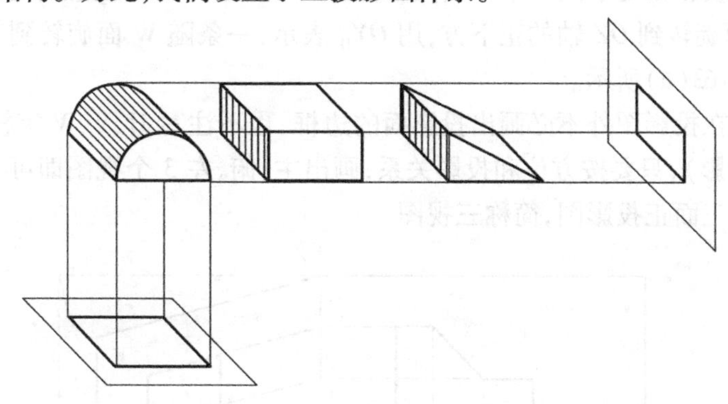

图 2-59　不同形体的两面投影

1)三投影面体系的建立

将 3 个两两互相垂直的平面作为投影面,组成一个三投影面体系,如图 2-60 所示。其中水平投影面用 H 标记,简称水平面或 H 面;正立投影面用 V 标记,简称正立面或 V 面;侧立投影面用 W 标记,简称侧面或 W 面。两投影面的交线称为投影轴,H 面与 V 面的交线为 *OX* 轴,代表左右即长度方向;H 面与 W 面的交线为 *OY* 轴,代表前后即宽度方向;V 面与 W 面的交线为 *OZ* 轴,代表上下即高度方向。3 条投影轴两两互相垂直并汇交于投影原点 *O*。

2)三视图的形成

根据相关标准和规定,用正投影法将物体向投影面投射,所绘制出的物体的投影图,称为视图。

将物体放置于三面投影体系中,并注意安放位置适宜,即将形体的主要表面与 3 个投影面对应平行,用正投影法进行投影,即可得到 3 个方向的正投影图,如图 2-61 所示。从前向后投影,在 V 面得到正面投影图,称为主视图;从上向下投影,在 H 面上得到水平投影,称为俯视图;从左向右投影,在 W 面上得到侧面投影图,称为左视图。这样就得到了物体的主、俯、左 3 个视图。

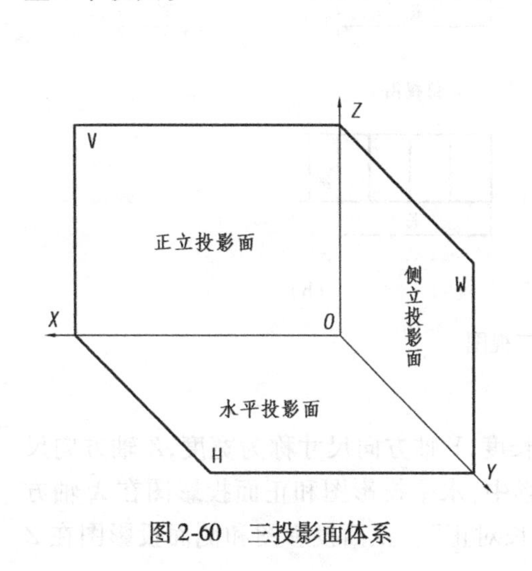

图 2-60　三投影面体系

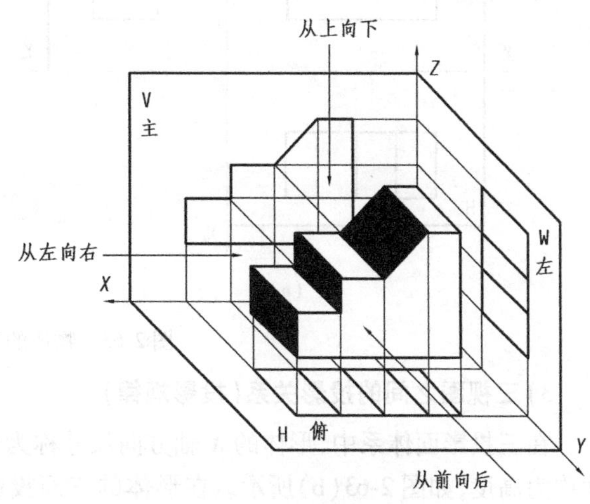

图 2-61　三视图的形成

为了把 3 个投影面上的投影画在一张二维的图纸上，我们假设沿 OY 投影轴将三投影面体系剪开，保持 V 面不动，H 面沿 OX 轴向下旋转 90°，W 面沿 OZ 轴向后旋转 90°，展开三投影面体系，使 3 个投影面处于同一个平面内，如图 2-62 所示。需要注意的是：这时 OY 轴分为两条，一条随 H 面旋转到 OZ 轴的正下方，用 OY_H 表示；一条随 W 面旋转到 OX 轴的正右方，用 OY_W 示，如图 2-63(a)所示。

实际绘图时，在投影图外不必画出投影面的边框，也不注写 H、V、W 字样，也不必画出投影轴(又叫无轴投影)，只要按方位和投影关系，画出主、俯、左 3 个视图即可，如图 2-63(b)所示，这就是形体的三面正投影图，简称三视图。

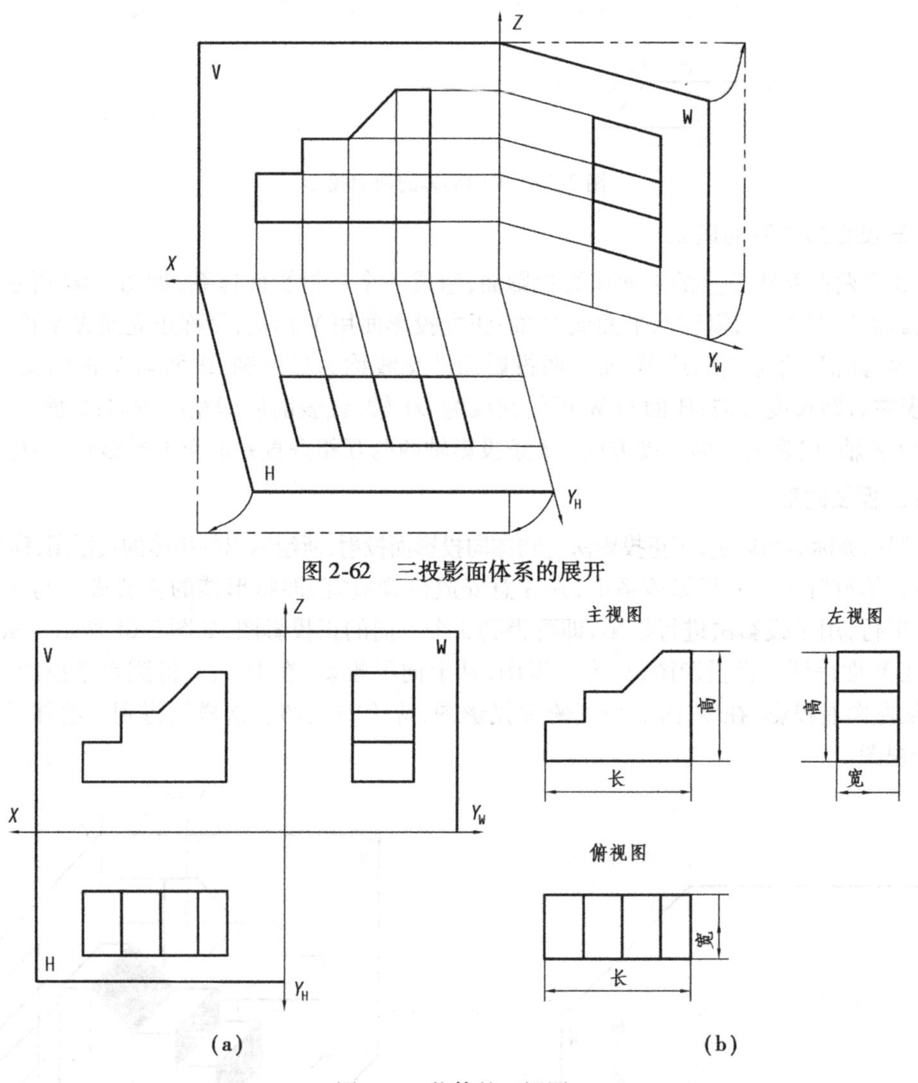

图 2-62　三投影面体系的展开

图 2-63　物体的三视图

3)三视图之间的投影关系(投影规律)

在三投影面体系中，形体的 X 轴方向尺寸称为长度，Y 轴方向尺寸称为宽度，Z 轴方向尺寸称为高度，如图 2-63(b)所示。在形体的三面投影中，水平投影图和正面投影图在 X 轴方向都反映物体的长度，它们的位置左右应对正，即“长对正”。正面投影图和侧面投影图在 Z

轴方向都反映物体的高度,它们的位置上下应对齐,即“高平齐”;水平投影图和侧面投影图在 Y 轴方向都反映物体的宽度,这两个宽度一定相等,即“宽相等”。也即:主俯视图长对正;主左视图高平齐;俯左视图宽相等。

这称为“三等关系”,也称“三等规律”,它是形体的三视图之间最基本的投影关系,是画图和读图的基础。应当注意,这种关系无论是对整个物体还是对物体局部的每一点、线、面均符合。

4)三视图之间的位置关系

在看图和画图时必须注意,以主视图为准,俯视图一定在主视图的正下方,左视图一定在主视图的正右方。画三视图时,一般应按上述位置配置,且不需标注其名称。

5)物体与三视图之间的方位关系

物体在三投影面体系中的位置确定后,相对于观察者,它在空间就有上、下、左、右、前、后6个方位,如图2-64(a)所示。每个投影图都可反映出其中4个方位。V面投影反映形体的上、下和左、右关系,H面投影反映形体的前、后和左、右关系,W面投影反映形体的前、后和上、下关系,如图2-64(b)所示。而且,俯、左视图远离主视图的一侧反映的是物体的前面,靠近主视图的一侧反映的是物体的后面。

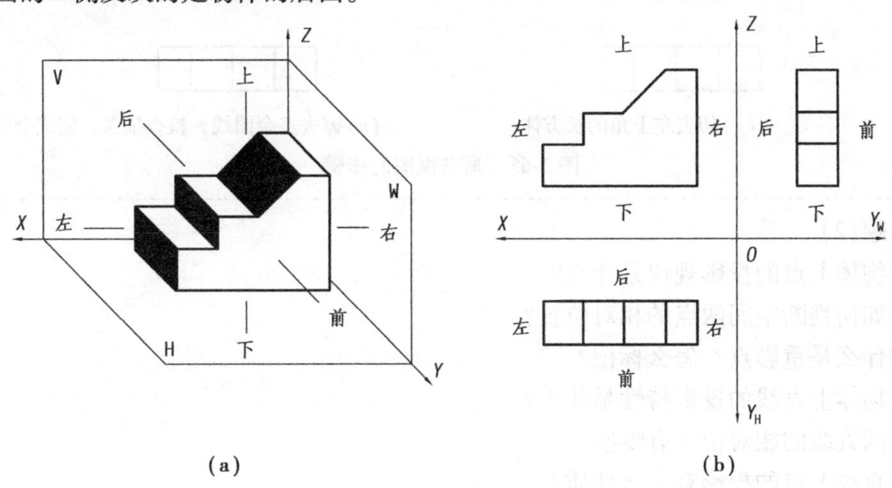

图2-64 三视图的方位关系

6)画三视图的方法与步骤

绘制形体的三视图时,应将形体上的棱线和轮廓线都画出来,并且按投影方向,可见的线用粗实线表示,不可见的线用虚线表示,当虚线和(粗)实线重合时只画出(粗)实线。

绘图前,应先将反映物体形状特征最明显的方向作为主视图的投射方向,并将物体放正,然后用正投影法分别向各投影面进行投影,如图2-65(a)所示。先画出正面投影图,然后根据“三等关系”,画出其他两面投影。“长对正”可用靠在丁字尺工作边上的三角板,将V、H面两投影对正。“高平齐”可以直接用丁字尺将V、W面两投影拉平。“宽相等”可利用过原点 O 的45°斜线,利用丁字尺和三角板,将H、W面投影的宽度相互转移,如图2-65(b)所示,或以原点 O 为圆心作圆弧的方法,得到引线在侧立投影面上与“等高”水平线的交点,连接关联点而得到侧面投影图。

三面投影图之间存在着必然的联系。只要给出物体的任何两面投影,就可求出第三个投影。

画三视图时,物体的每一个组成部分,最好是3个视图配合着画,不要把一个视图全部画完,再去画另一个视图。这样,不但可以提高绘图速度,还能避免漏线、多线。画物体的某一部分三视图时,应先画反映形状特征的视图,再按投影关系画出其他视图。

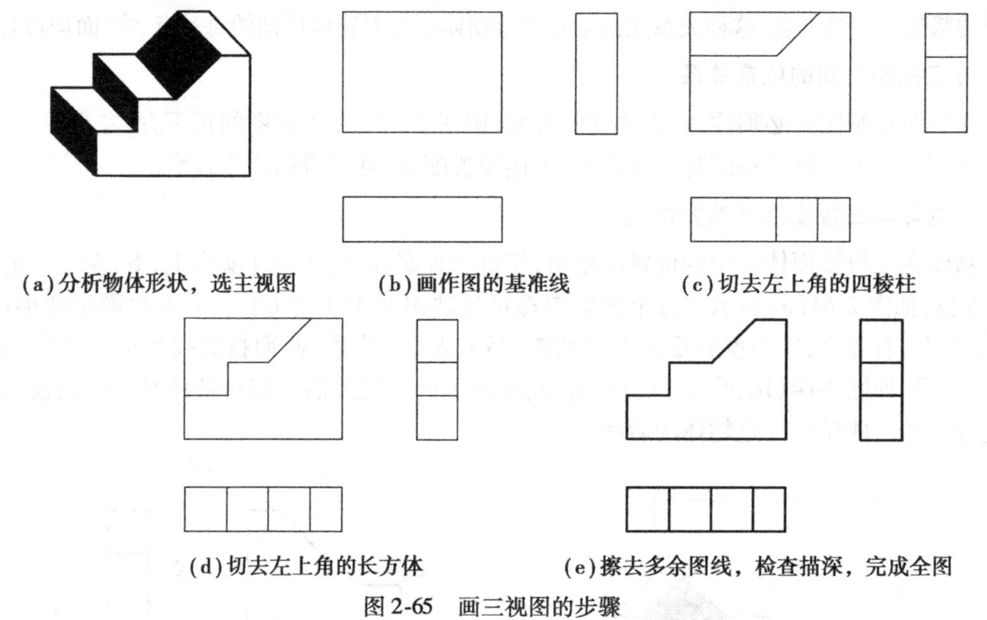

(a)分析物体形状,选主视图　(b)画作图的基准线　(c)切去左上角的四棱柱

(d)切去左上角的长方体　(e)擦去多余图线,检查描深,完成全图

图 2-65　画三视图的步骤

引导问题(2)

①物体上点的投影规律是什么?

②如何判断空间两点的相对位置?

③什么是重影点?怎么标记?

④物体上直线的投影特性是什么?

⑤两直线的相对位置有哪些?

⑥直线上点的投影有什么性质?

⑦物体上平面的投影特性是什么?

点、线、面是构成自然界中一切有形物体(简称“形体”)的基本几何元素,它们是不能脱离形体而孤立存在的。基本体是指形状简单且规则的形体,任何机件都可以看成由若干个基本体组合而成的形体。因此,学习和掌握其投影特性和规律,能够为正确理解和表达形体打下坚实的基础。

(3)点的投影

点是最基本的几何元素,为进一步研究正投影的规律,首先就要从点的投影开始谈起。

1)点的三面投影及其规律

将空间点 A 放置在三投影面体系中,过点 A 分别作垂直于 H 面、V 面、W 面的投影线,投影线与 H 面的交点(即垂足点)a 称为 A 点的水平投影(H 投影);投影线与 V 面的交点 a'称为 A 点的正面投影(V 投影);投影线与 W 面的交点 a''称为 A 点的侧面投影(W 投影)。

在投影图中,统一规定:空间点用大写字母表示,其在 H 面的投影用相应的小写字母表示;在 V 面的投影用相应的小写字母右上角加一撇表示;在 W 面的投影用相应的小写字母右上角加两撇表示。在图 2-66(a)中,空间点 A 的三面投影分别用 a、a'、a''表示。

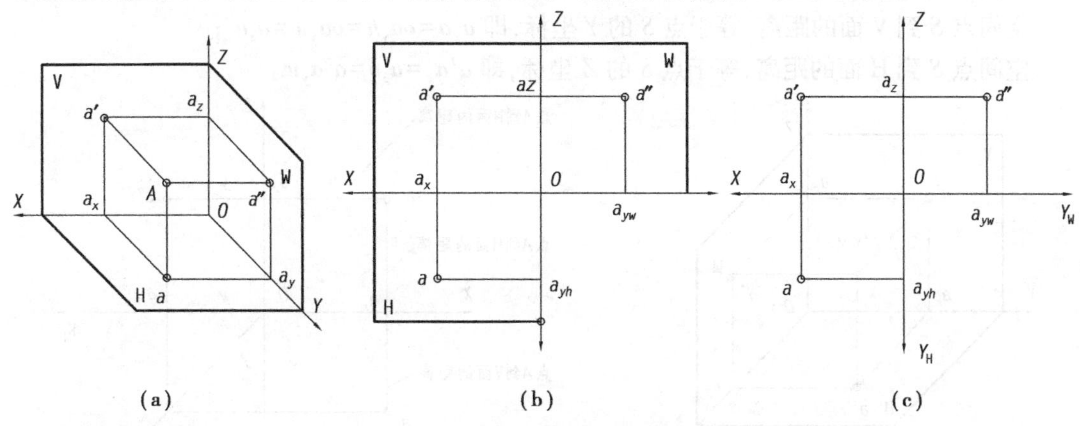

图 2-66 点的三面投影

按前述规定将三投影面展开,就得到点 A 的三面投影图,如图 2-66(b)所示。在点的投影图中一般只画出投影轴,不画投影面的边框,如图 2-66(c)所示。

在图 2-66(a)中,过空间点 A 的两条投影线 Aa 和 Aa'所构成的矩形平面 Aa_xa'与 V 面和 H 面互相垂直并相交,因而它们的交线 aa_x、$a'a_x$、OX 轴必然互相垂直且相交于一点 a_x。当 V 面不动,将 H 面绕 OX 轴向下旋转 90°而与 V 面在同一平面时,a'、a_x、a 三点共线,即 $a'a_xa$ 成为一条垂直于 OX 轴的直线,如图 2-66(b)所示。同理可证,连线 $a'a_za''$垂直于 OZ 轴。

在图 2-66(a)中,Aa_xa'是一个矩形平面,线段 Aa 表示 A 点到 H 面的距离,$Aa=a'a_x$。线段 Aa'表示 A 点到 V 面的距离,$Aa'=aa_x$;同理可得,线段 Aa''表示 A 点到 W 面的距离,$Aa''=aa_y$。a_y 在投影面展开后,被分为 a_{yH} 和 a_{yw} 两个部分,所以 $aa_{Yh}\perp OY_H$, $a''a_{yw}\perp OY_W$。

通过以上分析,可得出点的投影特性如下:

①点的两面投影的连线垂直于相应的投影轴。

$a'a\perp OX$,即 A 点的 V 面和 H 面投影连线垂直于 X 轴;

$a'a''\perp OZ$,即 A 点的 V 面和 W 面投影连线垂直于 Z 轴;

$aa_{yh}\perp OY_H$,$a''a_{yw}\perp OY_W$,$oa_{Yh}=oa_{yw}$,即 A 点的 H 面和 W 面投影连线垂直于 Y 轴。

②点的投影到投影轴的距离,反映该点到相应的投影面的距离。

$aa_x=a''a_z=Aa'$,反映 A 点到 V 面的距离;

$a'a_x=a''a_{yw}=Aa$,反映 A 点到 H 面的距离;

$a'a_z=aa_{Yh}=Aa''$,反映 A 点到 W 面的距离。

根据上述投影特性可知:由点的两面投影就可确定点的空间位置,故只要已知点的任意两面投影,就可以运用投影规律求出该点的第三面投影。

【例】已知点 A 的水平投影 a 和正面投影 a'，求其侧面投影 a''。

解题过程详见参考资料(码 2-17)。

码 2-17　点的投影例题

2)点的投影与其直角坐标的关系

若将三投影面体系中的 3 个投影面看作直角坐标系中的 3 个坐标面，则 3 条投影轴相当于坐标轴，投影原点相当于坐标原点。如图 2-67 所示：空间点 $S(X,Y,Z)$ 到 3 个投影面的距离可以用直角坐标来表示，即：

空间点 S 到 W 面的距离，等于点 S 的 X 坐标，即 $a'a_z = a_x o = aa_y h$；

空间点 S 到 V 面的距离，等于点 S 的 Y 坐标，即 $a_x a = oa_y h = oa_y w = a_z a''$；

空间点 S 到 H 面的距离，等于点 S 的 Z 坐标，即 $a'a_x = a_z o = a''a_y w$。

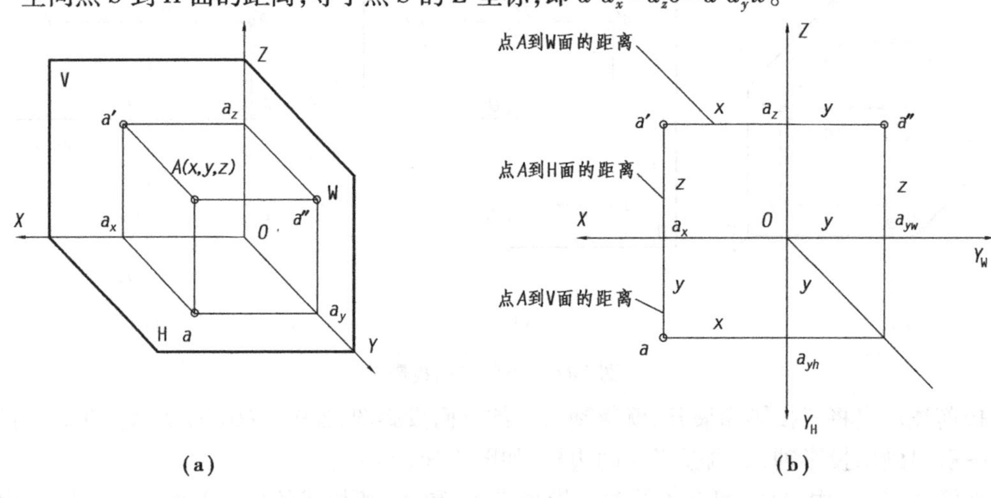

图 2-67　点的投影与其直角坐标的关系

由此可见，若已知点的直角坐标，就可以作出点的三面投影。而点的任何一面投影都反映了点的两个坐标，点的两面投影即可反映点的 3 个坐标，也就确定了点的空间位置。因而，若已知点的任意两面投影，就可以作出点的第三面投影。

【例】已知点 $A(50,40,45)$，作其三面投影图。

解题过程详见参考资料(码 2-17)。

3)特殊位置点的投影

①投影面上的点。当点的 3 个坐标中有一个坐标为零时，则该点在某一投影面上。如图 2-68(a)所示，A 点在 H 面上，B 点在 V 面上，C 点在 W 面上。对于 A 点而言，其 H 面投影 a 与 A 重合，V 面投影 a'在 OX 轴上，W 面投影 a''在 OY_W 轴上。同样可得出 B、C 两点的投影，如图 2-68(b)所示。

②投影轴上的点。当点的 3 个坐标中有两个坐标为零时，则该点在某一投影轴上。如图 2-69(a)所示，D 点在 X 轴上，E 点在 Y 轴上，F 点在 Z 轴上。对于 D 点而言，其 H 面投影 d、V 面投影 d'都与 D 点重合，并在 OX 轴上；其 W 面投影 d''与原点 O 重合。同样可得出 E、F 两点的投影，如图 2-69(b)所示。

4)两点的相对位置

空间两点的相对位置，是以其中一个点为基准，来判断另一个点在该点的前或后、左或右、上或下。

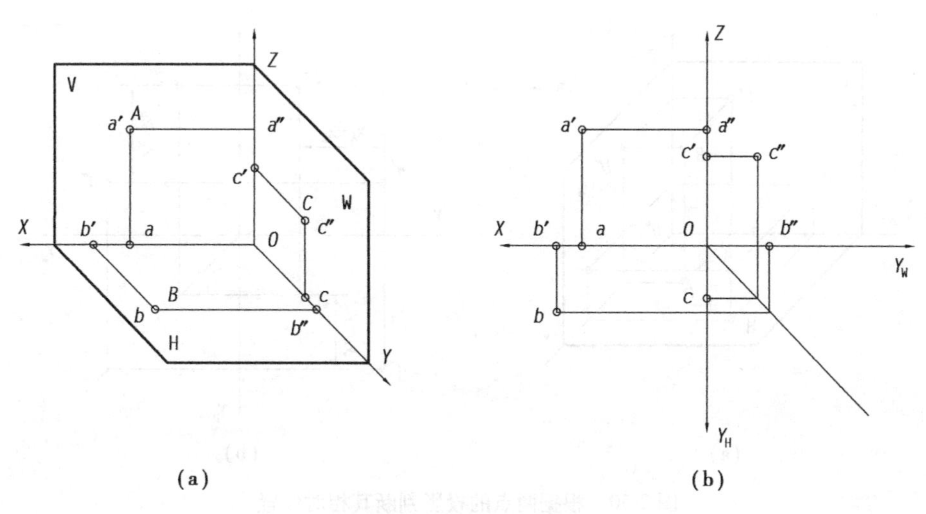

图 2-68　投影面上的点

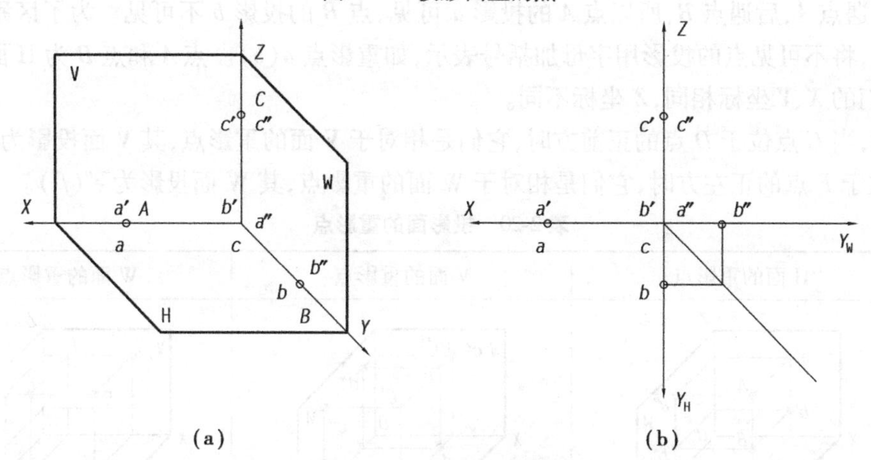

图 2-69　投影轴上的点

空间两点的相对位置可以根据其坐标关系来确定：x 坐标大者在左，小者在右；y 坐标大者在前，小者在后；z 坐标大者在上，小者在下。也可以根据它们的同面投影来确定：V 面投影反映它们的上下、左右关系，H 面投影反映它们的左右、前后关系，W 面投影反映它们的上下、前后关系。

若要知道空间两点的确切位置，则可利用两点的坐标差来确定。

如图 2-70(a)所示，已知 A、B 两点的三面投影。$X_A>X_B$ 表示 A 点在 B 点之左，$Y_A>Y_B$ 表示 A 点在 B 点之前，$Z_A<Z_B$ 表示 A 点在 B 点之下，即 A 点在 B 点的左、前、下方，如图 2-70(b)所示。若已知 A、B 两点的坐标，就可知道 A 点在 B 点左(右)方 X_A-X_B 处(负数为反方向)，A 点在 B 点前(后)方 Y_A-Y_B 处(负数为反方向)，A 点在 B 点上(下)方 Z_A-Z_B 处(负数为反方向)。反之如果已知两点的相对位置，以及其中一点的投影，也可以作出另一点的投影。

当两个点处于某一投影面的同一投影线上，则两个点在这个投影面上的投影便互相重合，这个重合的投影称为重影，空间的两点称为重影点。

在表 2-20 中，当 A 点位于 B 点的正上方时，即它们在同一条垂直于 H 面的投影线上，其 H 面投影 a 和 b 重合，A、B 两点是 H 面的重影点。由于 A 点在上，B 点在下，向 H 面投影时，

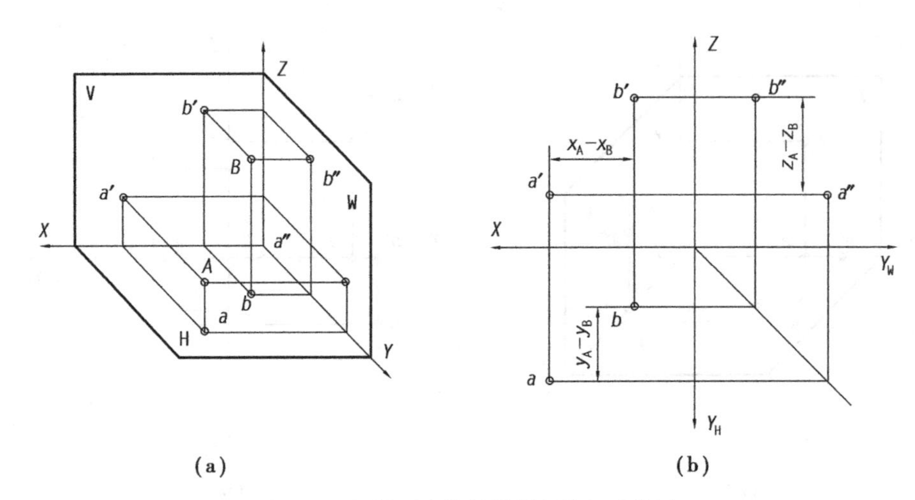

图 2-70　根据两点的投影判断其相对位置

投影线先遇点 A,后遇点 B,所以点 A 的投影 a 可见,点 B 的投影 b 不可见。为了区别重影点的可见性,将不可见点的投影用字母加括号表示,如重影点 $a(b)$。点 A 和点 B 为 H 面的重影点时,它们的 X、Y 坐标相同,Z 坐标不同。

同理,当 C 点位于 D 点的正前方时,它们是相对于 V 面的重影点,其 V 面投影为 $c'(d')$。当 E 点位于 F 点的正左方时,它们是相对于 W 面的重影点,其 W 面投影为 $e''(f'')$。

表 2-20　投影面的重影点

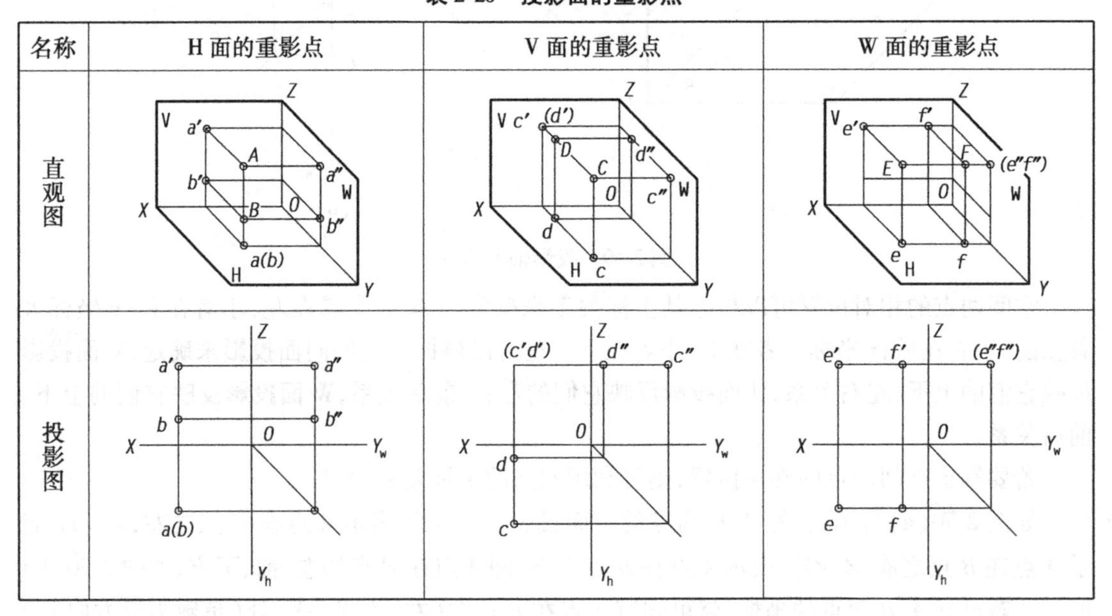

名称	H 面的重影点	V 面的重影点	W 面的重影点
直观图			
投影图			

(4)直线的投影

不重合的两点可以决定一直线,直线的长度是无限延伸的。直线上两点之间的部分(一段直线)称为线段,线段有一定的长度。本书所讲的直线实质上是指线段。

1)直线的三面投影

直线的投影在一般情况下仍是直线,在特殊情况下,其投影可积聚为一个点。直线在某一投影面上的投影是通过该直线上各点的投射线所形成的平面与该投影面的交线。作某一直线的投影，只要作出这条直线两个端点的三面投影，然后将两端点的同面投影相连，即得直线的三面投影，如图 2-71 所示。

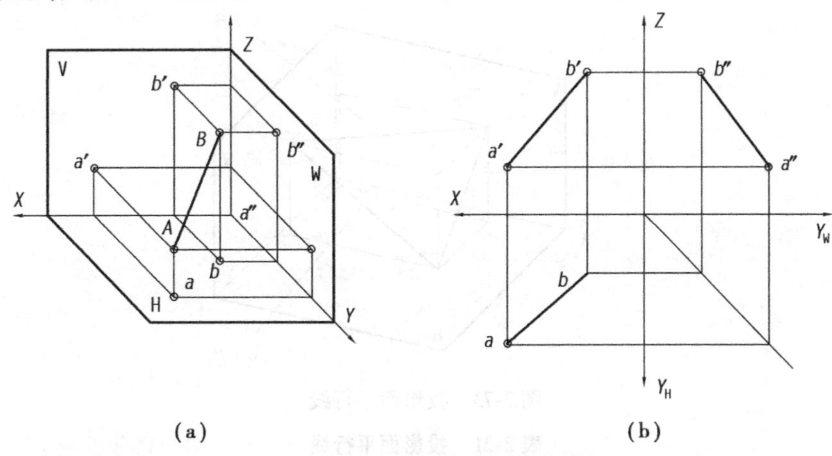

图 2-71　直线的三面投影

2）直线上点的投影

如果点在直线上，则点的三面投影就必定在直线的三面投影之上。这一性质称为点的从属性。

一直线上的两线段之比，等于其同面投影之比。这一性质称为点的定比性。

如图 2-72 所示，已知 AB 的两投影，C 点在 AB 上且分 AB 为 $AC:CB=2:3$，求 N 点的两投影。

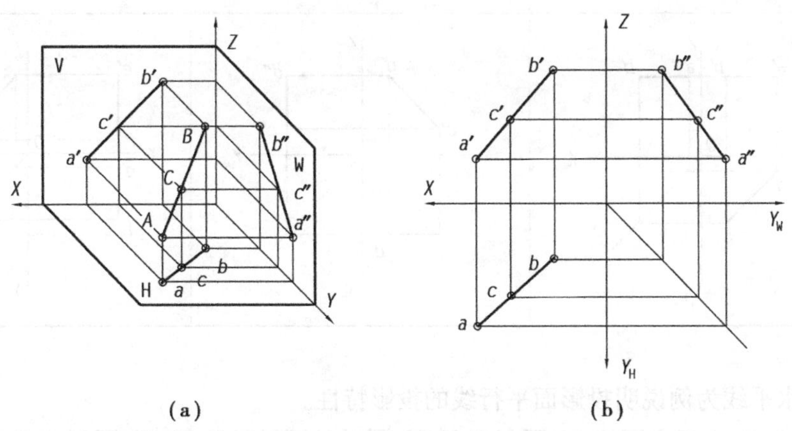

图 2-72　求直线上点的投影

3）各种位置直线的投影特性

按直线与 3 个投影面之间的相对位置，将空间直线分为两大类：即特殊位置直线和一般位置直线。特殊位置直线又分为投影面平行线和投影面垂直线。直线与投影面之间的夹角，称为直线的倾角。直线对 H 面、V 面、W 面的倾角分别用希腊字母 α、β、γ 表示。

①投影面平行线。平行于一个投影面而同时与另外两个投影面都倾斜的直线，称为投影面平行线。投影面平行线可分为以下 3 种，如图 2-73 所示。

a. 平行于 H 面，同时倾斜于 V、W 面的直线称为水平线，如表 2-21 中 *AB* 线。

b. 平行于 V 面，同时倾斜于 H、W 面的直线称为正平线，如表 2-21 中 *CD* 线。

c. 平行于 W 面，同时倾斜于 H、V 面的直线称为侧平线，如表 2-21 中 *EF* 线。

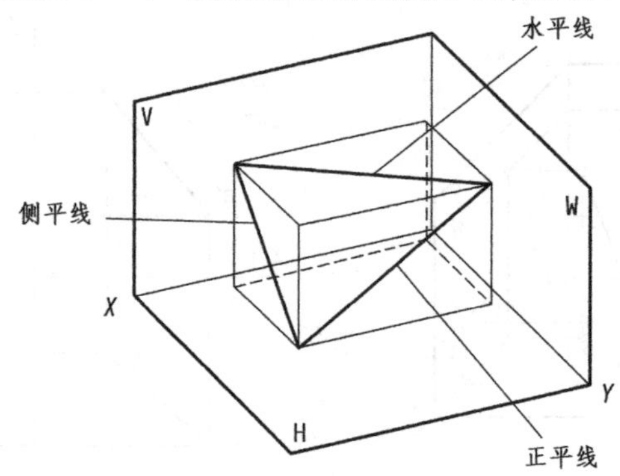

图 2-73　投影面平行线

表 2-21　投影面平行线

名称	水平线	正平线	侧平线
直观图			
投影图			

下面以水平线为例说明投影面平行线的投影特性。

在表 2-21 中，由于水平线 *AB* 平行于 H 面，同时又倾斜于 V、W 面，因而其 H 面投影 *ab* 与直线 *AB* 平行且相等，即 *ab* 反映直线的实长。投影 *ab* 倾斜于 *OX*、OY_H 轴，其与 *OX* 轴的夹角反映直线对 V 面的倾角 β 的实形，与 OY_H 轴的夹角反映直线对 W 面的倾角 γ 的实形，*AB* 的 V 面投影和 W 面投影分别平行于 *OX*、OY_W 轴，同时垂直于 *OZ* 轴。同理可分析出正平线 *CD* 和侧平线 *EF* 的投影特性。

综合表 2-21 中的水平线、正平线、侧平线的投影规律，可归纳出投影面平行线的投影特性如下：

a. 投影面平行线在它所平行的投影面上的投影反映实长，且倾斜于投影轴，该投影与相应投影轴之间的夹角,反映空间直线与另外两个投影面的倾角。

b. 其余两个投影平行或垂直于相应的投影轴,长度小于实长。

也即:一斜二平,斜为实长,反映倾角。

立体表面上投影面平行线的投影实例如图 2-74 所示。

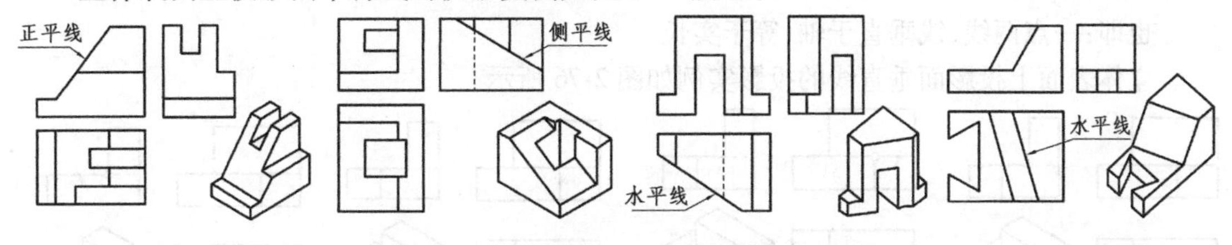

图 2-74　立体表面投影面平行线的投影实例

②投影面垂直线。垂直于一个投影面的直线称为投影面垂直线,如图 2-75 所示,它分为 3 种:

a. 垂直于 H 面的直线称为铅垂线,如表 2-22 中 *AB* 直线。

b. 垂直于 V 面的直线称为正垂线,如表 2-22 中 *CD* 直线。

c. 垂直于 W 面的直线称为侧垂线,如表 2-22 中 *EF* 直线。

下面以铅垂线为例说明投影面垂直线的投影特性。

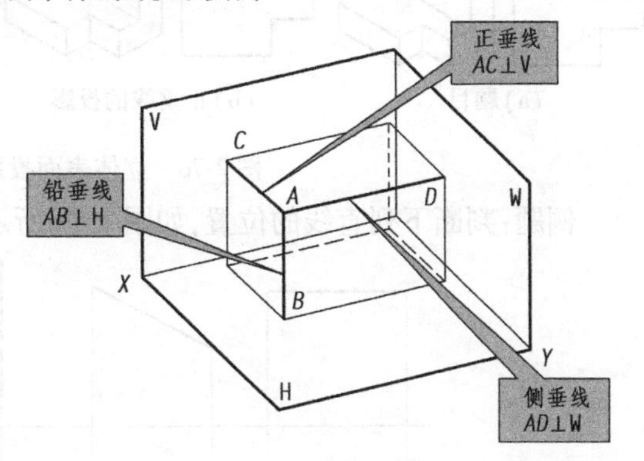

图 2-75　投影面垂直线

在表 2-22 中,因直线 *AB* 垂直于 H 面,所以 *AB* 的 H 面投影积聚为一点 $a(b)$;*AB* 垂直于 H 面的同时必定平行于 V 面和 W 面,所以由平行投影的显实性可知 $a'b'=a''b''=AB$,并且 $a'b'$ 垂直于 OX 轴,$a''b''$垂直于 OY_W 轴,它们同时平行于 OZ 轴。

表 2-22　投影面垂直线

名称	铅垂线	正垂线	侧垂线
直观图			
投影图			

综合表2-22中的铅垂线、正垂线、侧垂线的投影规律，可归纳出投影面垂直线的投影特性如下：

a. 直线在它所垂直的投影面上的投影积聚为一点。

b. 直线的另外两个投影平行或垂直于相应的投影轴，且反映实长。

也即：一点两线，线垂直于轴，等于实长。

立体表面上投影面垂直线的投影实例如图2-76所示。

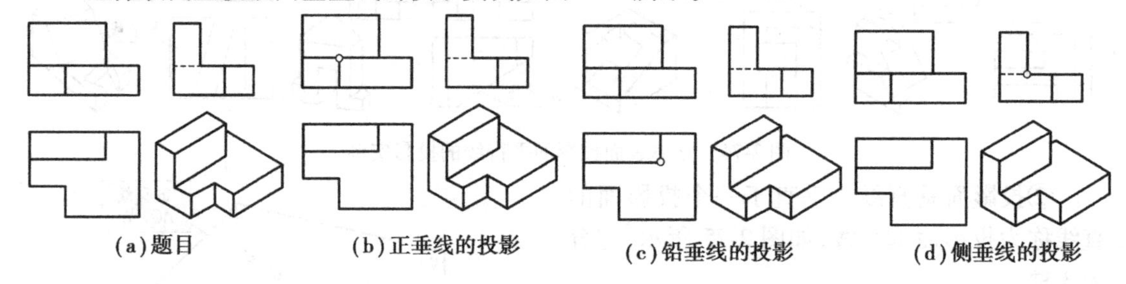

(a)题目　(b)正垂线的投影　(c)铅垂线的投影　(d)侧垂线的投影

图2-76　立体表面投影面垂直线的投影实例

例题：判断下列直线的位置，如图2-77所示。

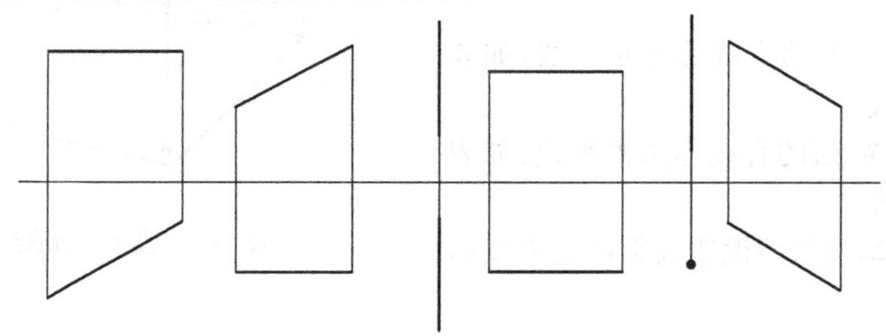

图2-77　判断直线的位置举例

解题过程及答案详见参考资料(码2-18)。

码2-18　直线的投影例题

【例】已知直线 AB 的水平投影 ab，AB 对 H 面的倾角为30°，端点 A 距水平面的距离为10，A 点在 B 点的左下方，求 AB 的正面投影 $a'b'$。其解题过程详见参考资料(码2-18)。

③一般位置直线。与3个投影面都倾斜(即不平行又不垂直)的直线称为一般位置直线，简称一般线，如图2-78(a)所示。

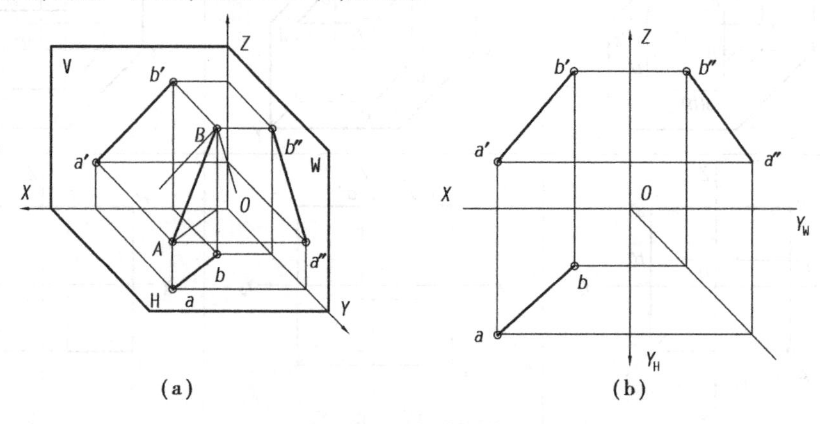

(a)　(b)

图2-78　一般位置直线

从图 2-78(b)可以看出,一般位置直线具有以下的投影特性:

a. 直线在 3 个投影面上的投影都倾斜于投影轴,其投影与相应投影轴的夹角不能反映其与相应投影面的真实的倾角。

b. 3 个投影的长度都小于实长。

一般位置线段的实长及其与投影面的夹角,如图 2-79 所示。

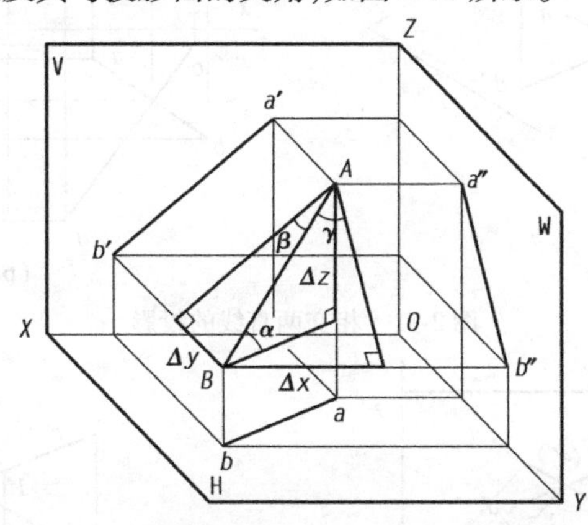

图 2-79 一般位置线段的实长及其与投影面的夹角

④两直线的相对位置。空间两直线的相对位置可分为 3 种:两直线平行、两直线相交、两直线交叉。前两种直线又统称为同面直线,后一种又称为异面直线。其投影特点如下:

a. 平行两直线。性质:其同面投影平行或重合,如图 2-80 所示。

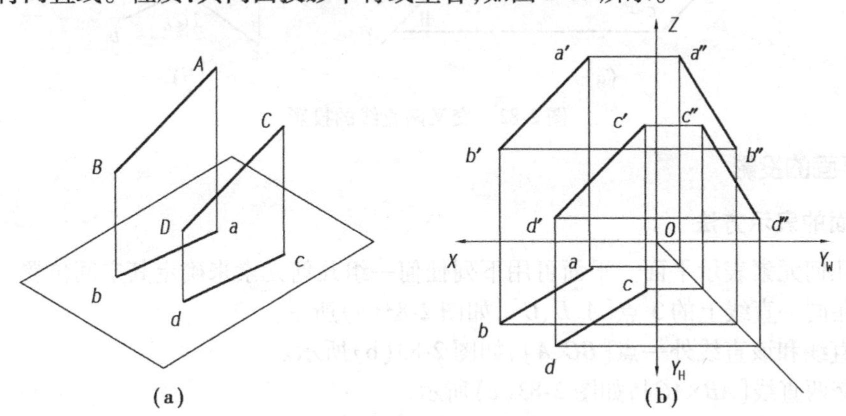

图 2-80 平行两直线的投影

b. 相交两直线。性质:其同面投影相交或重合,且交点符合直线上点的投影规律。如图 2-81 所示,*AB* 与 *CD* 的交点 *E* 的投影符合点的投影规律,其投影连线垂直于相应的投影轴。

c. 交叉两直线。性质:其同面投影相交或平行,且交点不符合直线上点的投影规律,如图 2-82 所示。

讨论:如何判断直线与投影面的关系?

a. 投影面平行线:有一个倾斜于投影轴,两个平行于投影轴的投影。

b. 投影面垂直线:有一个投影积聚成一点。

c. 一般位置直线:有两个不平行于投影轴的投影。

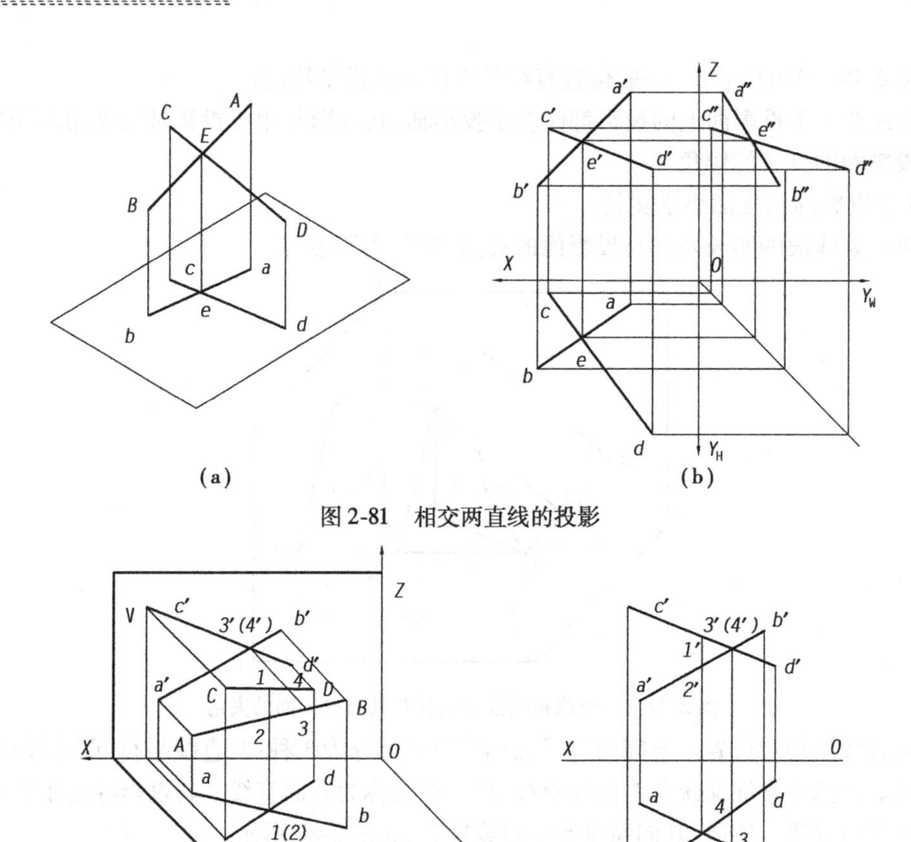

图 2-81　相交两直线的投影

图 2-82　交叉两直线的投影

(5)平面的投影

1)平面的表示方法

①用几何元素表示平面。平面可用下列任何一组几何元素来确定其空间位置：

a. 不在同一直线上的 3 点[*A*、*B*、*C*]，如图 2-83(a)所示。

b. 一直线和该直线外一点[*BC*、*A*]，如图 2-83(b)所示。

c. 相交两直线[*AB*×*AC*]，如图 2-83(c)所示。

d. 平行两直线[*AB*∥*CD*]，如图 2-83(d)所示。

e. 任意平面图形[△*ABC*]，如图 2-83(e)所示。

在投影图上可以用上述任何一组几何元素的投影表示平面。

以上 5 种表示平面的方式可以互相转化，第一种是最基本的表示方式，后 4 种都是由其演变而来的，因为我们知道：在空间不属于同一直线上的 3 点能唯一地确定一个平面。对于同一平面来说，无论采用哪一种方式表示，它所确定的空间平面的位置是始终不变的。需要强调的是：前 4 种只确定平面的位置，第五种不但能确定平面的位置，而且能表示平面的形状和大小，所以一般常用平面图形来表示平面。

②用迹线表示平面。平面的空间位置还可以由它与投影面的交线来确定，平面与投影面的交线称为该平面的迹线。如图 2-84(a)所示，P 平面与 H 面的交线称为水平迹线，用 P_H 表示；P 平面与 V 面的交线称为正面迹线，用 P_V 表示；P 平面与 W 面的交线称为侧面迹线，用

P_W 表示。其展开投影如图 2-84(b)所示。

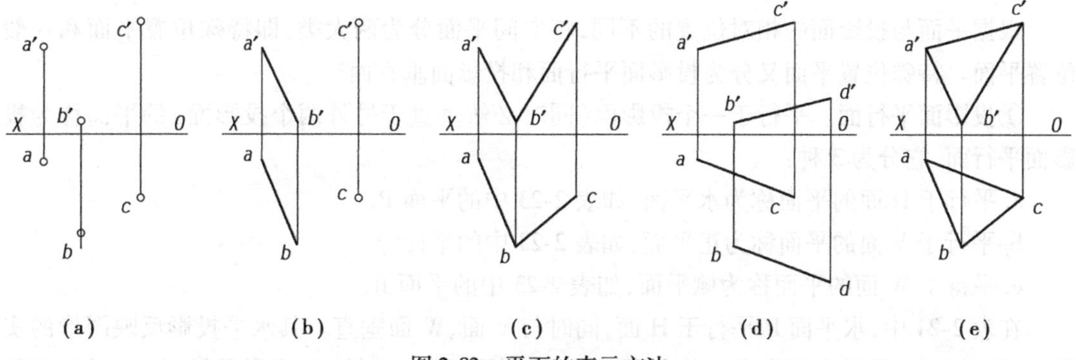

图 2-83 平面的表示方法

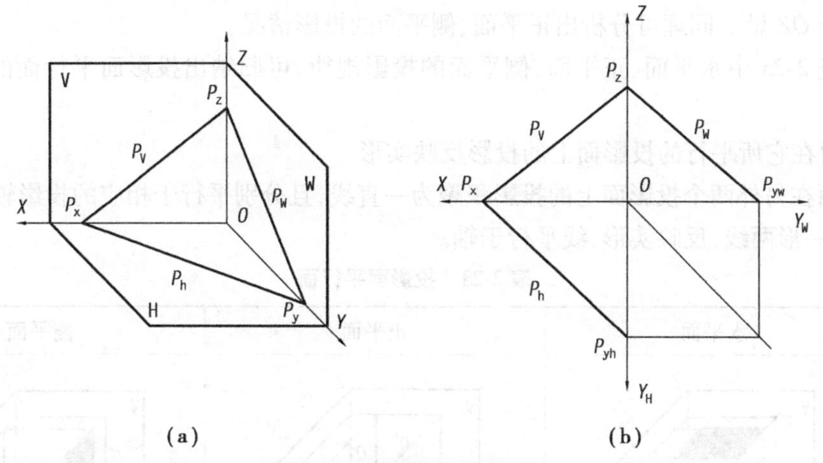

图 2-84 平面的迹线表示法

特殊位置平面侧垂面的迹线表示法,如图 2-85 所示。

一般情况下,相邻两条迹线相交于投影轴上,它们的交点也就是平面与投影轴的交点。在投影图中,这些交点分别用 P_X、P_Y、P_Z 来表示。如图 2-84(a)所示的平面 P,实质上就是相交两直线 P_H 与 P_V 所表示的平面,也就是说由 3 条迹线中的任意两条就可以确定平面的空间位置,其投影如图 2-84(b)所示。

由于迹线位于投影面上,它的一个投影与自身重合,另外两个投影与投影轴重合,通常用只画出与自身重合的投影并加标记的办法来表示迹线,凡是与投影轴重合的投影均不标记。特殊位置平面中有积聚性的迹线,两端用短粗实线表示,中间用细实线相连,并标出迹线符号。如图 2-85 所示。

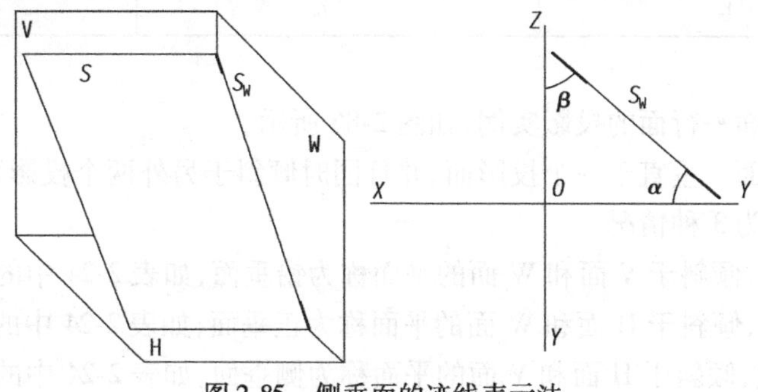

图 2-85 侧垂面的迹线表示法

2) 各种位置平面的投影特性

根据平面与投影面的相对位置的不同,将空间平面分为两大类:即特殊位置平面和一般位置平面。特殊位置平面又分为投影面平行面和投影面垂直面。

①投影面平行面。平行于一个投影面(同时必然垂直于另外两个投影面)的平面称为投影面平行面,它分为 3 种:

a. 平行于 H 面的平面称为水平面,如表 2-23 中的平面 P。

b. 平行于 V 面的平面称为正平面,如表 2-23 中的平面 Q。

c. 平行于 W 面的平面称为侧平面,如表 2-23 中的平面 R。

在表 2-24 中,水平面 P 平行于 H 面,同时与 V 面、W 面垂直。其水平投影反映图形的实形,V 投影和 W 投影均积聚成一条直线,且 V 投影平行于 OX 轴,W 投影平行于 OY_W 轴,它们同时垂直于 OZ 轴。同理可分析出正平面、侧平面的投影情况。

综合表 2-23 中水平面、正平面、侧平面的投影规律,可归纳出投影面平行面的投影特性如下:

a. 平面在它所平行的投影面上的投影反映实形。

b. 平面在另外两个投影面上的投影积聚为一直线,且分别平行于相应的投影轴。

也即:一形两线,反映实形,线平行于轴。

表 2-23 投影面平行面

名称	水平面	正平面	侧平面
直观图	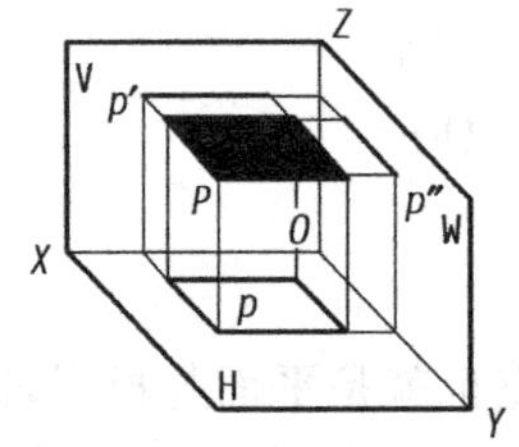	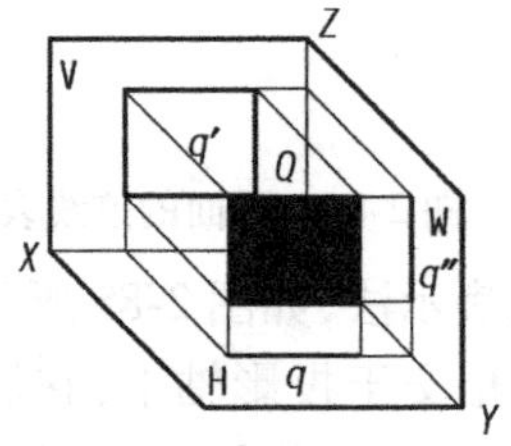	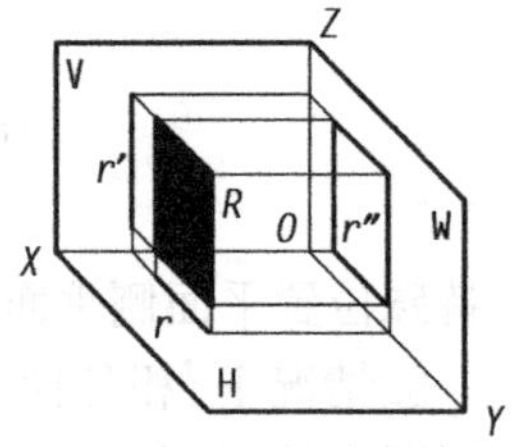
投影图	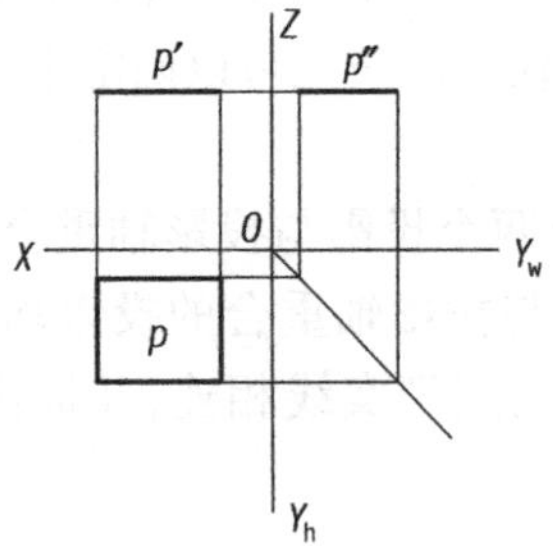	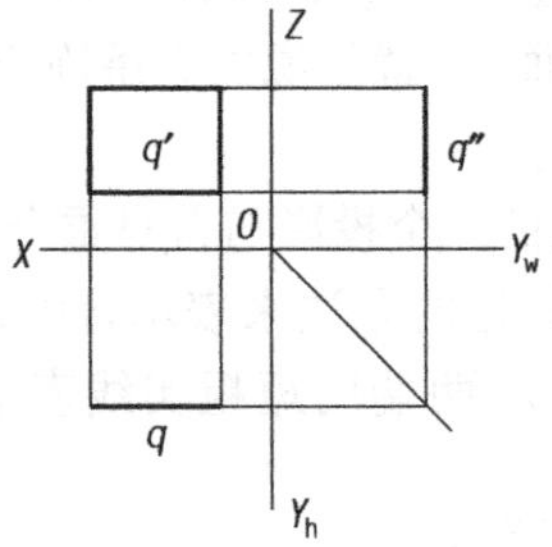	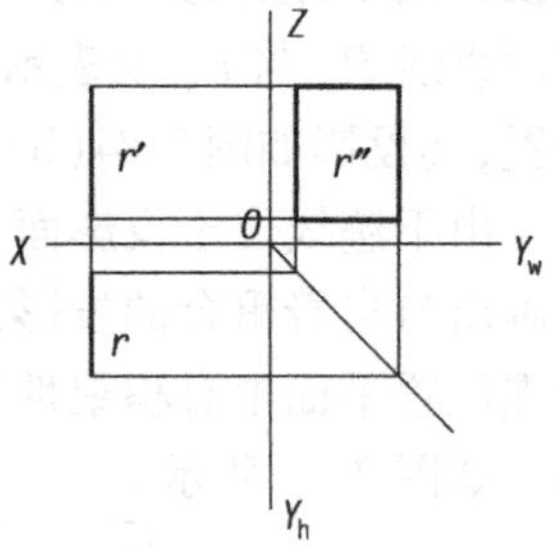

立体表面投影面平行面的投影实例,如图 2-86 所示。

②投影面垂直面。垂直于一个投影面,并且同时倾斜于另外两个投影面的平面称为投影面垂直面。它也分为 3 种情况:

a. 垂直于 H 面,倾斜于 V 面和 W 面的平面称为铅垂面,如表 2-24 中的平面 P。

b. 垂直于 V 面,倾斜于 H 面和 W 面的平面称为正垂面,如表 2-24 中的平面 Q。

c. 垂直于 W 面,倾斜于 H 面和 V 面的平面称为侧垂面,如表 2-24 中的平面 R。

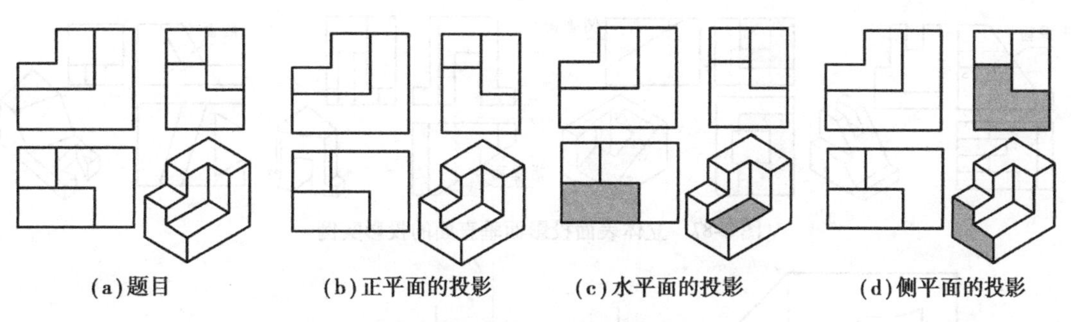

(a)题目　(b)正平面的投影　(c)水平面的投影　(d)侧平面的投影

图 2-86　立体表面投影面平行面的投影实例

表 2-24　投影面垂直面

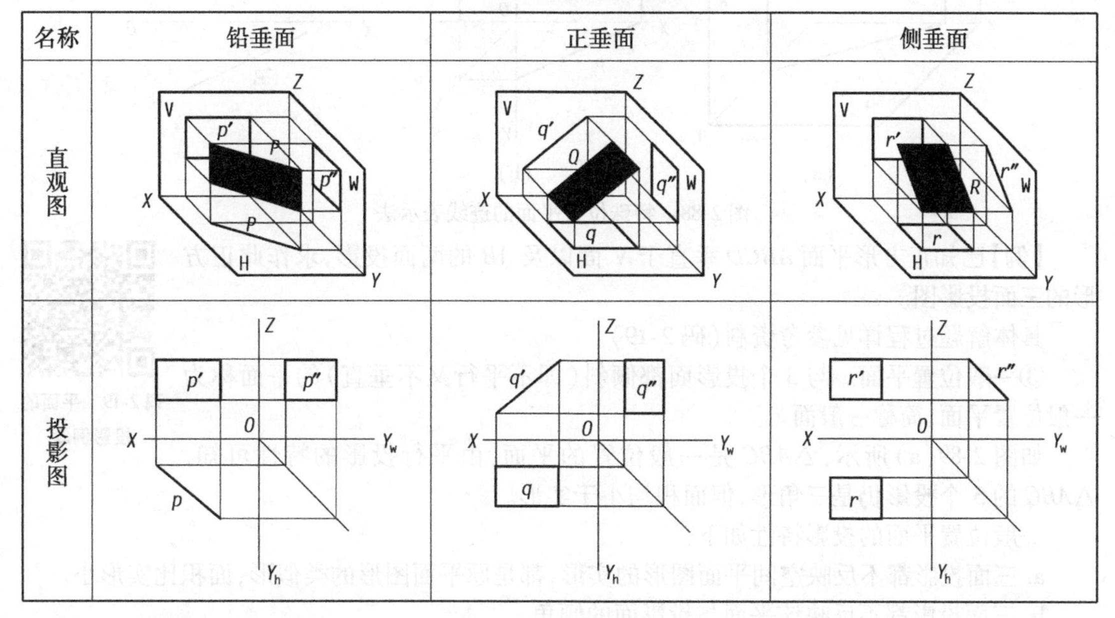

名称	铅垂面	正垂面	侧垂面
直观图			
投影图			

平面与投影面的夹角称为平面的倾角，平面与 H 面、V 面、W 面的倾角分别用 α、β、γ 标记。在表 2-24 中，平面 P 垂直于水平面，其水平面投影积聚成一倾斜直线 p，倾斜直线 p 与 OX 轴、OY_H 轴的夹角分别反映铅垂面 P 与 V 面、W 面的倾角 β 和 γ，由于平面 P 倾斜于 V 面、W 面，所以其正面投影和侧面投影均为类似形。

综合分析表 2-24 中的平面 P、Q 和 R 的投影情况，可归纳出投影面垂直面的投影特性如下：

a. 平面在它所垂直的投影面上的投影积聚成一直线，此直线与相应投影轴的夹角反映该平面对另外两个投影面的倾角。

b. 平面在另外两个投影面上的投影为原平面图形的类似形，面积比实形小。

也即：一线两形，不反映实形。

立体表面投影面平行面的投影实例，如图 2-87 所示。

以上两种特殊位置的平面如果不需表示其形状和大小，只需确定其位置，可用迹线来表示，且只用有积聚性的迹线即可。如图 2-88(a)所示为铅垂面 P，不需如图 2-88(b)所示那样把所有迹线都画出，只需画出 P_H 就能确定空间平面 P 的位置，如图 2-88(c)所示。

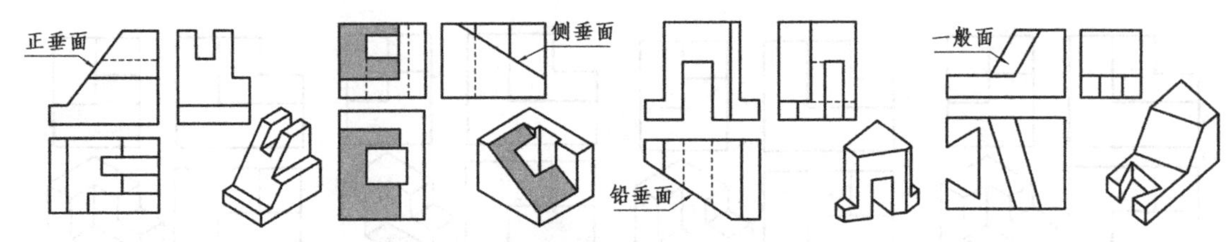

图 2-87　立体表面投影面垂直面的投影实例

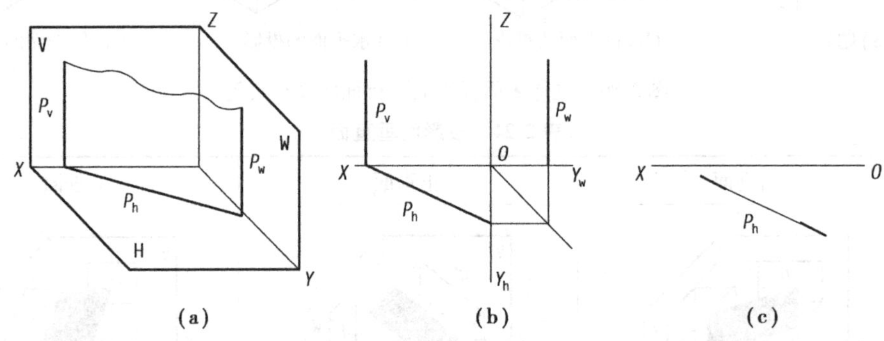

图 2-88　特殊位置平面的迹线表示法

【例】已知正方形平面 *ABCD* 垂直于 V 面以及 *AB* 的两面投影，求作此正方形的三面投影图。

码 2-19　平面的投影例题

具体解题过程详见参考资料(码 2-19)。

③一般位置平面。与 3 个投影面都倾斜(即不平行又不垂直)的平面称为一般位置平面，简称一般面。

如图 2-89(a)所示，△*ABC* 是一般位置的平面，由平行投影的特性可知，△*ABC* 的 3 个投影仍是三角形，但面积均小于实形。

一般位置平面的投影特性如下：

a. 三面投影都不反映空间平面图形的实形，都是原平面图形的类似形，面积比实形小。

b. 三面投影都不反映该平面与投影面的倾角。

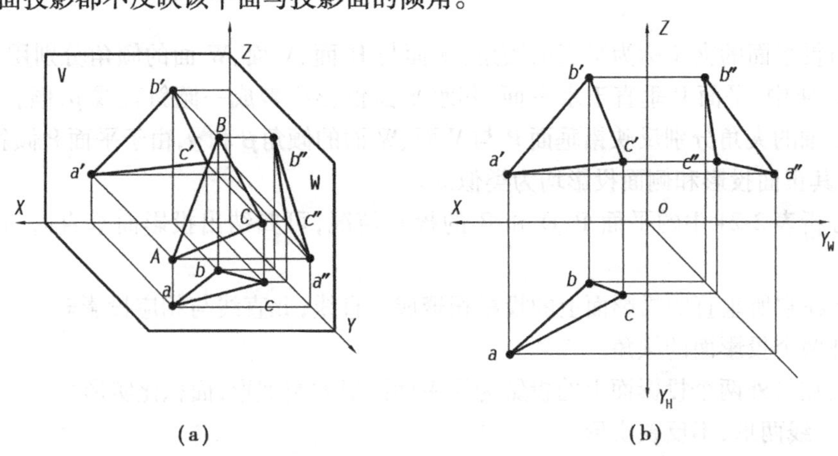

图 2-89　一般位置平面

④平面上的点和直线的投影。

a. 平面上的点。点在平面上的几何条件为：若点在平面内的任一已知直线上，则点必在该平面上。

b. 平面上的直线。直线在平面上的几何条件为：若一直线经过平面上的两个已知点，或经过一个已知点且平行于该平面上的另一已知直线，则此直线必定在该平面上。

【例】已知平面 ABC 上点 E 的正面投影 e'，求点 E 的水平投影 e。

具体解题过程详见参考资料(码 2-19)。

码 2-19 平面的投影例题

⑤平面上的投影面平行线。平面上的投影面平行线，有平面上的水平线、正平线和侧平线 3 种，它们既具有平面上的直线的投影特性，又具有投影面平行线的投影特征，如图 2-90(a)所示的直线 *EF*，就是平面 *ABC* 上的一条水平线，如图 2-90(b)所示的直线 *GH*，就是平面 *ABC* 上的一条正平线。平面的迹线是平面上特殊的投影面平行线，是平面与投影面的交线。

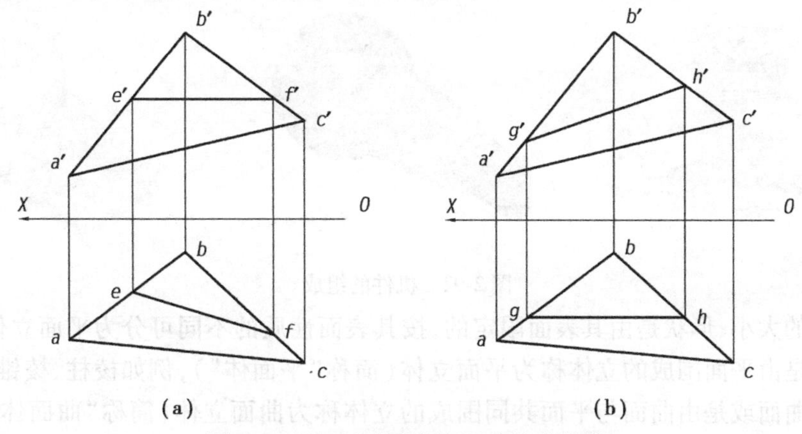

图 2-90 平面上的投影面平行线的投影

属于平面 P 的水平线 *AB* 与 *CD* 和正平线 *EF* 与 *GH*，如图 2-91 所示。读者可试着自行绘制其两面或三面投影。

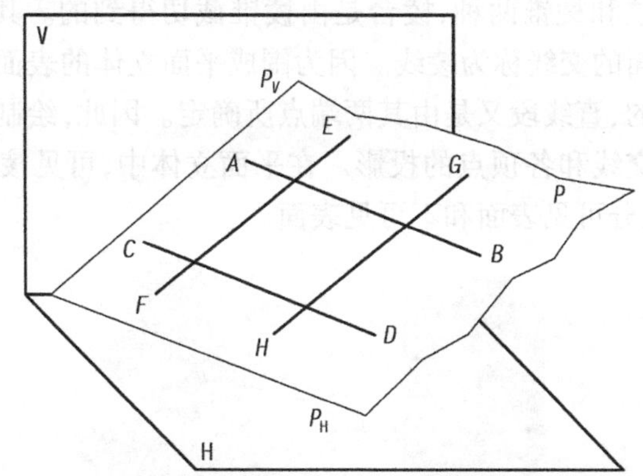

图 2-91 属于平面 P 的水平线 *AB* 与 *CD* 和正平线 *EF* 与 *GH*

引导问题(3)

①什么是平面立体？

②平面立体投影的作图步骤是什么？

③棱柱表面上点的投影及可见性判断如何？

④棱锥表面上点的投影及可见性判断如何？

⑤截交线、截平面、截断面的概念是什么？截交线的性质有哪些？

⑥求平面立体截交线的方法和步骤是什么？

(6)基本体的投影

1)基本体的概念

前面我们讨论了立体表面几何元素(点、直线和平面)的投影规律以及定位和度量问题,这是画法几何的基础。本节将用所学的知识去研究有关立体的投影问题。在生产实践中,我们会接触到各种形状的机件,这些机件的形状虽然复杂多样,但都是由一些简单的立体经过叠加、切割或相交等形式组合而成的,如图2-92所示。我们把这些形状简单且规则的立体称为基本几何体,简称为基本体。

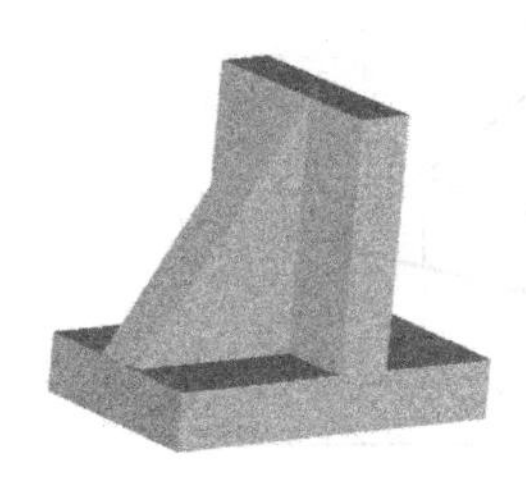
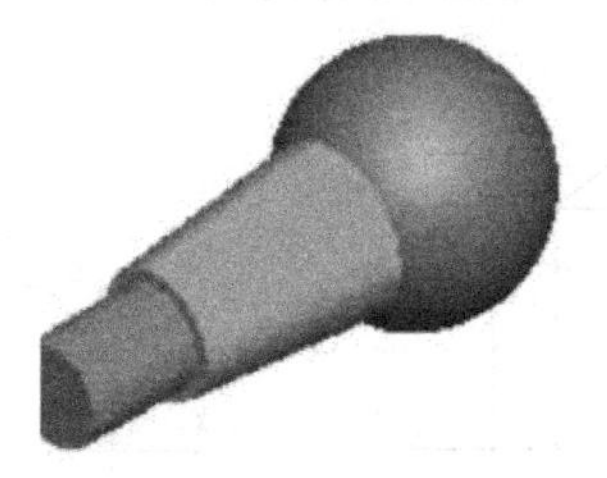

图2-92 机件的组成

基本体的大小、形状是由其表面限定的,按其表面性质的不同可分为平面立体和曲面立体。表面都是由平面围成的立体称为平面立体(简称“平面体”),例如棱柱、棱锥和棱台等。表面都是由曲面或是由曲面与平面共同围成的立体称为曲面立体(简称“曲面体”),其中围成立体的曲面是回转面的曲面立体,又称为回转体,例如圆柱、圆锥、球体和圆环体等。

2)平面立体的投影

平面立体主要有棱柱和棱锥两种,棱台是由棱锥截切得到的。其基本形体如图2-93所示。平面立体上相邻两面的交线称为棱线。因为围成平面立体的表面都是平面多边形,而平面图形是由直线段围成的,直线段又是由其两端点所确定。因此,绘制平面立体的投影,实际上就是画出各平面间的交线和各顶点的投影。在平面立体中,可见棱线用粗实线表示,不可见棱线用虚线表示,以区分可见表面和不可见表面。

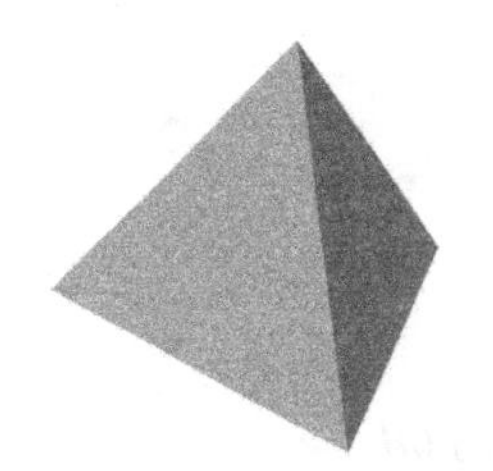
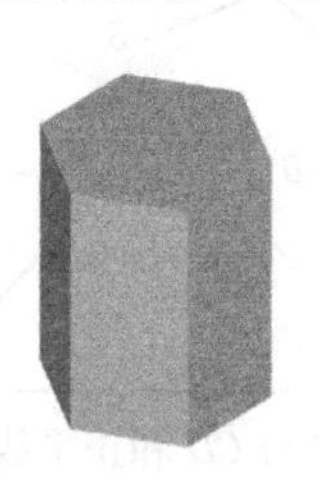
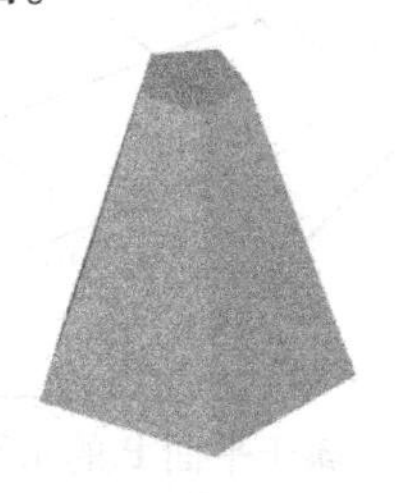
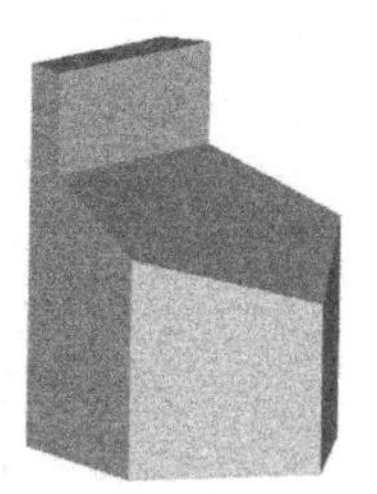

图2-93 常见平面立体中的基本形体

①棱柱。棱柱分为直棱柱(侧棱与底面垂直)和斜棱柱(侧棱和底面倾斜)。棱柱上、下底面是两个形状相同且互相平行的多边形,各个侧面都是矩形(直棱柱)或平行四边形(斜棱柱),上下底面是正多边形的直棱柱,称为正棱柱。下面以六棱柱为例进行叙述。

a.安放位置。安放形体时要考虑两个因素:一要使形体处于稳定状态;二要考虑形体的工作状况。为了作图方便,应尽量使形体的表面平行或垂直于投影面。为此,将如图2-94(a)所示的正六棱的上、下底面平行于H面放置,并使其前后两个侧面平行于V面,则可得正六棱柱的三面投影图。

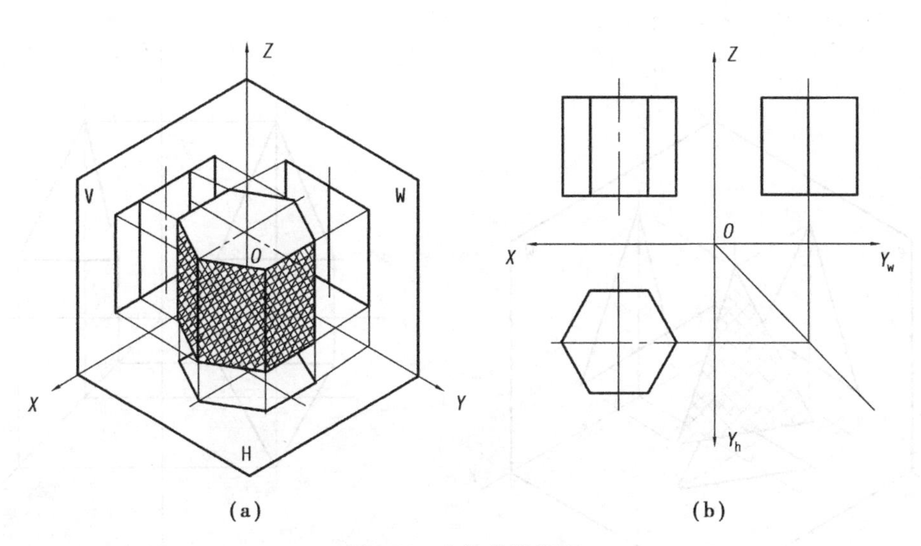

图 2-94　六棱柱的投影

b. 投影分析。图 2-94(b)是它的三面投影图。因为上、下两底面是水平面,前后两个棱面为正平面,其余 4 个棱面是铅垂面,所以它的水平投影是个正六边形,它是上、下底面的投影,反映了实形,正六边形的 6 个边即为 6 个棱面的积聚投影,正六边形的 6 个顶点分别是 6 条棱线的水平积聚投影。六棱柱的前后棱面是正平面,它的正面投影反映实形,其余 4 个棱面是铅垂面,因而正面投影是其类似形。合在一起,其正面投影是 3 个并排的矩形线框。中间的矩形线框为前后棱面反映实形的重合投影,左、右两侧的矩形线框为其余 4 个侧面的重合投影。此线框的上、下两边即为上、下两底面的积聚投影。它的侧面投影是两个并排的矩形线框,是 4 个铅垂棱面的重合投影。

c. 投影图的作图步骤。

i. 布置图面,画中心线、对称线等作图基准线。

ii. 画水平投影,即反映上下端面实形的正六边形。

iii. 根据正六棱柱的高,按投影关系画正面投影。

iv. 根据正面投影和水平投影,按投影关系画侧面投影。

v. 检查并描深图线,完成作图。

②棱锥。棱锥的底面为多边形,各侧面为若干具有公共顶点的三角形。当棱锥的底面是正多边形,各侧面是全等的等腰三角形时,称为正棱锥。下面以正三棱锥为例:

a. 安放位置。将如图 2-95(a)所示的正三棱锥的底面平行于 H 面放置,并使其后面棱面垂直于 W 面,则可得三棱锥的三面投影图。

b. 投影分析。图 2-95(b)是它的三面投影图,因为底面是水平面,所以它的水平投影是一个正三角形(反映实形),正面投影是一条直线(有积聚性)。连接锥顶和底面三角形各顶点的同面投影,即为三棱锥的正面和侧面投影。其中,水平投影为 3 个三角形的线框,它们分别表示 3 个棱面及底面的投影。正面投影是两个并排的三角形,它是三棱锥前面棱面与后面棱面的重合投影。侧面投影是一个三角形,它是前面左右两棱面的重合投影,右边侧棱面是不可见的,而后面棱面因与侧立投影面(W 面)垂直,其投影积聚为一条直线。

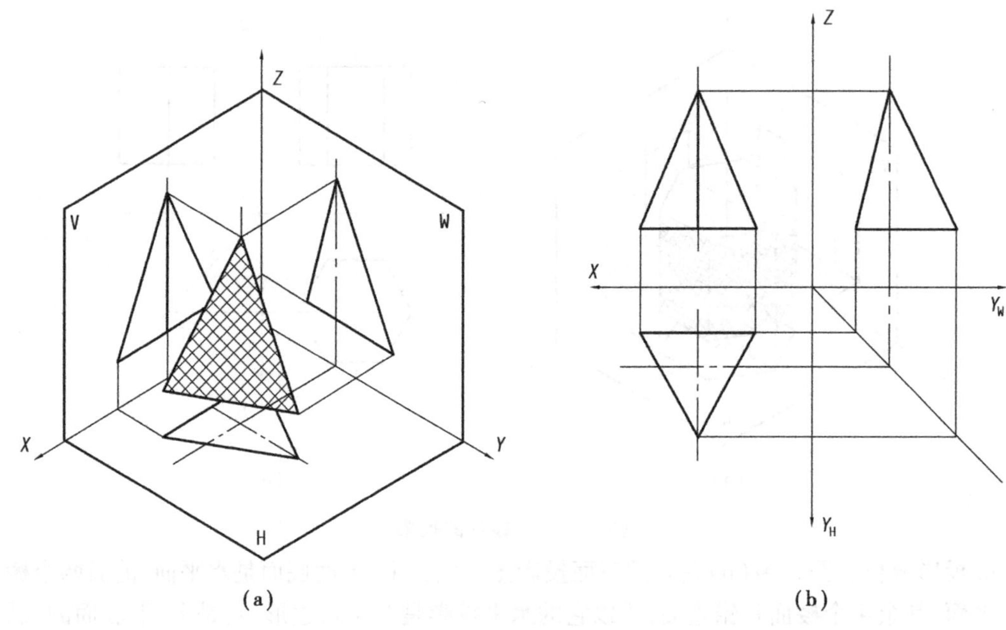

(a)　(b)

图 2-95　三棱锥的投影

c. 作图步骤。

i. 布置图面，画中心线、对称线等作图基准线。

ii. 画水平投影。

iii. 根据三棱锥的高，按投影关系画正面投影。

iv. 根据正面投影和水平投影按投影关系画侧面投影。

v. 检查、描深图线，完成作图。

【例】作四棱台的正投影图。

具体解题过程详见参考资料。

③平面立体上点和直线的投影。平面立体的表面都是平面多边形，在其表面上取点、取线的作图问题，实质上就是平面上取点、取线作图的应用。其作图的基本原理就是：平面立体上的点和直线一定在立体表面上。由于平面立体的各表面存在着相对位置的差异，必然会出现表面投影的相互重叠，从而产生各表面投影的可见与不可见问题，因此对于表面上的点和线，还应考虑它们的可见性，判断立体表面上点和线可见与否的原则是：如果点、线所在的表面投影可见，那么点、线的同面投影一定可见，否则不可见。

立体表面取点、取线的求解问题一般是指已知立体的三面投影和它表面上某一点（线）的一面投影，要求该点（线）的另两面投影，这类问题的求解方法有：

a. 从属性法。当点位于立体表面的某条棱线上时，那么点的投影必定在棱线的投影上，既可利用线上点的"从属性"求解。

b. 积聚性法。当点所在的立体表面对某投影面的投影具有积聚性时，那么点的投影必定在该表面在这个投影面的积聚投影上。

如图 2-96（a）所示，在五棱柱后棱面上给出了 A 点的正面投影 a'，在上底面上给出了 B 点的水平投影 b'。可以利用棱面和底面投影的积聚性直接作出 A 点的水平投影及 B 点的正面投影，再进一步作出另外一面的投影，如图 2-96（b）所示。

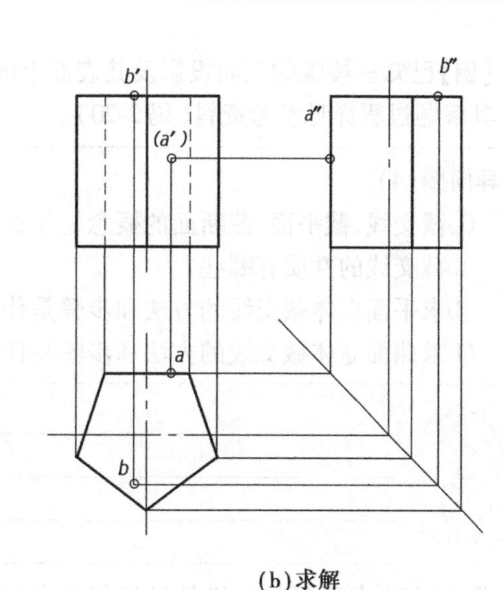

(a)已知　　(b)求解

图 2-96　在五棱柱的表面定点

c. 辅助线法。当点所在的立体表面无积聚性投影时，必须利用作辅助线的方法来帮助求解。这种方法是先过已知点在立体表面作一辅助直线，求出辅助直线的另两面投影，再依据点的“从属性”，求出点的各面投影。

如图 2-97(a)所示，在三棱锥的 *SEG* 棱面上给出了点 *A* 的正面投影 *a*′，又在 *SFG* 棱面上给出了点 *B* 的水平投影 *b*。为了作出 *A* 点的水平投影 *a* 和 *B* 点的正面投影 *b*′，可以运用前面讲过的在平面上定点的方法，即首先在平面上画一条辅助线，然后在此辅助线上定点。

图 2-97(b)说明了这两个投影的画法，图中过 *A* 点作一条平行于底边的辅助线，而过 *B* 点作一条通过锥顶的辅助线，所求的投影 *a*、*b*′都是可见的，再依据投影原理作出整个立体及表面点的侧面投影。

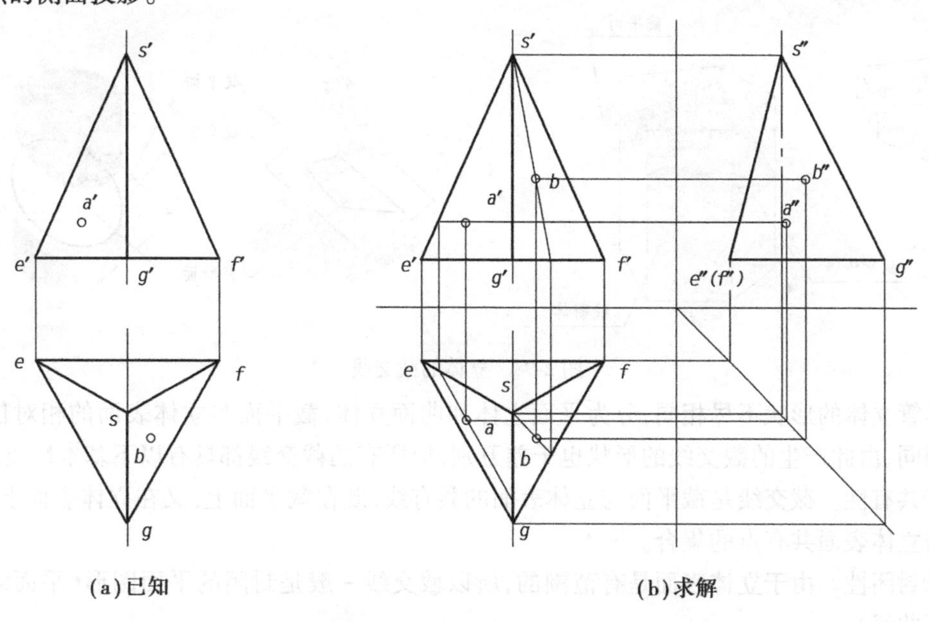

(a)已知　　(b)求解

图 2-97　三棱锥表面上点的投影

【例】已知三棱锥的三面投影及其表面上的线段 *EF* 的投影 *ef*，求出线段的其他投影。

其解题过程详见参考资料（码 2-20）。

引导问题(4)

①截交线、截平面、截断面的概念是什么？

②截交线的性质有哪些？

③求平面立体截交线的方法和步骤是什么？

④求曲面立体截交线的方法和步骤是什么？

前面提到：各种形状的机件虽然复杂多样，但都是由一些简单的基本体通过叠加、切割或相交等形式组合而成的。那么，基本体被平面截切后的剩余部分就称为截切体。由于被平面或曲面截切，会在表面上产生相应的截交线。了解截交线的性质及投影画法，将有助于我们对机件形状结构的正确分析与表达。

码 2-20　平面立体的投影例题

(7)截切体

1)截切体的有关概念及性质

如图 2-98 所示，正六棱柱被平面 P 截为两部分，其中用来截切立体的平面称为截平面；立体被截切后的部分称为截切体；立体被截切后的断面称为截断面；截平面与立体表面的交线称为截交线。

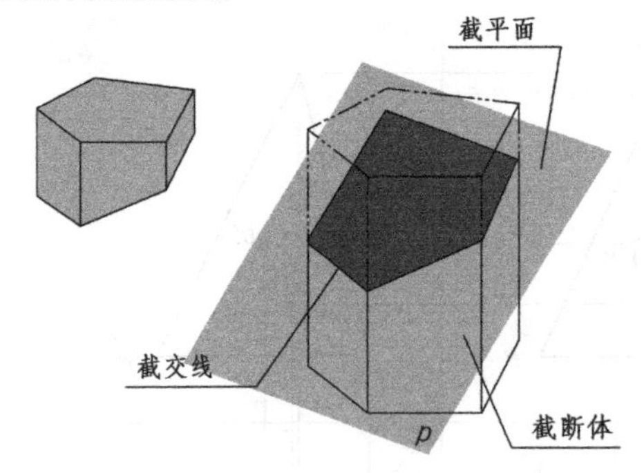

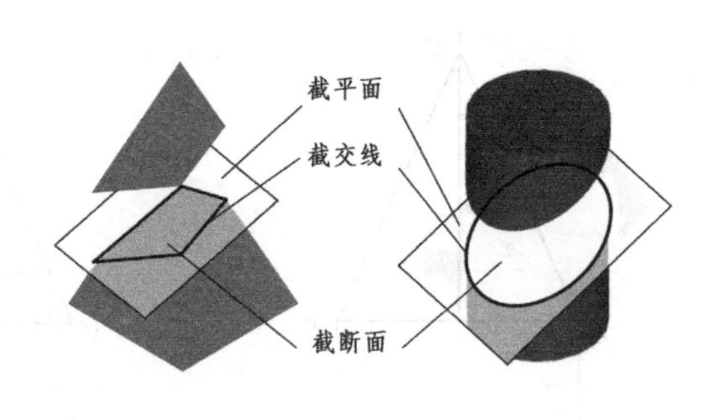

图 2-98　立体的截交线

尽管立体的形状不尽相同，分为平面立体和曲面立体，截平面与立体表面的相对位置也各不相同，由此产生的截交线的形状也千差万别，但所有的截交线都具有以下基本性质：

①共有性。截交线是截平面与立体表面的共有线，既在截平面上，又在立体表面上，是截平面与立体表面共有点的集合。

②封闭性。由于立体表面是有范围的，所以截交线一般是封闭的平面图形（平面多边形或平面曲线）。

根据截交线的性质，求截交线，就是求出截平面与立体表面的一系列共有点，然后依次连接即可。求截交线的方法,即可利用投影的积聚性直接作图,也可通过作辅助线的方法求出。

2)平面截切体

由平面立体截切得到的截切体,称为平面截切体。

因为平面立体的表面由若干平面围成,所以平面与平面立体相交时的截交线是一个封闭的平面多边形,多边形的顶点是平面立体的棱线与截平面的交点,多边形的每条边是平面立体的棱面与截平面的交线。因此求作平面立体上的截交线,可以归纳为两种方法:

①交点法:即先求出平面立体的各棱线与截平面的交点,然后将各点依次连接起来,即得截交线。

连接各交点有一定的原则:只有两点在同一个表面上时才能连接,可见棱面上的两点用实线连接,不可见棱面上的两点用虚线连接。

②交线法:即求出平面立体的各表面与截平面的交线。

一般常用交点法求截交线的投影。两种方法不分先后,可配合运用。

求平面立体截交线的投影时,要先分析平面立体在未截割前的形状是怎样的,它是怎样被截割的,以及截交线有何特点等,然后再进行作图。具体应用时通常利用投影的积聚性辅助作图。

3)棱柱上的截交线

如图 2-99(a)所示,求作五棱柱被正垂面 P_V 截断后的投影。

解:

①分析。截平面与五棱柱的 5 个侧棱面均相交,与顶面不相交,故截交线为五边形 *ABCDE*。

②作图,如图 2-99(a)所示。

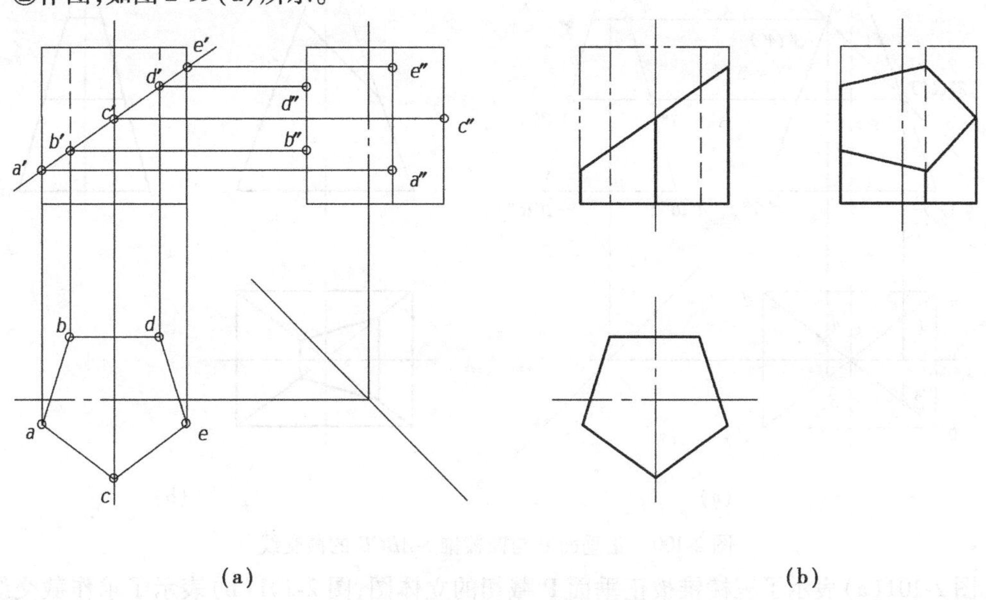

图 2-99　作五棱柱的截交线

i. 由于截平面为正垂面,故截交线的 V 面投影 $a'b'c'd'e'$ 已知;于是截交线的 H 面投影 *abcde* 也确定。

ii. 运用交点法,依据"主左视图高平齐"的投影关系,作出截交线的 W 面投影 $a''b''c''d''e''$。

iii. 五棱柱截去左上角,截交线的 H 和 W 面投影均可见。截去的部分,棱线不再画出,但有侧棱线未被截去的一段,在 W 面投影中应画为虚线。

③检查、整理、描深图线,完成全图,如图 2-99(b)所示。

4)棱锥上的截交线

求作正垂面 P 截割四棱锥 *S-ABC* 所得的截交线,如图 2-100(a)所示。

解:

①分析。

i. 截平面 P 与四棱锥的 4 个棱面都相交,截交线是一个四边形。

ii. 截平面 P 是一个正垂面,其正面投影具有积聚性。

iii. 截交线的正面投影与截平面的正面投影重合,即截交线的正面投影已确定,只需求出水平投影及侧面投影。

②作图,如图 2-100(a)所示。

i. 因为 P_V 具有积聚性,所以 P_V 与 $s'a'$、$s'b'$、$s'c'$和 $s'd'$的交点 1′、2′、3′和 4′即为空间点Ⅰ、Ⅱ、Ⅲ和Ⅳ的正面投影。

ii. 利用从属关系,向下引铅垂线求出相应的点 1、2、3 和 4。

iii. 四边形 1234 为截交线的水平投影。线段 1′2′3′4′为截交线的正面投影。各投影均可见。

③检查、整理、描深图线,完成全图,如图 2-100(b)所示。

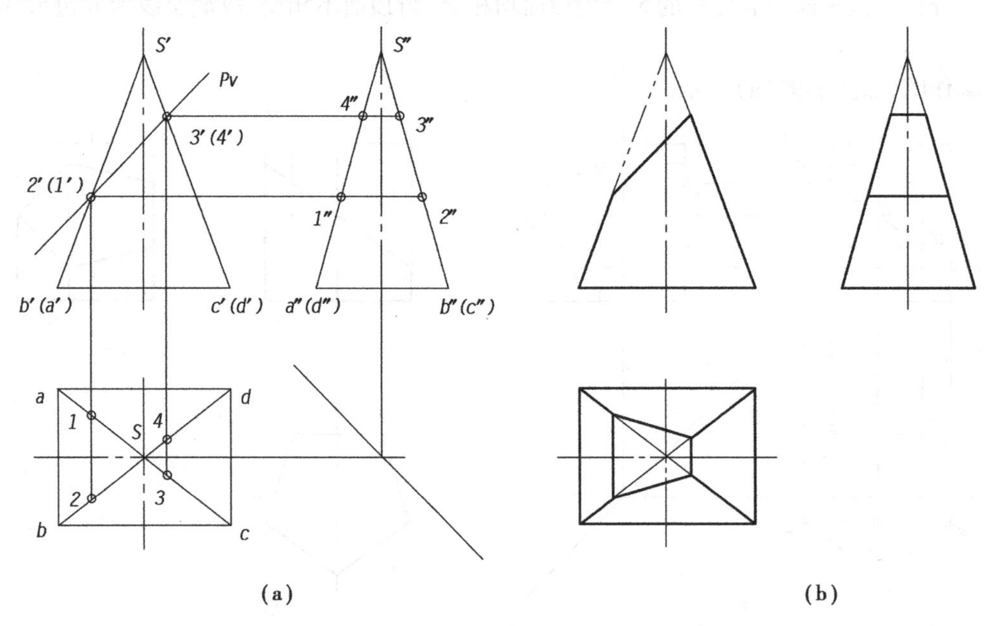

图 2-100　正垂面 P 与四棱锥 *S-ABCD* 的截交线

图 2-101(a)表示了三棱锥被正垂面 P 截切的立体图,图 2-101(b)表示了求作截交线的过程。

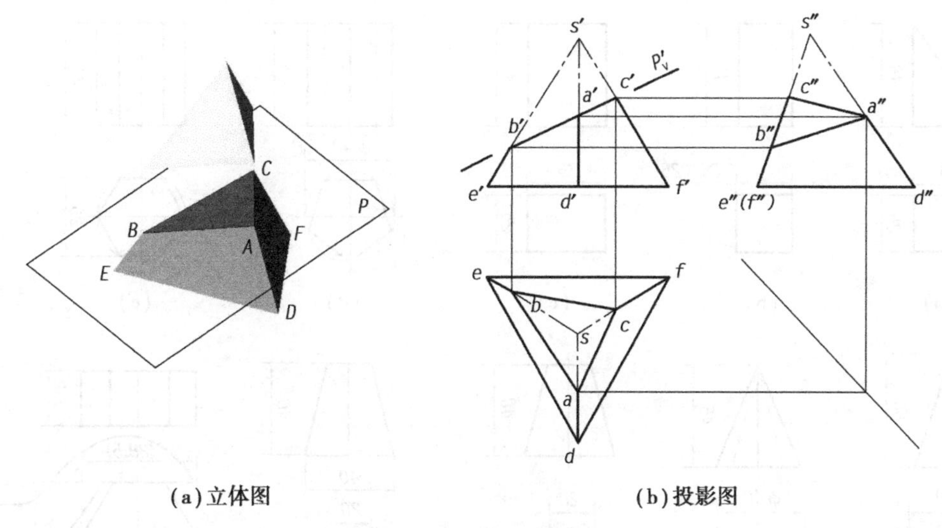

(a)立体图　(b)投影图

图 2-101　三棱锥的截交线

5)带缺口的平面立体的投影

在工程制图中经常出现绘制带缺口的立体的投影图的情况,这种制图的实质仍然是求平面截切立体的问题。

【例】已知带有缺口的正六棱柱的 V 面投影,求其 H 面和 W 面投影。

其解题过程详见参考资料(码 2-20)。

码 2-20　平面立体的投影例题

(8)基本体的尺寸标注

形体的视图只能表达形体的形状及各部分的相对位置关系,但不能确定其真实大小。形体的真实大小,必须由尺寸来确定。

任何基本几何体都有长、宽、高 3 个方向上的大小,在视图上,通常要把反映这 3 个方向大小的尺寸都标注出来。尺寸一般标注在反映实形的投影上,并尽可能集中注写在一两个投影的下方或右方,必要时才注写在上方或左方。一个尺寸只需标注一次,尽量避免重复。

平面基本体一般应注出其底面尺寸和高度尺寸,如图 2-102 各图所示。底面为正多边形时,可标注其外接圆直径;底面为正方形时,可用尺寸 22 ×22 或□22 形式标注;正六棱柱的底面也可标注其对边距,如图 2-102(e)所示,或者如图 2-102(j)所示,外接圆直径与对边距同时标注,属于重复尺寸,将外接圆直径加上括号即可。

4. 边学边练

①检查所需工具、材料是否齐全;检查工作环境是否干净、整洁。

②对给定的垫块零件进行形体分析,了解其总体形状和结构,其组合形式如何? 由哪几个部分组成? 每一部分的形状、结构如何? 各部分之间的相对位置关系及表面连接关系如何?

③先安放好垫块(平稳且兼顾长度方向的尺寸)并确定其主视图的投射方向,再根据其大小确定各个视图的总体尺寸,然后选定绘图的比例及图幅。

④整理干净桌面,铺放图纸,用细实线绘制图纸的边界线、图框线及标题栏的外框线。

⑤根据所绘制图形的尺寸大小,布局图面,绘制出基准线及重要的图线。

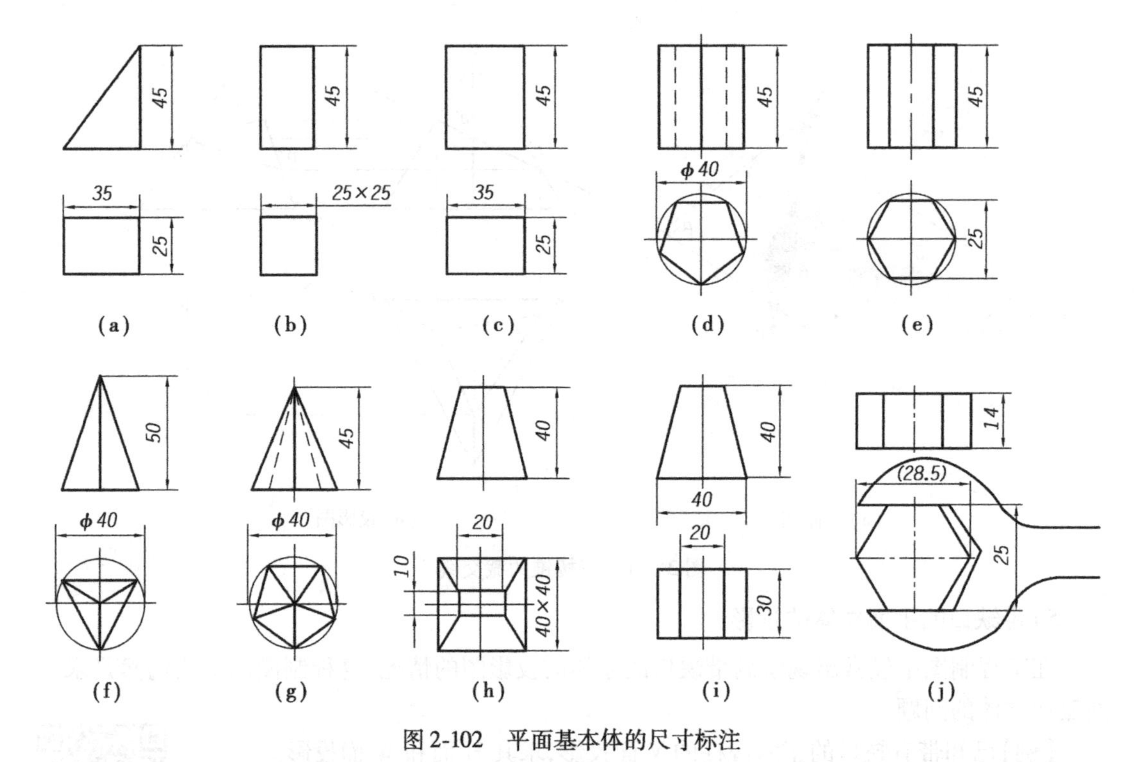

图 2-102 平面基本体的尺寸标注

⑥进一步对给定的垫块零件进行形体分析，确定绘图的先后顺序：先画尺寸大的、主要的结构，后画尺寸小的、次要的结构。

⑦绘制底稿，各部分结构，都要 3 个视图对应着画，一般从最能反映其形状结构特征的视图入手。

⑧检查、描深，标注尺寸，填写标题栏。

⑨使用二维 CAD 绘图软件绘制垫块的三视图，并打印或截图。

请将尺规绘制的图样折叠粘贴在此页，或将用计算机绘图软件绘制的二维或三维图样，截图打印粘贴在此页。

5. 任务拓展与巩固训练

码 2-16 常用投影图种类及投影法

(1)投影法的有关术语及定义

投影法的有关术语及定义详见前面的参考资料（码 2-16）。

(2)画形体三视图时的注意事项

①画三视图时，物体的每一组成部分，最好是 3 个视图配合着画。不要先把一个视图画完后，再画另一个视图。这样，不但可以提高绘图速度，还能避免漏线、多线。画物体某一部分的三视图时，应先画反映形状特征的视图，再按投影关系画出其他视图。

②画三视图时图线重合怎么办？国家标准规定：可见的轮廓线和棱线用粗实线表示，不可见的轮廓线和棱线用细虚线表示。图线重合时，其优先顺序为：可见轮廓线和棱线（粗实线）→不可见轮廓线和棱线（细虚线）；轴线、对称中心线（细点画线）→ 假想轮廓线（细双点画线）→尺寸界线和分界线（细实线）。

学习性工作任务(四) 绘制支座

1.任务描述

根据给定的支座三维立体图,如图2-103所示,分析其结构,利用正投影原理及三视图的形成规律,按照国家制图标准,合理确定安放位置和主视图的投射方向,绘制支座的三视图。

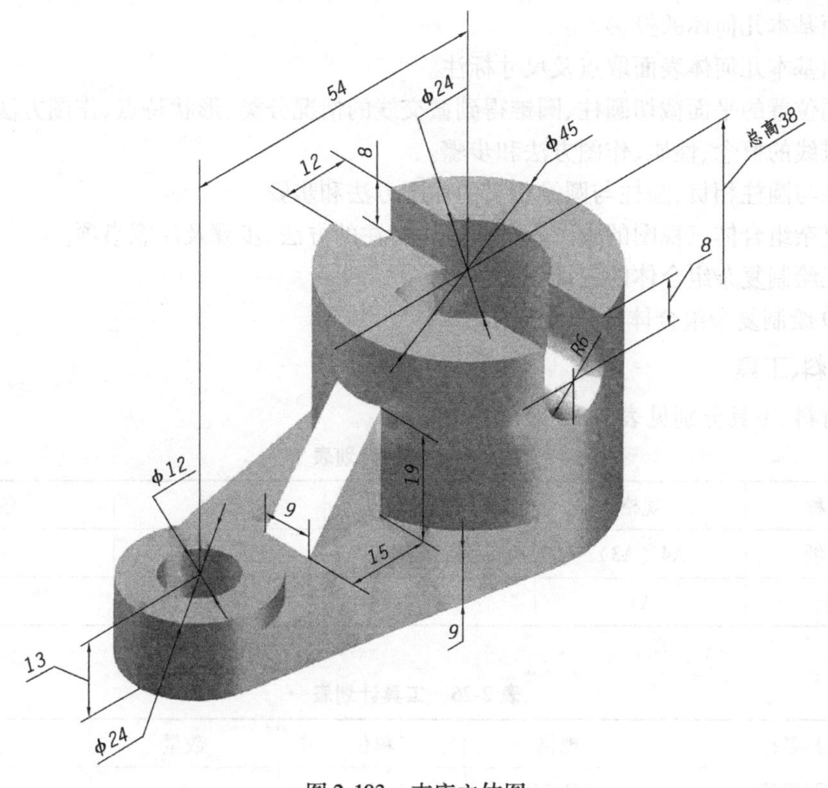

图2-103 支座立体图

学习条件及环境要求:机械制图实训室,计算机、绘图软件(三维、二维)、多媒体、适量模型、教材、参考书、网络课程及其他资源等。

教学时间(计划学时):8学时。

任务目标:

①能够正确使用常用的绘图工具与仪器。

②能够叙述截交线与相贯线的概念。

③分别叙述求平面立体与曲面立体截交线及相贯线的方法与步骤。

④能够叙述圆柱、圆锥、圆球分别被不同位置的平面截切后得到的截交线的形状特点。

⑤了解组合体的概念、形体分析法及线面分析法。

⑥能够叙述组合体的三视图的画图步骤、方法及尺寸标注。

⑦能够根据组合体的轴测图选择合适的投影方向,绘制其三视图,并进行正确、合理的尺寸标注。

⑧能够叙述轴测投影图的形成、分类、特点及正等测图、斜二测图的画图方法及步骤，并能够绘制。

⑨在教师的指导下，能够对给定的复杂组合体进行形体分析，按照三视图的作图方法和步骤，正确绘制三视图。

2. 任务准备

(1)信息收集

①曲面基本几何体的投影。

②曲面基本几何体表面取点及尺寸标注。

③不同位置的平面截切圆柱、圆锥得到截交线的情况分类、形状特点、作图方法和步骤。

④相贯线的概念、性质、作图方法和步骤。

⑤圆柱与圆柱相贯、圆柱与圆锥相贯的作图方法和步骤。

⑥较复杂组合体三视图的画图、看图、尺寸标注的方法、步骤及注意事项。

⑦手工绘制复杂组合体的三视图。

⑧CAD 绘制复杂组合体的三视图。

(2)材料、工具

所用材料、工具分别见表 2-25 及表 2-26。

表 2-25　材料计划表

材料名称	规格	单位	数量	备注
标准图纸	A4（A3）	张	1	—
草稿纸	A4	张	若干	—

表 2-26　工具计划表

工具名称	规格	单位	数量	备注
绘图铅笔	2H、2B	支	2	自备
图板	A3 号	块	1	—
丁字尺	60 mm	个	1	—
计算机(CAD 绘图软件)	二维、三维	台	40	—

(3)任务分组

学生按 4 ~6 人一组，通常为 5 人，明确每组的工作任务，填写分组任务表及学生小组任务分配表，每组及每个学生的任务，可以相同也可以有差异性，视情况而定。

具体学生分组及学习小组任务分配见附表。

3. 引导性学习资料

引导问题(1)

①什么是曲面立体?

②曲面立体投影的作图步骤是什么?

③圆柱表面上点的投影及可见性判断如何?

④圆锥表面上点的投影及可见性判断如何?

⑤圆球表面上点的投影及可见性判断如何?

(1)回转体的投影

回转体的曲表面是由一母线(直线或曲线)绕定轴回转一周而形成的回转面,圆柱、圆锥、圆球和圆环是工程上常见的回转体,其回转面都是光滑曲面。

1)基本概念

①曲面。曲面可以看成由直线或曲线在空间按一定规律运动而形成的。若是作回转运动而形成的曲面则称为回转曲面,简称回转面。

由直线作回转运动而形成的曲面称为直线回转面。如圆柱曲面是一条线段围绕一条轴线始终保持平行和等距旋转而成,如图 2-104(a)所示。圆锥面是一条线段与轴线交于一点始终保持一定夹角旋转而成的,如图 2-104(b)所示。

由曲线作回转运动而形成的曲面称为曲线回转面。如球面是由一个圆或半圆弧线以直径为轴旋转而成,如图 2-104(c)所示。

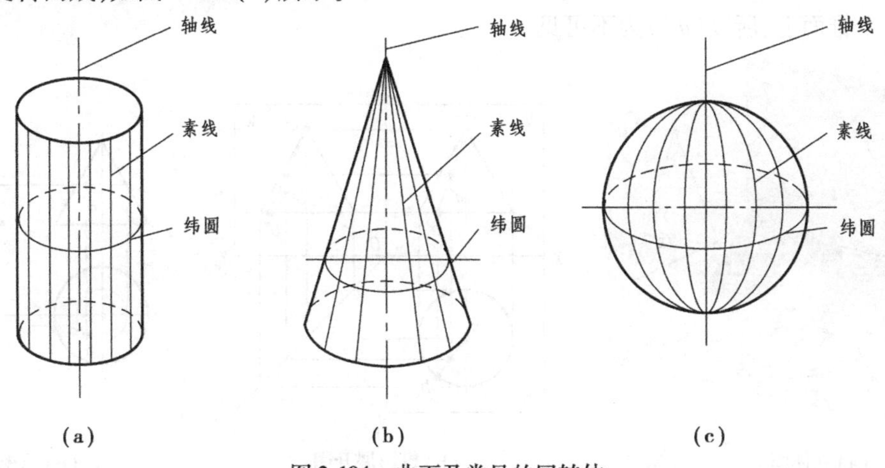

图 2-104　曲面及常见的回转体

②素线与轮廓线。形成回转面的母线,它们在曲面上的任何位置称为素线。如圆柱体的素线都是互相平行的直线,如图 2-104(a)所示;圆锥体的素线是汇集于锥顶 S 点的倾斜线,如

图 2-104(b)所示;圆球体的素线是通过球体上下顶点的半圆弧线,如图 2-104(c)所示。

我们把确定曲面范围的外形线称为轮廓线(或转向轮廓线),轮廓线也是可见与不可见部分的分界线。轮廓线的确定与投影体系及物体的摆放位置有关,当回转体的旋转轴在投影体系中摆放的位置合理时,轮廓线与素线重合,这种素线称为轮廓素线。在三面投影体系中,常用的 4 条轮廓素线分别为形体最前边素线、最后边素线、最左边素线和最右边素线。

③纬圆。由回转体的形成可知,母线上任意一点的运动轨迹为圆,该圆垂直旋转轴线,我们把这样的图称为纬圆,如图 2-104 所示,应首先画出它们的轴线(用点画线表示)。

2)回转体三视图及表面点的投影

①圆柱体及其三视图。将圆柱按图 2-105(a)所示位置向 3 个投影面投射,展开后得到如图 2-105(b)、(c)所示圆柱体的三视图及其圆柱表面上 A 点的投影作图过程。

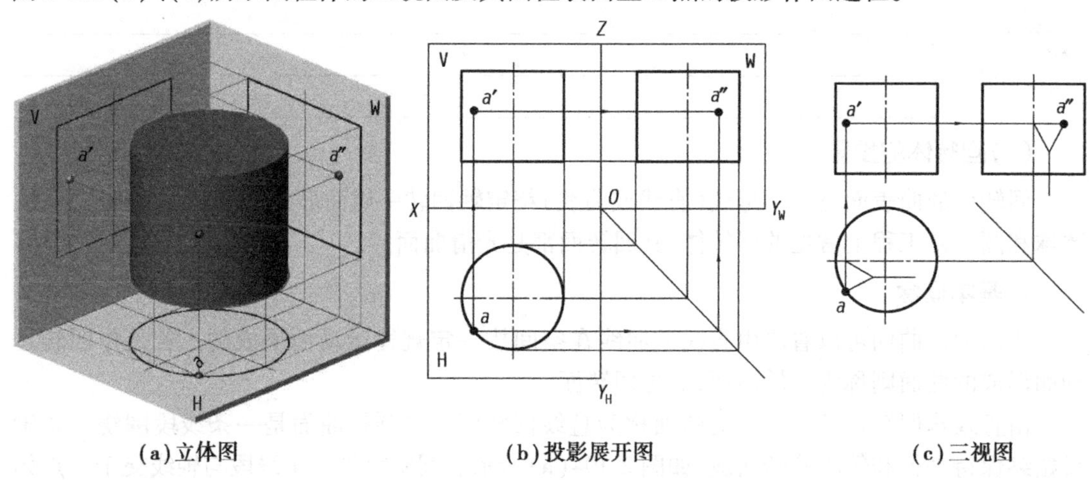

(a)立体图　　(b)投影展开图　　(c)三视图

图 2-105　圆柱体的三视图

②圆锥体及其三视图。将圆锥按图 2-106(a)所示位置向 3 个投影面投射,展开后得到如图 2-106(b)、(c)所示圆锥体的三视图及其圆锥表面上 A 点的投影作图过程。a 可见,又因点 A 在右半个锥面上,所以(a'')为不可见。

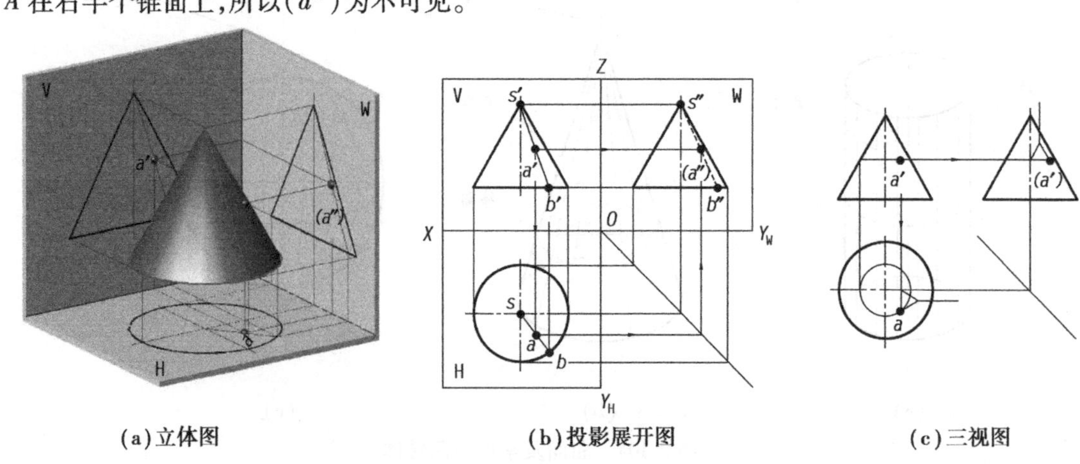

(a)立体图　　(b)投影展开图　　(c)三视图

图 2-106　圆锥的三视图

方法一:辅助素线法。由于过锥顶的圆锥面上的任何素线均为直线,如图 2-107 所示,故可过点 A 及锥顶 S 作锥面的素线 SI。即先过 a'作 $s'l'$,由 l'求出 l 和 l'',连接 sl 和 $s''l''$,分别为辅助线 SI 的水平投影和侧面投影。则 A 的水平投影和侧面投影必在 SI 的同面投影上，从而即可求出 a 和 a''。a 可见，又因 A 在左半个锥面上，所以 a'' 为可见。

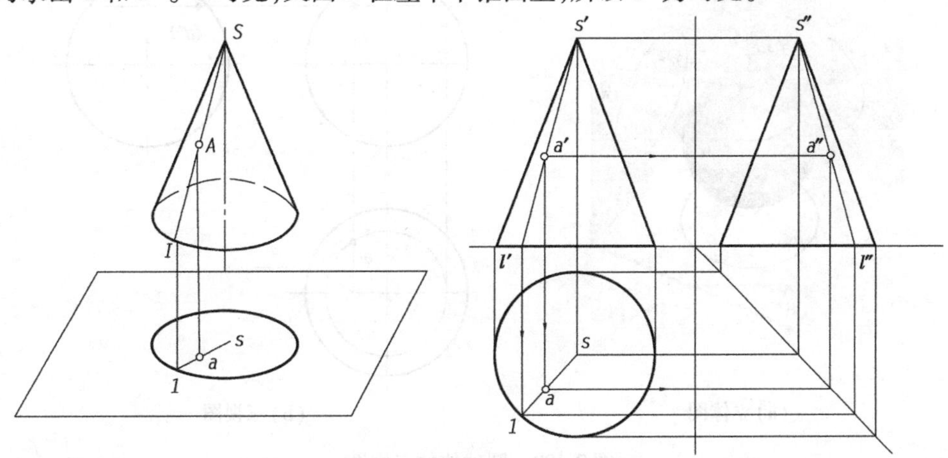

图 2-107　素线法求圆锥表面上的点

方法二：纬圆(回转圆)法。圆锥面上任一点必然在与其高度相同的纬圆上，因此只要求出过该点的纬圆的投影，即可求出该点的投影，如图 2-108 所示。

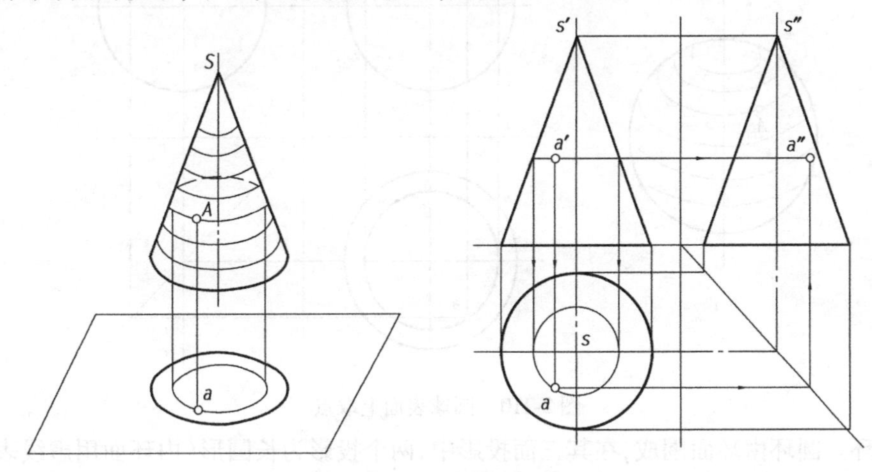

图 2-108　纬圆法求圆锥表面上的点

由上述两种作图法可以看出，当某点的任意投影为已知时，均可用素线法或纬圆法求出其余两面投影。

③圆球体及其三视图。将圆球按图 2-109(a)所示位置向 3 个投影面投射，展开后得到如图 2-109(b)所示圆球体的三视图及其圆球表面上 A 点的投影作图过程。因 A 在上半个球面上，a 可见，因 A 在后半个球面上，a'不可见，又因 A 在右半个球面上，所以 a'' 为不可见。

由于圆球的三面投影均无积聚性，所以在圆球表面上取点、线时，除属于转向轮廓上的特殊点可直接求出之外，其余处于一般位置的点，都需要作辅助线(纬线)作图，并表明可见性。如图 2-110 所示，因 A 在上半个球面上，a 可见，因 A 在前半个球面上，a'可见，又因 A 在左半个球面上，所以 a'' 为可见。

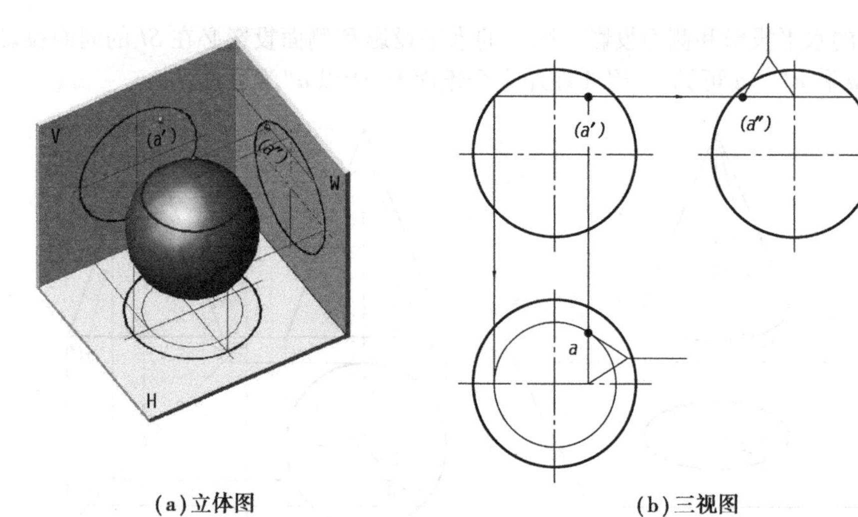

(a)立体图　　(b)三视图

图 2-109　圆球体的三视图

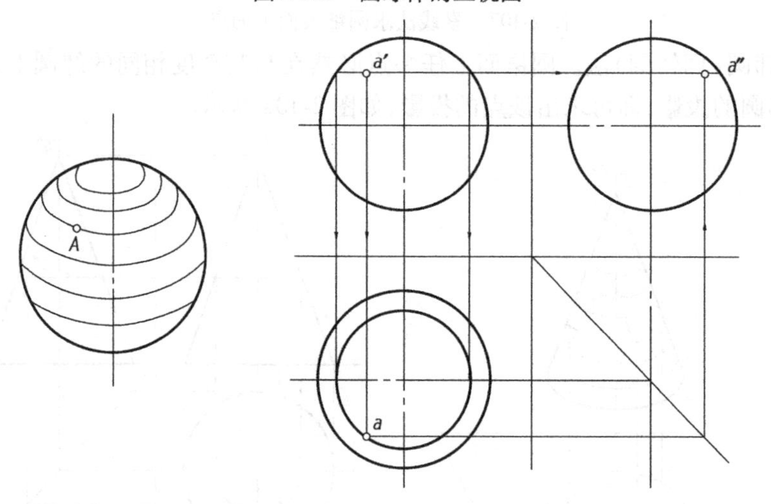

图 2-110　圆球表面上取点

④圆环。圆环由环面围成，在其三面投影中，两个投影为长圆形(内环面用虚线表示)，一个投影为同心圆。圆环的三面投影及其表面上点的投影作图过程如图 2-111 所示。

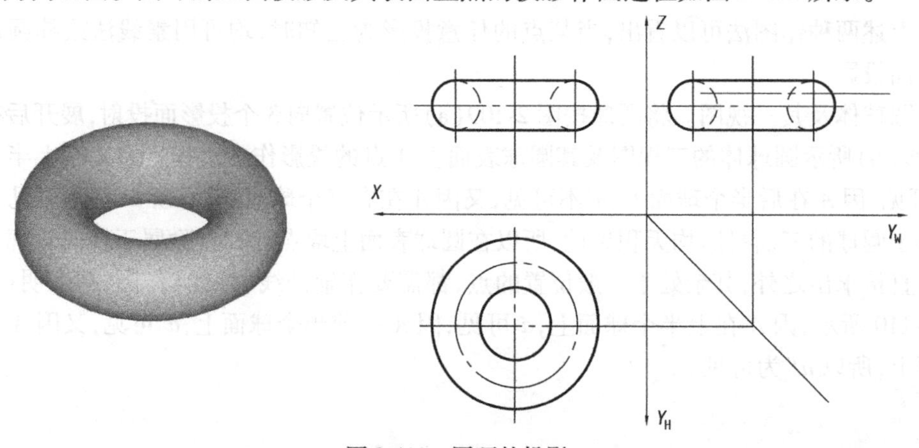

图 2-111　圆环的投影

3)回转体上点和线的投影

应该注意的是,表达一个立体的形状不一定要画出三个视图,有时根据需要可以只画一个视图或两个视图。

求曲面上点的投影的方法主要有素线法和纬圆法两种,在采用这两种方法时应着重弄清以下概念:

i. 某一点在曲面上,则它一定在该曲面的素线或纬圆上。

ii. 求一点投影时,要先求出它所在的素线或纬圆的投影。

iii. 为了熟练地掌握在各种曲面上作素线或纬圆的投影,必须了解各种曲面的形成规律和特性。

4)回转体的尺寸标注

标注回转体尺寸时,一般应注出其径向(直径)尺寸“ϕ”,因为“ϕ”具有双向尺寸功能,它不仅可以减少一个方向的尺寸,而且还可以省略一个投影。还需要标注轴向尺寸。圆柱、圆锥、圆台在直径数字前加注符号“ϕ”,而圆球在直径数字前加注符号“ $S\phi$”,如图 2-112 所示。

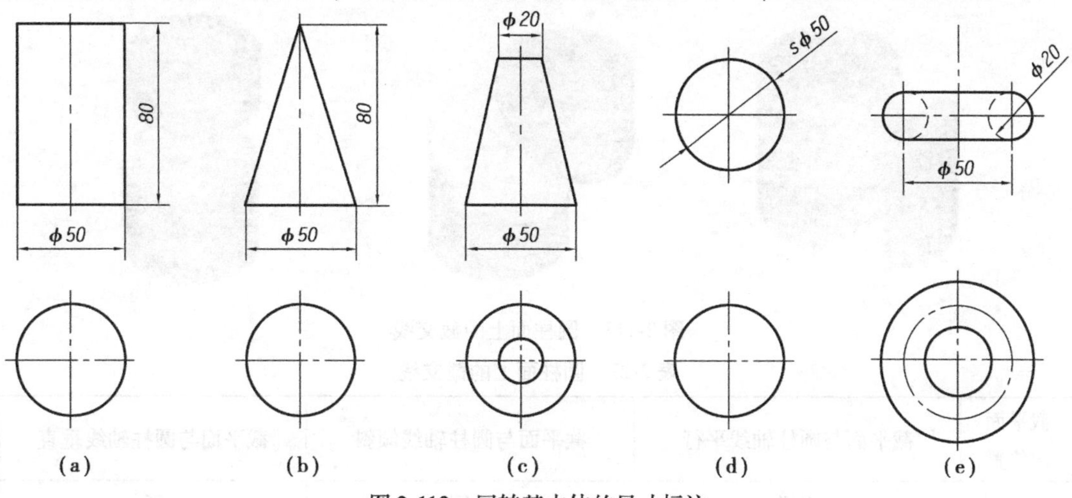

图 2-112　回转基本体的尺寸标注

引导问题(2)

①求曲面立体截交线的方法和步骤是什么?

②圆柱表面的截交线形状有哪三种情况?

③圆锥表面的截交线形状有哪五种情况?

(2)曲面截切体

由曲面立体被截割得到的截断体,称为曲面截切体。

平面与曲面立体相交,所得的截交线一般为封闭的平面曲线。截交线上的任一点都可看作曲面立体表面上的某一条线(素线或纬圆曲线)与截平面的交点,都是截平面与曲面立体表面的共有点。求出足够的共有点,然后依次连接起来,即得截交线。截交线可以看作截平面与曲面立体表面上交点的集合。

求曲面立体截交线的问题实质上是在曲面上定点的问题,基本方法有素线法、纬圆法和辅助平面法。当截平面为投影面垂直面时,可以利用投影的积聚性来求点,当截平面为一般位置平面时,需要过所选择的素线或纬圆作辅助平面来求点。

1)圆柱上的截交线

平面与圆柱面相交,根据截平面与圆柱轴线相对位置的不同,所得的截交线有 3 种情况,如图 2-113 及表 2-27 所示。

a. 当截平面经过圆柱的轴线或平行于轴线时,截交线为矩形。

b. 当截平面倾斜于圆柱的轴线时,截交线为椭圆,此椭圆的短轴平行与圆柱的底圆平面,其长度等于圆柱的直径;椭圆长轴与短轴的交点(椭圆中心),落在圆柱的轴线上,长轴的长度随截平面相对轴线的倾角不同而变化。

c. 当截平面垂直于圆柱的轴线时,截交线为一个圆。

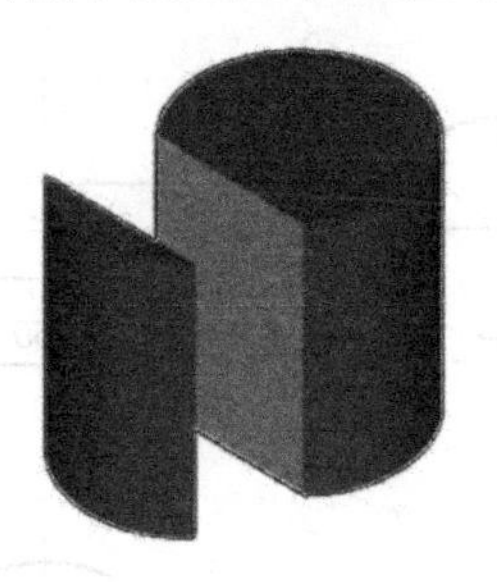
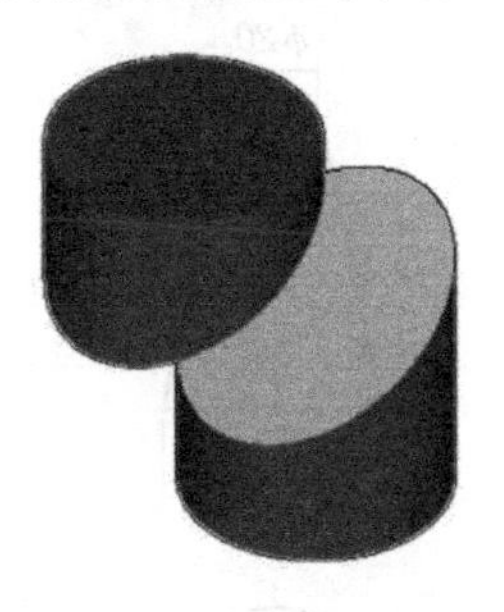
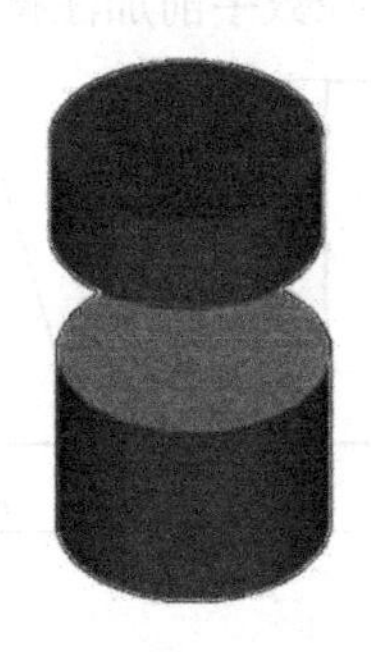

图 2-113　圆柱面上的截交线

表 2-27　圆柱面上的截交线

截平面的位置	截平面与圆柱轴线平行	截平面与圆柱轴线倾斜	截平面与圆柱轴线垂直
截交线空间形状	矩形	椭圆	圆
投影图	P_W P_H	P_V	P_V P_W

如图 2-114(a)所示,求正垂面与圆柱的截交线。

解:

①分析。

i. 圆柱轴线垂直于 H 面,其水平投影积聚为圆。

ii. 截平面 P 为正垂面,与圆柱轴线斜交,交线为椭圆。椭圆的长轴平行于 V 面,短轴垂直于 V 面。椭圆的 V 面投影积聚为一条直线,与 P_V 重合。椭圆的 H 面投影,落在圆柱面的同面投影上而成为一个圆,故只需作图求出截交线的 W 面投影。

②作图,如图 2-114(a)所示。

i. 求特殊点。这些点包括轮廓线上的点、特殊素线上的点、极限点以及椭圆长短轴的端点。最左点Ⅰ(也是最低点)、最右点Ⅲ(也是最高点),最前点Ⅱ和最后点Ⅳ,它们分别是轮廓线上的点,又是椭圆长短轴的端点,可以利用投影关系,直接求出其水平投影和侧面投影。

ii. 求一般点。为了作图准确,在截交线上特殊点之间选取一些一般位置点。图中选取了Ⅴ、Ⅵ、Ⅶ、Ⅷ 4 个点,由水平投影 5、6、7、8 和正面投影 5′、6′、7′、8′,求出侧面投影 5″、6″、7″、8″。

iii. 判别可见性。由图中可知截交线的侧面投影均为可见。

iv. 连点。将所求各点的侧面投影顺次光滑连接,即为椭圆形截交线的 W 面投影。

③检查、整理、描深图线,完成全图,如图 2-114(b)所示。

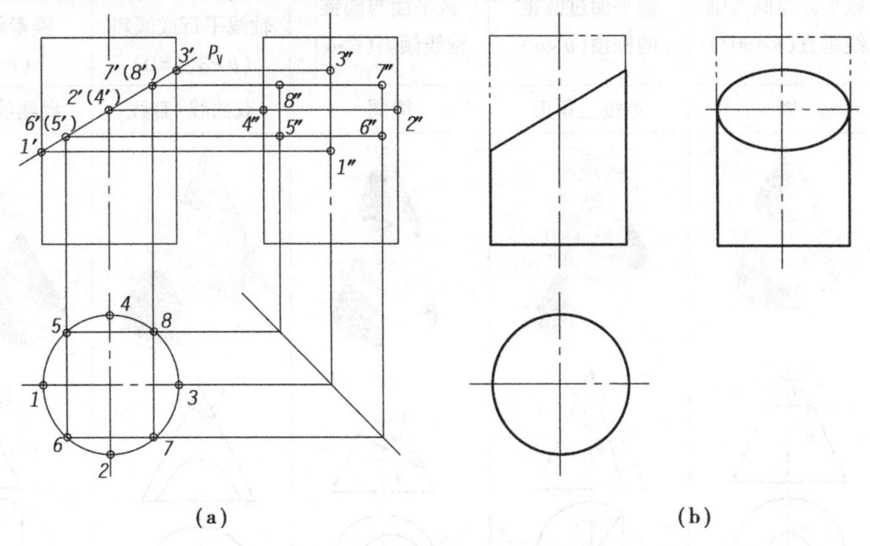

图 2-114 正垂面与圆柱的截交线

从上面例题可以看出,截交线椭圆在平行于圆柱轴线但不垂直于截平面的投影面上的投影一般仍是椭圆。椭圆长、短轴在该投影面上的投影,仍为椭圆投影的长短轴。当截平面与圆柱轴线的夹角 α 小于45°时,椭圆长轴的投影变为椭圆投影的短轴。当 α=45°时,椭圆的投影成为一个与圆柱底圆相等的圆。

【例】圆柱被铅垂面和正平面截切的作图。

具体解题过程详见参考资料(码 2-21)。

码 2-21 回转立体的投影例题

2)圆锥上的截交线

当平面与圆锥截交时,根据截平面与圆锥轴线相对位置的不同,可产生 5

种不同形状的截交线，如图 2-115 及表 2-28 所示。

a. 当截平面垂直于圆锥的轴线时，截交线必为一个圆。

b. 当截平面倾斜于圆锥的轴线，并与所有素线相交时，截交线必为一个椭圆。

c. 当截平面通过圆锥的轴线或锥顶时，截交线必为两条素线。

d. 当截平面平行于圆锥的轴线，或者倾斜于圆锥的轴线但与两条素线平行时，截交线必为双曲线。

e. 当截平面倾斜于圆锥的轴线，但与一条素线平行时，截交线为抛物线。

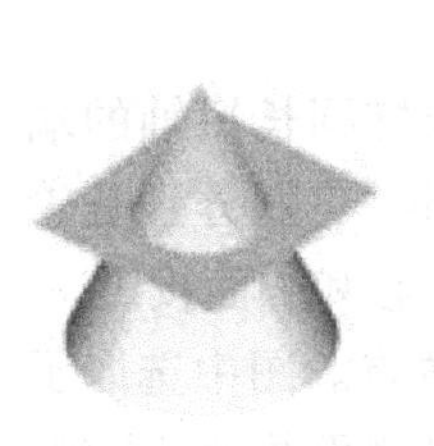
(a)圆

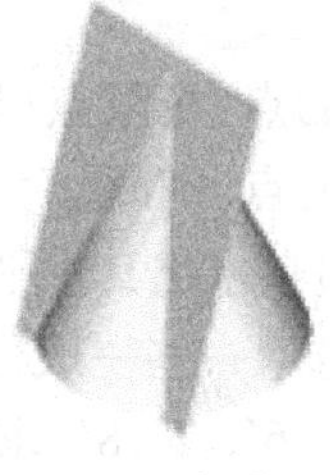
(b)三角形

(c)椭圆

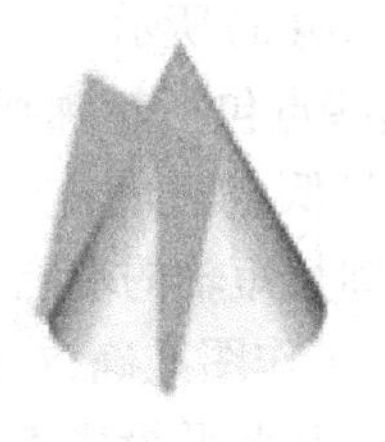
(d)双曲线+直线段

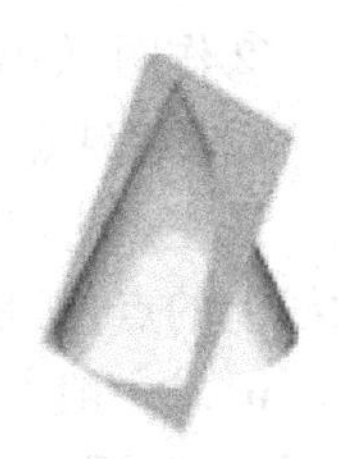
(e)抛物线+直线段

图 2-115　圆锥面上的截交线

表 2-28　圆锥面上的截交线

截平面的位置	截平面与圆锥轴线垂直($\theta=90°$)	截平面过圆锥的锥顶($\theta<\alpha$)	截平面与圆锥轴线倾斜($\theta>\alpha$)	截平面与圆锥轴线平行或倾斜($\theta<\alpha,\theta=0$)	截平面与圆锥素线平行($\theta=\alpha$)
截交线空间形状及投影图	圆	等腰三角形	椭圆	双曲线+直线	抛物线+直线
	α θ	α θ	α θ	α	α θ

平面截割圆锥所得的截交线圆、椭圆、抛物线和双曲线，统称为圆锥曲线。当截平面倾斜于投影面时，椭圆、抛物线、双曲线的投影，一般仍为椭圆、抛物线和双曲线，但有变形。比如：圆的投影可能为椭圆，椭圆的投影也可能成为圆。

如图 2-116(a)所示，已知圆锥的三面投影和正垂面 P 的投影，求截交线的投影及实形。

解：

①分析。

i. 因截平面 P 是正垂面，P 面与圆锥的轴线倾斜并与所有素线相交，故截交线为椭圆。

ii. P_V 面与圆锥最左最右素线的交点，即为椭圆长轴的端点Ⅰ、Ⅳ，即椭圆长轴平行于 V 面，椭圆短轴Ⅴ、Ⅵ垂直于 V 面，且平分Ⅰ、Ⅳ。

iii. 截交线的 V 面投影重合在 P_V 上，H 面投影、W 面投影仍为椭圆，椭圆的长、短轴仍投影为椭圆投影的长、短轴。

②作图，如图 2-116(a)所示。

i. 求长轴端点。在 V 面上，P_V 与圆锥的投影轮廓线的交点，即为长轴端点的 V 面投影 1′、4′；Ⅰ、Ⅳ的 H 面投影 1、4 在水平中心线上，1 和 4 就是投影椭圆的长轴。

ii. 求短轴端点。椭圆短轴Ⅴ、Ⅵ的投影 5′(6′)必积聚在 1′、4′的中点；过 5′(6′)作纬圆求出水平投影 5、6，之后求出 5″6″。

iii. 求最前、最后素线与 P 面的交点Ⅱ和Ⅲ。在 P_V 与圆锥正面投影的轴线交点处得 2′、(3′)，向右得到其侧面投影 2″、3″，向下得到 2、3。

iv. 求一般点Ⅶ、Ⅷ。先在 V 面定出点 7′、(8′)，再用纬圆法求出 7、8，并进一步求出 7″、8″。

v. 连接各点并判别可见性。在 H 面投影中依次连接各点，即得椭圆的 H 面投影；同理得出椭圆的 W 面投影。

vi. 求截面的实形(略)。

③检查、整理、描深图线，完成全图，如图 2-116(b)所示。

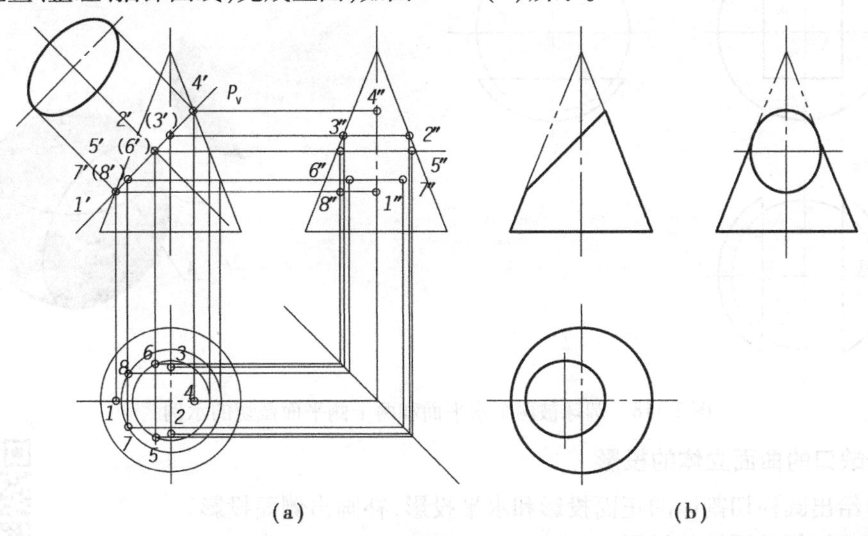

图 2-116　正垂面与圆锥的截交线

【例】求作侧平面或正平面与圆锥的截交线。

具体解题过程详见参考资料(码 2-21)。

码 2-21　回转立体的投影例题

3) 圆球上的截交线

球体上的截面不论其角度如何，所得截交线的形状都是圆。截平面距球心的距离决定截交圆的大小，经过球心的截交圆是最大的截交圆。截平面位置的不同，截交线的投影可能为圆，也可能是椭圆或直线。

当截平面与水平投影面平行时，其水平投影是圆，反映实形，其正面投影和侧面投影都积聚为一条水平直线；当截平面与 V 面(或 W 面)平行时，则截交线在相应投影面上的投影是圆，其他两投影是直线；如果截平面倾斜于投影面，则在该投影面上的投影为椭圆，如图 2-117 所示，其上各点的投影可自行分析。

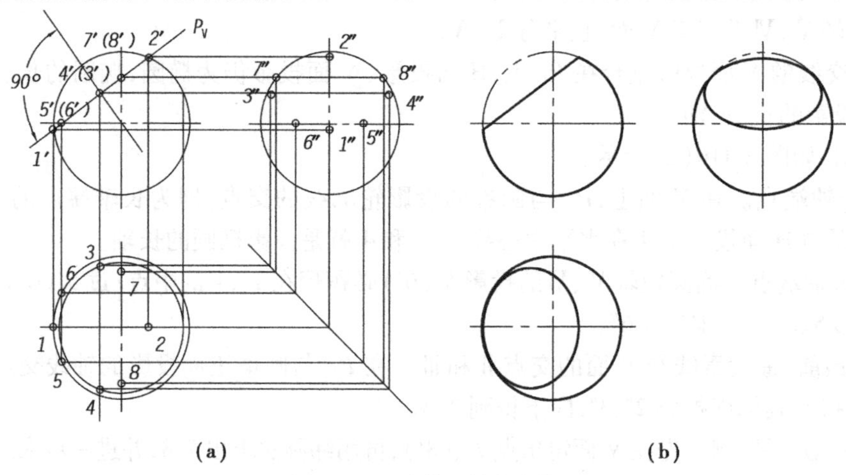

图 2-117　球体上的截交线

图 2-118 表示了圆球被两个水平面和两个侧平面截切的示例。

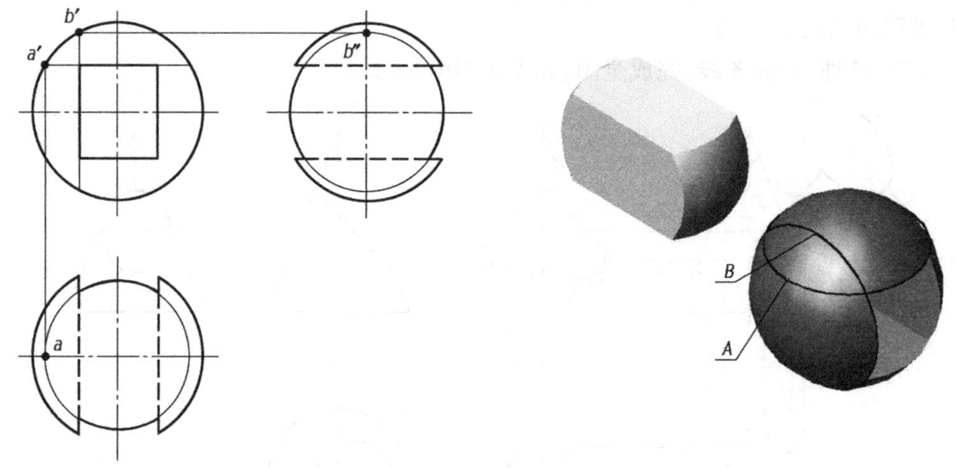

图 2-118　圆球被两个水平面和两个侧平面截切的示例

4）带缺口的曲面立体的投影

码 2-21　回转立体的投影例题

【例】给出圆柱切割体的正面投影和水平投影，补画出侧面投影。

【例】求切割后圆锥的投影。

【例】已知半球体被切割后的正面投影，画出其水平投影及侧面投影。

以上各例题的具体解题过程详见参考资料（码 2-21）。

引导问题（3）

①相贯体、相贯、相贯线的概念是什么？

②相贯线的性质有哪些？

③求相贯线的方法和步骤是什么？

④相贯线的两种特殊情况是什么？

⑤如何判别相贯线的可见性？

(3)相贯体

两基本体相交后得到的立体称为相贯体。它们的表面相交,会在表面上产生相应的相贯线(表面交线)。了解相贯线的性质及投影画法将有助于我们对机件形状结构的正确分析与表达。

1)相贯体的有关概念及性质

两立体相交得到的立体称为相贯体,两立体因相贯而表面产生的交线称为相贯线。相贯线的形状取决于两相交立体的形状、大小及其相对位置。本节仅讨论几种常见的回转体相贯的问题。两回转体相交得到的相贯线,具有以下性质:

①相贯线是相交两立体表面共有的线,是两立体表面一系列共有点的集合,同时也是两立体表面的分界点。

②由于立体占有一定的空间范围,所以相贯线一般是封闭的空间曲线。

根据相贯线的性质求相贯线,可归纳为求出相交两立体表面上一系共有点的问题。求相贯线的方法可用表面取点法。

相贯线可见性的判断原则是:相贯线同时位于两个立体的可见表面上时,其投影才是可见的;否则就不可见。

2)立体表面的相贯线

本书仅讨论两曲面立体相交的情况。

①两曲面立体表面的交线。两曲面立体表面的相贯线,一般是封闭的空间曲线,特殊情况下可能为平面曲线或直线。组成相贯线的所有相贯点,均为两曲面体表面的共有点。因此求相贯线时,要先求出一系列的共有点,然后依次连接各点,即得相贯线。

求相贯线的方法通常有以下两种:

第一种:积聚投影法——相交两曲面体,如果有一个表面投影具有积聚性时,就可利用该曲面体投影的积聚性作出两曲面的一系列共有点,然后依次连成相贯线。

第二种:辅助平面法——根据三面共点原理,作辅助平面与两曲面相交,求出两辅助截交线的交点,即为相贯点。

选择辅助平面的原则是:辅助截平面与两个曲面的截交线(辅助截交线)的投影都应是最简单易画的直线或圆。因此在实际应用中往往多采用投影面的平行面作为辅助截平面。

在解题过程中,为了使相贯线的作图清楚、准确,在求共有点时,应先求特殊点,再求一般点。相贯线上的特殊点包括可见性分界点,曲面投影轮廓线上的点,极限位置点(最高、最低、最左、最右、最前、最后)等。根据这些点不仅可以掌握相贯线投影的大致范围,而且还可以比较恰当地设立求一般点的辅助截平面的位置。

如图 2-119(a)所示,求作两轴线正交的圆柱体的相贯线。

解:

a. 分析。两圆柱相交时,根据两轴线的相对位置关系,可分为 3 种情况:正交(两轴线垂直相交)、斜交(两轴线倾斜相交)、侧交(两轴线垂直交叉)。

i. 根据两立体轴线的相对位置,确定相贯线的空间形状。由图可知,两个直径不同的圆柱垂直相交,大圆柱为铅垂位置,小圆柱为水平位置,由左至右完全贯入大圆柱,所得相贯线为一组封闭的空间曲线。

ii. 根据两立体与投影面的相对位置确定相贯线的投影。相贯线的水平投影积聚在大圆柱的水平投影上（即小圆柱水平投影轮廓之间的一段大圆弧），相贯线的侧面投影积聚在小圆柱的侧面投影上（整个圆）。因此，余下的问题只是根据相贯线的已知两投影求出它的正面投影。

b 作图，如图 2-119（a）所示。

i. 求特殊点。正面投影中两圆柱投影轮廓相交处的 1′、5′两点分别是相贯线上的最左、最右点（同时也是最高点），它们的水平投影落在小圆柱的最左最右两边素线的水平投影上，1″、5″重影。

3、7 两点分别位于小圆柱的水平投影的圆周上，它们是相贯线上的最前点和最后点，也是相贯线上最低位置的点。可先在小圆柱和大圆柱侧面投影轮廓的交点处定出 3″和 7″，然后再在正面投影中找到 3′和 7′（前、后重影）。

ii. 求一般点。在小圆柱侧面投影（圆）上的几个特殊点之间，选择适当的位置取几个一般点的投影，如 2″、4″、6″、8″等，再按投影关系找出各点的水平投影 2、4、6、8，最后作出它们的正面投影 2′、4′、6′、8′。

iii. 连点并判别可见性。连接各点成相贯线时，应沿着相贯线所在的某一曲面上相邻排列的素线（或纬圆）顺序光滑连接。

例题中相贯线的正面投影可根据侧面投影中小圆柱的各素线排列顺序依次连接 1′-2′-3′-4′-5′-(6)′-(7′)-(8′)-1′各点。由于两圆柱前、后完全对称，故相贯线前、后相同的两部分在正面投影中重影（可见者为前半段）。

iv. 检查、整理、描深图线，完成全图，如图 2-119（b）所示。

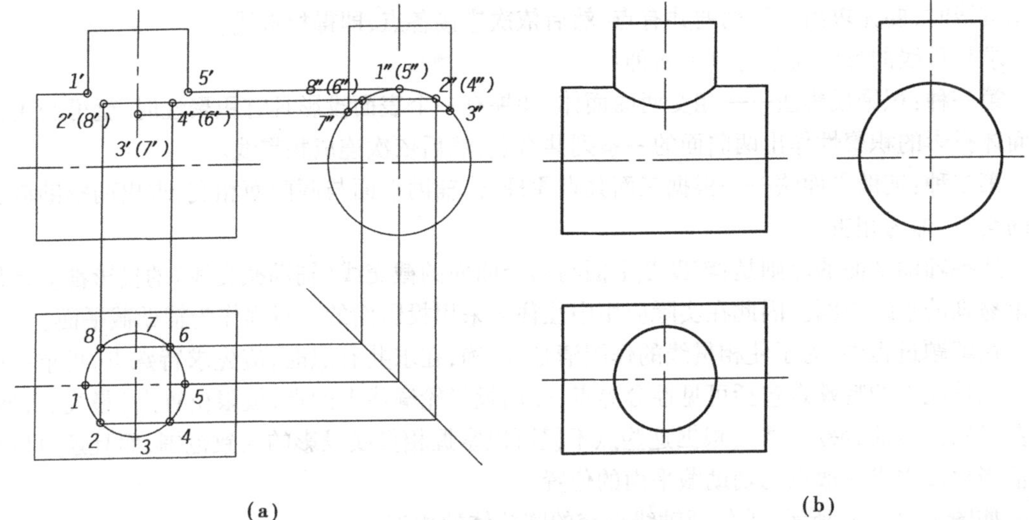

图 2-119 轴线正交的两圆柱体相贯

【例】求圆柱与圆锥的相贯线。

②曲面立体表面交线的特殊情况。其解题过程详见参考过程（码 2-21）。

码 2-21 回转立体的投影例题

A. 相贯线为直线。

a. 两锥体共顶时，其相贯线为过锥顶的两条直素线，如图 2-120（a）所示。

b. 两圆柱体的轴线平行，其相贯线为平行于轴线的直线，如图 2-120（b）所示。

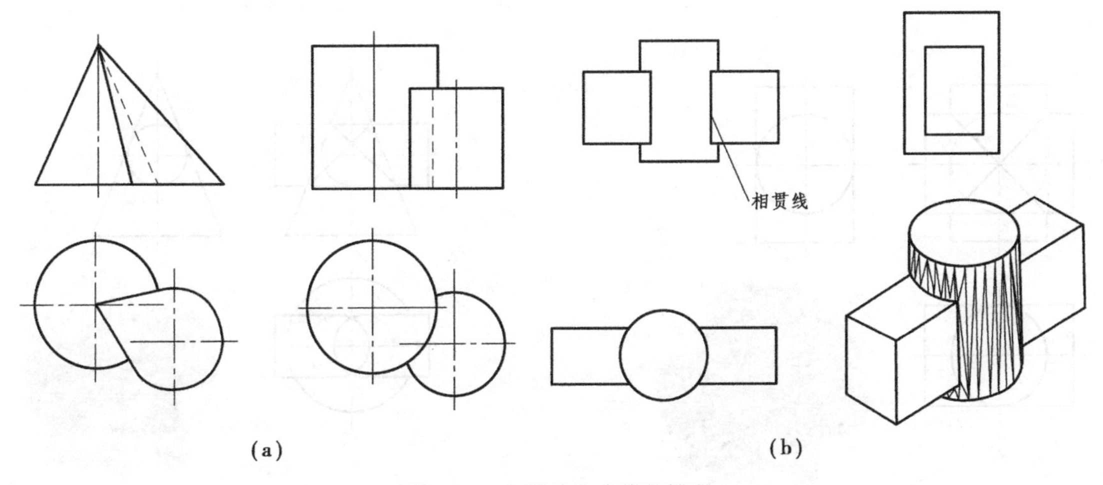

图 2-120　相贯线为直线的情况

B. 相贯线为平面曲线。

a. 两同轴回转体,其相贯线为垂直于轴线的圆。当两回转体具有公共轴线时,其相贯线为垂直轴线的圆。相贯线在与轴线平行的投影面上的投影为垂直于轴线的直线,相贯线在与轴线垂直的投影面上的投影为圆的实形,如图 2-121(a)、(b)所示。

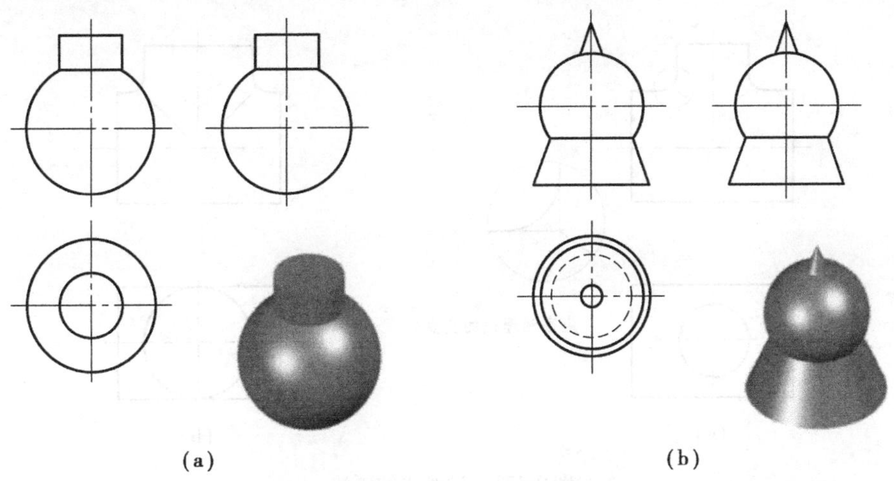

图 2-121　相贯线为平面曲线的情况(一)

b. 具有公共内切球的两回转体相交时,其相贯线为平面曲线。当轴线相交的两圆柱体(或圆柱体与圆锥体)公切于同一球面时,如果轴线是正交的,它们的相贯线是两个大小相等的椭圆,该相贯线在两相交轴线所平行投影面上的投影积聚为直线段,在其他投影面上的投影为类似形(圆或椭圆),如图 2-122(a)、(b)所示。如果轴线是斜交的,它们的相贯线是两个大小不等的椭圆。

这种有公共内切球的两圆柱、圆锥等的相贯,常应用于管道的连接。

3)过渡线

在锻件和铸件中,由于工艺上的要求,在零件的表面相交处常用一个曲面光滑地过渡,这个过渡曲面就称为圆角。由于圆角的存在,使得零件表面的相贯线不很明显,但为了区分不同形体的表面,仍需要画出这些交线,这种线称为过渡线。

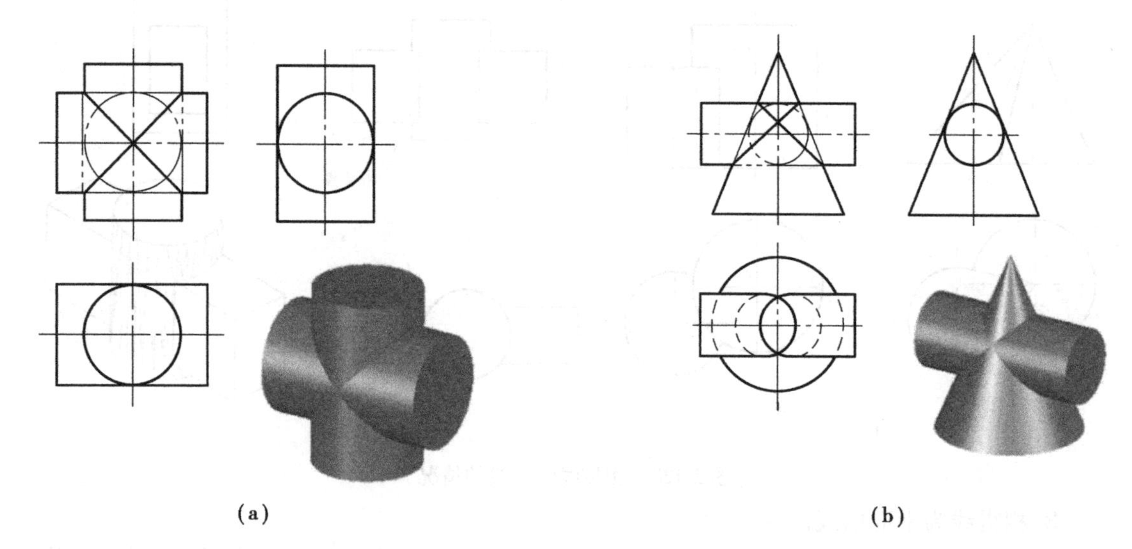

图 2-122 相贯线为平面曲线的情况(二)

过渡线的画法与相贯线的画法一样。但过渡线不与圆角的轮廓素线接触,只画到两立体表面轮廓素线的理论交点处,如图 2-123 所示。

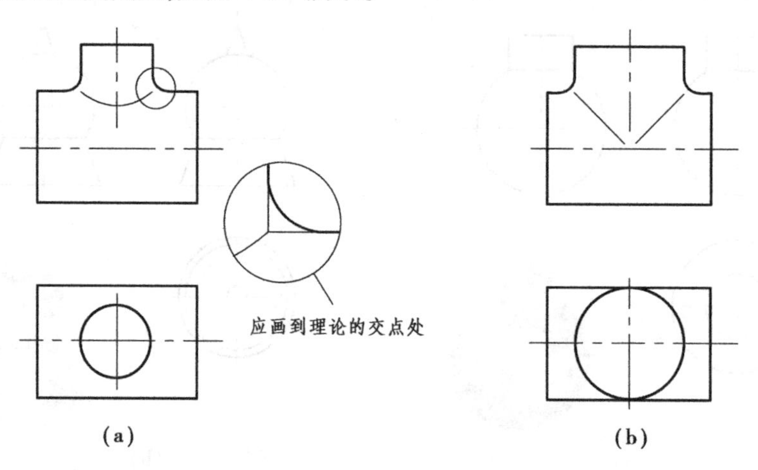

图 2-123 过渡线的画法

在《机械制图 图样画法视图》(CB/T 4458.1—2002)规定过渡线应采用细实线绘制,并且两端要与轮廓线明显脱开,而原标准规定其用粗实线绘制,这点请注意。

4)相贯线的简化画法

为了简化作图,国家标准规定:在不致引起误解的情况下,图形中的相贯线和过渡线可以用近似画法,如图 2-124(a)所示,也可以采用模糊画法画出,如图 2-124(b)所示。当两圆柱正交且直径相差较大时,其相贯线的投影可采用近似画法,具体画法是:以两圆柱中半径较大的圆柱的半径为半径画出一段圆弧即可,如图 2-124(a)所示;但当两圆柱的直径相差不大时,不宜采用这种方法。

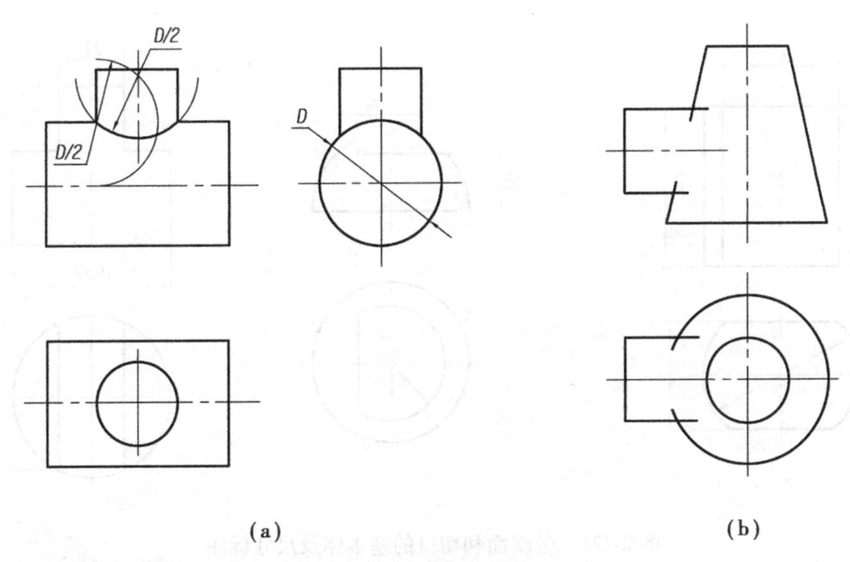

图 2-124　相贯线的简化画法

(4)截断体(常常是带有切口、和穿孔的基本体)和相贯体的尺寸标注

1)截断体(常常是带有切口和穿孔的基本体)的尺寸标注

截断体由于被截平面截切,往往会出现切口和穿孔的结构,因此,除了要注出基本形体的尺寸外,还应注出截平面的位置尺寸。但不必注出截交线的尺寸,也即只需注出截平面的定位尺寸,而不应标注截交线的定形尺寸。因为当基本体与截平面的相对位置一旦确定,截断体的形状与大小也就完全确定下来了。

①带斜面和切口的基本体。这类形体除注出基本体的尺寸外,还要标出确定斜面和切口平面位置的尺寸。

因为切口交线是由截切平面位置确定的,是切平面截断形体而产生的截交线,因此不需要注其尺寸,若注其尺寸,即属错误尺寸,如图 2-125 所示。

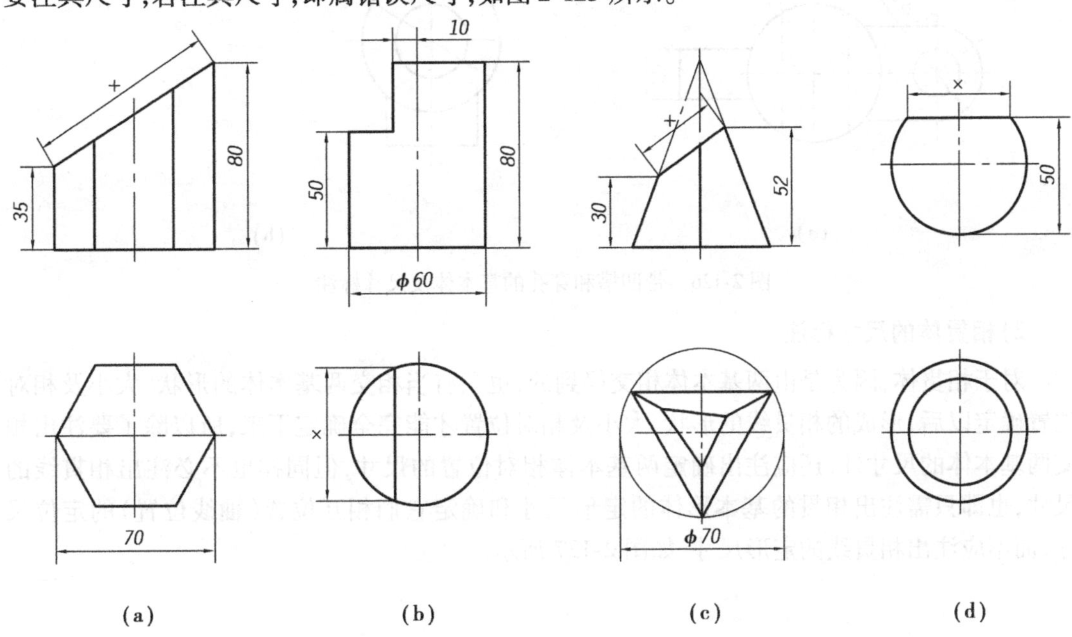

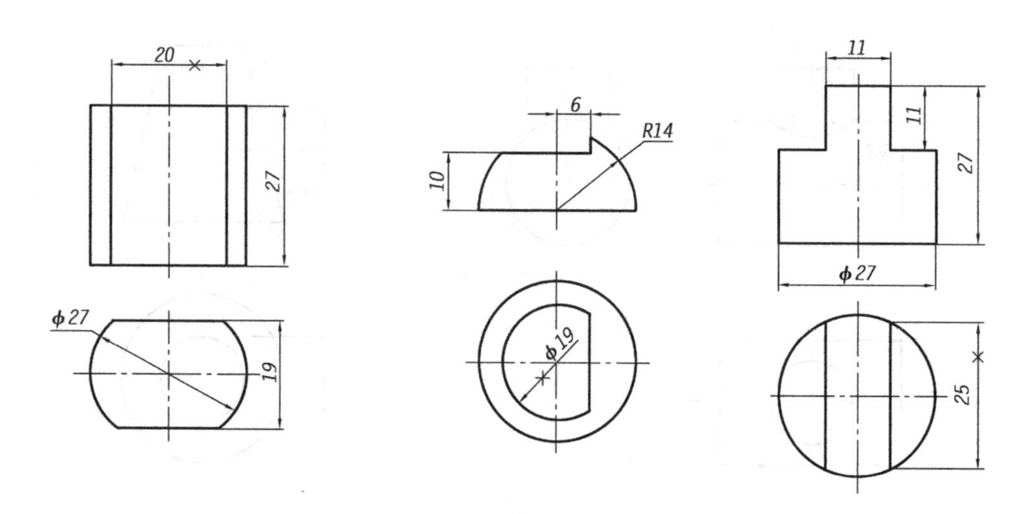

图 2-125 带斜面和切口的基本体及尺寸标注

②带凹槽和穿孔的基本体。这类形体除了注出基本体的尺寸外,还必须注出槽和孔的大小和位置尺寸,如图 2-126 所示。

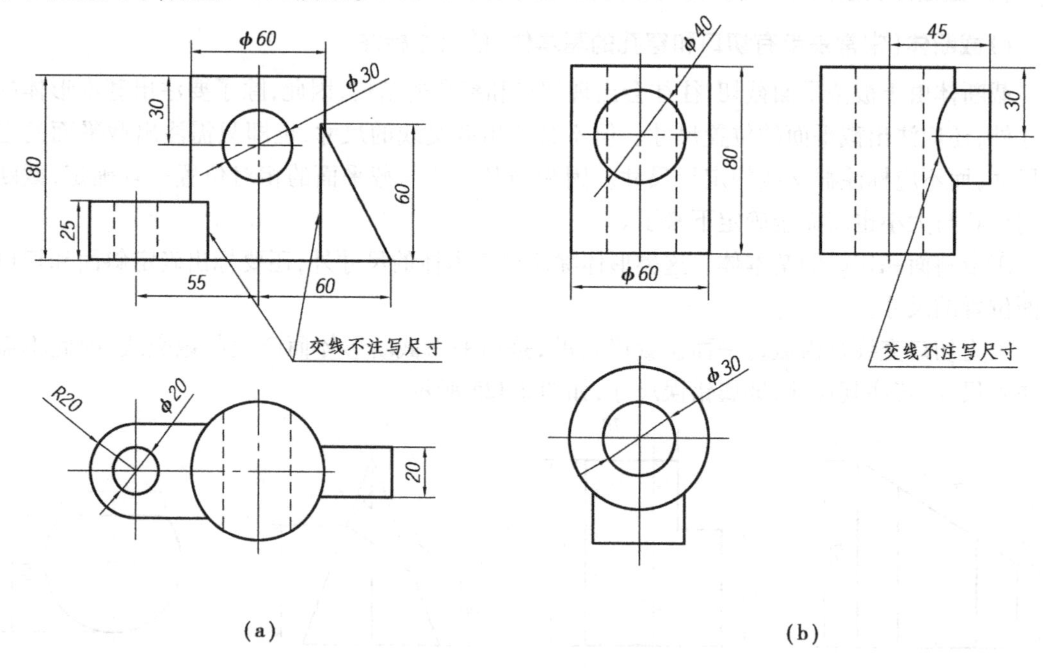

图 2-126 带凹槽和穿孔的基本体及尺寸标注

2)相贯体的尺寸标注

对于相贯体,因为是由两基本体相交得到的,也只有当相交两基本体的形状、大小及相对位置确定以后,形成的相贯线的形状、大小及相对位置才能完全确定下来,所以除了要注出相交两基本体的尺寸外,还应注出确定两基本体相对位置的尺寸,但同样也不必注出相贯线的尺寸,也即只需注出相贯的基本形体的定形尺寸和确定它们相互位置(轴线位置)的定位尺寸,而不应注出相贯线的定形尺寸,如图 2-127 所示。

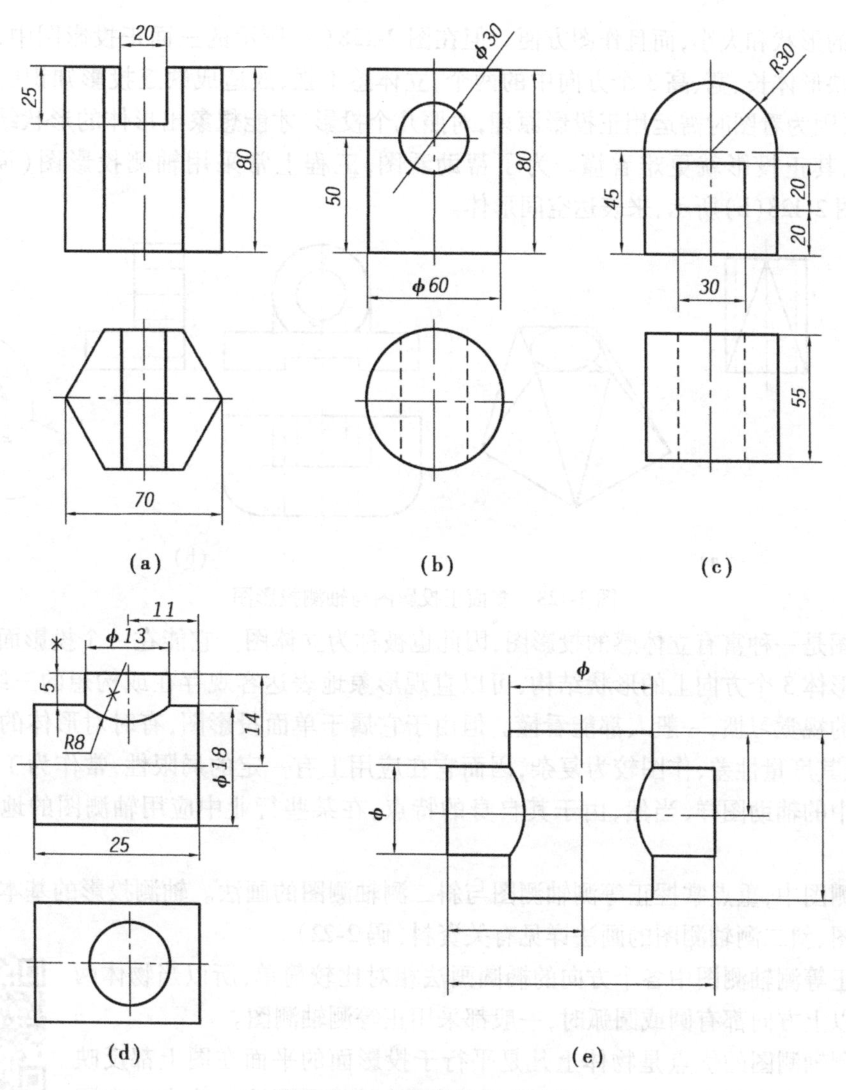

图 2-127　相贯体的尺寸标注

引导问题(4)

①轴测图、轴测轴、轴间角、轴向伸缩系数的概念是什么？

②什么是正轴测图？正轴测图的种类有哪些？

③什么是斜轴测图？斜轴测图的种类有哪些？

④轴测图的特性如何？轴测图的含义如何？

(5)轴测图

工程上常用的图样是按照正投影法绘制的多面投影图，它能够完整而准确地表达出形体各个方向的形状和大小，而且作图方便。但在图2-128(a)所示的三面正投影图中，每个投影图只能反映形体长、宽、高3个方向中的两个，立体感不强，故造成缺乏投影知识的人不易看懂的问题，因为看图时需运用正投影原理，对照几个投影，才能想象出形体的形状结构。当形体复杂时，其正投影就更难看懂。为了帮助看图，工程上常采用轴测投影图（简称“轴测图”），如图2-128(b)所示，来表达空间形体。

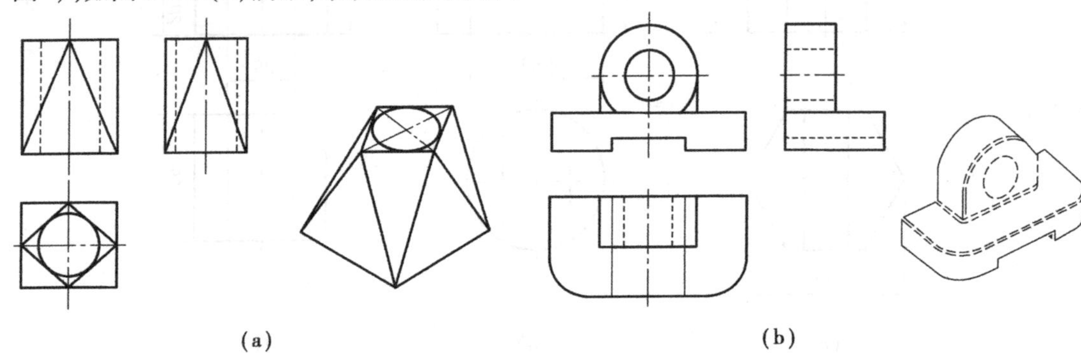

图2-128　多面正投影图与轴测投影图

轴测图是一种富有立体感的投影图，因此也被称为立体图。它能在一个投影面上同时反映出空间形体3个方向上的形状结构，可以直观形象地表达客观存在或构想的三维物体，接近于人们的视觉习惯，一般人都能看懂。但由于它属于单面投影图，有时对形体的表达不够全面，而且其度量性差，作图较为复杂，因而它在应用上有一定的局限性，常作为工程设计和工业生产中的辅助图样，当然，由于其自身的特点，在某些行业中应用轴测图的地方在逐渐增加。

在轴测图中，重点掌握正等测轴测图与斜二测轴测图的画法。轴测投影的基本知识及正等测轴测图、斜二测轴测图的画法详见有关资料（码2-22）。

由于正等测轴测图中各个方向的椭圆画法相对比较简单，所以当物体两个或两个以上方向都有圆或圆弧时，一般都采用正等测轴测图。

码2-22　轴测投影

斜二测轴测图的优点是物体上凡是平行于投影面的平面在图上都反映实形，因此，当物体只有一个方向的形状比较复杂，特别是只有一个方向有圆或圆弧时，常采用斜二测轴测图。

引导问题(5)

①组合体的组合形式有哪些？组合体表面间的相对位置关系有哪些？

②形体分析法的概念是什么？线面分析法的概念是什么？

③用形体分析法画组合体的方法和步骤是什么？

④用线面分析法画组合体的方法和步骤是什么？

⑤什么情况下用形体分析法画组合体？什么情况下用线面分析法画组合体？

(6)组合体

由两个或两个以上的基本体组成的类似机件的形体称为组合体。本章着重研究组合体视图的画法、看图方法和尺寸标注,为今后学习零件图奠定基础。

1)组合体的形体分析和组合形式

①组合体的形体分析。任何复杂的物体都可以看成由若干个基本几何体组合而成的。这些基本体可以是完整的,也可以是经过钻孔、切槽等加工的。如图2-129(a)所示的支座,可看成由圆筒、底板、肋板、耳板和凸台组合而成,如图2-129(b)所示。在绘制组合体视图时,应首先将组合体分解成若干简单的基本体,并按各部分的位置关系和组合形式画出各基本几何体的投影,综合起来即得到整个组合体视图。这种假想把复杂的组合体分解成若干个基本形体,分析它们的形状、组合形式、相对位置和表面连接关系,使复杂问题简单化的思维方法称为形体分析法。它是组合体的画图、尺寸标注和看图的基本方法。

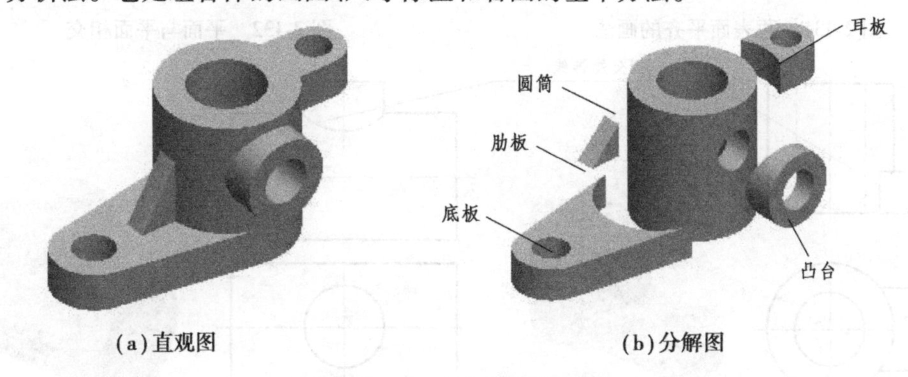

(a)直观图　　(b)分解图

图2-129　支座的形体分析

②组合体的组合形式及表面连接关系。

A.组合体的组合形式。组合体可分为叠加和切割两种基本组合形式,或者是两种组合形式的综合。叠加是将各基本体以平面接触相互堆积、叠加后形成的组合形体,如图2-130(a)所示。切割是在基本体上进行切块、挖槽、穿孔等切割后形成的组合体,如图2-130(b)所示。图2-130(c)所示的组合体则是叠加和切割两种形式的综合。

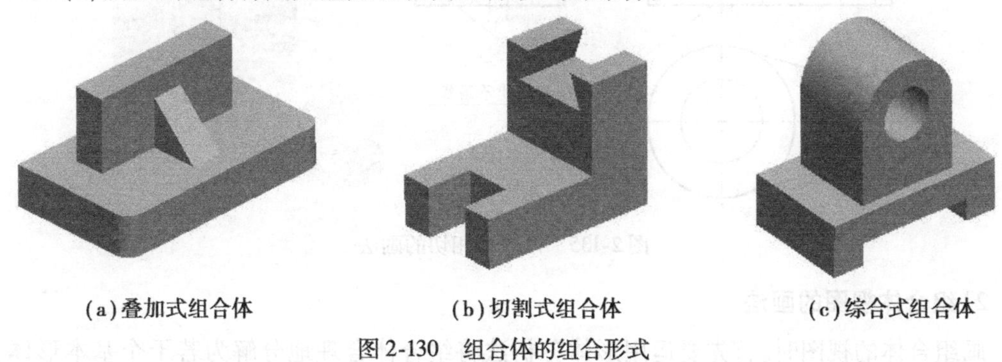

(a)叠加式组合体　　(b)切割式组合体　　(c)综合式组合体

图2-130　组合体的组合形式

B.组合体的表面连接关系。组合体表面连接关系有平齐、相交和相切3种形式。弄清组合体表面连接关系,对画图和看图都很重要。

a.当组合体中两基本体的表面平齐(共面)时,在视图中不应画出分界线,如图2-131所示。

b. 当组合体中两基本体的表面相交时，在视图中的相交处应画出交线，如图 2-132 至图 2-134 所示。

C. 当组合体中两基本体的表面相切时，在视图中的相切处不应画线，如图 2-135 所示。

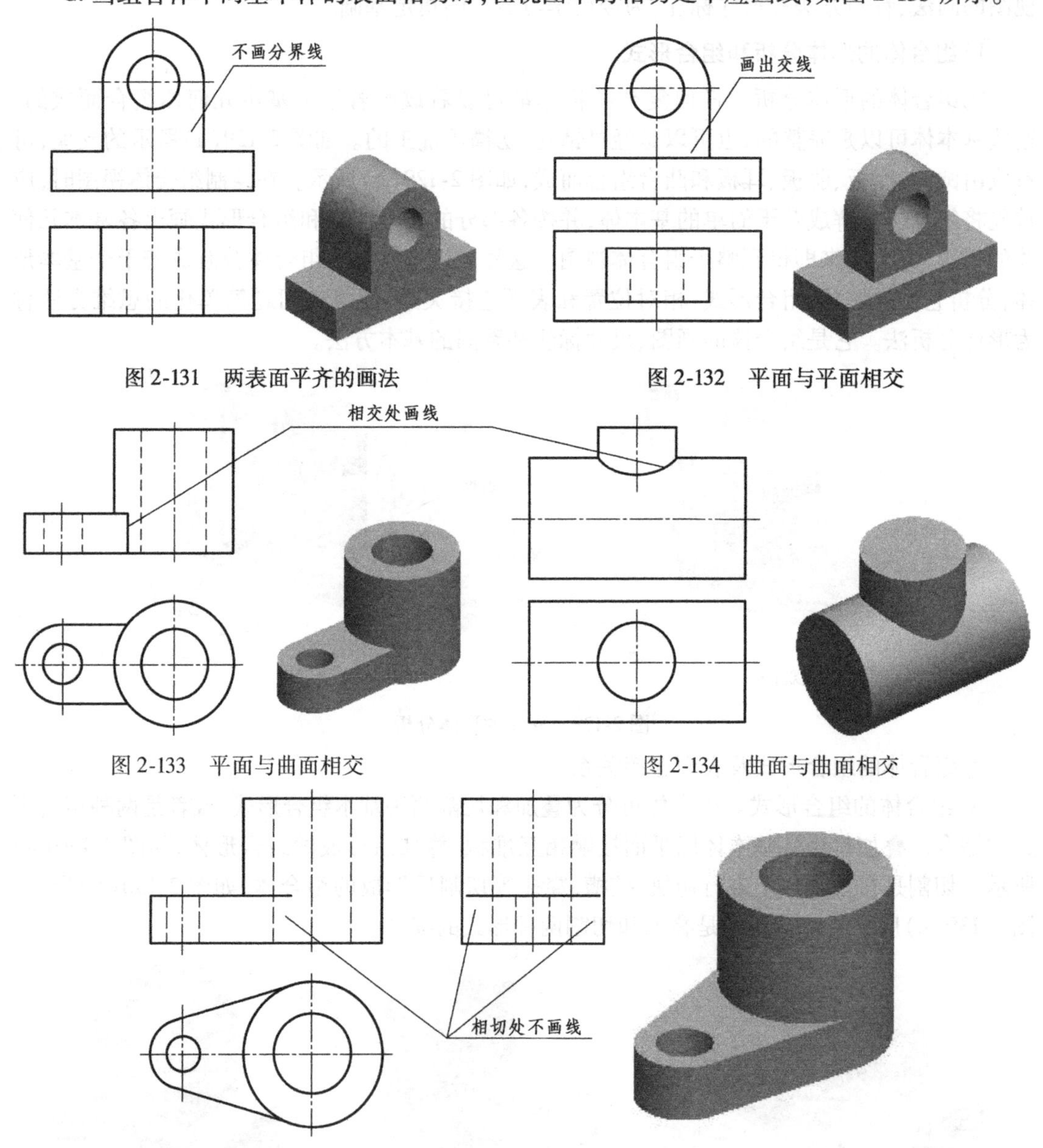

图 2-131　两表面平齐的画法

图 2-132　平面与平面相交

图 2-133　平面与曲面相交

图 2-134　曲面与曲面相交

图 2-135　两表面相切的画法

2）组合体视图的画法

画组合体的视图时，首先要运用形体分析法将组合体合理地分解为若干个基本形体，并按照各基本形体的形状、组合形式、形体间的相对位置和表面连接关系，逐步进行作图。下面结合实例，介绍组合体视图的画法。

①叠加型组合体视图的画法。以图 2-136（a）所示的机座为例，介绍叠加型组合体视图的画图方法和步骤。

A. 分析形体。如图 2-136(b)所示,机座可分解为底板、圆筒、支承板和肋板 4 个部分。底板上有直径相等的两个圆孔和 1/4 圆角,圆筒、支承板和肋板由上而下依次叠加在底板上面。支承板与底板的后面平齐,圆筒与支承板的后面不平齐,支承板的左、右侧面与圆筒的外表面相切,肋板位于圆筒的正下方并与支承板垂直相交,其左右侧面、前面与圆筒的外表面相交。

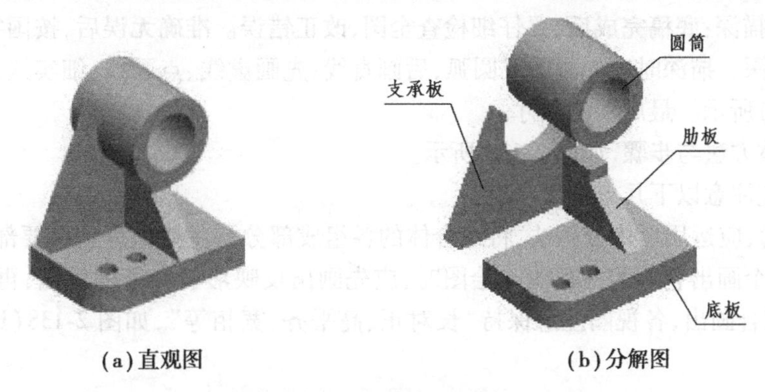

图 2-136 机座的形体分析

B. 选择视图。选择视图包括确定主视图的投射方向和采用的视图数量。

a. 选择主视图。主视图是表达组合体的一组视图中最主要的视图。选择主视图时应将组合体放正,使其主要平面平行或垂直于投影面,以便在投影时得到实形。一般应选择形状特征最明显、位置特征最多的方向作为主视图的投射方向,同时应考虑投影作图时避免在其他视图上出现较多的虚线,影响图形的清晰性和标注尺寸。

如图 2-137 所示,分别从支座的 A、B、C、D 4 个方向作为主视图的投射方向,比照后才能确定主视图。可以看出,A 向作为投射方向最能反映机座各组成部分的主要形状特征和较多的位置特征,符合主视图的要求。

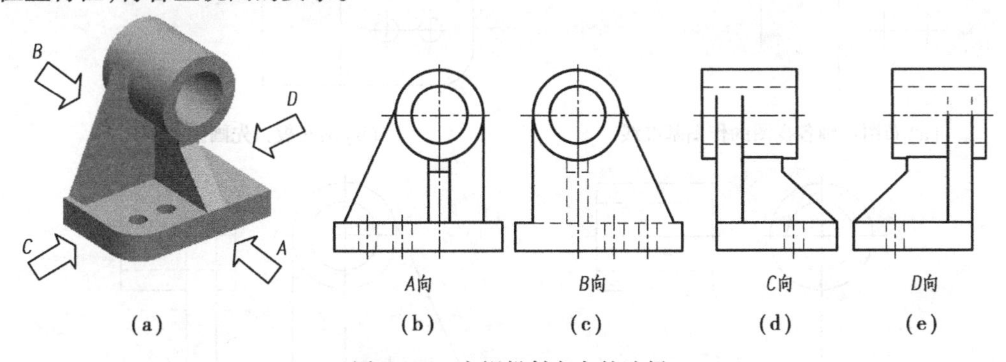

图 2-137 主视投射方向的选择

b. 确定视图数量。确定其他视图数量的原则是:用最少的视图最清楚地表达组合体各组成部分的形状结构、相对位置和表面连接关系。

主视图投射方向选定后,根据机座的表达需要,确定画出俯视图来表达底板的形状和两孔的相对位置,画出左视图来表达肋板的形状以及支承板和圆筒的宽度。所以,机座需要用主、俯、左 3 个视图才能表达清楚。

C. 选比例、定图幅。选定视图后,要根据组合体的实际大小,按国标规定选择比例和图幅。一般情况下,应采用 1 : 1 的比例作图。选择图幅时,应留有足够的空间标注尺寸。

D. 布置视图。布置视图是根据组合体的总长、总宽、总高确定各视图在图框内的具体位置,使视图分布均匀。因此,画图时应首先画出各视图两个方向的基准线,常用的基准线是视图的对称线,大圆柱体的轴线以及大的底面或端面。

E. 画底稿:底图中的图线应分出线型,线要画得细而轻淡,以便修改和保持图面整洁。

F. 检查、描深:底稿完成后,要仔细检查全图,改正错误。准确无误后,按国家标准规定的线型加粗、描深。描深时应先画圆或圆弧,后画直线;先画虚线、点画线、细实线,后画粗实线,如图 2-142(f)所示。最后标注尺寸。

绘图具体方法与步骤,如图 2-138 所示。

画图时应注意以下几点:

a. 画图时,应运用形体分析法,将组合体的各组成部分从主要部分到次要部分、从大形体到小形体,逐个画出它们的三视图。绘图时,应先画出反映形状特征的视图,再画其他视图,3 个视图应配合画出,各视图注意保持“长对正、高平齐、宽相等”,如图 2-138(b)、(c)、(d)、(e)所示。

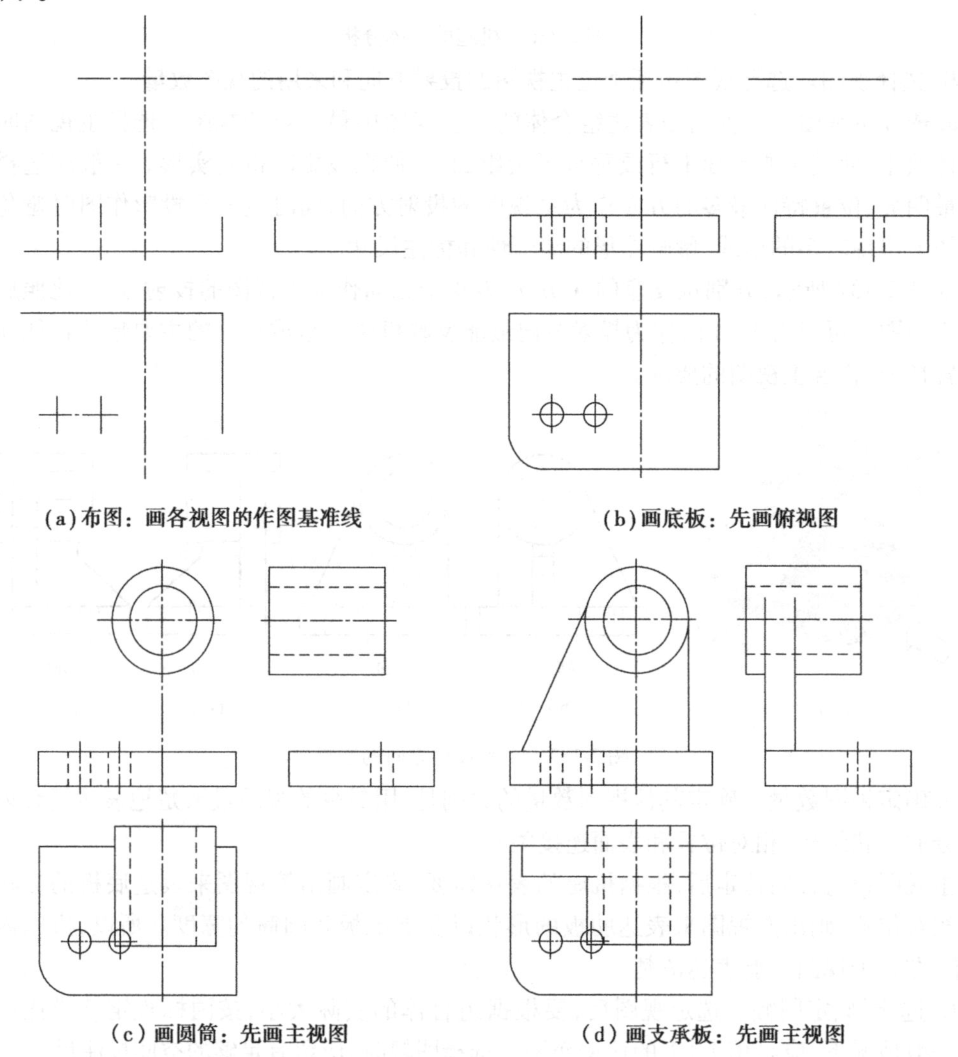

(a)布图：画各视图的作图基准线

(b)画底板：先画俯视图

(c)画圆筒：先画主视图

(d)画支承板：先画主视图

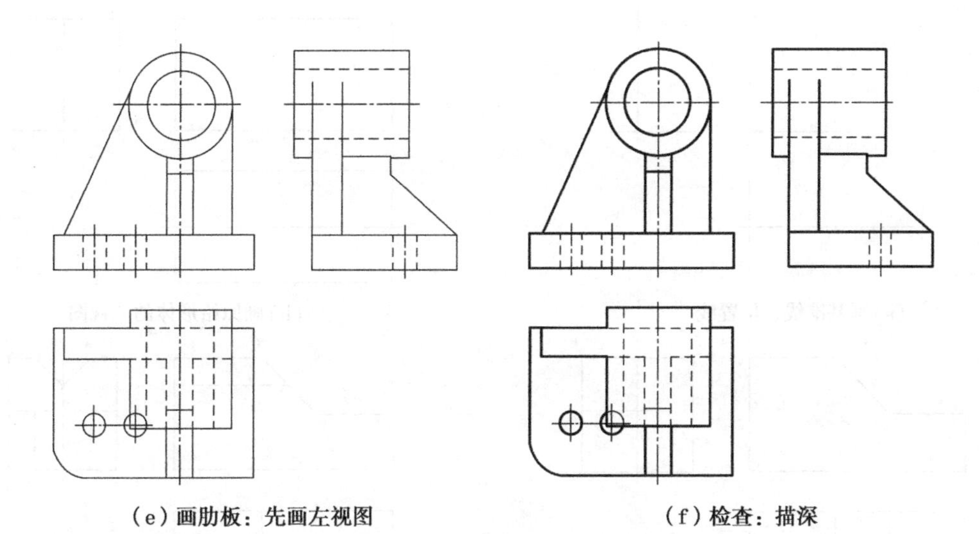
（e）画肋板：先画左视图　　（f）检查：描深

图 2-138　机座的画图方法和步骤

b. 在作图过程中，每增加一个组成部分，就要特别注意分析该部分与其他部分之间的相对位置关系和表面连接关系，同时注意被遮挡部分应随手改为虚线，避免画图时出错。

②切割型组合体视图的画法。以图 2-139 所示的组合体为例，介绍切割型组合体视图的画图方法和步骤。

a. 形体分析。该组合体的原始形体是四棱柱，在此基础上用不同位置的截平面分别切去形体 1（四棱柱）、形体 2（三棱柱）、形体 3（四棱柱），最后形成切割型组合体，如图 2-139 所示。

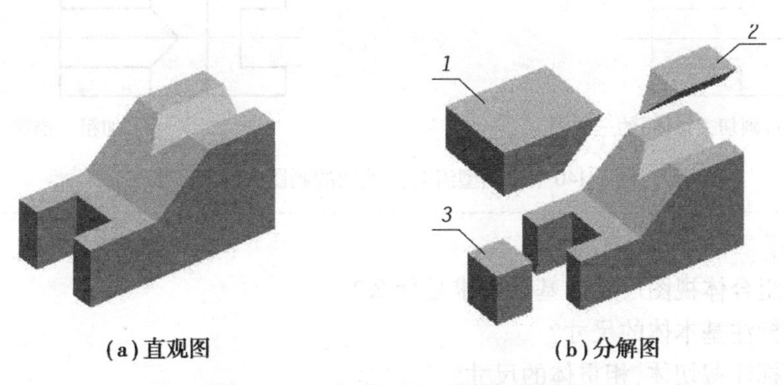

(a) 直观图　　(b) 分解图

图 2-139　切割型组合体的形体分析

b. 画原始形体的三视图。先画基准线，布好图，再画出其原始形体的三视图，如图 2-140(a)、(b) 所示。

c. 画截平面的三视图。画各截平面的三视图时，应从各截平面具有积聚性和反映其形状特征的视图开始画起，如图 2-140(c)、(d)、(e) 所示。

d. 检查、描深。各截平面的投影完成后，仔细检查投影是否正确，是否有缺漏和多余的图线，准确无误后，按国家标准规定的线型加粗、描深，如图 2-140(f) 所示。

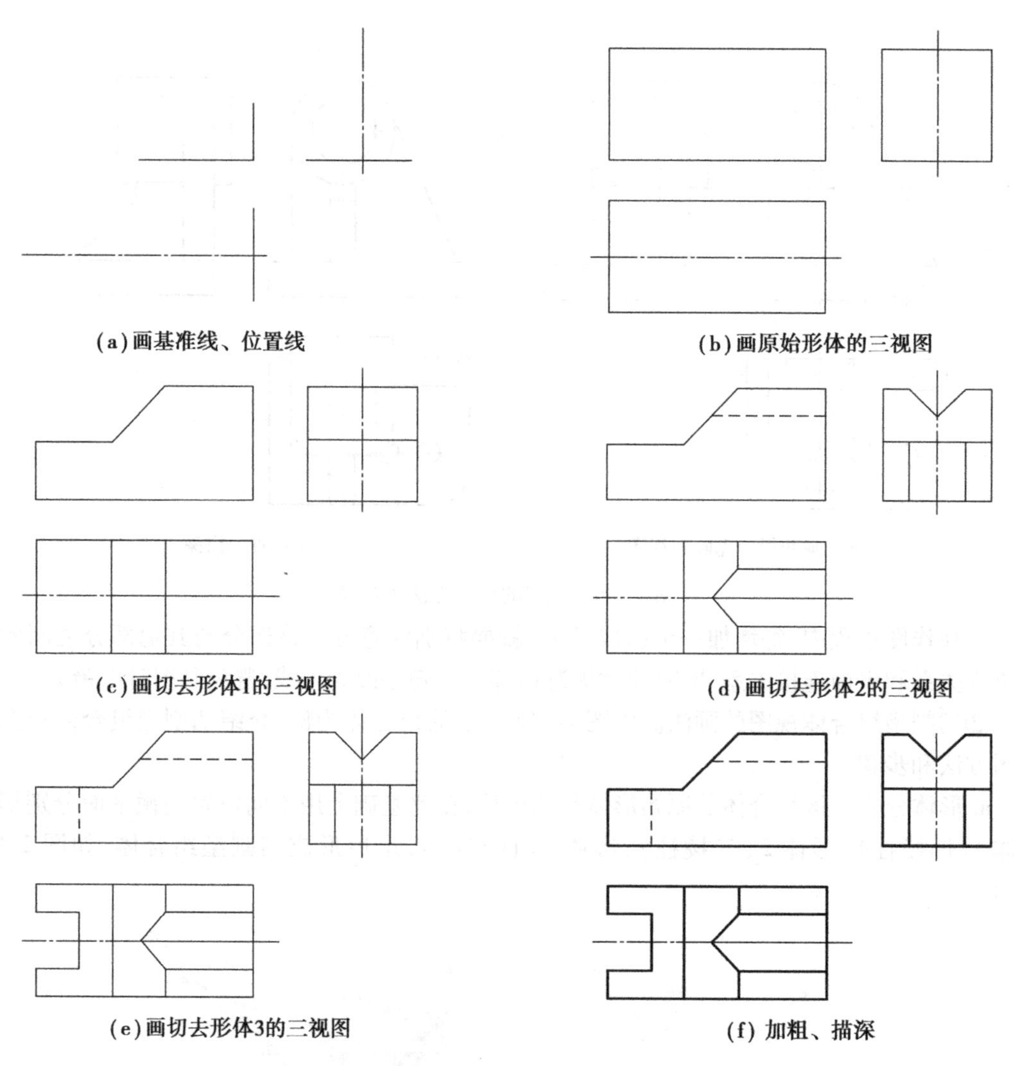

(a)画基准线、位置线　(b)画原始形体的三视图

(c)画切去形体1的三视图　(d)画切去形体2的三视图

(e)画切去形体3的三视图　(f)加粗、描深

图2-140　切割型组合体视图的画图方法和步骤

引导问题(6)

①标注组合体视图尺寸的基本要求是什么?

②如何标注基本体的尺寸?

③如何标注截切体、相贯体的尺寸?

④什么是组合体尺寸标注中的定位尺寸、定形尺寸、尺寸基准、总体尺寸?

⑤组合体尺寸标注的要求有哪些?

⑥标注尺寸应注意的问题有哪些?

⑦标注组合体尺寸的方法和步骤是什么?

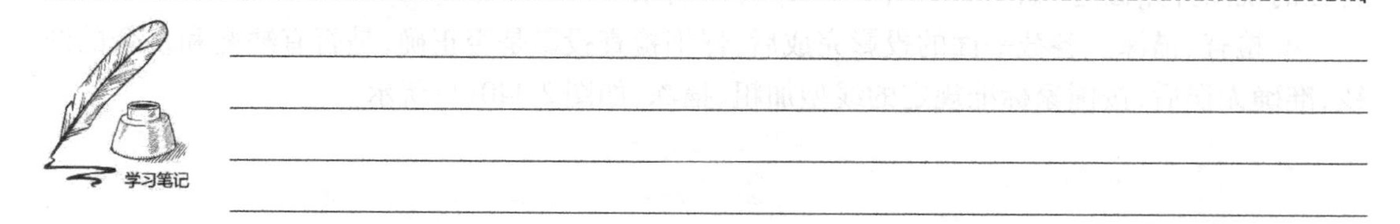

3)组合体的尺寸标注

①尺寸标注的基本要求。

a. 正确:标注的尺寸数值应准确无误,标注方法要符合国家标准中有关尺寸注法的基本规定。

b. 完整:标注尺寸必须能唯一确定组合体及各基本形体的大小和相对位置,做到无遗漏,不重复。

c. 清晰:尺寸的布局要整齐、清晰,便于查找和看图。

d. 合理:标注的尺寸要符合设计要求及工艺要求。

②尺寸基准。确定尺寸位置的几何元素称为尺寸基准。组合体的尺寸基准,常选用其底面、重要的端面、对称平面、回转体的轴线以及圆的中心线等作为尺寸基准。

在组合体的长、宽、高 3 个方向中,每个方向至少要有一个主要尺寸基准。当形体复杂时,允许有一个或几个辅助尺寸基准。如图 2-141(a)所示,以通过圆柱体轴线的侧平面作为长度方向的尺寸基准,以过圆柱孔轴线的正平面作为宽度方向的定位尺寸;以底板的底面作为高度方向的尺寸基准。

③组合体的尺寸种类。

a. 定形尺寸:确定组合体中各基本体的形状和大小的尺寸。如图 2-141(b)中 $R14$、$2\times\phi10$、$\phi16$ 等尺寸均属于定形尺寸。

b. 定位尺寸:确定组合体中各组成部分相对位置的尺寸。基本体的定位尺寸最多有 3 个,若基本体在某方向上处于叠加、平齐、对称、同轴之一者,则应省略该方向上的一个定位尺寸。如图 2-141(a)中,圆筒长度和宽度方向的定位尺寸均省略。

c. 总体尺寸:确定组合体外形的总长、总宽和总高的尺寸。若定形、定位尺寸已标注完整,在加注总体尺寸时,应对相关的尺寸作适当调整,避免出现重复和多余的尺寸,造成封闭尺寸链。如图 2-141(a)所示,删除圆柱的高度尺寸,标注总高。

另外,当组合体的端部不是平面而是回转面时,或为有同心孔的回转体时,该方向上一般不注总体尺寸,而是由确定回转面轴线的定位尺寸和回转面的定形尺寸(半径或直径)来间接确定,如图 2-141(b)所示。

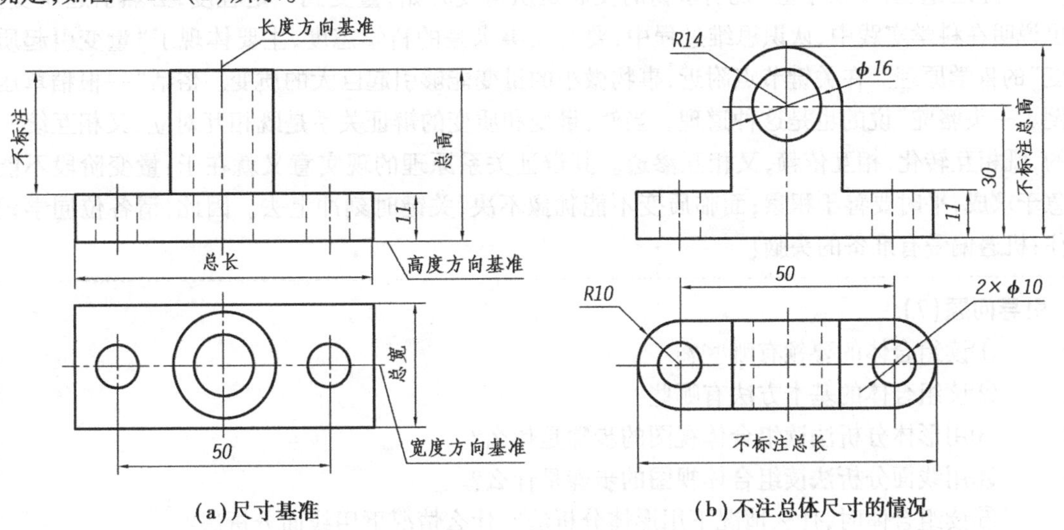

(a)尺寸基准　　(b)不注总体尺寸的情况

图 2-141　组合体的尺寸

④标注组合体尺寸的步骤。标注组合体的尺寸时,首先应运用形体分析法分析形体,找出该组合体长、宽、高 3 个方向的主要基准,分别注出各基本形体之间的定位尺寸和各基本形体的定形尺寸,再标注总体尺寸并进行调整,最后校对全部尺寸。

⑤组合体尺寸标注注意事项。

a. 常见板状结构的尺寸标注。

b. 尺寸应标注在反映形体特征明显的视图上。

c. 同一形体的定形尺寸和定位尺寸应尽量标在同一视图上。

d. 对于回转体,直径尽量标在非圆视图上,半径必须标在反映圆弧的视图上。

e. 内、外形尺寸应分别标注在视图的两侧。

f. 对称结构的尺寸应以尺寸基准对称面为对称线直接注出,不应在尺寸基准两边分别注出。

g. 同一方向上连续标注的几个尺寸应该尽量配置在少数几条线上,避免标注封闭尺寸。同时,相互平行的尺寸,要使小尺寸靠近图形,大尺寸依次向外排列,避免尺寸线和尺寸界线相交。

对于组合尺寸标注的方法示例及注意事项详见参考资料(码 2-23)。

码 2-23 组合体尺寸标注

⑥严肃认真,谨防“失之毫厘,谬以千里”。结合组合体尺寸标注,可培养我们良好的职业道德素养和认真负责、严谨细致的工作作风。工程图样是指导生产的技术性文件,缺少尺寸无法生产,尺寸多余会产生矛盾,尺寸标注错误则会出废品,必须重视尺寸标注和工程图样的绘制。“勿以恶小而为之,勿以善小而不为”,职业道德行为的最大特点是自觉性和习惯性,而良好习惯的培养要从小事做起,从细微处入手,有意识地培养自己的良好习惯和自觉的行为。

如果图纸出错误,生产的产品将成为废品,有时一些精密零件的尺寸因为一丝一毫的偏差,就会给生产带来损失,甚至造成严重的生产事故。毫与厘是两种极小的长度单位,开始稍微有一丝一毫的差错,结果都会造成很大的错误。比如,一位考生,差 0.5 分,可能因此而落榜;一位运动员,差 0.5 秒,可能因此与冠军无缘……因此我们必须从现在开始养成严肃认真对待图纸,一线一字都不能马虎的习惯。

“差之毫厘,谬以千里”说明事物的发展是从量变开始,量变到一定程度,必然引起质变。也说明在科学实践中、认识思维过程中,要有实事求是的科学态度,主要体现了“量变引起质变”的哲学原理。在关键节点附近,事物微小的量变能够引起巨大的质变。俗话“一根稻草压倒了一头骆驼”说的也是这种道理。当然,量变和质变的辩证关系是既相互对立,又相互统一的,既相互转化、相互依赖,又相互渗透。其辩证关系原理的现实意义就在于:量变阶段不能急于求成,平时要善于积累;面临质变不能犹豫不决,关键时刻冲上去。因此,请各位同学记住:机遇偏爱有准备的头脑!

引导问题(7)

①读组合体的要领有哪些?

②读组合体的基本方法有哪些?

③用形体分析法读组合体视图的步骤是什么?

④用线面分析法读组合体视图的步骤是什么?

⑤读组合体时,什么情况下用形体分析法?什么情况下用线面分析法?

4）看组合体的视图

画组合体的视图是将三维形体用正投影的方法表示成二维图形。而看组合体的视图，则是将多个二维图形根据它们之间的投影关系，想象出三维的形状。可以说，看图是画图的逆过程。所以，看图同样也要运用形体分析法。但对复杂的形体，还要对局部的结构进行线面分析，想象出局部结构的形状，从而想象出组合体的空间形状。

前面介绍了利用形体分析法画图的方法，在阅读组合体视图时，形体分析法仍然是主要的方法。利用形体分析法阅读组合体的步骤可以概括为 4 个字，即"分""对""想""合"，具体解释如下：

a."分"是指将组合体的视图分解为若干个线框。如果是大框接小框，则组合体为叠加类；如果是大框包小框，则一般为切割类组合体。

b."对"是指把已分好的线框，按三视图的投影关系对投影，逐个找出各线框在各视图中"长对正，高平齐，宽相等"的投影关系，然后进行分析。

c."想"是指通过投影分析，想象出各个线框所对应的基本体的形状。

d."合"是指在把各线框所代表的基本体按照其相对位置关系进行组合后，注意它们之间的表面连接形式，进而想象出整体形状。

①阅读组合体视图要注意的基本要领。

a. 熟悉各种位置基本体的视图特点。要阅读组合体，必须掌握基本体在各种位置视图的特点，包括对不完整的基本体视图的正确认识。

b. 应将几个视图联系起来读图。

c. 明确视图中线框和图线的含义。

②看图的方法和步骤。

a. 形体分析法。看叠加型组合体的视图时，根据投影规律，分析基本形体的三视图，首先从图上逐个识别出基本形体的形状和相互位置，然后确定它们的组合形式及其表面连接关系，综合想象出组合体的形状。

应用形体分析法看图的特点是：从整体出发，在视图上分线框。

b. 线面分析法。看图时，在应用形体分析法的基础上，对一些较难看懂的部分，特别是对切割型组合体的被切割部位，还要根据线面的投影特性，分析视图中线和线框的含义，弄清组合体表面的形状和相对位置，综合起来想象出组合体的形状。这种看图方法为线面分析法。

应用线面分析法看图的特点是：从面出发，在视图上分线框。

读组合体的方法步骤及示例详见参考资料（码 2-24）。

码 2-24　读组合体视图

③已知组合体两视图补画第三视图。已知组合体两视图补画第三视图是看图和画图的综合训练，一般的方法和步骤为：根据已知视图，用形体分析法和必要的线面分析法分析和想象组合体的形状，在弄清组合体形状的基础上，按投影关系补画出所缺的视图。

补画视图时，应根据各组成部分逐步进行。对叠加型组合体，先画局部后画整体。对切割型组合体，先画整体后切割。并按先实后虚，先外后内的顺序进行。

【例】已知机座的主、俯视图，想象该组合体的形状并补画左视图。详见参考资料（码 2-25）。

【例】已知切割型组合体的主、左视图，想象该组合体的形状并补画俯视图。详见参考资料（码 2-25）。

码 2-25　补画第三视图

在绘制及识读稍复杂一些的组合体视图时，也需要将几个视图联系起来，才能想象立体的空间形状，这和辩证唯物主义普遍联系的观点与发展的观点相一致。我们需要不断培养逻辑思维能力和辩证思维能力，用唯物辩证法的思想看待和处理问题，树立正确的人生观、价值观和世界观，促进自己的身心和人格健康发展。

我们在利用形体分析法分析组合体与组成形体的关系时，能够深切地感受到整体与局部及个体之间不可分割的关系。为此我们要学会使用科学的方法论来分析问题和解决问题。同样，大到我们的国家，小到我们的家庭及个人之间，也是水乳交融的关系，只有国家强大了、富裕了，我们普通老百姓的日子才能一步一个台阶地好起来，真的是“没有国，哪有家，没有家，哪有你我他”，相信，每天感受着伟大祖国的日益强盛和富裕，科技的迅猛发展带给我们日常生活的便捷，我们每一个中国人都感到无比的骄傲和自豪。

5）严谨细致、明察秋毫

在组合体绘图与识图的练习中，我们要学会做任何事情都要严谨细致、明察秋毫，详见参考资料（码 2-26）。

码 2-26　严谨细致　明察秋毫

4. 边学边练

①检查所需工具、材料是否齐全；检查工作环境是否干净、整洁。

②对给定的支座零件进行形体分析，了解其总体形状和结构，其组合形式如何？由哪几个部分组成？每一部分的形状、结构如何？各部分之间的相对位置关系及表面连接关系如何？

③先安放好支座（平稳且兼顾长度方向的尺寸）并确定其主视图的投射方向，再根据其大小确定各个视图的总体尺寸，然后选定绘图的比例及图幅。

④整理桌面，铺放图纸，用细实线绘制图纸的边界线、图框线及标题栏的外框线。

⑤根据所绘制图形的尺寸大小，布局图面，绘制出基准线及重要的图线。

⑥进一步对给定的支座零件进行形体分析，确定绘图的先后顺序：先画尺寸大的、主要的结构；后画尺寸小的、次要的结构；先画实线，后画虚线。

⑦绘制底稿，各部分结构都要 3 个视图对应着画，一般从最能反映其形状结构特征的视图入手。

⑧检查、描深，标注尺寸，填写标题栏。

⑨使用二维 CAD 绘图软件绘制支座的三视图，并打印或截图。

请将尺规绘制的图样折叠粘贴在此页，或将用计算机绘图软件绘制的二维或三维图样，截图打印粘贴在此页。

5. 任务拓展与巩固训练

（1）绘制轴承座的三视图

轴承座的立体图，如图 2-142 所示。

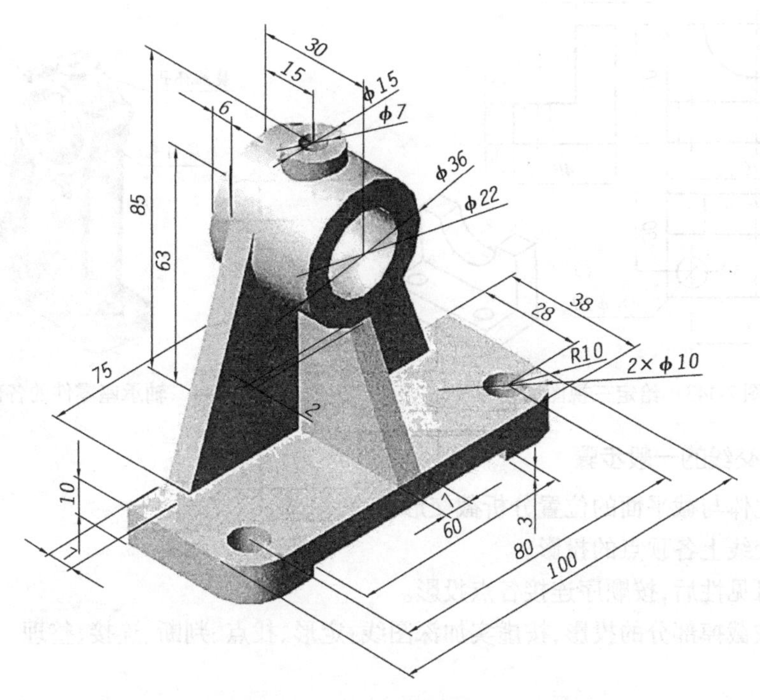

图 2-142 轴承座

(2)根据组合体的两个视图绘制其第三视图

补画第三视图,详见参考资料(码 2-25)。

码 2-25 补画第三视图

(3)轴测图的术语、定义补充

《机械制图 轴测图》(GB/T 4458.3—2013)给出了新的定义:

①正等轴测图。用正投影法得到的轴测投影,称为正轴测投影。3 个轴向伸缩系数均相等的正轴测投影,称为正等轴测投影。此时 3 个轴间角相等。绘制正等测轴测图时,其轴间角和轴向伸缩系数(p、q、r)按图的规定绘制。

②斜二等轴测图。轴测投影面平行于一个坐标平面,且平行于坐标平面的那两个轴的轴向伸缩系数相等的斜轴测投影,称为斜二等轴测投影。绘制斜二等测轴测图时,其轴间角和轴向伸缩系数(p_1、q_1、r_1),详见参考资料(码 2-22)。

注意:正轴测的轴向伸缩系数用 p、q、r 表示,斜二测的轴向伸缩系数用 p_1、q_1、r_1 表示。

码 2-22 轴测投影

(4)根据给定的三视图绘制物体的正等测轴测图(比例 2∶1)

给定三视图的物体,如图 2-143 所示。

(5)认识轴承座零件

轴承座零件的各部分结构名称,如图 2-144 所示。

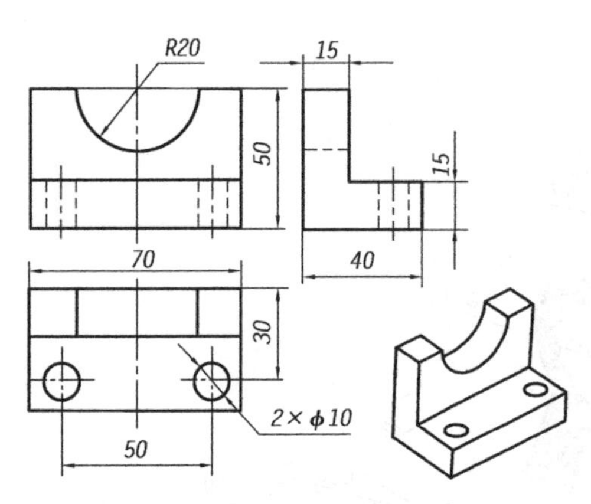

图 2-143　给定三视图的物体

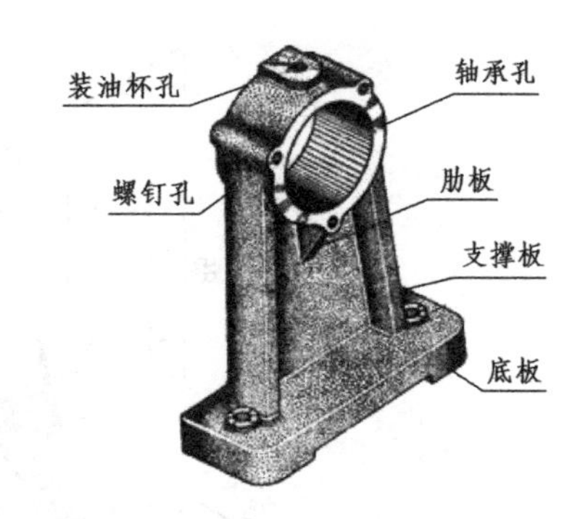

图 2-144　轴承座零件的各部分结构名称

(6)求截交线的一般步骤

①根据立体与截平面的位置分析截交形状。

②求截交线上各顶点的投影。

③判别可见性后,按顺序连接各点投影。

④擦去被截掉部分的投影,按虚实加深图线:定形、找点、判断、连接、整理。

总结:

平面立体表面取点方法:特殊面利用积聚投影直接确定;一般面利用辅助线先取线再定点。

曲面立体表面取点方法:圆柱体利用积聚投影直接确定;圆锥体利用辅助素线或纬圆法求解;球只能运用辅助纬圆法求解。

学习成果与评价反馈

学生自评(20%);小组互评(30%);教师评价(50%)

小组互评表、学习情境总评成绩表见附页。

学习情境评价表

班级____________		姓名____________	学号____________			
学习情境二		简单形体绘制	分值	得分		
评价项目		评价标准		学生自评	小组互评	教师评价
1	平面图形的抄绘	能够对给定的平面图形进行正确的尺寸分析和线段分析,按照正确的抄绘步骤进行平面图形的抄绘	10			
2	投影基础及基本几何要素的投影	能够说出正投影法的投影特性;能够说出点的投影规律;能够说出各种位置(尤其是特殊位置)的直线及平面的投影特性,能够在平面上取点、取线(投影)	15			
3	基本体的投影	能够正确做出常见基本几何体的三视图并能够在其表面进行取点、取线;能够说出截交线与相贯线的性质;能够说出用各种与轴线不同位置的平面截切圆柱、圆锥、圆球得到的截交线的形状特点,并能够进行正确的作图	15			
4	组合体及轴测图	能够正确进行主视图投射方向及另两个视图的选取,能够对简单机件进行正确的形体分析并进行三视图的绘制及尺寸标注;能够绘制简单形体的正等测图及斜二测图	20			
5	CAD 绘图软件的使用	能够较熟练地使用 2D 绘图软件的常用绘图及编辑命令,能够使用 3D 软件进行简单形体的三维建模	10			
6	图纸的总体质量	能够正确选用图幅、图线、字体、比例,能够正确标注尺寸、剖视图等,图面整洁、布局合理、内容完整	10			
7	工作态度	态度端正,无无故缺勤、迟到、早退现象	5			
8	协调能力	与小组成员、同学之间能够顺畅沟通、有效交流,协调工作	5			
9	职业素质	能够做到懂文明讲礼貌,勤俭节约,爱护公共财物及设施、保护环境	5			
10	创新能力	积极思考、善于提问,提出有代表性的问题等	5			
合计(总评)			100			

总结报告

1. 知识思维导图

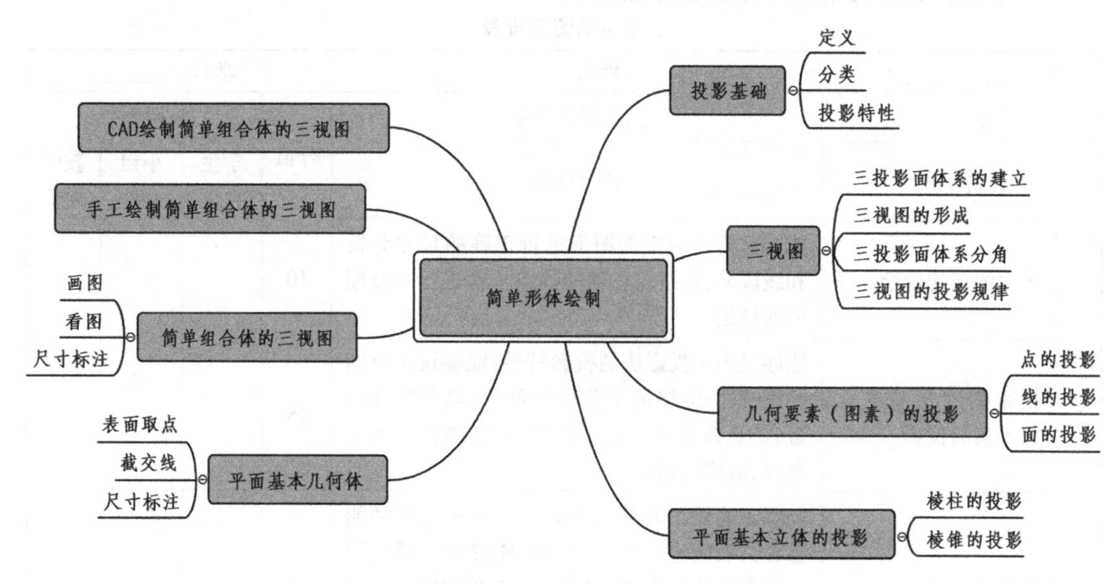

2. 自我反思

①在本学习情境中学会了哪些知识点？掌握了哪些技能？
②任务完成情况如何？应注意哪些问题？
③还有哪些知识与技能尚未完全明白？
④工作过程中有何不足？准备怎么改进？
⑤对教学的意见与建议。

学习笔记

学习情境三　绘制盘盖类零件

学习情境描述

依据给定的圆盘、端盖、轮类等零件，如图3-1所示，分析其形状、结构，按照国家制图标准，根据盘盖类零件的形状结构特点，确定其表达方案，并合理地标注尺寸和技术要求，绘制圆盘、端盖等的零件工作图。

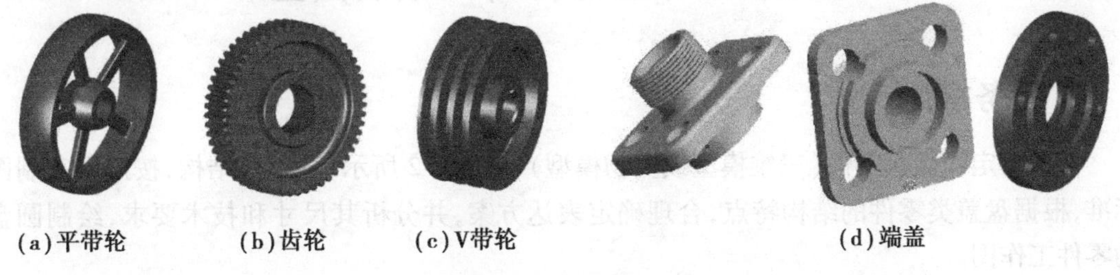

(a)平带轮　(b)齿轮　(c)V带轮　(d)端盖

图3-1　盘盖类零件

知识目标：

①盘、盖、轮类零件的形状、结构特点。

②剖视图的概念、剖切方法、规定画法及标注规定。

③盘盖类零件的常用表达方案。

④零件表面结构(粗糙度)的概念、评定参数。

⑤互换性、极限与配合的概念及术语(基本尺寸、极限尺寸、允许变动范围等)。

⑥零件几何公差(平面度、平行度)、基准的概念及标注。

⑦零件图中的其他技术要求(材料、热加工、热处理)的有关知识。

⑧CAD绘图软件中对剖视图标注、图案填充、表面结构标注、尺寸公差标注、几何公差标注、技术要求的注写等所使用的命令与操作。

技能目标：

①叙述盘盖类零件的结构特点。

②根据盘盖类零件的结构特点，叙述盘盖类零件绘制时常用的表达方案。

③根据对互换性、极限与配合的理解，能够对零件图上的表面结构进行正确的选择和标注。

④根据对表面结构要求的理解，能够对零件图上的表面结构进行正确的选择和标注。

⑤根据对几何公差的理解，能够对零件图上的几何公差项目进行正确的选择和标注。

⑥能够在教师的指导下，手工绘制盘盖类零件的零件工作图，包括剖视图标注、剖面符号绘制、表面结构标注、尺寸公差标注、形位公差标注、技术要求的注写等，尽量做到正确、清晰，符合国家标准。

⑦能够在教师的指导下，使用CAD绘图软件绘制盘盖类零件的零件工作图，包括剖视图标注、图案填充、表面结构标注、尺寸公差标注、形位公差标注、技术要求的注写等，尽量做到正确、清晰，符合国家标准。

素质培养：

①培养动手（手、脑并用）实践能力。

②培养严格遵守制图标准的意识和习惯。

③培养产品的质量及竞争效益意识。

④培养工作的环保意识。

⑤培养规范操作的职业素养。

⑥培养团队合作的意识与精神。

⑦培养严肃认真的工作态度和一丝不苟的工作精神。

学习性工作任务（一） 绘制圆盘

1. 任务描述

依据给定的圆盘零件（三维模型或实物模型），如图3-2所示，分析其结构，按照国家制图标准，根据盘盖类零件的结构特点，合理确定表达方案，并分析其尺寸和技术要求，绘制圆盘的零件工作图。

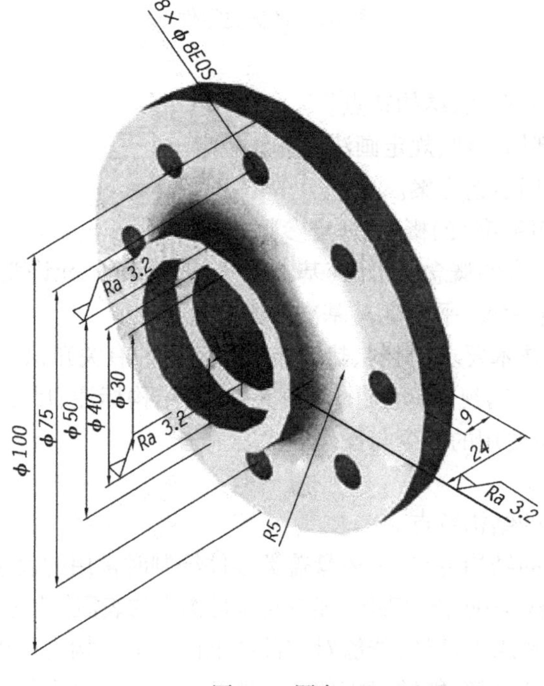

图3-2 圆盘

学习条件及环境要求：机械制图实训室，计算机、绘图软件（三维、二维）、多媒体、适量圆盘零件模型、教材、参考书、网络课程及其他资源等。

教学时间（计划学时）：8 学时。

任务目标：

①根据盘类零件的结构特点，叙述盘类零件绘制时常用的表达方案。

②根据对互换性、极限与配合的理解，能够对盘类零件的尺寸公差进行正确的选择和标注。

③根据对表面结构要求的理解，能够对盘类零件的表面结构参数进行正确的选择和标注。

④根据对几何公差的理解，能够对盘类零件的几何公差项目进行正确的选择和标注。

⑤能够在教师的指导下，手工绘制圆盘的零件工作图，包括剖视图标注、剖面符号绘制、表面结构标注、尺寸公差标注、几何公差项目标注、技术要求的注写等，尽量做到正确、清晰，符合国家标准。

⑥能够在教师的指导下，使用二维 CAD 绘图软件绘制圆盘的零件工作图，包括剖视图标注、图案填充、表面结构标注、尺寸公差标注、几何公差项目标注、技术要求的注写等，尽量做到正确、清晰，符合国家标准。

⑦能够在教师的指导下，使用三维建模软件，绘制圆盘零件模型。

2. 任务准备

(1)信息收集

①盘类零件的形状、结构特点（回转体、简单工艺结构倒角、圆角）。

②剖视图（单一剖、全剖）的概念、剖切方法、规定画法、标注。

③盘类零件的常用表达方案。

④表面结构（粗糙度）。

⑤尺寸公差（基本尺寸、极限尺寸、允许变动范围）。

⑥形位公差（平面度、平行度）、基准。

⑦技术要求（材料、热加工、热处理）。

⑧手工绘制圆盘的零件工作图（剖视图标注、剖面符号绘制、表面结构标注、尺寸公差标注、几何公差标注、技术要求的注写）的方法与步骤。

⑨二维 CAD 绘制圆盘的零件工作图（剖视图标注、图案填充、表面结构标注、尺寸公差标注、几何公差标注、技术要求的注写）的命令与基本操作。

⑩三维建模中的孔特征及阵列操作。

(2)材料、工具

所用材料、工具分别见表 3-1 及表 3-2。

表 3-1　材料计划表

材料名称	规格	单位	数量	备注
标准图纸	A4	张	1	—
草稿纸	A4	张	若干	—

表 3-2　工具计划表

工具名称	规格	单位	数量	备注
绘图铅笔	2H、2B	支	2	自备
图板	A3 号	块	1	—
丁字尺	60 mm	个	1	—
计算机(CAD 绘图软件)	二维、三维	台	40	—

(3)任务分组

学生按 4 ~6 人一组,通常为 5 人,明确每组的工作任务,填写分组任务表及学生小组任务分配表,每组及每个学生的任务,可以相同也可以有差异性,视情况而定。

具体学生分组及学习小组任务分配见附表。

3. 引导性学习资料

引导问题(1)

①零件和零件图的概念分别是什么?

②零件的分类如何?

③零件图的内容包括哪些?

④如何选择零件图的视图?

⑤选择零件表达方案的步骤有哪些?

⑥铸造零件的工艺结构如何?

(1)盘盖类零件

零件的种类很多,形状结构也千差万别。但根据它们在机器(或部件)中的作用,形状结构相似以及加工制造方面的特点,通过比较、归纳,可大体将一般零件分为盘盖(轮盘)、轴套、叉架、箱体 4 类典型零件。每一类的典型零件都有其常用的视图表达方法。

盘盖类零件一般包括法兰盘、端盖、压盖、泵盖和各种轮子等。它在机器中主要起轴向定位、防尘、密封及传递扭矩等作用。盘盖类零件主体一般为不同直径的回转体或其他形状的扁平板状,其厚度相对于直径小得多(径向尺寸远大于轴向尺寸),大部分是铸件,常有凸台、凹坑,均匀分布有安装孔、轮辐和键槽等结构。

(2)零件图的作用和内容

零件是构成机器的基本要素,可以概括地分为两大类:一类是在各种机器中都能用到的零件(如齿轮,轴等),称为通用零件(注意:标准件一般都是通用件,但是通用件不一定是标准件);另一类是在一定类型的机器中才会用到的零件(如枪栓,螺旋桨等),称为专用零件。此外还把一些协同工作的零件组成的零件组合体称为部件或组件(如联轴器,减速器等)。零件是加工制造的最小单元。

表达单个零件的结构和形状、尺寸和技术要求的图样称为零件图工作,简称零件图。

1)零件图的作用

在机械产品的生产过程中,在加工和制造各种不同形状的机器零件时,一般是先根据零件图对零件材料和数量的要求进行备料,然后按图纸中零件的形状、尺寸与技术要求进行加工制造,同时还要根据图纸上的全部技术要求,检验被加工零件是否达到规定的质量指标。由此可见,零件图是设计部门提交给生产部门的重要技术文件,反映了设计者的意图,表达了对零件的要求,是生产中进行加工制造与检验零件质量的重要技术性文件。

2)零件图的内容

图 3-3 是齿轮油泵中的泵盖的零件工作图,从图中可以看出零件图应包括以下 4 方面的内容:

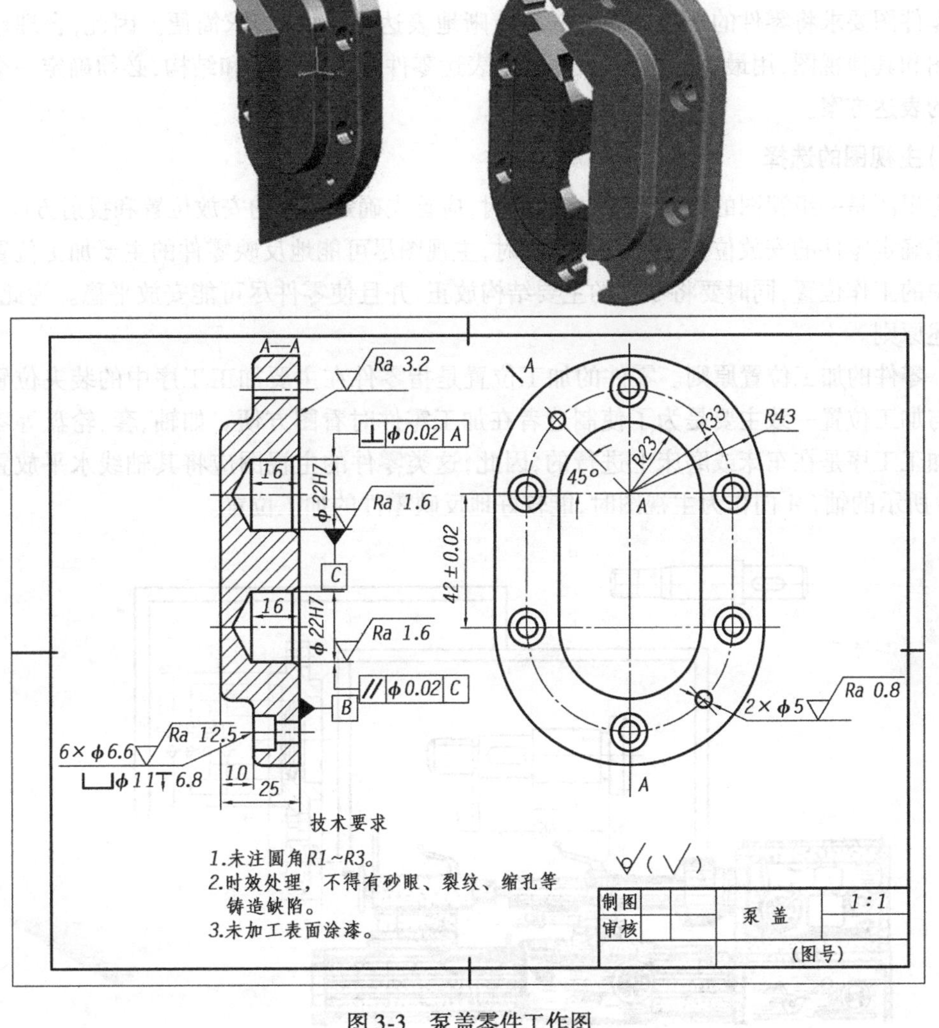

图 3-3　泵盖零件工作图

①一组视图。用一组视图(包括视图、剖视、断面、局部放大等表达方法)完整、准确、清楚、简便地表达出零件的结构形状。图3-3所示的泵盖,用主、左两个视图来表达,主视图采用全剖视(在此处,采用了两相交平面全剖的剖切方法),左视图采用视图表达。

②足够的尺寸。零件图中应正确、齐全、清晰、合理地标注出表示零件各部分的形状大小和相对位置的尺寸。为零件的加工制造提供依据。如图3-3阀盖的主视图中标注的尺寸10、25和左视图中的42、$R43$确定了泵盖的轮廓形状,中间的两个盲孔为$\phi 22H7$,中心距为42,其上6个沉孔的形状和位置通过主视图中的尺寸$\phi 6.6$、$\phi 11$、深度6.8及左视图中的$R33$来确定。

③技术要求。用规定的符号、代号、标记和简要的文字表明制造和检验零件时应达到的各项技术指标和要求。如图3-3中注出的表面粗糙度$Ra0.8\ \mu m$、$1.6\ \mu m$等,以及技术要求时效处理,铸件中不允许有气孔、裂纹、砂眼等缺陷,等等。

④标题栏。在图幅的右下角按标准格式画出标题栏,以填写零件的名称、材料、图样的编号、比例及设计、审核、批准人员的签名、日期等其他一些说明性的内容。

(3)零件图的视图选择

零件图要求将零件的形状、结构完整、清晰地表达出来,并力求简便。因此,合理地选择主视图和其他视图,用最少的视图、最清楚地表达零件的内外形状和结构,必须确定一个比较合理的表达方案。

1)主视图的选择

主视图是一组视图的核心,选择主视图时,应首先确定零件的安放位置和投射方向。

①确定零件的安放位置。在放置零件时,主视图尽可能地反映零件的主要加工位置或在机器中的工作位置,同时要将零件的主要结构放正,并且使零件尽可能安放平稳。为此,应遵循下述原则。

a.零件的加工位置原则。零件的加工位置是指零件在主要加工工序中的装夹位置。主视图与加工位置一致主要是为了使制造者在加工零件时看图方便。如轴、套、轮盘等零件的主要加工工序是在车床或磨床上进行的,因此,这类零件的主视图应将其轴线水平放置。如图3-4所示的轴,*A*向作为主视图时,能较好地反映零件的加工位置。

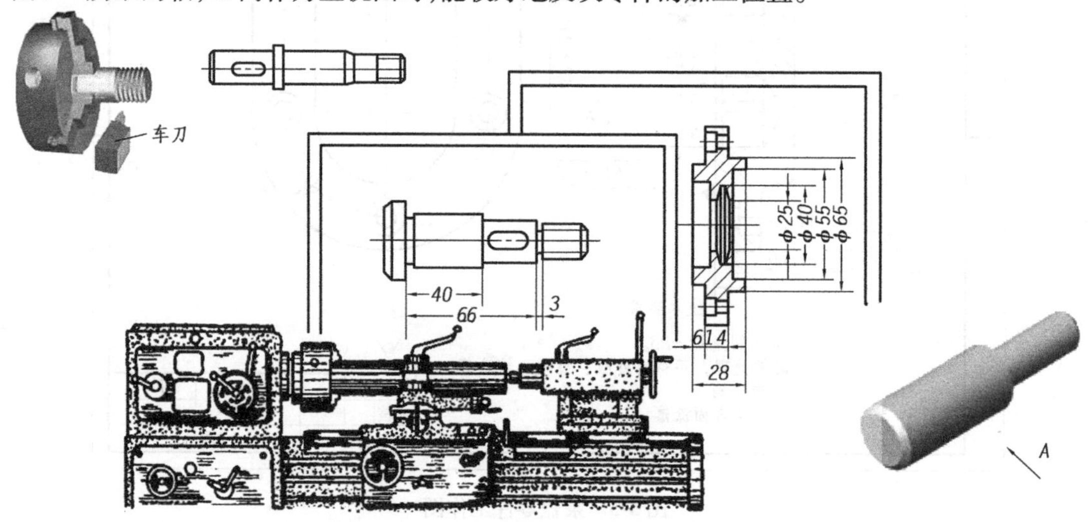

图3-4　轴的主视图选择

b. 零件的工作位置原则。零件的工作位置是指零件在机器或部件中工作时的位置。如支座、箱壳等零件,它们的结构形状比较复杂,加工工序较多,加工时的装夹位置经常变化,因此在画图时使这类零件的主视图与工作位置一致,可方便零件图与装配图直接对照。如图 3-5(a)、(b)所示的起重吊钩、球阀阀芯等零件,都是按照零件的工作位置安放的实例。还有如图 3-7 所示的车床尾架体,A 向作为主视图投射方向时,能较好地反映零件工作位置。

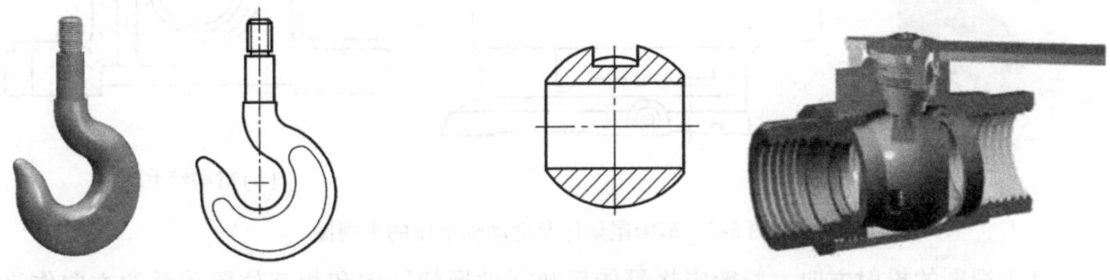

(a)吊钩及按吊钩的工作位置选择主视图　　(b)阀芯及按阀芯的工作位置选择主视图

图 3-5　吊钩及阀芯零件表达实例

c. 主体放正原则。将零件的主体结构摆放在平行或垂直于基本投影面的位置,尤其是对一些形状、结构不规则的零件,比如叉架类的零件,要把其主要结构的轴线或端面平行或垂直于基本投影面。如图 3-6 所示的拨叉,就是把其最上方的工作部分的轴线水平放置且左右端面与侧平面平行。

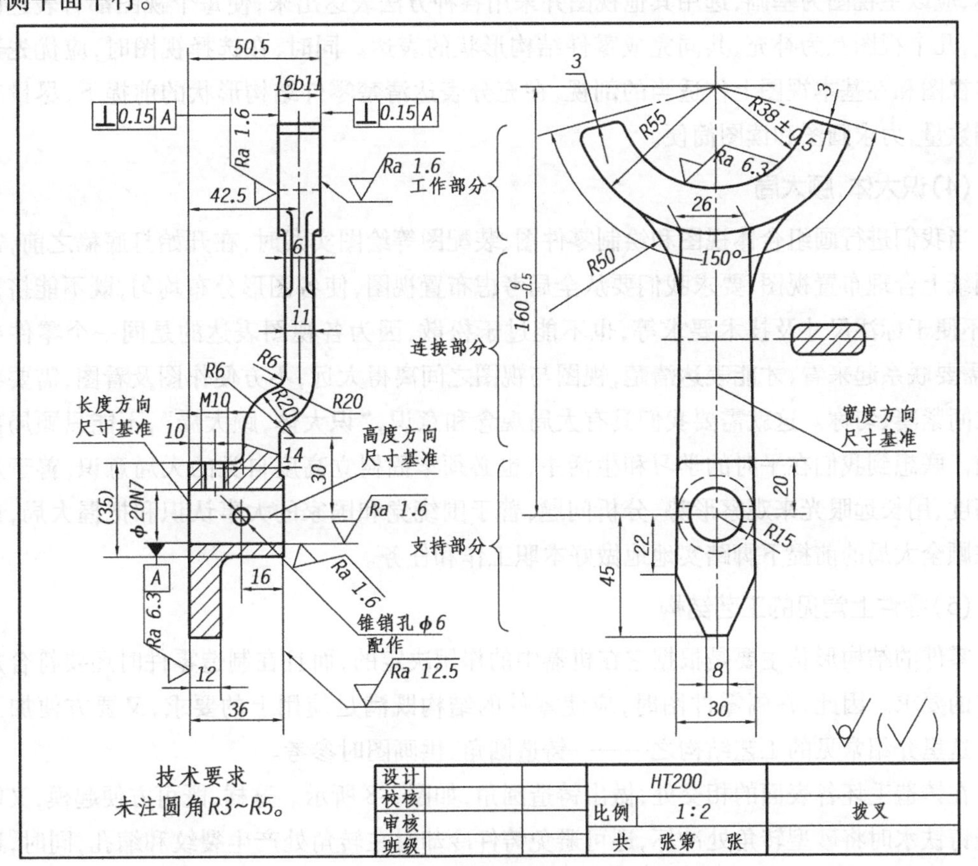

图 3-6　拨叉

d. 自然平稳安放原则。将零件处于自然放置稳当的位置。如图 3-7(a)所示的车床尾架体和如图 3-7(b)所示的滑动轴承座，照图所示位置放置，底部面积较大，重心也较低，处于平稳状态，如若反向或侧立，则不平稳。

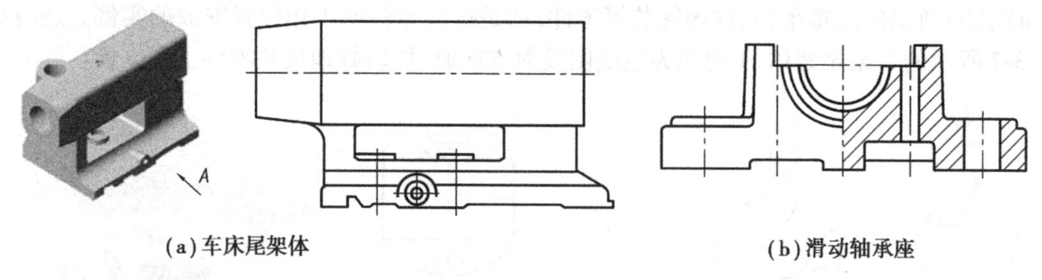

(a)车床尾架体　(b)滑动轴承座

图 3-7　车床尾架体及滑动轴承座的主视图

②主视图的投射方向。一般应将最能反映零件形状结构和相互位置关系的方向作为主视图的投射方向。如图 3-4 所示的轴和图 3-7 所示的车床尾架体，*A* 所指的方向作为主视图的投射方向能较好地反映该零件的结构形状和各部分的相对位置。

2)视图表达方案的选择

主视图确定后，要分析该零件在主视图上还有哪些尚未表达清楚的结构，对这些结构的表达，应以主视图为基础，选用其他视图并采用各种方法表达出来，使每个视图都有表达的侧重点，几个视图互为补充，共同完成零件结构形状的表达。同时，在选择视图时，应优先选用基本视图和在基本视图上作适当的剖视，在充分表达清楚零件结构形状的前提下，尽量减少视图数量，力求画图和读图简便。

(4)识大体，顾大局

当我们进行画组合体视图和绘制零件图、装配图等绘图实践时，在开始打底稿之前，需要在图纸上合理布置视图，要求我们要从全局考虑布置视图，使各图形分布均匀，既不能挤得太紧，不便于标注尺寸及技术要求等，也不能过于松散，因为各视图表达的是同一个零件或部件，需要联系起来看，才能表达清楚，视图与视图之间离得太远，不方便作图及看图，需要各视图之间紧凑、匀称。这就需要我们具有大局观念和意识，“识大体，顾大局”，不能只顾局部和眼前。联想到我们在平时的学习和生活中，也必须牢固树立高度自觉的大局意识，善于从全局高度、用长远眼光来观察形势、分析问题，善于围绕党和国家的大事认识和把握大局，自觉地在顾全大局的前提下脚踏实地地做好本职工作和任务。

(5)零件上常见的工艺结构

零件的结构形状主要是根据它在机器中的作用决定的，而且在制造零件时还要符合加工工艺的要求。因此，在画零件图时，应使零件的结构既满足使用上的要求，又要方便加工制造。这里介绍常见的工艺结构之一——铸造圆角，供画图时参考。

在铸造毛坯各表面的相交处，做出铸造圆角，如图 3-8 所示。这样，既可方便起模，又能防止浇铸铁水时将砂型转角处冲坏，还可避免铸件冷却时在转角处产生裂纹和缩孔，同时，还可防止脱模时砂型落砂。铸造圆角在图样上一般不予标注，常集中注写在技术要求中。

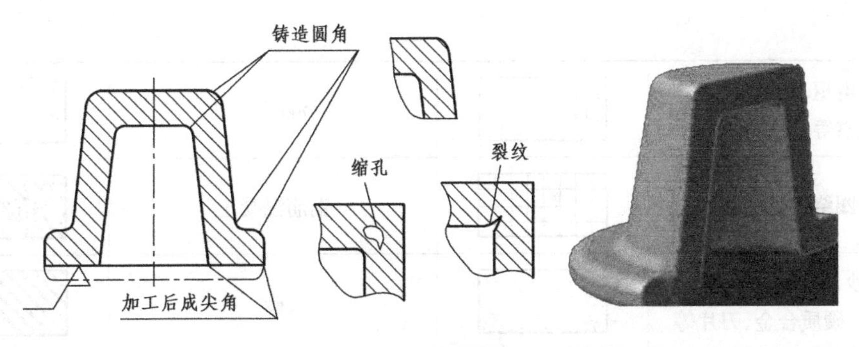

图 3-8　铸造圆角

(6)剖视图

用视图表达机件的内部结构时,图中会出现许多虚线,影响了图形的清晰性。既不利于看图,又不利于标注尺寸。为此,国家标准规定用"剖视"的方法来解决机件内部结构的表达问题。

1)剖视图的概念

①剖视图的形成。假想用剖切面剖开机件,将处在观察者与剖切面之间的部分移去,而将其余部分向投影面投射所得的图形,称为剖视图(简称"剖视"),如图 3-9 所示。

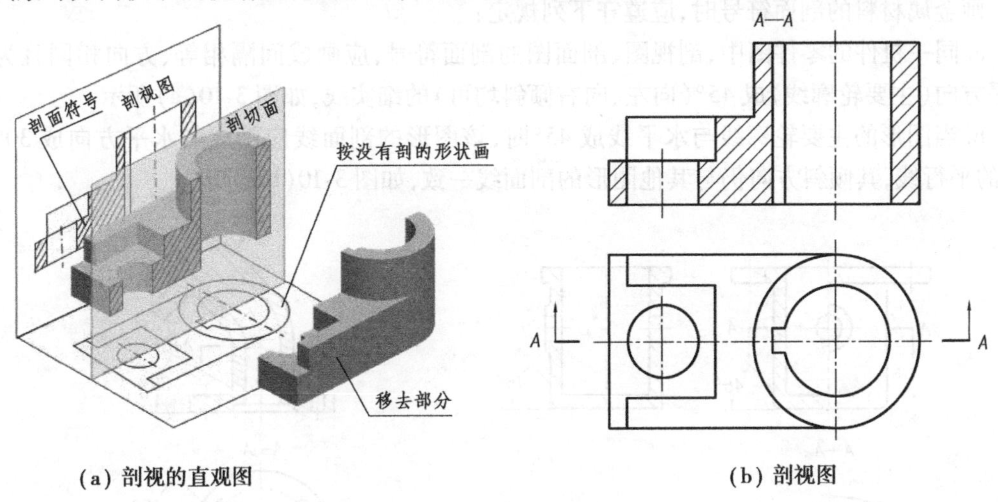

图 3-9　剖视图的形成

②剖面符号。在剖视图中,被剖切面剖切到的部分称为剖面。为了在剖视图上区分剖面和其他表面,应在剖面上画出剖面符号(也称剖面线)。机件的材料不相同,采用的剖面符号也不相同。各种材料的剖面符号,见表 3-3。

表 3-3　剖面区域表示法(GB/T 4457.4—2013)

材料	剖面符号	材料	剖面符号
金属材料 (已有规定剖面符号者除外)		木质胶合板 (不分层数)	
非金属材料 (已有规定剖面符号者除外)		基础周围的泥土	

续表

转子、电枢、变压器和电抗器等的叠钢片		混凝土	
线圈绕组元件		钢筋混凝土	
型砂、填砂、粉末冶金、砂轮、陶瓷刀片、硬质合金、刀片等		砖	
玻璃及供观察用的其他透明材料		格网 筛网、过滤网等	
木材 纵剖面		液　体	
木材 横剖面			

画金属材料的剖面符号时，应遵守下列规定：

a. 同一机件的零件图中，剖视图、剖面图的剖面符号，应画成间隔相等、方向相同且为与水平方向（主要轮廓线）成45°（向左、向右倾斜均可）的细实线，如图3-10（a）所示。

b. 当图形的主要轮廓线与水平线成45°时，该图形的剖面线应画成与水平方向成30°或60°的平行线，其倾斜方向仍与其他图形的剖面线一致，如图3-10（b）所示。

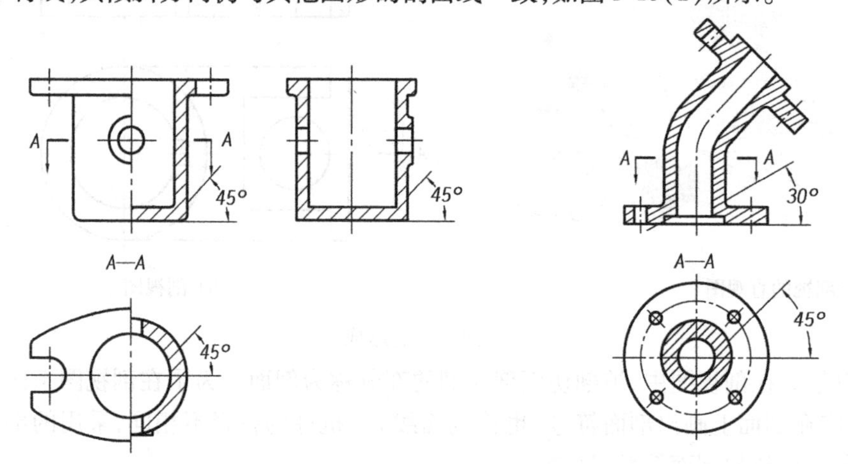

(a) 主要轮廓为水平或竖直时的剖面线　　(b) 主要轮廓为非水平或竖直时的剖面线

图3-10　金属材料的剖面线画法

2）画剖视图应注意的问题

①画剖视图时，剖切机件是假想的，并不是把机件真正切掉一部分。因此，当机件的某一视图画成剖视图后，其他视图仍应按完整的机件画出，不应出现如图3-11所示俯视图只画出一半的错误。

②剖切平面应通过机件上的对称平面或孔、槽的中心线并应平行于某一基本投影面。

③剖切平面后方的可见轮廓线应全部画出，不能遗漏。图3-11中主视图上漏画了后一半可见轮廓线。同样，剖切平面前方已被切去部分的可见轮廓线也不应画出，图3-11中主视图多画了已剖去部分的轮廓线。

④剖视图上一般不画不可见部分的轮廓线。当需要在剖视图上表达这些结构，又能减少视图数量时，允许画出必要的虚线，如图3-12所示。

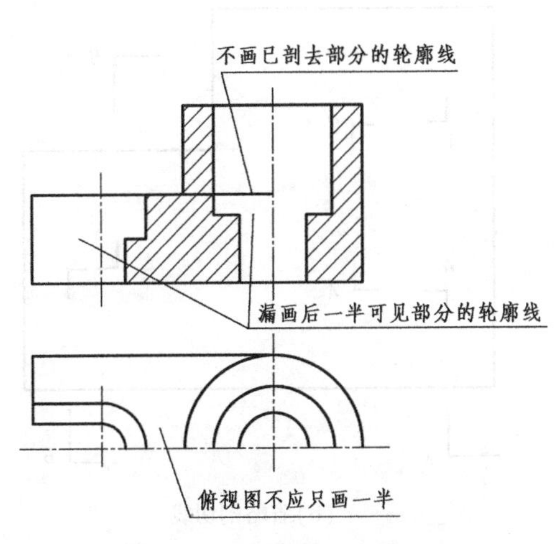

图3-11　剖视图的错误画法

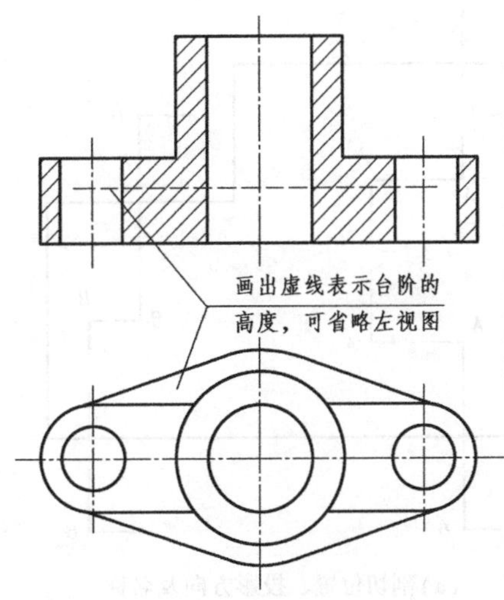

图3-12　剖视图中的虚线

⑤剖视图上，当剖切平面纵向剖切肋板时，肋板不画剖面线，如图3-13所示。

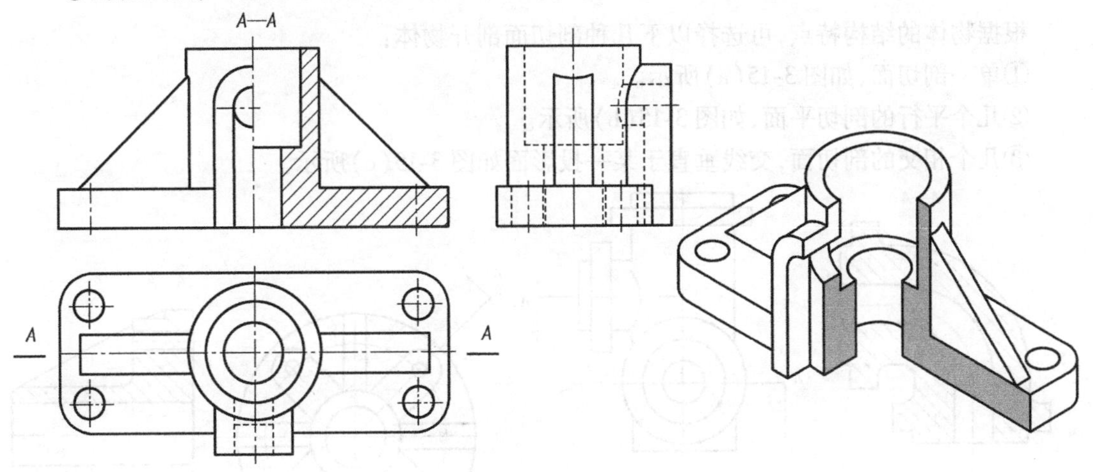

图3-13　肋板不画剖面线的情况

3）剖视图的标注

为了便于看图，在画剖视图时，应将剖切位置、剖切后的投影方向和剖视图的名称标注在相应的视图上。

①剖切位置：用线宽（1～1.5）b、长5～10 mm的粗实线（粗短画）表示剖切面的起讫和转折位置，如图3-14（a）所示。

②投影方向：在表示剖切平面起讫的粗短画外侧画出与其垂直的箭头，表示剖切后的投

影方向，如图 3-14(a)所示。

③剖视图名称：在表示剖切平面起讫和转折位置的粗短画外侧写上相同的大写拉丁字母“×”，并在相应的剖视图上方正中位置用同样的字母标注出剖视图的名称“×-×”，字母一律按水平位置书写，字头朝上，如图 3-14(a)、图 3-15 所示。在同一张图纸上，同时有几个剖视图时，其名称应按顺序编写，不得重复，如图 3-18 所示。剖切线也可省略不画，如图 3-14(b)所示。

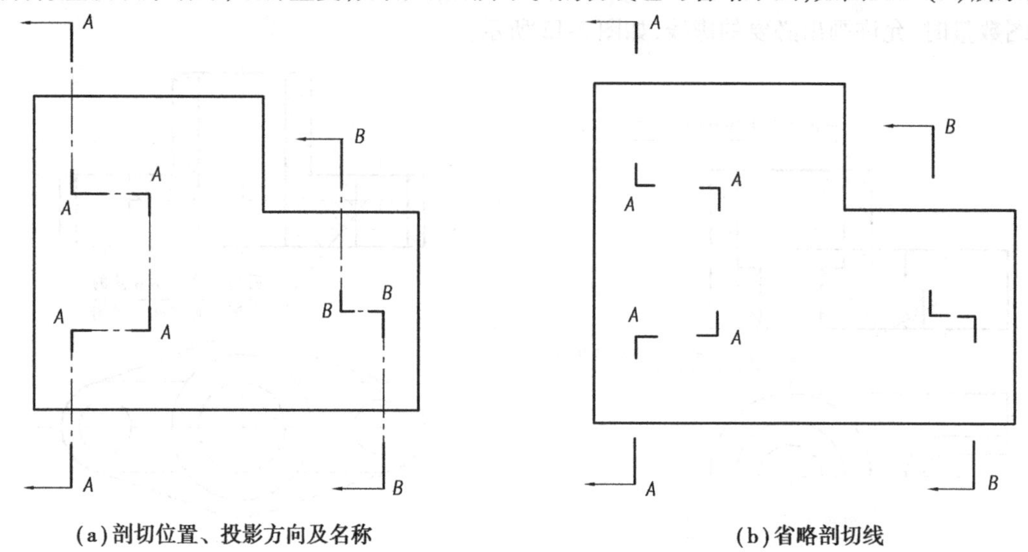

(a)剖切位置、投影方向及名称　　(b)省略剖切线

图 3-14　剖视图的标注

4)**剖切面的种类**(GB/T 4458.6—2002)

根据物体的结构特点，可选择以下几种剖切面剖开物体：

①单一剖切面，如图 3-15(a)所示。

②几个平行的剖切平面，如图 3-15(b)所示。

③几个相交的剖切面，交线垂直于某一投影面如图 3-15(c)所示。

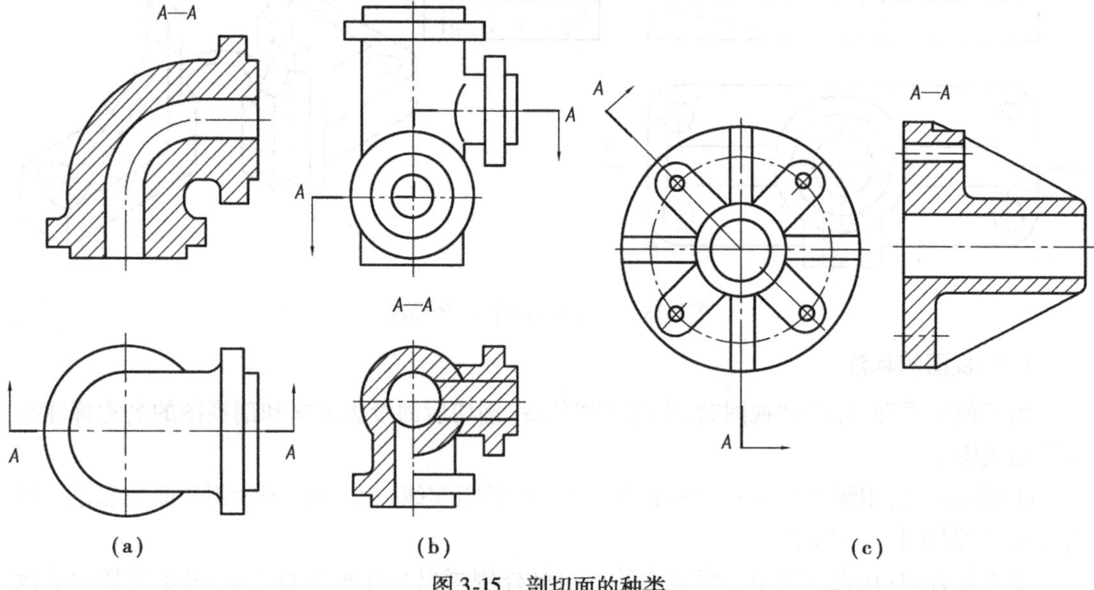

(a)　(b)　(c)

图 3-15　剖切面的种类

当用剖切机件时，不论是用单一剖切面来剖切，还是用多个平切面来共同剖切，也不论几个剖切面之间是平行还是相交，都可以将机件全部剖开，如图3-12所示，也称为全剖。可以剖开一半，也可以剖开一部分。当剖开一半时，往往适合于机件的结构形状对称或基本对称的情况，这样，剖开的部分用于表达内部结构，未剖开的部分用于表达外形轮廓，如图3-16所示，也称为半剖。当剖开一部分时，剖开的部分可以是一大部分，也可以是一小部分，如图3-17所示，也称为局剖。

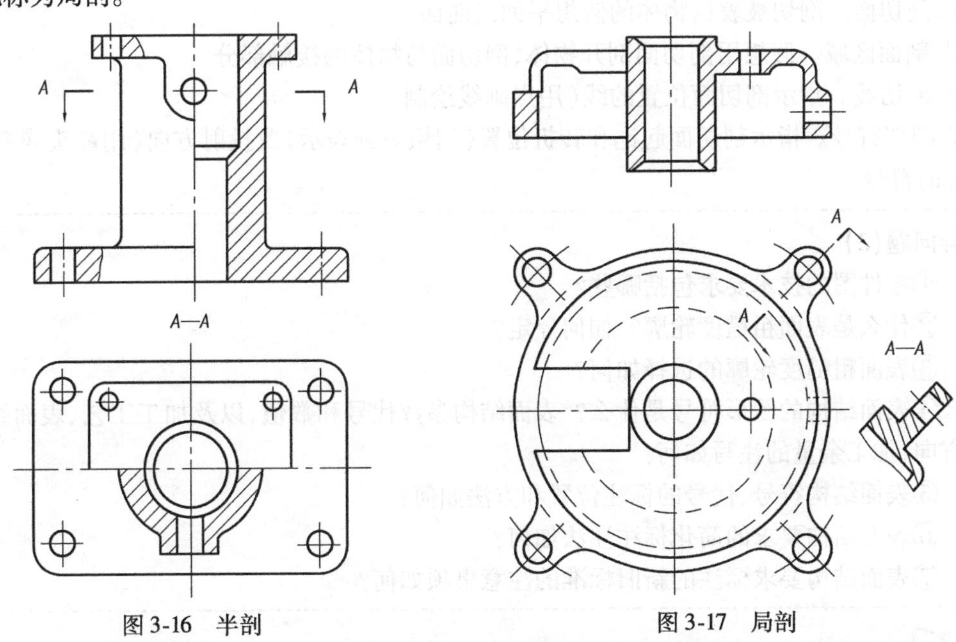

图3-16　半剖　　图3-17　局剖

注意：一般用单一平面剖切机件，也可以用单一柱面剖切机件，采用单一柱面剖切机件时，则必须标注，且一般应按展开（把柱面拉平）后的形状绘制，如图3-18所示。

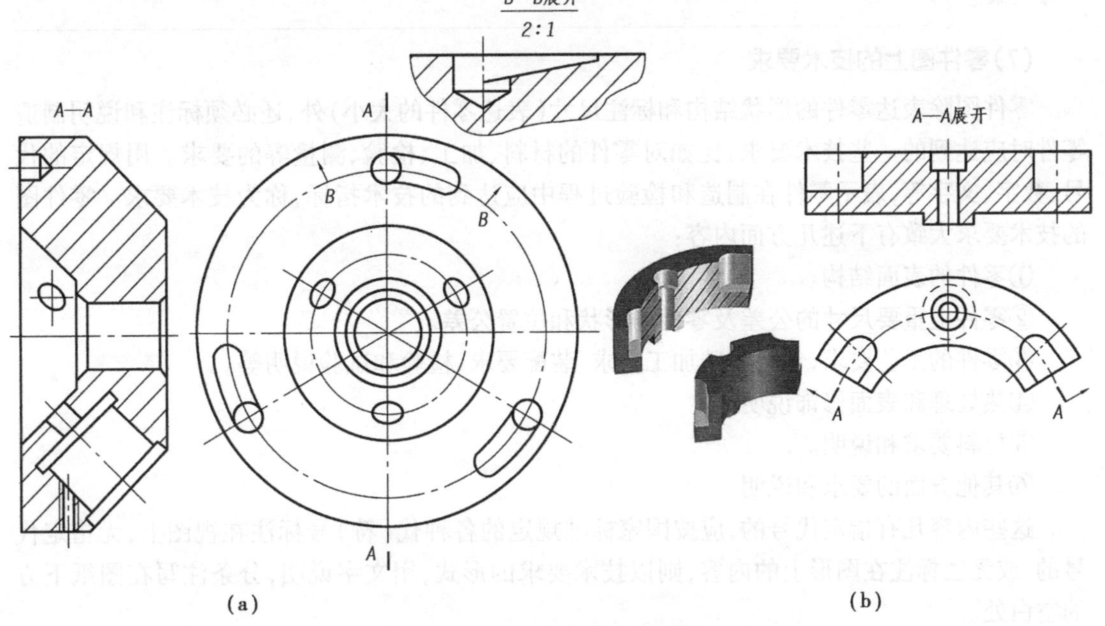

图3-18　柱面剖切的展开画法

5)几个概念的比较

a. 剖视图。假想用剖切面剖开物体,将处在观察者和剖切面之间的部分移去,而将其余部分全部向投影面投射所得的图形。剖视图简称剖视。

b. 断面图。假想用剖切面将物体的某处切断,仅画出该剖切面与物体接触部分的图形。断面图简称为断面。

c. 剖切面。剖切被表达物体的假想平面或曲面。

d. 剖面区域。假想用剖切面剖开物体,剖切面与物体的接触部分。

e. 剖切线。指示剖切面位置的线(用点画线绘制)。

f. 剖切符号。指示剖切面起讫和转折位置(用粗短画表示)及投射方向(用箭头或粗短画表示)的符号。

引导问题(2)

①零件图的技术要求包括哪些?

②什么是表面粗糙度轮廓?如何评定?

③表面粗糙度轮廓的选择如何?

④表面结构的图形符号是什么?表面结构参数代号和数值,以及加工工艺、表面纹理和方向、加工余量的注写如何?

⑤表面结构符号、代号的标注位置和方法如何?

⑥表面结构要求的简化标注注法如何?

⑦表面结构要求标注的新旧标准的注意事项如何?

(7)零件图上的技术要求

零件图除表达零件的形状结构和标注尺寸(表达零件的大小)外,还必须标注和说明制造零件时应达到的一些技术要求:比如对零件的材料、加工、检验、测量等的要求。用规定的代号、数字、文字等,表示零件在制造和检验过程中应达到的技术指标,称为技术要求。零件图的技术要求大致有下述几方面内容:

①零件的表面结构。

②零件上重要尺寸的公差及零件的形状和位置公差。

③零件的工艺要求,包括特殊加工要求、装配要求、检验和试验说明等。

④热处理和表面修饰说明。

⑤材料要求和说明。

⑥其他方面的要求和说明。

这些内容凡有指定代号的,应按国家标准规定的各种代(符)号标注在视图上,无指定代号的,或无法标注在图形上的内容,则以技术要求的形式,用文字说明,分条注写在图纸下方的空白处。

(8)表面结构

1)零件表面结构的基本概念

《产品几何技术规范(GPS)表面结构 轮廓法 表面粗糙度参数及其数值》(GB/T 1031—2009)和《产品几何技术规范(GPS) 技术产品文件中表面结构的表示法》(GB/T 131—2006/ISO 1302:2002)中明确指出:零件实际表面的结构轮廓是由粗糙度轮廓(R 轮廓)、波纹度轮廓(W 轮廓)和原始轮廓(P 轮廓)构成,各种轮廓所具有的特性都与零件的表面功能密切相关。

①粗糙度轮廓。粗糙度轮廓是表面轮廓中具有较小间距和峰谷的那部分,所具有的微观几何特性称为表面粗糙度,主要是由所采用的加工方法形成的。如在切削过程中工件加工表面上的刀具痕迹以及切削撕裂时的材料塑性变形等。

②波纹度轮廓。波纹度轮廓是表面轮廓中不平度的间距比粗糙度轮廓大得多的那部分。这种间距较大的,随机的或接近周期形式的成分构成的表面不平度称为表面波纹度。它主要由机床或工件的绕曲、振动、颤动、形成材料应变以及其他一些外部影响等原因引起。

③原始轮廓。原始轮廓是忽略了粗糙度轮廓和波纹度轮廓之后的总的轮廓。一般由机器或工件的绕曲或导轨误差引起。

因此,评定表面结构涉及下面的参数:

a. 轮廓参数:R 轮廓(粗糙度参数)、W 轮廓(波纹度参数)、P 轮廓(原始轮廓参数)。

b. 图形参数:粗糙度图形、波纹度图形。

c. 支承率曲线参数(GB/T 18778.2—2003 和 GB/T 18778.3—2006)。

在表面结构参数要求中,最常采用的是粗糙度轮廓参数,因此,为方便起见,在本书中,表面结构与表面粗糙度意义相同。

2)表面粗糙度的基本概念

零件的实际表面是按所确定特征加工形成的,零件表面无论加工得看起来多么光滑,但借助放大装置(放大镜或显微镜)便会看到高低不平的状况,总有不同程度的峰、谷及凸凹不平,如图 3-19 所示。零件表面具有的这种较小间距的峰谷所组成的微观几何形状特征,称为表面粗糙度,属于微观几何形状误差。

这里主要介绍评定表面结构的粗糙度轮廓(R 轮廓)参数中的两项主要参数:轮廓的算术平均偏差 *Ra* 和轮廓的最大高度 *Rz*。

a. 轮廓的算术平均偏差 *Ra* 是指在一个取样长度 *L* 内,轮廓偏距 *Y* 的绝对值的算术平均值,如图 3-20 所示。

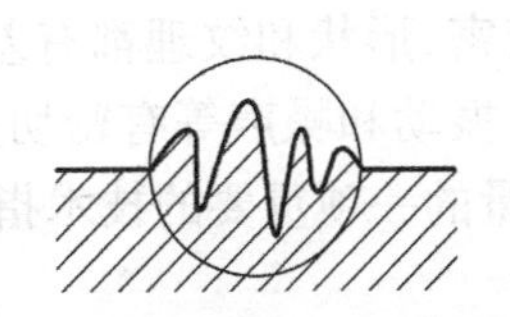

图 3-19　零件表面微观不平的情况

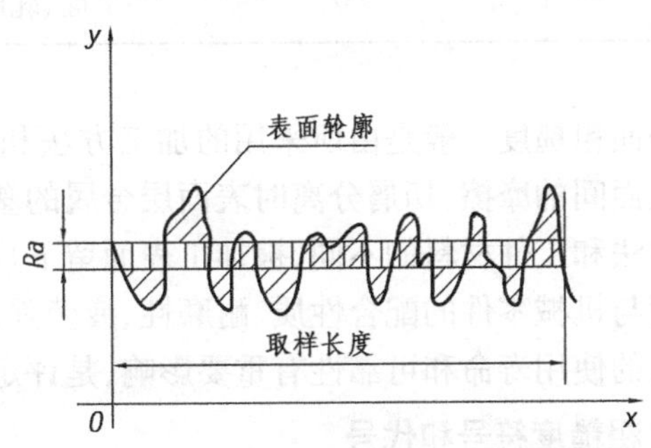

图 3-20　轮廓算术平均值 *Ra*

b. 轮廓的最大高度 *Rz* 是指在同一取样长度内，最大轮廓峰高 $Z(p)$ 和最大轮廓谷深 $Z(v)$ 之和的高度。

3）评定粗糙度轮廓的参数

评定粗糙度轮廓中的两个高度参数是 *Ra* 和 *Rz*。其中的 *R* 为大写字母，*a* 和 *z* 为小写斜体字母。

注意：在旧标准中，评定粗糙度轮廓有 3 个参数：轮廓算术平均偏差（*Ra*）、轮廓的最大高度（*Ry*）、微观不平度十点高度（*Rz*），其中的 *R* 为大写字母，*a*、*y* 和 *z* 是小写字母。在新标准中，*Ry* 不再使用，且 *Rz* 是指轮廓的最大高度。

表面结构的参数值要根据零件表面不同功能的要求分别选用。粗糙度轮廓参数 *Ra*，几乎是所有表面必须选择的评定参数。国家标准 GB/T 1031—1995 规定了 *Ra* 的数值系列：

0.012，0.025，0.05，0.1，0.2，0.4，0.8，1.6，3.2，6.3，12.5，25，50，100，其单位为 μm。

另外还规定了一组补充系列值，这里不作介绍。

零件表面有配合要求或有相对运动要求的表面，*Ra* 值要求小。*Ra* 的数值越大，则表面越粗糙，加工成本就越低；随着 *R* 的数值不断变小，则表面越光滑，表面质量就越高，加工成本也越高。所以，在不影响产品使用性能、满足使用要求的前提下，应尽量选用较大的表面粗糙度参数值，以降低生产加工成本。表 3-4 列出了常用切削加工表面的粗糙度轮廓参数 *Ra* 值及相应的加工方法等，供选择时参考。

表 3-4　常用的表面结构粗糙度轮廓参数 *Ra* 值及相应的加工方法

表面特征		示　例	加工方法	适用范围
加工面	粗加工面	Ra 100　Ra 50　Ra 25	粗车、刨、铣等	非接触表面：如倒角、钻孔等
	半光面	Ra 12.5　Ra 6.3　Ra 3.2	粗铰、粗磨、扩孔、精镗、精车、精铣等	精度要求不高的接触表面
	光面	Ra 1.6　Ra 0.8　Ra 0.4	铰、研、刮、精车、精磨、抛光等	高精度的重要配合表面
	最光面	Ra 0.2　Ra 0.1　Ra 0.05	研磨、镜面磨、超精磨等	重要的装饰面
毛坯面			经表面清理过的铸、锻件表面、轧制件表面	不需要加工的表面

表面粗糙度一般是由所采用的加工方法和其他因素所形成的，例如，加工过程中刀具与零件表面间的摩擦、切屑分离时表面层金属的塑性变形以及工艺系统中的高频振动等。由于加工方法和工件材料的不同，被加工表面留下痕迹的深浅、疏密、形状和纹理都有差别。表面粗糙度与机械零件的配合性质、耐磨性、疲劳强度、接触刚度、振动和噪声等有密切关系，对机械产品的使用寿命和可靠性有重要影响，是评定零件表面质量的一项重要的技术指标。

4）粗糙度符号和代号

①《产品几何技术（GPS）技术产品文件中表面结构的表示法》（GB/T 131—2006）规定了

5 种表面粗糙度符号，见表 3-5。

②表面粗糙度代号。在表面粗糙度符号上注写所要求的表面特征参数后，即构成表面粗糙度代号。

表面结构的图形符号分为基本图形符号、扩展图形符号、完整图形符号 3 种，并分别给出了各自的定义。图样及文件上所标柱的表面结构符号即是完整图形符号。表面结构的完整图形符号应注写表面结构参数和数值、加工方法、表面纹理方向、加工余量等内容。其中，加工方法、表面纹理方向、加工余量等内容的标注位置没有变化。但表面结构参数的标注位置却由原来规定标注在短边横线上改为标注在长边横线的下面。

不管是何种表面结构参数，都应按规定标注相应表面结构参数代号。

表 3-5　表面粗糙度符号及意义

符号名称	符　号	含　义
基本图形符号 （简称基本符号）	1.4h 60° 60° 3h 符号粗细为h/10 h=字体高度	对表面结构有要求的图形符号 仅用于简化代号标注，没有补充说明时不能单独使用
扩展图形符号 （简称扩展符号）		对表面结构有指定要求（去除材料）的图形符号 在基本图形符号上加一短横，表示指定表面是用去除材料的方法获得，如通过机械加工获得的表面。仅当其含义是“被加工表面”时可单独使用
		对表面结构有指定要求（不去除材料）的图形符号在基本图形符号上加一圆圈，表示指定表面是用不去除材料的方法获得
完整图形符号 （简称完整符号）	允许任何工艺　去除材料　不去除材料	对基本图形符号或扩展图形符号扩充后的图形符号：当要求标注表面结构特征的补充信息时，在基本图形符号或扩展图形符号的长边上加一横线

③表面粗糙度参数的注写。有关表面粗糙度的参数和说明，应注写在符号所规定的位置上，如图 3-21 所示。

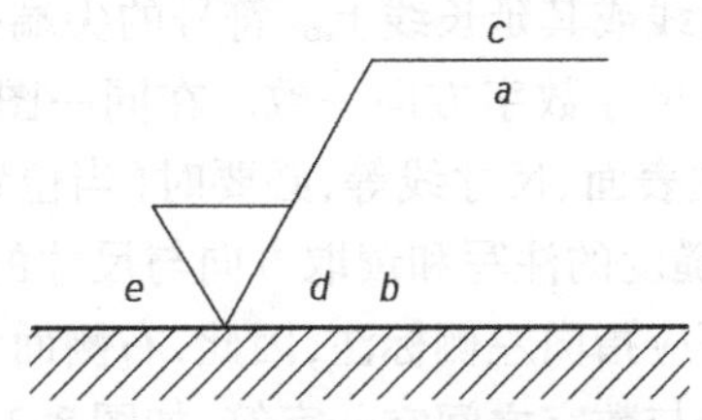

图 3-21　表面粗糙度参数的注写

a. 位置 a 注写表面结构的单一要求，粗糙度高度参数代号及其数值、取样长度或波纹度（单位为 mm），为了避免误解，在参数代号和极限值间应插入空格。

b. 位置 *a* 和 *b* 注写两个或多个表面结构的要求。

c. 位置 *c* 注写加工方法、表面处理、涂层或其他加工工艺要求等，如车、磨、铣、镀覆、涂覆。

d. 位置 *d* 注写加工表面纹理及纹理的方向符号，如“=”“X””M”等。

e. 位置 *e* 注写加工余量(单位为 mm)，具体使用时根据需要标注。

说明：

a. 表面纹理方向。纹理方向是指表面纹理的主要方向，通常由加工工艺决定。新标准规定的表面纹理符号与旧标准相同，仍为“=(表示平行)”“⊥(表示垂直)”“X(表示交叉)”“M(表示多方向)”“C(表示同心圆)”“R(表示放射状)”“P(表示颗粒、凸起、无方向)”。当有表面纹理要求时，才标注相应的符号。

b. 加工余量。在同一图样中，有多个加工工序的表面可标注加工余量。例如，在表示出完工零件的铸锻件图样中给出加工余量。需要注意的是，加工余量可以和表面结构要求一起标注，也可以是在表面结构图形符号上的唯一要求，即表面结构图形符号上仅注写加工余量一项内容。表面粗糙度代号(*Ra*)的意义见表 3-6。

表 3-6　表面粗糙度代号(*Ra*)的意义

符　号	意义及说明
Ra 3.2	用任何方法获得的表面粗糙度，*Ra* 的上限值为 3.2 μm
Ra 3.2	用去除材料的方法获得的表面粗糙度，*Ra* 的上限值为 3.2 μm
Ra 3.2	用不去除材料的方法获得的表面粗糙度，*Ra* 的上限值为 3.2 μm
Ramax 3.2	用去除材料的方法获得的表面粗糙度，*Ra* 的最大值为 3.2 μm
Ra 12.5	表示所有表面具有相同的表面粗糙度，*Ra* 的上限值为 12.5 μm

5)表面结构的标注方法

①表面结构符号、代号在图样上的标注位置与方向。表面粗糙度代(符)号应标注在可见轮廓线、尺寸界线、尺寸线、引出线或其延长线上。符号的尖端必须从材料外指向并接触被注表面，代号中数字的方向必须与尺寸数字方向一致。在同一图样上，每一表面一般只标注一次代(符)号，并尽可能靠近有关表面、尺寸线等，必要时(当位置不够时)，可以用带箭头或黑点的指引线引出标注。表面粗糙度的注写和读取方向与尺寸的注写和读取方向一致，表面结构图形符号不应倒着标注，也不应指向左侧标注，因此，右侧面和底面的表面粗糙度符号要用箭头指引线引出标注，并且字母与数字之间空一字符，如图 3-22 所示。

标准明确规定，表面结构要求可以标注在轮廓线或轮廓延长线上，也可标注在指引线上、特征尺寸的尺寸线上、形位公差框格上等。

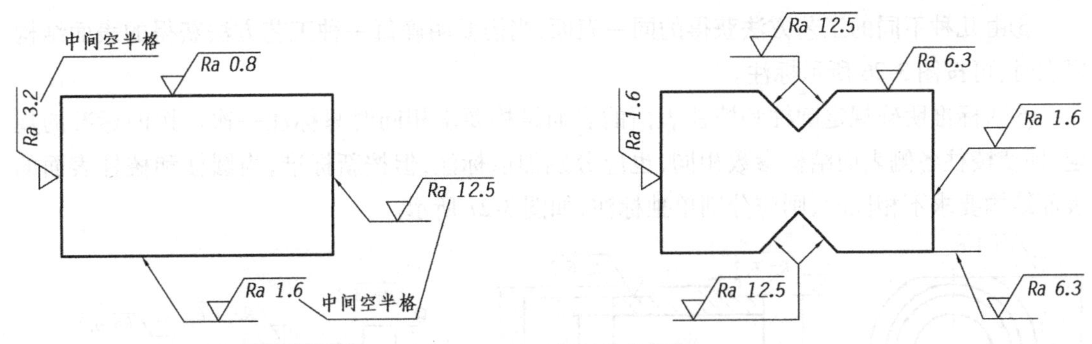

图 3-22　用引线引出的标注

②在不致引起误解时,允许将表面结构要求标注在特征尺寸的尺寸线上,如对于圆柱面就可以这样标注,如图 3-23 所示。

③允许将表面结构要求标注在形位公差框格的上方。例如,某表面要求 *Ra*1.6,可标注在其公差框格上,如图 3-24 所示。

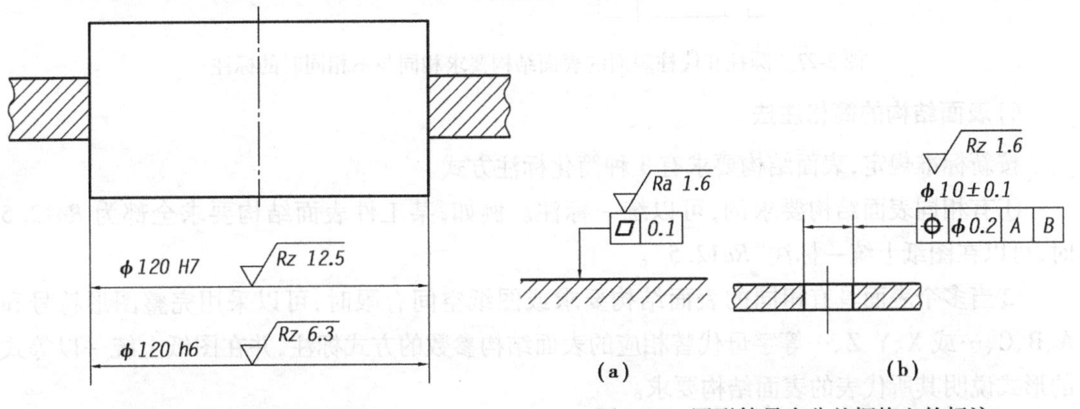

图 3-23　标注在尺寸线上　　图 3-24　图形符号在公差框格上的标注

④新旧标准都允许表面结构要求标注在指引线上。可不同的是,新标准规定的指引线应带箭头,而旧标准规定的指引线不带箭头,如图 3-25(a)、(b)所示,这一点应加以注意。但需指出的是,对于标注在轮廓线以内的指引线,其端部不带箭头,而应带圆点,如图 3-25(a)所示,这一点需要特别注意。

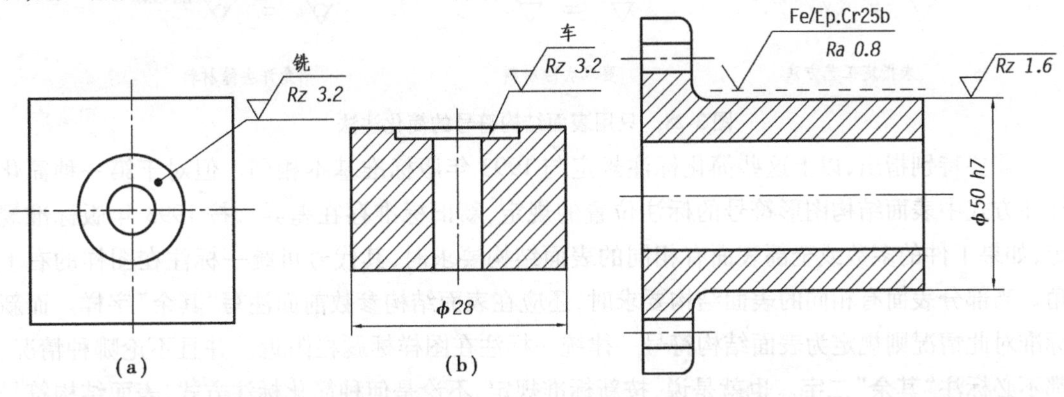

图 3-25　表面结构要求标注在指引线上　　图 3-26　当需要明确每一种工艺方法获得的表面结构要求时的标注

⑤由几种不同的工艺方法获得的同一表面，当需要明确每一种工艺方法获得的表面结构要求时，可按图 3-26 所示标注。

⑥新标准明确规定圆柱和棱柱表面的表面结构要求相同时只标注一次。按旧标准的规定，即使棱柱各侧表面结构参数相同，也应分别加以标注；但按新标准，当圆柱和棱柱表面的表面结构要求不相同时，则应分别单独标注，如图 3-27 所示。

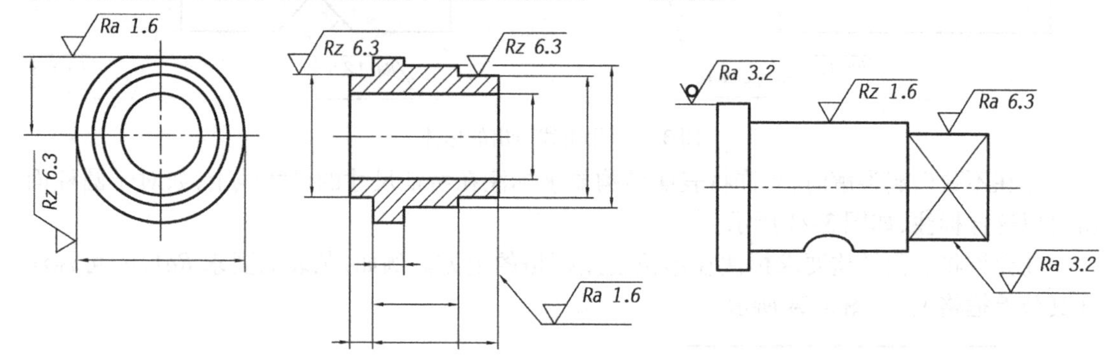

图 3-27　圆柱和棱柱表面的表面结构要求相同与不相同时的标注

6)表面结构的简化注法

按新标准规定，表面结构要求有 3 种简化标注方式。

①有相同表面结构要求的，可以统一标注。例如，某工件表面结构要求全部为 *Ra*12. 5 时，可以在图纸上统一标注“*Ra*12. 5”。

②当多个表面具有相同的表面结构要求或图纸空间有限时，可以采用完整图形符号和 A、B、C、…或 X、Y、Z、…等字母代替相应的表面结构参数的方式标注，并在图纸上统一以等式的形式说明其所代表的表面结构要求。

③当采用基本图形符号和扩展图形符号即可说明表面结构要求时，可直接采用标注表面结构的基本图形符号和扩展图形符号的简化方式，并以等式的形式说明相应的表面结构要求。只用表面粗糙度符号，以等式的形式给出对多个表面共同的表面粗糙度的示例，如图 3-28 所示。

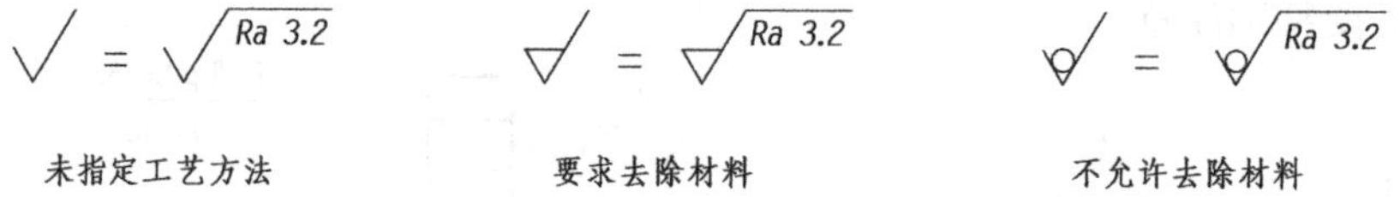

= Ra 3.2　　= Ra 3.2　　= Ra 3.2

未指定工艺方法　　要求去除材料　　不允许去除材料

图 3-28　只用表面结构符号的简化注法

需要特别指出，以上这些简化标注规定与 1993 年版标准基本相同。但对于第一种简化标注方式中表面结构图形符号的标注位置的规定，新旧标准存在差异。按 1993 年版标准规定，如果工件的多数或全部表面有相同的表面结构要求时，其代号可统一标注在图样的右上角。当部分表面有相同的表面结构要求时，还应在表面结构参数前面注写“其余”字样。而新标准对此情况则规定为表面结构符号一律统一标注在图样标题栏附近。并且不论哪种情况，都不必标注“其余”二字。也就是说，按新标准规定，不论是何种简化标注方式，表面结构符号均应统一标注在图纸的标题栏附近。不要再将表面结构要求的符号标注在图样的右上角。

据此，工件的全部表面有相同的表面结构要求时，其表面结构符号可统一标注在标题栏附近，如图 3-29(a)所示。如果工件的多数表面有相同的表面粗糙度，则粗糙度代号可统一标注在紧邻标题栏的右上方，并在粗糙度代号后面的圆括号内，给出无任何其他标注的基本符号，如图 3-29(b)所示。或者，如果工件的多数表面有相同的表面粗糙度，则粗糙度代号可统一标注在紧邻标题栏的右上方，将已在图形上注出不同的粗糙度代号，一一抄注在圆括号内，如图 3-29(c)所示。

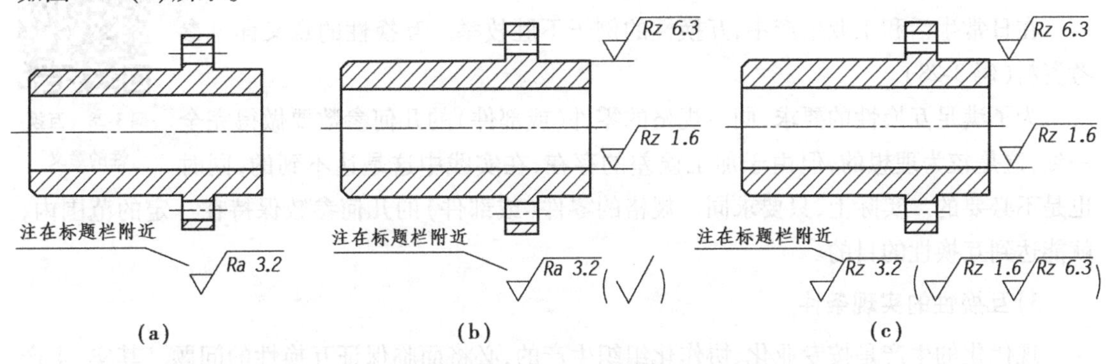

图 3-29　工件表面全部具有相同的表面结构要求的注法

7) 表面结构代号的识读

√Ra 3.2 读作“表面粗糙度 *Ra* 的上限值为 3.2 μm(微米)”；

√Rz 6.3 读作“表面粗糙度的最大高度 *Rz* 为 6.3 μm(微米)”。

码 3-27　表面结构标注

8) 表面结构要求在文本中的表示

详见参考资料(码 3-27)。

9) 表面结构要求的完整标注

详见参考资料(码 3-27)。

引导问题(3)

①什么是互换性？如何保证？

②公称尺寸、实际尺寸、上(最大)极限尺寸、下(最小)极限尺寸的概念是什么？

③偏差、上极限偏差、下极限偏差、基本偏差、公差的概念是什么？

④什么是公差带、公差带图、零线？公差带的大小和位置分别由什么确定？标准公差等级有哪些？

⑤孔和轴的基本偏差代号如何？

学习笔记

(9)互换性

1)互换性的概念

在相同规格的一批零件(或部件)中,任取一件,不经任何挑选、修配或调整就能顺利地装配到机器上,并能满足机器的工作性能要求,零件的这种性质称为互换性。

2)互换性的意义

在日常生活和工业生产中,互换性的例子不胜枚举。互换性的意义详见参考资料(码 3-28)。

码 3-28 互换性的意义

为了满足互换性的要求,同一规格的零件(或部件)的几何参数要做得完全一致,这是较为理想的,但由于加工误差的存在,在实践中这是达不到的,同时也是不必要的。实际上,只要求同一规格的零件(或部件)的几何参数保持在一定的范围内,就能达到互换性的目的。

3)互换性的实现条件

现代化的生产是按专业化、协作化组织生产的,必将面临保证互换性的问题。其实,生产时,只需将产品按相互的公差配合原则组织生产,遵循国家公差标准,将零件加工后的各几何参数(尺寸、形状、位置)所产生的误差控制在一定的范围内,就可以保证零件的使用功能,实现互换性。

公差是零件在设计时规定的尺寸变动范围,在加工时只要控制零件的误差在公差范围内,就能保证零件具有互换性。因此,建立各种几何参数的公差标准是实现对零件误差的控制和保证互换性的基础。而对零件尺寸误差的控制则必须通过机械检测来实现,通过对产品尺寸、性能的检测来判断产品是否合格。

因此合理确定公差与正确进行检测,是保证产品质量、实现互换性生产的两个必不可少的条件。

为此,《产品几何技术规范(GPS) 线性尺寸公差 ISO 代号体系 第 1 部分:公差、偏差和配合的基础》(GB/T 1800.1—2020)及《产品几何技术规范(GPS) 线性尺寸公差 ISO 代号体系 第 2 部分:标准公差带代号和孔、轴的极限偏差表》(GB/T 1800.2—2020)对公差、极限与配合做出了规定。

(10)极限与配合(GB/T 1800.1—2020)

1)尺寸公差

零件在制造过程中,由于加工或测量等因素的影响,完工后的实际尺寸总存在一定的误差。为保证零件的互换性,允许零件的实际尺寸在一个合理的范围内变动,这个尺寸允许变动的范围,称为尺寸公差,简称公差。下面以图 3-30 所示的圆柱孔和轴为例,解释尺寸公差的有关名词。

①基本尺寸:设计给定的尺寸:$\phi30$。

②实际尺寸:通过测量所得的尺寸。

③极限尺寸:允许尺寸变动的两个极限值,它以基本尺寸为基数来确定。

孔:最大极限尺寸 30+0.010=30.010;最小极限尺寸 30+(−0.010)=29.990;

轴:最大极限尺寸 30+(+0.013)=30.013;最小极限尺寸 30+0=30。

④极限偏差:极限尺寸减去基本尺寸所得的代数差,分别为上偏差和下偏差。孔的上、下偏差分别用 *ES* 和 *EI* 表示;轴的上、下偏差分别用 *es* 和 *ei* 表示。

孔:上偏差 *ES*=30.010−30=+0.010　　　下偏差 *EI*=29.990−30=−0.010

轴:上偏差 *es*=30.013−30=+0.013　　　下偏差 *ei*=30−30=0

⑤尺寸公差(简称"公差"):允许尺寸的变动量,即最大极限尺寸减去最小极限尺寸,或上偏差减去下偏差。尺寸公差恒为正值。

孔的公差=30.010−29.990=0.020 或:+0.010−(−0.010)=0.020;

轴的公差=30.013−30=0.013 或:+0.013−0=0.013。

⑥零线、公差带、公差带图:如图 3-31 所示,零线是表示基本尺寸的一条直线。零线上方为正值,下方为负值;公差带是由代表上、下偏差的两条直线所限定的一个区域;为简化起见,用公差带图表示公差带。公差带图是以放大形式画出的方框,方框的上、下两边直线分别表示上偏差和下偏差,方框的左右长度可根据需要任意确定。方框内画出斜线表示孔的公差带,方框内画出点表示轴的公差带。

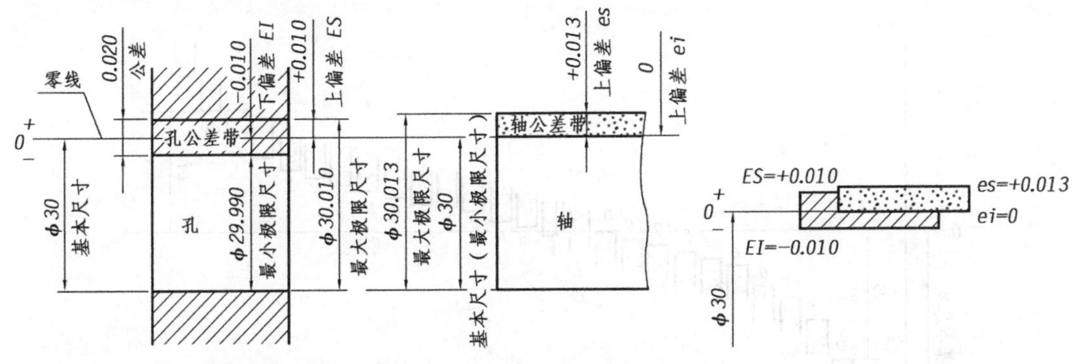

图 3-30　尺寸公差有关名称解释　　　　图 3-31　公差带图

⑦标准公差:是确定公差带大小的公差值,用字母 IT 表示。标准公差分为 20 个等级,依次是:IT01、IT0、IT1、…、IT18。IT 表示公差,数字表示公差等级。IT01 公差值最小,精度最高;IT18 公差值最大,精度最低。标准公差值见附录表。

⑧基本偏差:基本偏差是确定公差带相对于零线位置的上偏差或下偏差,通常是指靠近零线的那个偏差。国家标准对孔和轴分别规定了 28 种基本偏差,孔的基本偏差用大写的拉丁字母表示,轴的基本偏差用小写的拉丁字母表示。当公差带在零线上方时,基本偏差为下偏差;反之则为上偏差,如图 3-32 所示。

从基本偏差系列示意图中可以看出,孔的基本偏差从 A～H 为下偏差,从 J～ZC 为上偏差;轴的基本偏差从 a～h 为上偏差,从 j～zc 为下偏差;JS 和 js 没有基本偏差,其上、下偏差相对零线对称,分别是+*IT*/2、−*IT*/2。基本偏差系列示意图只表示公差带的位置,不表示公差带的大小,公差带开口的一端由标准公差确定。

当基本偏差和标准公差等级确定后,孔和轴的公差带大小和位置及配合类别便随之确定。基本偏差和标准公差的计算式如下：

$$ES=EI-IT \text{ 或 } EI=ES-IT \qquad ei=es-IT \text{ 或 } es=ei-IT$$

⑨公差带代号:孔和轴的公差带代号由表示基本偏差的代号和表示公差等级的数字组成。如:ϕ50H8,H8 为孔的公差带代号,由孔的基本偏差代号 H 和公差等级代号 8 组成;ϕ50f7,f7 为轴的公差带代号,由轴的基本偏差代号 f 和公差等级代号 7 组成。

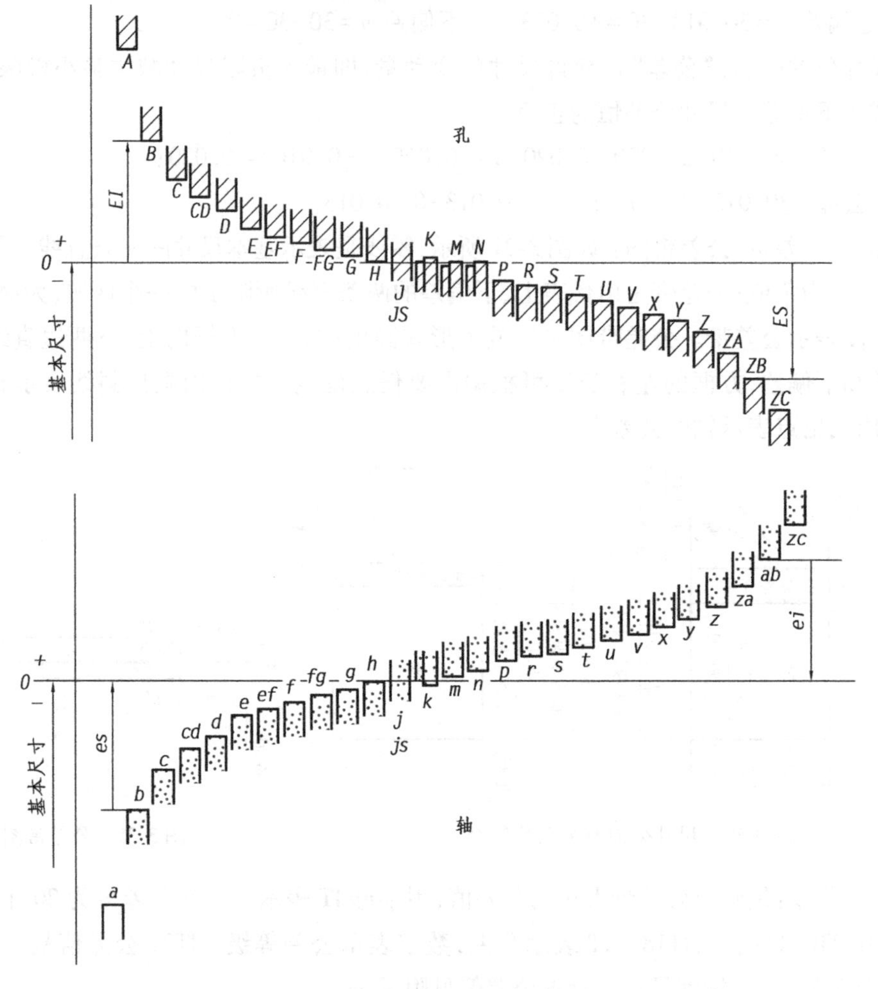

图 3-32　基本偏差系列示意图

2)尺寸公差在零件图中的标注

尺寸公差在零件图中的标注有 3 种形式,如图 3-33 所示。

①标注公差带代号,如图 3-33(a)所示。这种注法配合精度明确,标注简单,但数值不直观。适用于大量生产的零件,采用量规等专用量具检测尺寸的零件。

②标注极限偏差数值,如图 3-33(b)所示。这种注法数值直观,用万能量具检测方便,适用于试制单件、小批量生产的零件。上偏差注在基本尺寸的右上方,下偏差注在基本尺寸的右下方。极限偏差数字比基本尺寸数字小一号,小数点前的整数对齐,后面的小数位数应相同。若上、下偏差的数值相同,符号相反时,按图 3-33(c)所示的方法标注。

③公差带代号与极限偏差一起标注,偏差值要加上括号,如图 3-33(d)所示。这种注法,既明确了配合精度又有公差数值。适用于生产规模不确定,产品转产频繁的生产中。

④尺寸公差注法的几点说明。在图样上标注极限偏差时,小数点后右端的“0”是否要注出?旧标准中只通过图例表明其注写规则,条文中并未说明。新标准不仅保留了可用以说明注写规则本意的原图例,同时还在条文中明确地补充规定:上下偏差中小数点后右端的“0”一般不予注出;如果为了使上下偏差的小数点后的位数相同,可以用“ 0 ”补充,如图 3-34 所示。

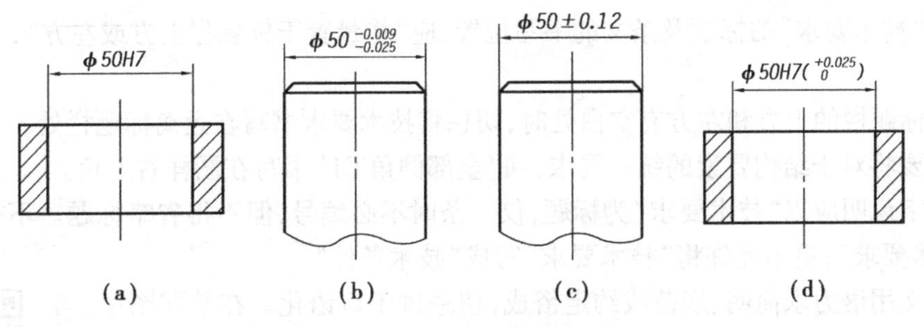

图 3-33　零件图中的公差标注

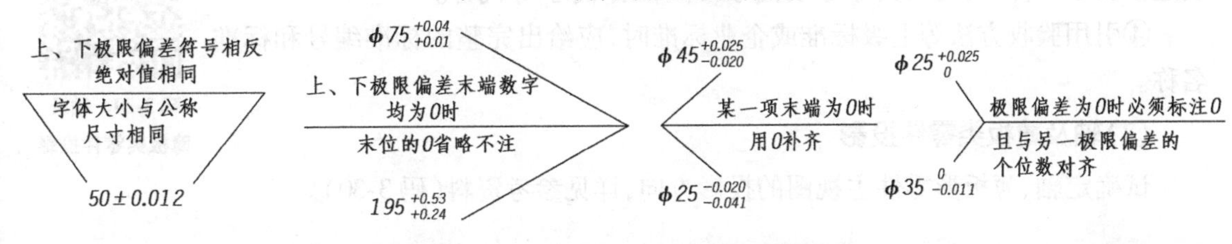

图 3-34　尺寸公差注法的几点说明

通过上面对公差及互换性的学习,我们在日常生活中要注意时刻为他人提供方便,逐步树立为人民服务的思想与觉悟,详见参考资料(码 3-29)。

码 3-29　方便他人,为人民服务

4. 边学边练

①检查所需工具、材料是否齐全;检查工作环境是否干净、整洁。

②对给定的圆盘零件进行形体分析,了解其作用、形状、结构特点。

③先确定其主视图的投射方向,选择最优的表达方案,再根据其大小确定各个视图的总体尺寸,然后选定绘图的比例及图幅。

④整理干净桌面,铺放并固定图纸,用细实线绘制图纸的边界线、图框线及标题栏的外框线。

⑤根据所绘制图形的尺寸大小、布局图面,绘制出基准线及重要的图线。

⑥进一步对给定的圆盘零件进行分析,确定绘图的先后顺序,绘制底稿。各部分结构需要几个视图对应着画,一般从最能反映其形状结构特征的视图入手。

⑦检查、描深。

⑧标注尺寸,注写技术要求,填写标题栏。

⑨使用二维 CAD 绘图软件绘制圆盘的三视图,并打印或截图。

请将尺规绘制的图样折叠粘贴在此页,或将用计算机绘图软件绘制的二维或三维图样,截图打印粘贴在此页。

5. 任务拓展与巩固训练

(1)技术要求的注写

“技术要求”是指书写在标题栏附近的,以“技术要求”为标题的条文性文字说明。书写技术要求时应注意以下几点:

①对“技术要求”的标题及条文的书写位置,应“尽量置于标题栏上方或左方”,书写时要做到:

a. 当标题栏的上方和左方有空白处时,切忌将技术要求书写在远离标题栏处。

b. 不要将对于结构要素的统一要求,如“全部倒角 C1”书写在图样右上角。

②文字说明应以“技术要求”为标题,仅一条时不必编号,但不得省略标题。不得以“注”代替“技术要求”;更不允许将“技术要求”写成“技术条件”。

③条文用语力求简明、规范或约定俗成,切忌过于口语化。在装配图中,当表述涉及零部件时,可用其序号或代号(即“图样代号”)代替。

④引用验收方法等上级标准或企业标准时,应给出完整的标准编号和标准名称。

码 3-30 轴及薄板类零件投影

(2)轴及薄板类零件投影

试确定轴、薄板形零件主视图的投影方向,详见参考资料(码 3-30)。

学习性工作任务(二) 绘制端盖

1. 任务描述

依据给定的端盖零件,如图 3-35 所示,分析其结构,按照国家制图标准,根据盘盖类零件的结构特点,合理确定表达方案,绘制端盖的零件草图,并正确使用测量工具对其各部分进行测量,合理地标注尺寸和技术要求;根据其草图,绘制端盖的零件工作图。

图 3-35 端盖

学习条件及环境要求:机械制图实训室,计算机、绘图软件(三维、二维)、多媒体、适量端盖模型、教材、参考书、网络课程及其他资源等。

教学时间(计划学时):8 学时。

任务目标：

①根据盖类零件的结构特点，叙述盘盖类零件绘制时常用的表达方案。

②根据对互换性、极限与配合的理解，能够对盖类零件图上的尺寸公差进行正确的选择和标注。

③根据对表面结构要求的理解，能够对盖类零件图上的表面结构进行正确的选择和标注。

④根据对几何公差的理解，能够对盖类零件图上的几何公差项目进行正确的选择和标注。

⑤能够在教师的指导下，手工绘制端盖的零件工作图，包括剖视图标注、图案填充、表面结构标注、尺寸公差标注、形位公差标注、技术要求的注写等，尽量做到正确、清晰，符合国家标准。

⑥能够在教师的指导下，使用CAD绘图软件绘制端盖的零件工作图，包括剖视图标注、图案填充、表面结构标注、尺寸公差标注、形位公差标注、技术要求的注写等，尽量做到正确、清晰，符合国家标准。

2.工作准备

(1)信息收集

①剖视图(旋转剖)的剖切方法、规定画法及标记。

②盖类零件的常用表达方案。

③表面结构(粗糙度)。

④尺寸公差(基本尺寸、极限尺寸、允许变动范围)。

⑤形位公差(平面度、平行度)、基准。

⑥技术要求(材料、热加工、热处理)。

⑦手工绘制端盖的零件工作图(剖视图标注、图案填充、表面结构标注、尺寸公差标注、形位公差标注、技术要求的注写)的方法与步骤。

⑧CAD绘制圆盘的零件工作图(剖视图标注、图案填充、表面结构标注、尺寸公差标注、形位公差标注、技术要求的注写)的命令与基本操作。

(2)材料、工具

所用材料、工具分别见表3-7及表3-8。

表3-7　材料计划表

材料名称	规格	单位	数量	备注
标准图纸	A3	张	1	—
草稿纸	—	张	若干	—

表3-8　工具计划表

工具名称	规格	单位	数量	备注
绘图铅笔	2H、2B	支	2	自备
图板	A3号	块	1	—
丁字尺	60 mm	个	1	—
计算机(CAD绘图软件)	二维、三维	台	40	—

(3)任务分组

学生按4~6人一组,通常为5人,明确每组的工作任务,填写分组任务表及学生小组任务分配表,每组及每个学生的任务,可以相同也可以有差异性,视情况而定。具体学生分组及学习小组任务分配见附页。

3. 引导性学习资料

引导问题(1)

①盘盖类零件的用途、结构特点如何?
②盘盖类零件的表达方法如何?
③盘盖类零件的尺寸标注如何?
④盘盖类零件的技术要求如何?
⑤什么是旋转剖?适用范围有哪些?
⑥旋转剖时,应注意的问题有哪些?
⑦零件加工面的常见工艺结构如何?

(1)盘盖类零件

盘盖类零件也称轮盘类零件,主要由回转体或其他平板结构组成。零件主视图采取轴线水平放置或按工作位置放置。常采用两个基本视图表达,主视图采用全剖视图,另一视图则表达外形轮廓和各组成部分,如图3-36所示的法兰盘透盖,主视图按加工位置将轴线水平放置画出,主要表达零件的厚度和阶梯孔的结构。左视图主要表达外形、3个安装孔的分布及左右凸缘的形状。

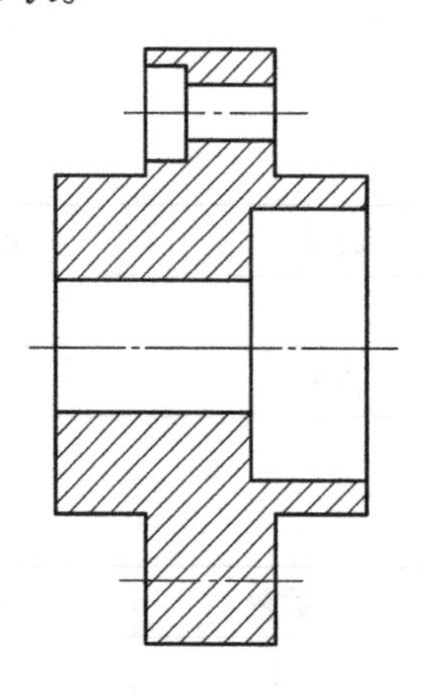

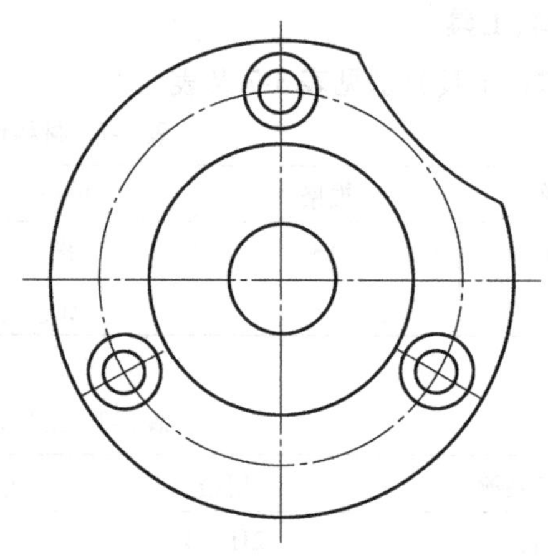

图3-36 法兰盘的表示方法

(2)几个相交的剖切平面

用两个或多个相交的剖切平面(交线垂直于某一投影面)剖开机件的方法,旧标准中称为旋转剖,如图3-37(b)所示。当用单一剖切平面不能完全表达机件内部结构时,可采用这种旋转剖。

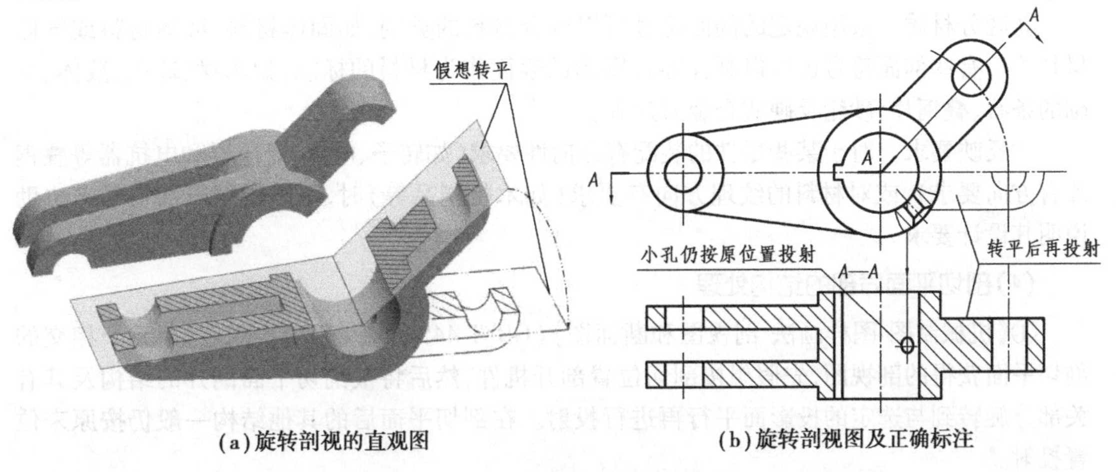

(a)旋转剖视的直观图　　(b)旋转剖视图及正确标注

图3-37　旋转剖视图的形成及标注

采用几个相交的剖切平面剖切的方法画剖视图时,两相交剖切平面的交线应与机件上的回转轴线重合并同时垂直于某一投影面。画图时应先剖切后旋转,将倾斜结构旋转到与某一投影面平行的位置再投射,以反映被剖切内部结构的实形,在剖切平面后的其他结构仍按原来位置投射,如图3-37(b)中的小孔。但当剖切后产生不完整要素时,应将该部分按不剖绘制,如图3-38所示。

采用几个相交的剖切平面剖切的方法画剖视图时必须标注,其标注方法与阶梯剖局部相同。但应注意标注中的箭头所指的方向是与剖切平面垂直的投射方向,而不是旋转方向。当视图之间没有图形隔开时可以省略箭头。注写字母时一律按水平位置书写,字头朝上。

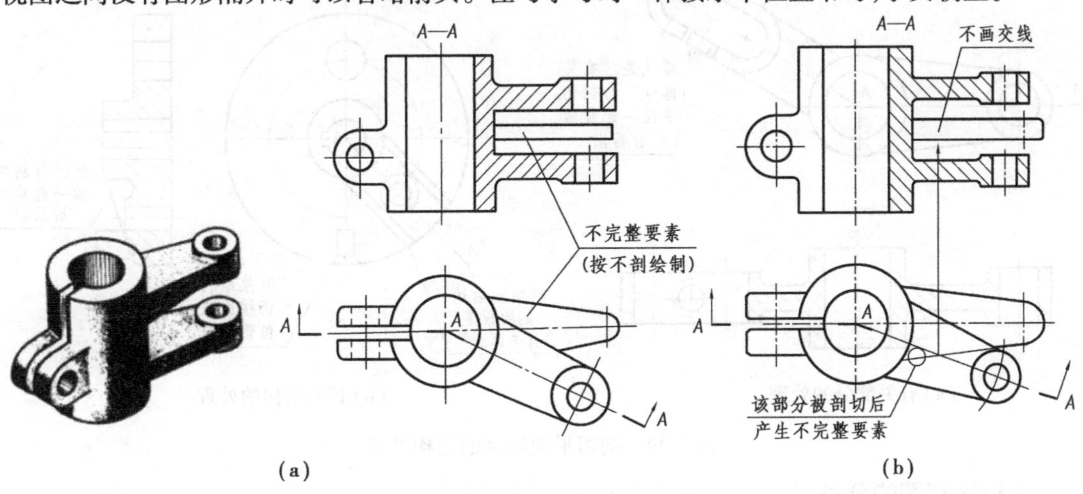

(a)　　(b)

图3-38　旋转剖切产生的不完整要素的处理

(3)剖面符号的作用

①表现层次。在剖视图中将被剖切面剖到的部分画上剖面符号,使机件的被剖切部分与未剖切部分明显地区分开来,看图时具有明显的层次感。在重合断面图中可显现断面图形,增强图形的清晰性和表达能力。

②识别零件。在装配图中，通过剖面符号的范围和方向来识别相邻零件的形状结构及其装配关系。

③区分材质。采用规定的剖面符号可以区分材料的类别，如固体材料、液体材料或气体材料等。有些剖面符号也可以画在零件图形的表面作为材料的标志，如木材、玻璃、液体、堆砌的条石、叠钢片、砂轮及硬质合金刀片等。

④反映要求。对于某些零件的装配有方向性要求（如转子、电枢、变压器和电抗器等叠钢片有方向要求），或对材料的纹理方向有要求（如木材制品等）时，可以根据剖面符号来协助说明其设计要求。

（4）剖切平面后部的结构处理

①《机械制图 图样画法 剖视图和断面图》（GB/T 4458.6—2002）中规定，用几个相交的剖切平面获得的剖视图，先假想按剖切位置剖开机件，然后将被剖切平面剖开的结构及其有关部分旋转到与选定的投影面平行再进行投射。在剖切平面后的其他结构一般仍按原来位置投射。

②有关部分。有关部分是指与所要表达的被剖切结构有直接联系而密切相关的部分，或不跟随一起旋转就难以表达的部分。如图 3-39（a）中所示的螺孔即是有关部分，与剖切平面一起旋转后画出。

③其他结构。其他结构是指处在剖切平面后与所表达的结构关系不密切的结构，或一起旋转容易引起误解的结构。如图 3-39（b）所示机件，剖切平面后的肋板属于“有关部分”，所以一起跟着旋转；而剖切平面后的矩形凸台属于“其他结构”，所以仍按原来位置画出，如图 3-39（b）所示。

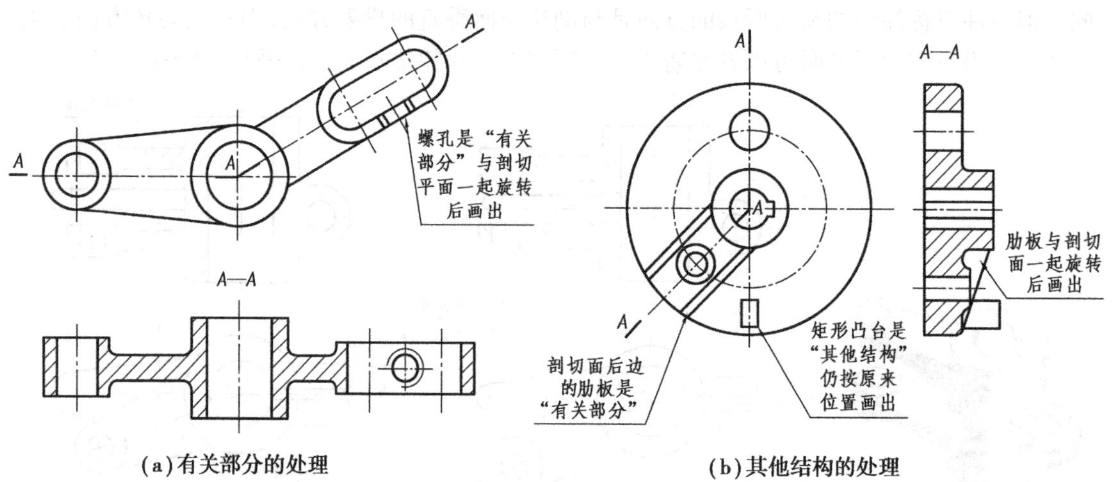

（a）有关部分的处理　　（b）其他结构的处理

图 3-39　剖切平面后部的结构处理

（5）剖视图的分类

剖视图按照剖切面（不管是否是单一剖切面）剖切机件范围的多少分为 3 类：全剖视图、半剖视图和局部剖视图。全部剖开的，称为全剖视图；剖开一半的，称为半剖视图；剖开一部分的，可以是一大部分，也可以是一小部分，称为局剖视图。它们分别如图 3-40（a）、（b）、（c）所示。

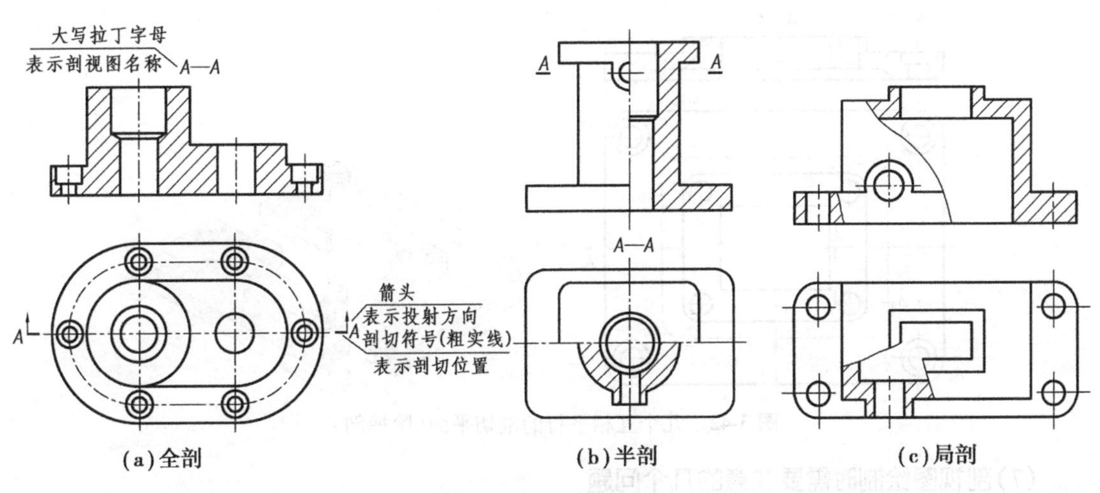

图 3-40　剖视图的分类

(6)剖切面的种类

剖切面的种类可分为单一剖切面、几个平行的剖切平面、几个相交的剖切面等几种情况，如图 3-41(a)所示。单一剖切面中又有平行于基本投影面的单一剖切平面、不平行于基本投影面的单一剖切平面等情况，后者也称为斜剖视图，如图 3-41(b)所示，为方便作图、标注尺寸和看图，斜剖视图也可以旋转绘制，如图 3-41(c)所示。

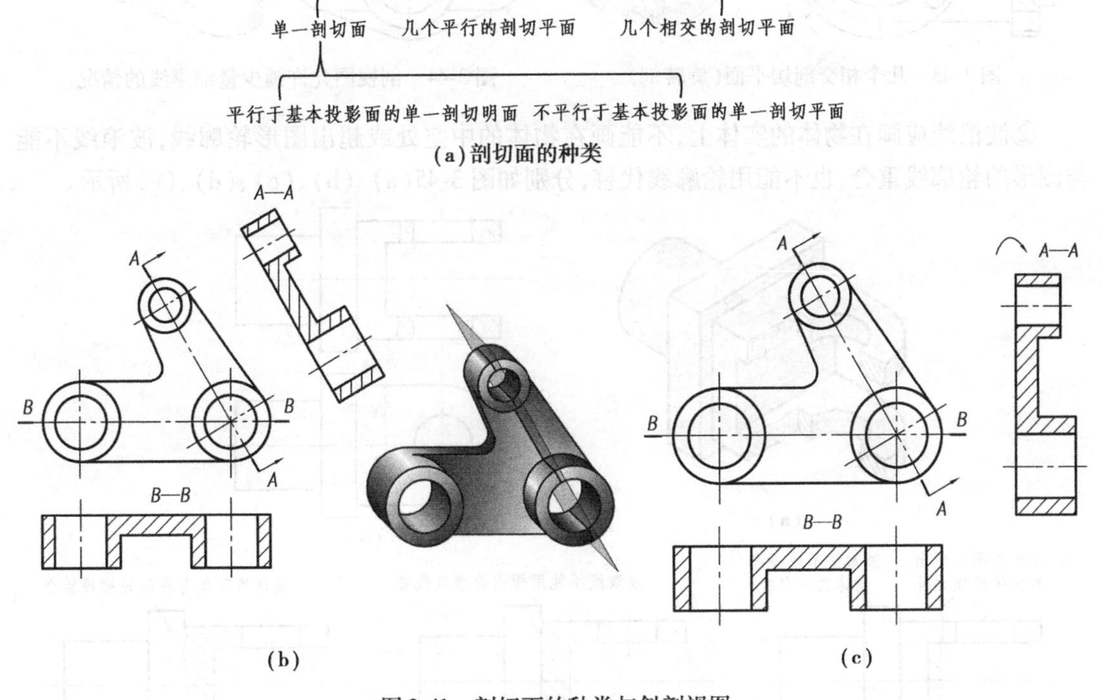

图 3-41　剖切面的种类与斜剖视图

①几个互相平行的剖切平面，旧国标中将其称为阶梯剖，如图 3-42 所示。

②几个相交剖切平面，旧国标中称为旋转剖，如图 3-43 所示。

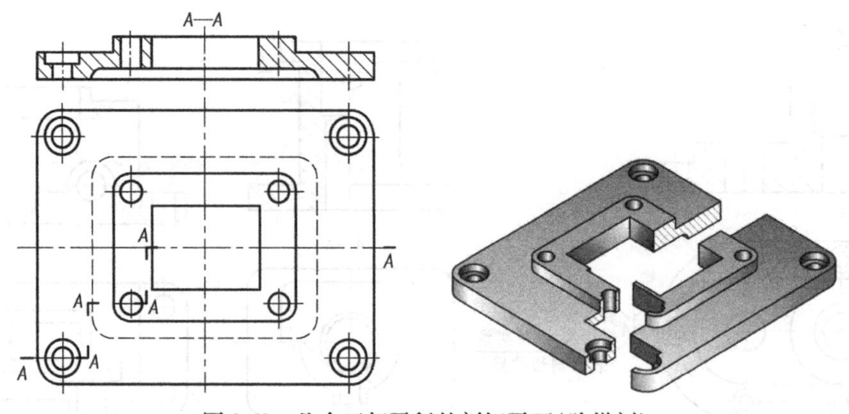

图 3-42　几个互相平行的剖切平面(阶梯剖)

(7)剖视图绘制时需要注意的几个问题

①机件不可见的轮廓线一般省略不画。当画少量细虚线可以减少视图数量时,允许画出必要的细虚线,如图 3-44 所示。

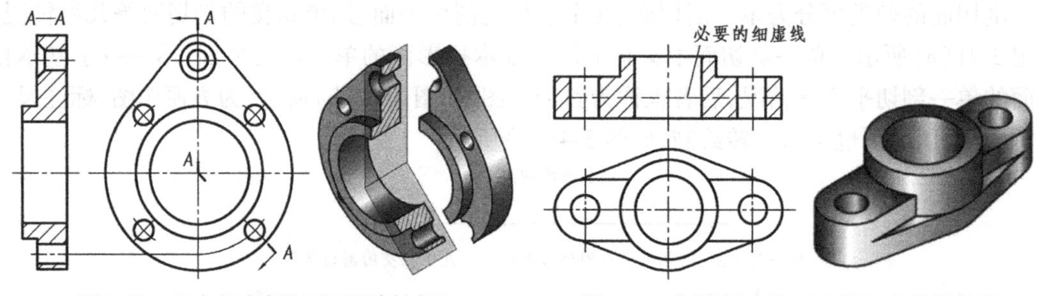

图 3-43　几个相交剖切平面(旋转剖)　　图 3-44　剖视图允许画少量细虚线的情况

②波浪线应画在物体的实体上,不能画在物体的中空处或超出图形轮廓线,波浪线不能与图形的轮廓线重合,也不能用轮廓线代替,分别如图 3-45(a)、(b)、(c)、(d)、(e)所示。

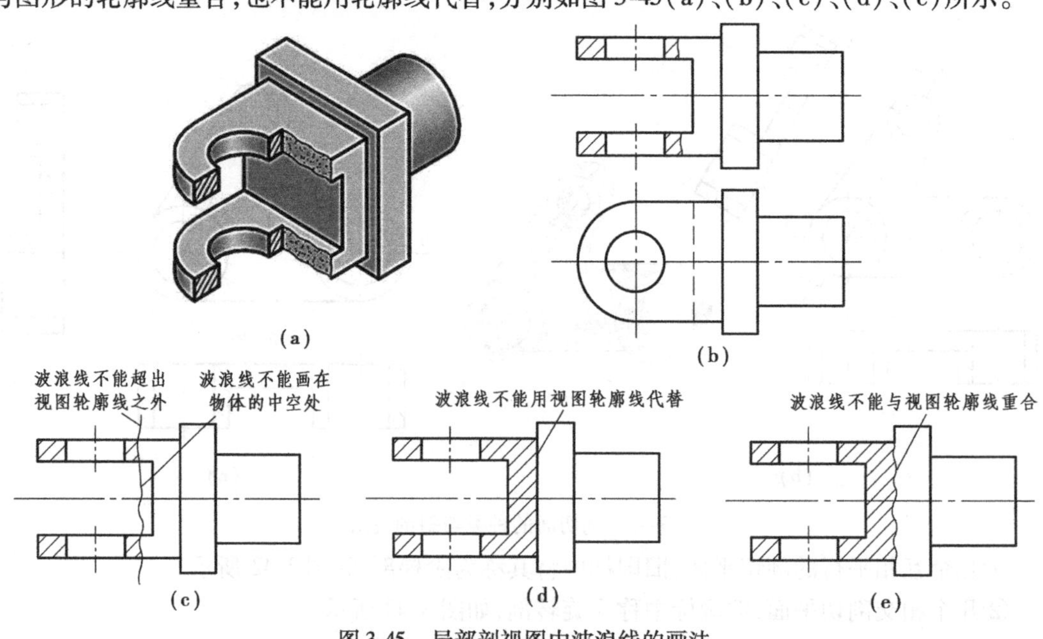

图 3-45　局部剖视图中波浪线的画法

③当对称图形的轮廓线与对称中心线重合时，应避免采用半剖视图，而采用局部剖视图，如图3-46所示。

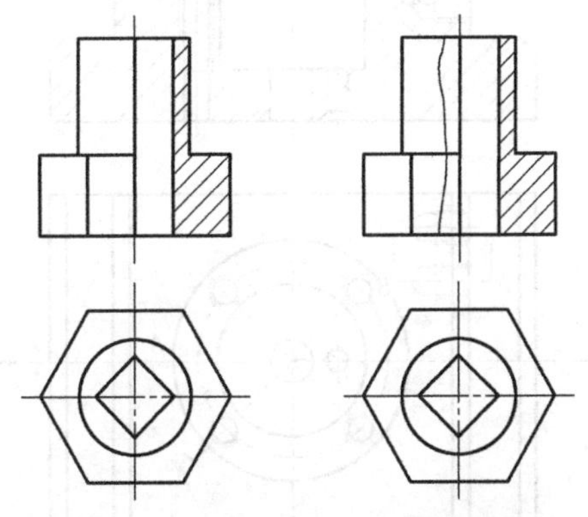

图3-46　不适合半剖而需用局部的情况

④不应画出剖切平面转折处的投影，剖切符号转折处不应与图形的轮廓线重合，剖视图中一般不应出现不完整的要素，如图3-47所示。

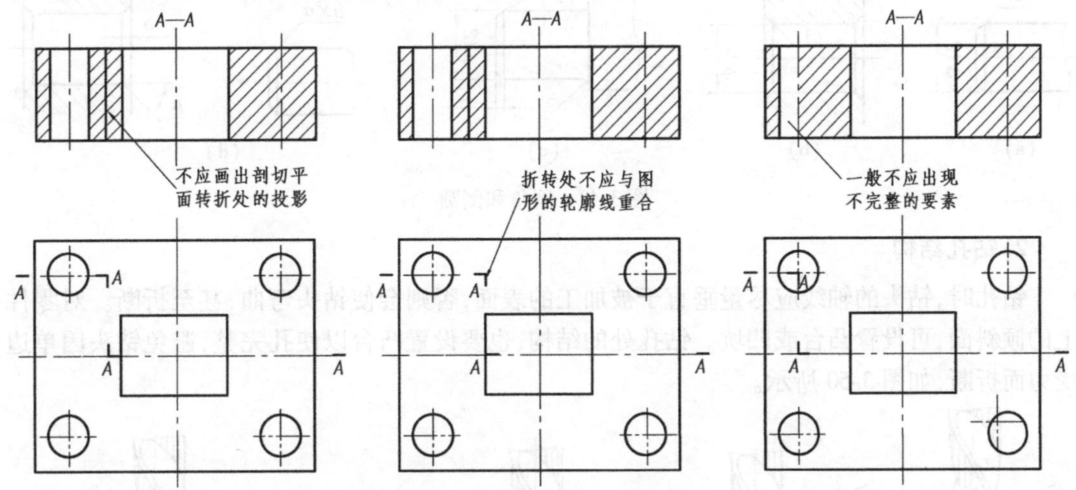

图3-47　多个平面剖切转折处的画法

⑤ 在已经采用单个或多个剖切平面剖切的方法所画的剖视图中，根据表达的需要，可以再作局部剖视，如图3-48中所示的$B—B$，就是在采用几个相交的剖切平面剖切的方法所画的剖视图中，又进行了一次局部剖视。

(8)零件加工的工艺结构

1)倒角和倒圆

为了去除零件的毛刺、锐边和便于装配，在轴和孔的端部，一般都加工成45°或30°、60°倒角，如图3-49(a)、(b)所示。倒角的主要作用是便于装配和操作安全。注意：倒角的存在不能避免应力集中问题。

为了避免因应力集中而产生裂纹，轴肩处通常加工成圆角，称为倒圆，如图3-49(c)所示。倒角和倒圆的尺寸系列可从相关标准中查得。

倒角宽度b按轴(孔)径查标准确定，如图3-49(d)所示。$\alpha=45°$，也可取30°或60°，当α为45°时，可用符号“C”来标注，如图3-49中的(a)、(b)所示。

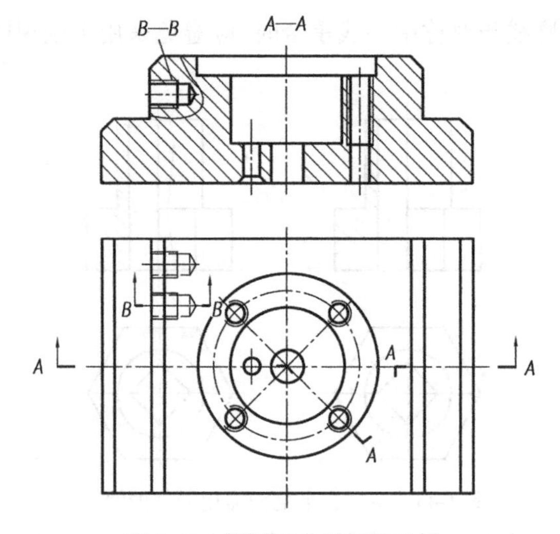

图 3-48　剖视图中的剖视示例

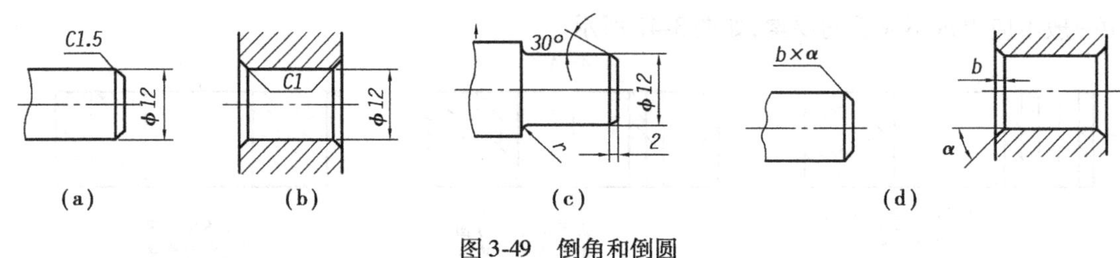

图 3-49　倒角和倒圆

2) **钻孔结构**

钻孔时,钻头的轴线应尽量垂直于被加工的表面,否则会使钻头弯曲,甚至折断。对零件上的倾斜面,可设置凸台或凹坑。钻孔处的结构,也要设置凸台以使孔完整,避免钻头因单边受力而折断,如图 3-50 所示。

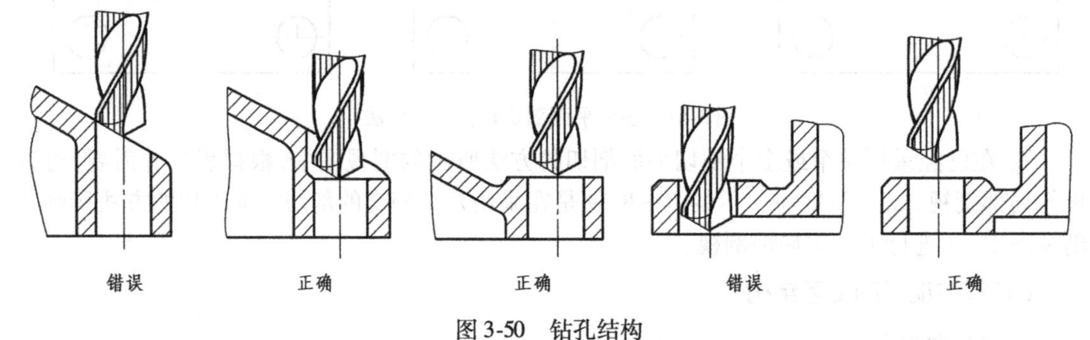

图 3-50　钻孔结构

4. 边学边练

①检查所需工具、材料是否齐全;检查工作环境是否干净、整洁。

②对给定的端盖零件进行形体分析,了解其作用、形状、结构特点。

③先确定其主视图的投射方向,选择最优的表达方案,再根据其大小确定各个视图的总体尺寸,然后选定绘图的比例及图幅。

④整理干净桌面,铺放图纸,用细实线绘制图纸的边界线、图框线及标题栏的外框线。

⑤根据所绘制图形的尺寸大小,布局图面,绘制出基准线及重要的图线。

⑥进一步对给定的端盖零件进行分析,确定绘图的先后顺序,绘制底稿。各部分结构,都要几个视图对应着画,一般从最能反映其形状结构特征的视图入手。

⑦检查、描深。

⑧标注尺寸,注写技术要求,填写标题栏。

⑨使用二维 CAD 绘图软件绘制端盖的零件图,并打印或截图。

⑩使用三维 CAD 建模软件绘制端盖的三维模型,并截图。

请将尺规绘制的图样折叠粘贴在此页,或将用计算机绘图软件绘制的二维或三维图样,截图打印粘贴在此页。

5. 任务拓展与巩固训练

(1)贯彻制图国家标准应注意的几个问题

详见前面的相关资料。

(2)配合的概念

1)配合及其种类

配合是指基本尺寸相同且相互结合的孔和轴的公差带之间的关系,如图 3-51(a)所示,其标注如图 3-51(b)所示。根据使用要求不同,孔和轴装配可能出现不同的松紧程度,分为间隙配合、过渡配合、过盈配合 3 种。

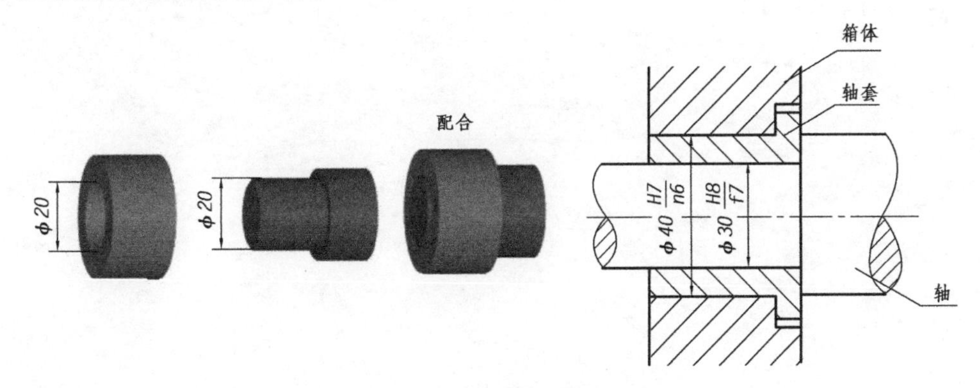

图 3-51　配合及其标注

2)基准制

①基轴制。A—H 通常形成间隙配合;J—N 通常形成过渡配合;P—ZC 通常形成过盈配合。

②基孔制。a—h 通常形成间隙配合;j—n 通常形成过渡配合;p—zc 通常形成过盈配合。

学习成果与评价反馈

学生自评(20%);小组互评(30%);教师评价(50%)

小组互评表、学习情境总评成绩表见附页。

学习情境评价表

班级________		姓名________	学号________			
学习情境三		盘盖类零件绘制	分值	得分		
评价项目		评价标准		学生自评	小组互评	教师评价
1	盘盖类零件的结构特点及常用表达方法	能够叙述盘盖类零件的结构特点及绘制盘盖类零件图时常用表达方法	10			
2	零件图的作用、内容及视图选择	能够叙述零件图的作用、内容及零件视图选择时应遵循的基本原则(零件安放的原则、主视图投射方向的选择原则、其他视图的选择原则)	15			
3	零件图中的技术要求	能够叙述零件图中的技术要求的主要内容;能够对零件图中的尺寸公差进行正确的查表及标注;能够对零件图中的表面结构(表面粗糙度)进行正确的标注	15			
4	剖视图	能够说出剖视图的概念、剖视图的种类,剖切面的分类;能够对各种剖视图进行正确的选择、绘制和标注(剖切符号、剖面符号)	15			
5	对制图基本理论知识的理解和掌握	能够正确选用和标注尺寸公差、表面结构、形位公差等	10			
6	图纸的总体质量	图面整洁、布局合理、内容完整	10			
7	工作态度	态度端正,无无故缺勤、迟到、早退现象	10			
8	协调能力	与小组成员、同学之间能够顺畅沟通、有效交流,协调工作	5			
9	职业素质	能够做到懂文明讲礼貌,勤俭节约,爱护公共财物及设施,保护环境	5			
10	创新能力	积极思考、善于提问,提出有代表性的问题等	5			
合计(总评)			100			

总结报告

1. 知识思维导图

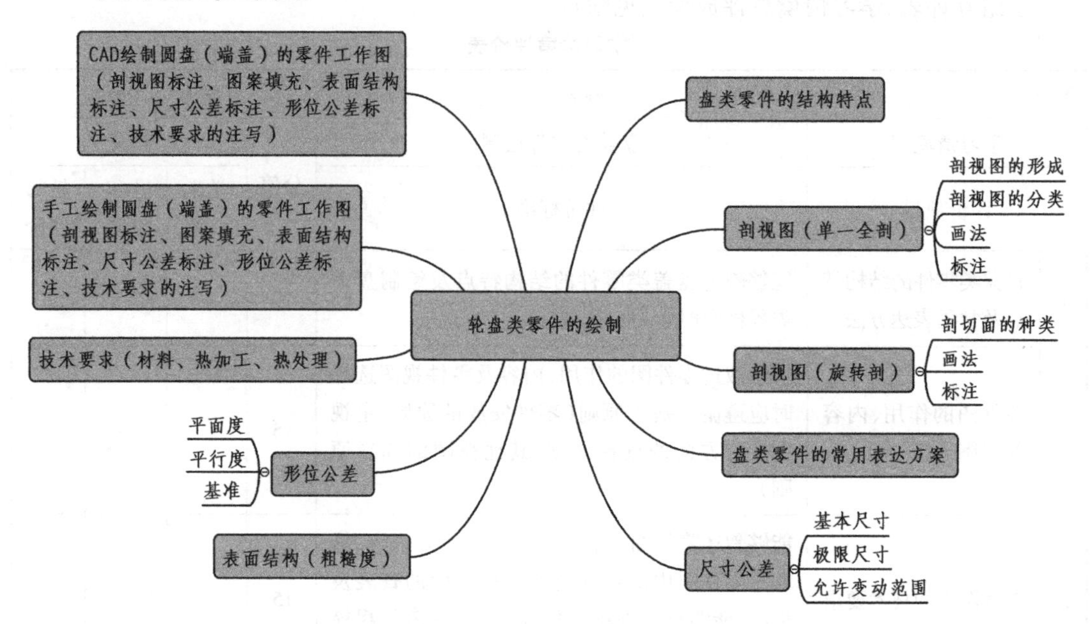

2. 自我反思

①在本学习情境中学会了哪些知识点？掌握了哪些技能？
②任务完成情况如何？应注意哪些问题？
③还有哪些知识与技能尚未完全明白？
④工作过程中有何不足？准备怎样改进？
⑤对教学的意见与建议。

学习笔记

学习情境四　绘制轴套类零件

学习情境描述

依据给定的衬套、减速器从动轴等类的零件，如图4-1所示，分析其结构，按照国家制图标准的规定画法和标注要求，根据轴套类零件的结构特点，合理确定表达方案，分析其尺寸和技术要求，绘制轴套、从动轴、齿轮的零件工作图及其组件装配图。

图4-1　轴套及轴

知识目标：

①轴套类零件的结构特点(退刀槽、砂轮越程槽、锥孔、倒角、倒圆、键槽、销孔等)。

②轴套类零件的常用表达方法。

③断面图的概念、剖切方法、规定画法及标记。

④局部视图、局部剖视的概念、剖切方法、规定画法及标记。

⑤局部放大图的概念、规定画法及标记。

⑥几何公差的几何特征符号、公差框格、被测要素、基准要素的标准规定。

⑦零件的技术要求(材料、热加工、热处理)。

⑧齿轮的应用、分类，齿轮的基本结构、基本参数(齿数、模数)，各部分的结构尺寸计算。

⑨齿轮的规定画法及齿轮零件工作图的内容与画法。

⑩键的作用、分类、基本结构、标准规定、标记。

技能目标：

①能够叙述轴套类零件的结构特点及常用表达方法。

②能够叙述断面图的概念、剖切方法、规定画法及标记，并能够正确绘制。

③能够叙述局部视图、局部剖视的概念、剖切方法、规定画法及标记，并能够正确绘制。

④能够叙述局部放大图的概念、方法、规定画法及标记，并能够正确绘制。

⑤能够叙述几何公差的几何特征符号、公差框格、被测要素、基准要素的标准规定，并能够正确绘制。

⑥能够叙述齿轮的应用、分类,齿轮的基本结构、基本参数(齿数、模数),完成各部分的结构尺寸计算,并能够正确绘制。

⑦能够叙述齿轮的规定画法及齿轮的零件工作图的内容与画法,并能够正确绘制。

⑧能够叙述键的作用、分类、基本结构、标准规定、标记,并能够正确绘制。

素质培养:

①培养动手实践能力。

②培养严格遵守制图标准的意识和习惯。

③注重培养产品的质量意识。

④注重培养工作的环保意识。

⑤培养规范操作的职业素养。

⑥培养严肃认真的工作态度和一丝不苟的工作精神。

学习性工作任务(一) 绘制轴套

1.任务描述

依据给定的轴套,如图4-2所示,分析其结构,按照国家制图标准的规定画法和标注,根据轴套类零件的结构特点,合理确定表达方案,分析尺寸和技术要求,绘制轴套零件工作图。

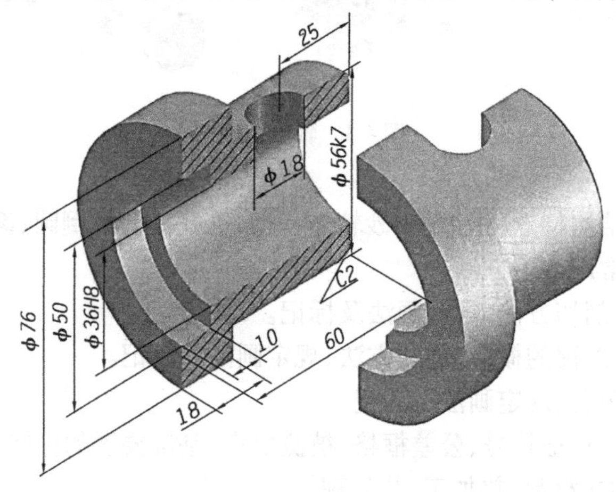

图4-2 轴套

学习条件及环境要求:机械制图实训室、计算机、绘图软件(三维、二维)、多媒体、适量衬套模型、教材、参考书、网络课程及其他资源等。

教学时间(计划学时):4学时。

任务目标:

①叙述套类零件的结构特点及常用表达方案。

②叙述断面图的概念、剖切方法、规定画法及标记规定。

③叙述局部放大图的概念、规定画法及标记规定。

④能够对几何公差(垂直度)进行正确的标记。

2. 任务准备

(1)信息收集

①套类零件的结构特点(锥孔、倒角)。

②套类零件的常用表达方案。

③断面图(概念、剖切方法、规定画法、标记)。

④局部放大图(概念、方法、规定画法、标记)。

⑤几何公差项目、特征符号(垂直度)、基准、基准要素、被测要素。

(2)材料、工具

所用材料、工具分别见表 4-1 及表 4-2。

表 4-1　材料计划表

材料名称	规格	单位	数量	备注
标准图纸	A4	张	1	—
草稿纸	—	张	若干	—

表 4-2　工具计划表

工具名称	规格	单位	数量	备注
绘图铅笔	2H、2B	支	2	自备
图板	A3 号	块	1	—
丁字尺	60 mm	个	1	—
计算机(CAD 绘图软件)	二维、三维	台	40	—

(3)任务分组

学生按 4 ~6 人一组,通常为 5 人,明确每组的工作任务,填写分组任务表及学生小组任务分配表,每组及每个学生的任务,可以相同也可以有差异性,视情况而定。

具体学生分组及学习小组任务分配见附页。

3. 引导性学习资料

引导问题(1)

①套类零件的结构特点及表达方案如何?

②几何公差的项目及定义如何?

③几何公差的几何特征、符号如何?几何公差的附加符号如何?

④几何公差框格的画法如何?基准符号的画法如何?

⑤要素、基准要素、被测要素的概念是什么?

⑥基准要素如何标注?被测要素如何标注?

(1)轴套类零件

轴类零件结构的主体结构部分大多是同轴回转体,轴向尺寸远大于径向尺寸。它们一般起支承传动零件、传递动力的作用,因此常带有键槽、轴肩、中心孔、挡圈槽、螺纹及退刀槽或砂轮越程槽等结构。

而轴上的套类零件主要是由大小不同的同轴回转体(如圆柱、圆锥)组成,与轴类零件不同之处在于套类零件是空心的。通常以加工位置将轴线水平放置,采用全剖的表达方法,画出主视图来表达零件的主体结构,必要时再用局部剖视或其他辅助视图表达局部结构形状。如图4-3所示的轴套,采取轴线水平放置的加工位置画出主视图,反映了轴套的细长和孔、槽、阶梯状的结构特点,各部分的相对位置和倒角、槽、孔等形状,并采用全剖视图表达了上下、左右的通孔,又补充了一个移出断面图和一个局部视图,用来表达中部上、下两部分的前后通槽和右端上下半圆通孔及通槽的局部结构和尺寸。

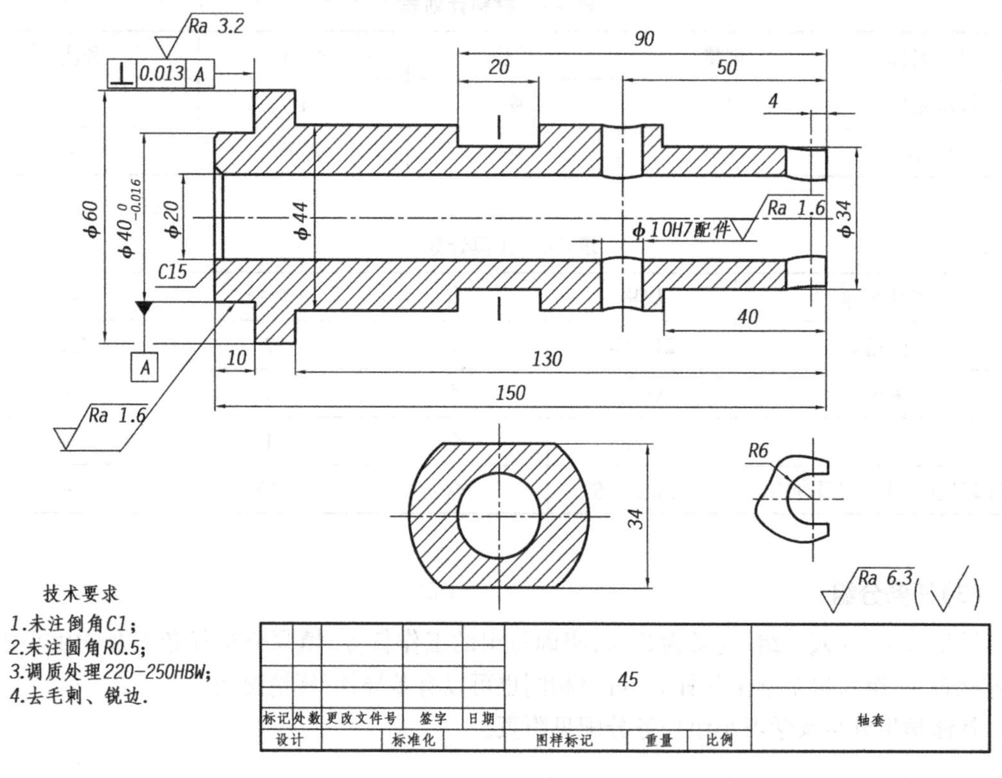

图4-3 轴套

(2)几何公差及其标注

为保证零件的性能,除对尺寸提出公差要求外,还应对形状和位置公差提出要求,使零件能正常使用。如图4-4中所示的轴,由于形状和位置公差不合格,则轴线弯曲且与端面不垂直,导致两零件不能正确装配。

《产品几何技术规范(GPS) 几何公差 形状、方向、位置和跳动公差标注》(GB/T 1182—2008)指明,几何公差是指形状公差、方向公差、位置公差和跳动公差。形状公差和位置公差合起来简称形位公差。

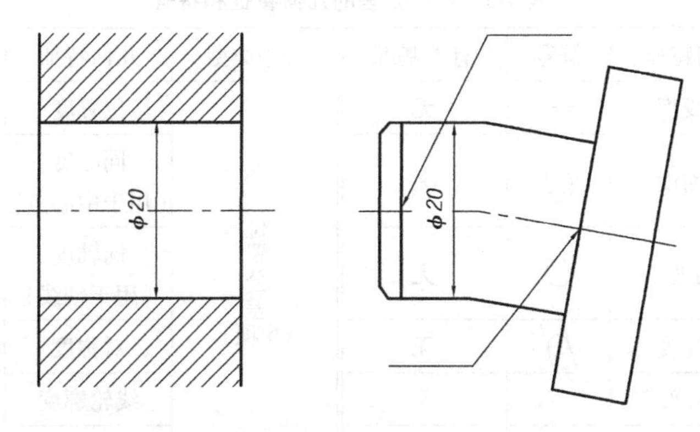

图 4-4　形状和位置公差不合格的轴

1) 形状和位置公差的概念

加工后的零件不仅会存在尺寸误差,而且几何形状和相对位置也会存在误差。为了满足零件的使用要求和保证互换性,零件的几何形状和相对位置由给定的形状公差和位置公差来保证。

①形状误差和公差。形状误差是指单一实际要素的形状对其理想要素形状的变动量。形状公差是指单一实际要素[构成零件上的特征部分——点、线或面(如球心、轴线、端面等)]的形状所允许的变动全量。如图 4-5 所示,轴线必须位于直径为 0.04 mm 的圆柱面内,才符合形状公差规定的直线度要求。

②位置误差和公差。位置误差是指关联实际要素的位置对其理想要素位置的变动量。理想位置由基准确定。关联实际要素的位置对其基准要素所允许的变动全量称为位置公差。

如图 4-6 所示,孔的轴线必须位于距离为公差值 0.03 mm,且平行于基准面的两平行平面之间,才符合位置公差标准规定的平行度要求。

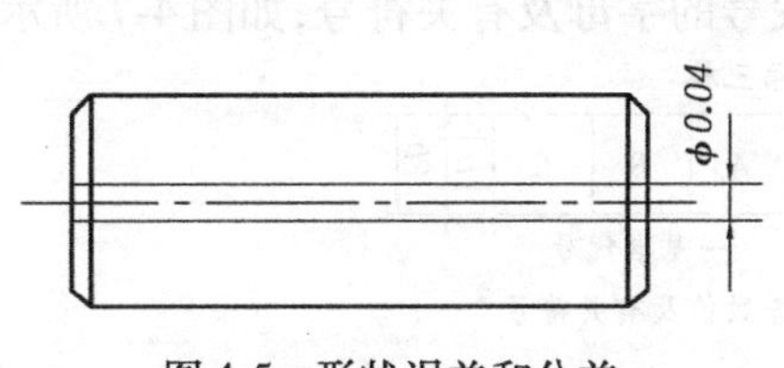

图 4-5　形状误差和公差

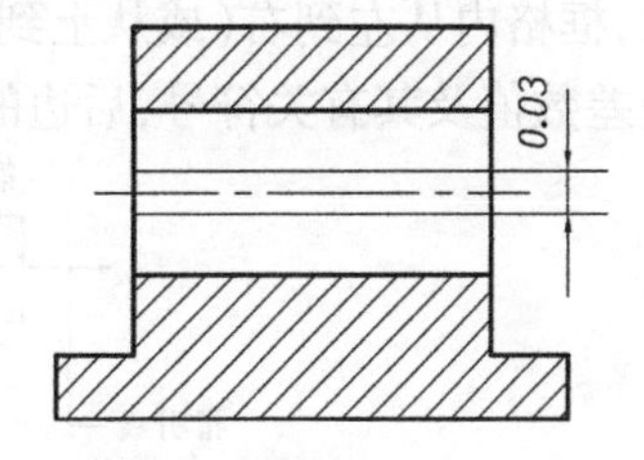

图 4-6　位置误差和公差

③形位公差项目及符号。

《产品几何技术规范(GPS) 几何公差形状、方向、位置和跳动公差标注》(GB/T 1182—1996)中规定了 14 个形位公差项目,而在《产品几何技术规范(GPS) 几何公差形状、方向、位置和跳动公差标注》(GB/T 1182—2008)中,将形状和位置公差名称改为几何公差,几何公差的几何特征和符号见表 4-3。

④公差带及其形状:公差带是由公差值确定的限制实际要素(形状和位置)变动的区域。公差带的形状有:两平行直线、两平行平面、两等距曲面、圆、两同心圆、球、圆柱、四棱柱及两同轴圆柱等。

表 4-3　几何公差的几何特征和符号

公差类型	几何特征	符号	有无基准	公差类型	几何特征	符号	有无基准
形状公差（6 项）	直线度	—	无	位置公差（6 项）	位置度	⌖	有或无
	平面度	▱	无		同心度（用于中心点）	◎	有
	圆度	○	无		同轴度（用于轴线）	◎	有
	圆柱度	⌭	无		对称度	⌯	有
	线轮廓度	⌒	无		线轮廓度	⌒	有
	面轮廓度	⌓	无		面轮廓度	⌓	有
方向公差（5 项）	平行度	//	有	跳动公差（2 项）	圆跳动	↗	有
	垂直度	⊥	有		全跳动	⌰	有
	倾斜度	∠	有	—	—	—	—
	线轮廓度	⌒	有	—	—	—	—
	面轮廓度	⌓	有	—	—	—	—

2）形状和位置公差的注法

①形位公差框格及其内容。形位公差在图样中应采用代号标注。代号由公差项目符号、框格、指引线、公差数值和其他有关符号组成。

形位公差框格用细实线绘制，可画两格或多格，可水平或垂直置放，框格的高度是图样中尺寸数字高度的 2 倍，框格的长度根据需要而定。框格中的数字、字母和符号与图样中的数字同高，框格内从左到右（或从上到下）填写的内容为：第一格为形位公差项目符号，第二格为形位公差数值及其有关符号，后边的各格为基准代号的字母及有关符号，如图 4-7 所示。

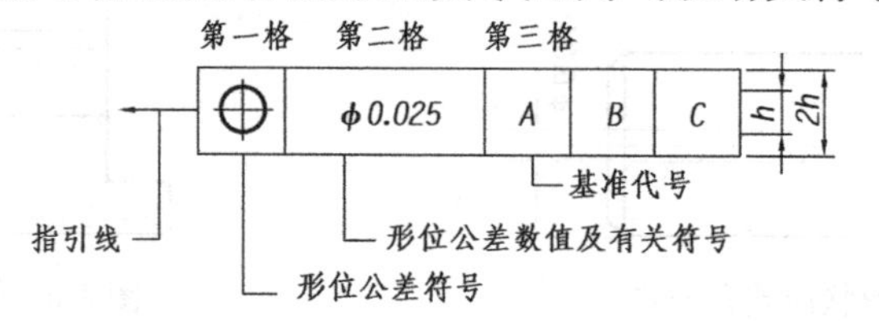

图 4-7　形位公差框格代号

注意：图形符号中的 h 为图样中的字高。框格高度为 $2h$，框格宽度：第一格等于框格的高度（$2h$）；第二格、第三格与标注内容的长度或字母宽度相适应。框格线、图形符号、基准符号的线宽 $=h/10$（B 型字体线宽），既不是细实线，也不是粗实线。

各图形符号及基准符号画法如图 4-8 所示。

②几何公差的标注。几何公差及基准的标注如图 4-9 所示。

3）被测要素的注法

被测要素的注法是用带箭头的指引线将被测要素与公差框格的一端相连。指引线箭头应指向公差带的宽度方向或直径方向。指引线用细实线绘制，可以不转折或转折一次（通常为垂直转折)。指引线箭头按下列方法与被测要素相连。

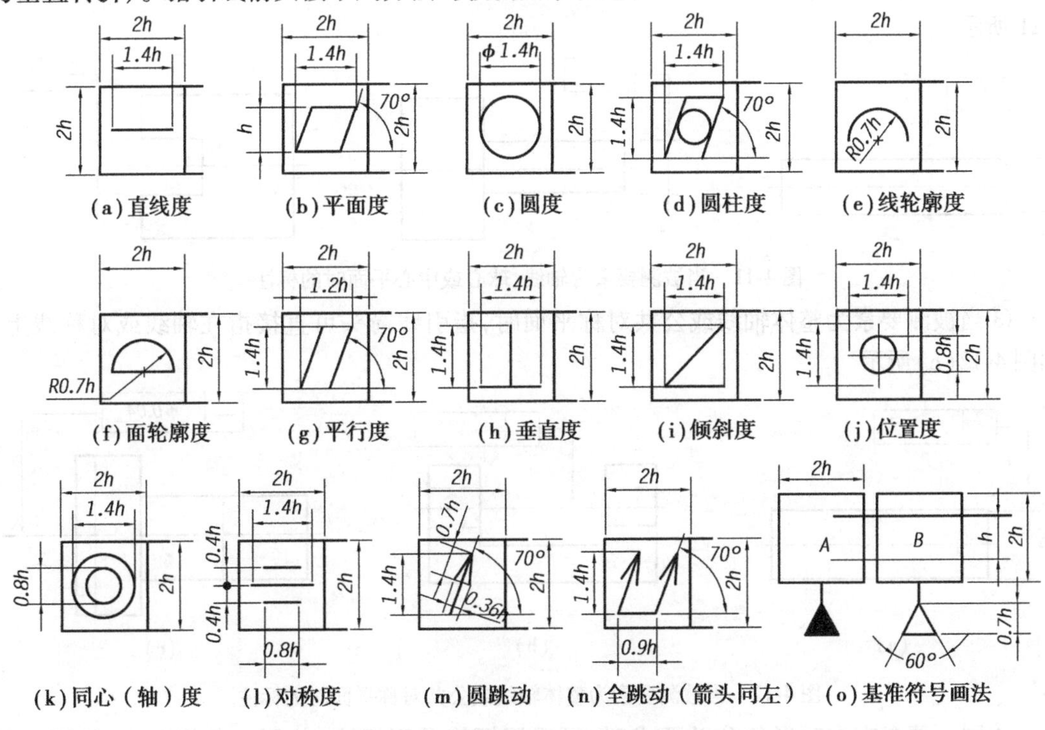

图 4-8　几何公差图形符号及基准符号画法

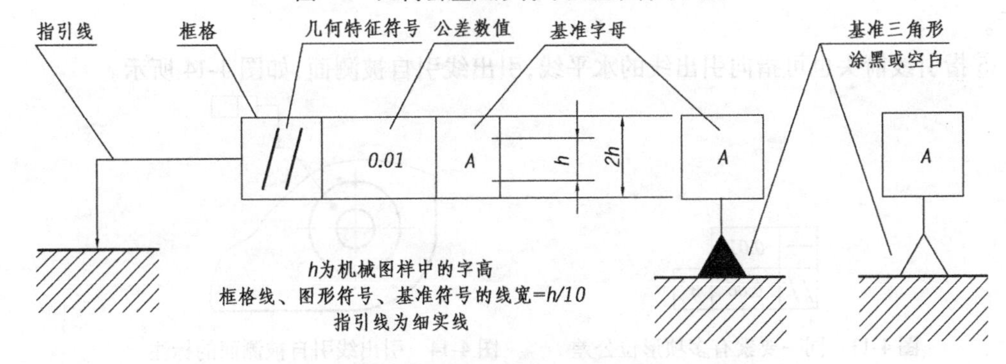

图 4-9　几何公差及基准的标注

①当被测要素为线或表面时,指引线箭头应指在该要素的轮廓线或其延长线上,并应明显地与该要素的尺寸线错开,如图 4-10 所示。

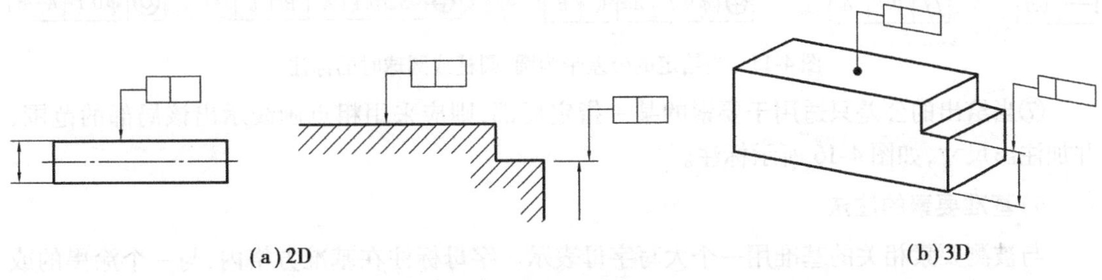

(a)2D　　(b)3D

图 4-10　当被测要素为线或表面时的标注

②当被测要素为轴线、球心或中心平面时,指引线箭头位于相应尺寸线的延长线上,如图4-11 所示。

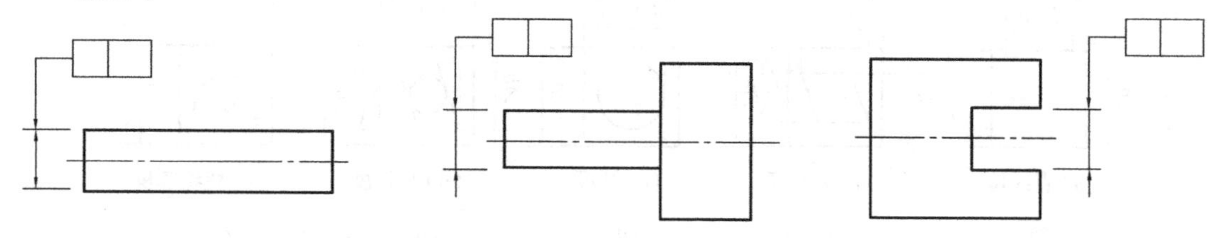

图 4-11　当被测要素为轴线、球心或中心平面时的标注

③当被测要素为整体轴线或公共对称平面时,指引线箭头可直接指在轴线或对称线上,如图 4-12(c)所示。

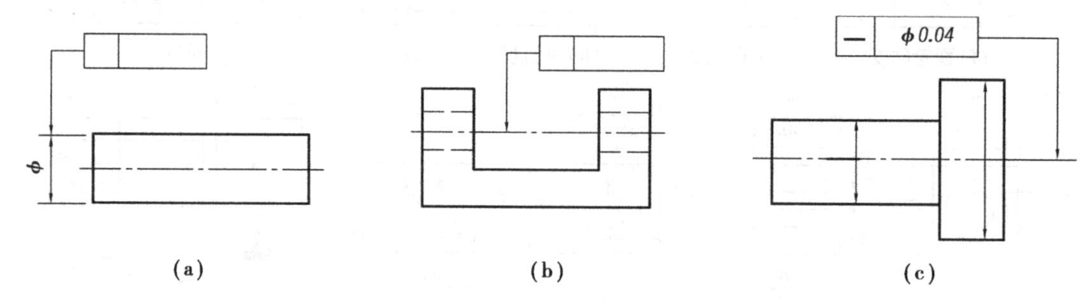

图 4-12　当被测要素为整体轴线或公共对称平面时的标注

④同一要素有多项形位公差要求时,可采用框格并列标注,共用一条指引线,如图 4-13 所示。

⑤指引线箭头也可指向引出线的水平线,引出线引自被测面,如图 4-14 所示。

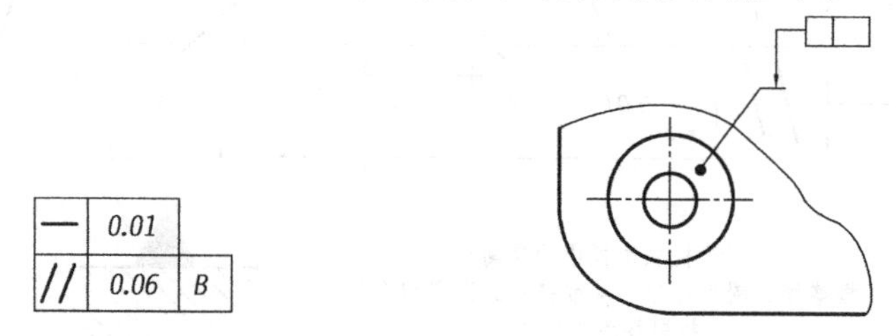

图 4-13　同一要素有多项形位公差要求时的标注

图 4-14　引出线引自被测面的标注

⑥当给定的公差带为圆、圆柱或圆球时,应在公差数值前加注 ϕ 或 $S\phi$,如图 4-15 所示。

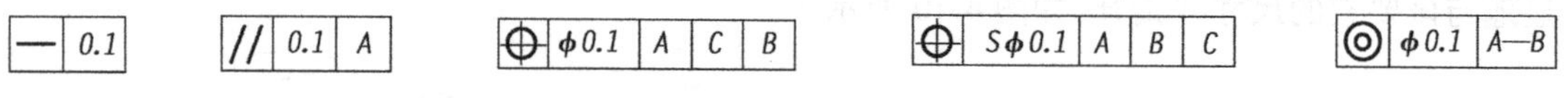

图 4-15　当给定的公差带为圆、圆柱或圆球时的标注

⑦当给出的公差只适用于要素的某一指定局部,则应采用粗点画线示出该局部的范围,并加注出尺寸,如图 4-16 所示标注。

4)基准要素的注法

与被测要素相关的基准用一个大写字母表示。字母标注在基准方格内,与一个涂黑的或空白的三角形相连以表示基准,如图 4-17 所示;表示基准的字母还应标注在公差框格内。涂黑的和空白的三角形含义相同。无论基准代号在图样上的方向如何,基准方格内的字母均应

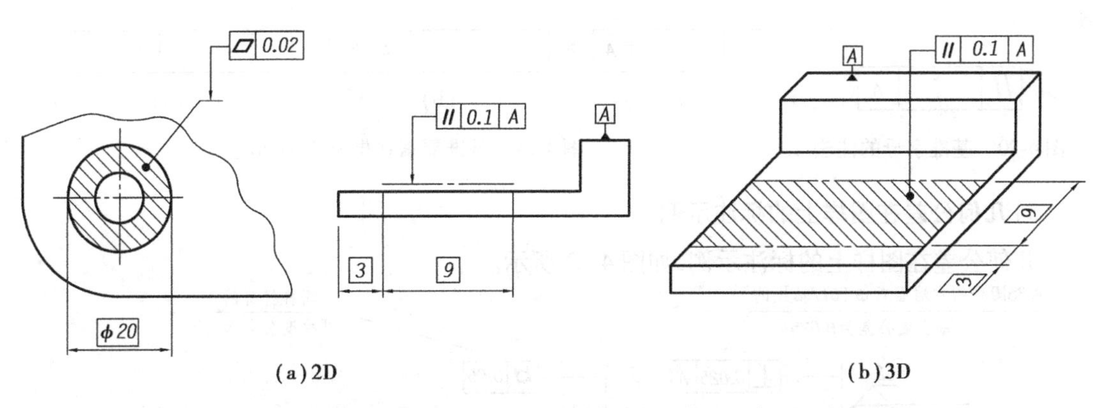

图 4-16　当给出的公差只适用于要素的某一指定局部时的标注

水平填写。

带基准字母的基准三角形应按如下规定放置：

①当基准要素是轮廓线或轮廓面时，基准三角形放置在要素的轮廓线或其延长线上，与尺寸线明显错开，如图 4-18(a)所示；基准三角形也可放置在该轮廓面引出线的水平线上，如图 4-18(b)所示。

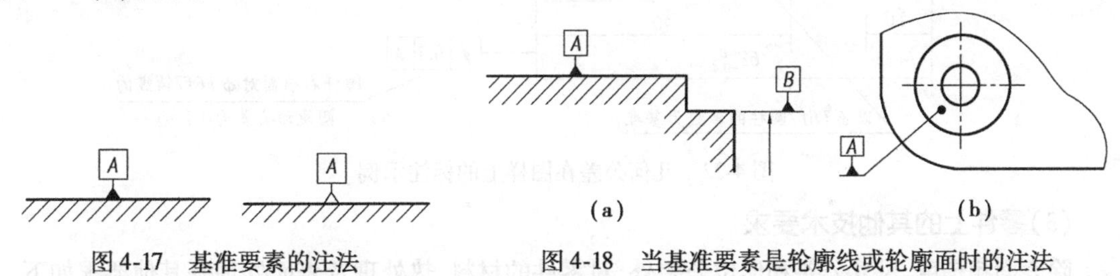

图 4-17　基准要素的注法　　图 4-18　当基准要素是轮廓线或轮廓面时的注法

②当基准是尺寸要素确定的轴线、中心平面或中心点时，基准三角形应放置在该尺寸线的延长线上，如图 4-19(a)、(b)所示。如果没有足够的位置标注基准要素尺寸的两个尺寸箭头，则其中一个箭头可用基准三角形代替，如图 4-19(b)、(c)所示。

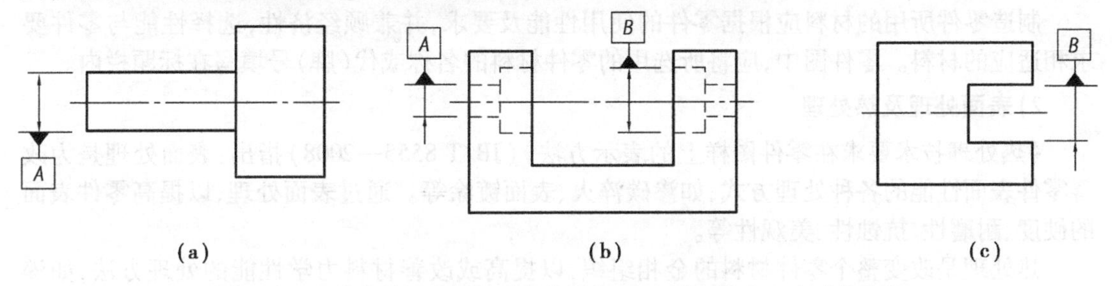

图 4-19　当基准是尺寸要素确定的轴线、中心平面或中心点时的注法

③表示基准的字母也应注在公差框格内，如图 4-20 所示。

④图 4-21(a)所示为单一要素为基准时的标注；图 4-21(b)所示为两个要素组成的公共基准时的标注，两字母中间加连字符；图 4-21(c)所示为 2 个或 3 个要素组成的基准时的标注，表示基准的大写字母按优先顺序自左至右填写在各框格内；表示基准要素的字母要用大写的拉丁字母，为不致引起误解，字母 E、I、J、M、O、P、R、F 不采用。

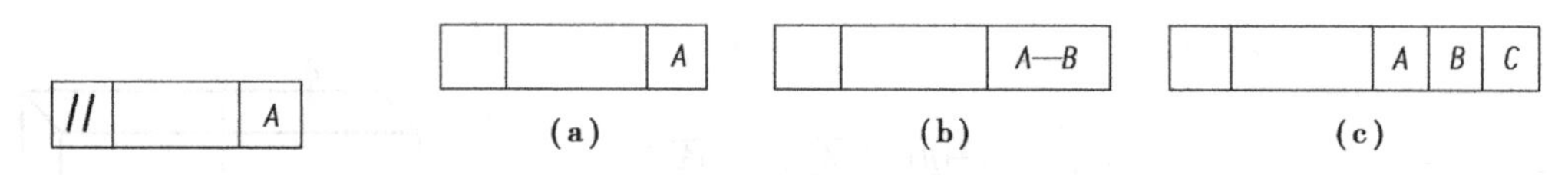

图 4-20　基准字母的注法　　　　图 4-21　基准要素在框格中的标注

5）几何公差在图样上的标注示例

几何公差在图样上的标注示例，如图 4-22 所示。

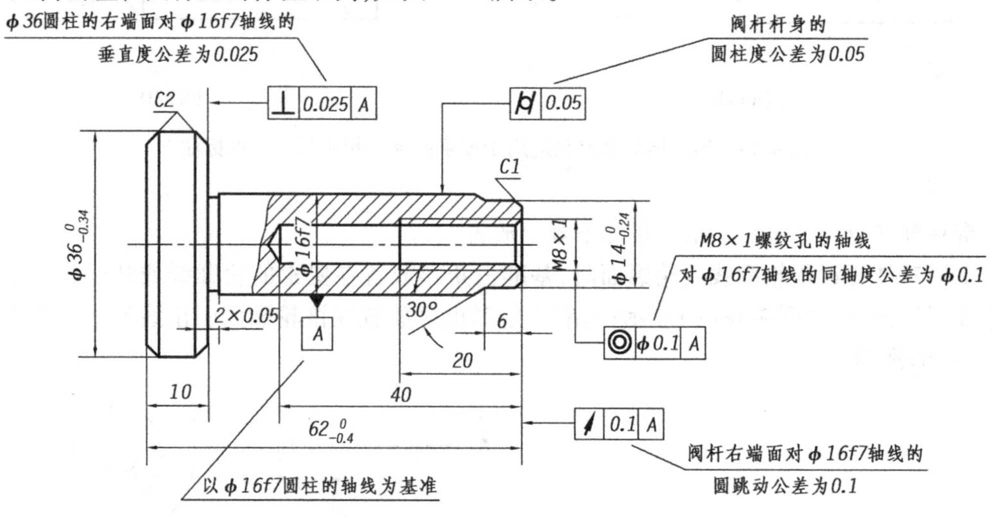

图 4-22　几何公差在图样上的标注示例

（3）零件上的其他技术要求

除表面粗糙度、尺寸公差和形位公差外，对零件的材料、热处理及表面处理等其他要求如下。

1）零件材料

在机械制造业中，制造零件所用的材料一般有金属材料和非金属材料两类，金属材料用得较多。常用的金属材料和非金属材料及其性能参见附录表。

制造零件所用的材料应根据零件的使用性能及要求，并兼顾经济性，选择性能与零件要求相适应的材料。零件图中，应将所选用的零件材料的名称或代（牌）号填写在标题栏内。

2）表面处理及热处理

《热处理技术要求在零件图样上的表示方法》（JB/T 8555—2008）指出：表面处理是为改善零件表面性能的各种处理方式，如渗碳淬火、表面镀涂等。通过表面处理，以提高零件表面的硬度、耐磨性、抗蚀性、美观性等。

热处理是改变整个零件材料的金相组织，以提高或改善材料力学性能的处理方法，如淬火、退火、回火、正火、调质等。

零件对力学性能的要求不同，所采用的热处理方法也应不同。选用时应根据零件的性能要求及零件的材料性质来确定。有关表面处理和热处理的详细内容，将在相关课程中作详细讨论。常见的表面处理及热处理方法见附录表。表面处理及热处理的要求可直接注在图上，如图 4-23 中（a）、（b）所示。也可以用文字注写在技术要求的文字项目内，如图 4-23（c）所示。

3）其他

对于零件的特殊加工、检查、试验、结构要素的要求及其他说明应根据零件的需要注写。一般用文字注写在技术要求的文字项目内。如图 4-23（c）中技术要求的第 1、2 条。

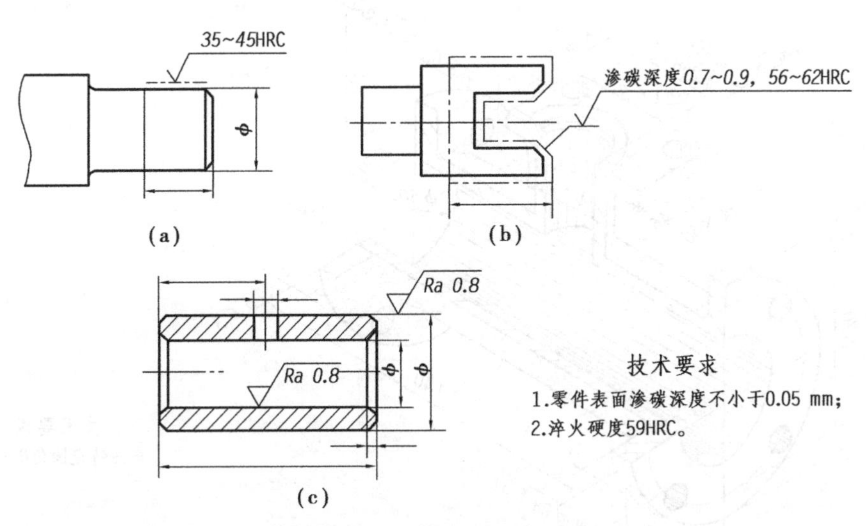

图4-23　表面处理及热处理的要求可直接注在图上的示例

4. 边学边做

①检查所需工具、材料是否齐全；检查工作环境是否干净、整洁。

②对给定的轴套零件进行形体分析，了解其总体形状和结构，其组合形式如何？由哪几个部分组成？每一部分的形状、结构如何？各部分之间的相对位置关系及表面连接关系如何？

③先确定其主视图的投射方向，再根据其大小确定各个视图的总体尺寸，然后选定绘图的比例及图幅。

④整理桌面，铺放图纸，用细实线绘制图纸的边界线、图框线及标题栏的外框线。

⑤根据所绘制图形的尺寸大小，布局图面，绘制出基准线及重要的图线。

⑥进一步对给定的轴套零件进行形体分析，确定绘图的先后顺序：先画尺寸大的、主要的结构，后画尺寸小的、次要的结构。

⑦绘制底稿，各部分结构，都要3个视图对应着画，一般从最能反映其形状结构特征的视图入手。

⑧检查、描深，标注尺寸，填写标题栏。

⑨使用二维CAD绘图软件绘制轴套的三视图，并打印或截图。

⑩使用三维CAD绘图软件绘制轴套三维模型，并截图。

请将尺规绘制的图样折叠粘贴在此页，或将用计算机绘图软件绘制的二维或三维图样，截图打印粘贴在此页。

5. 任务拓展与巩固训练

图4-24所示是三通的三维剖视图，其左、右端的法兰结构相同，材料为HT200。请绘制其零件图，技术要求的第2、3条自己确定。

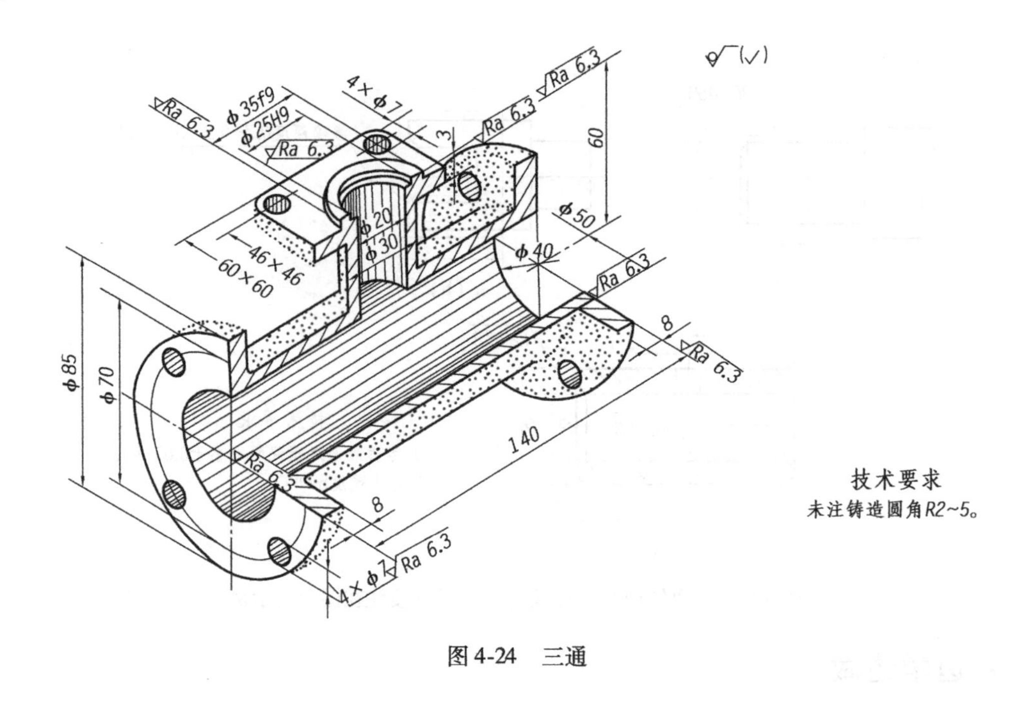

图 4-24　三通

学习性工作任务(二)　绘制从动轴

1. 任务描述

依据给定的从动轴零件,如图 4-25 所示,分析其结构,按照国家制图标准,根据轴类零件的结构特点,合理确定表达方案,分析尺寸、材料和技术要求,绘制从动轴的零件工作图。

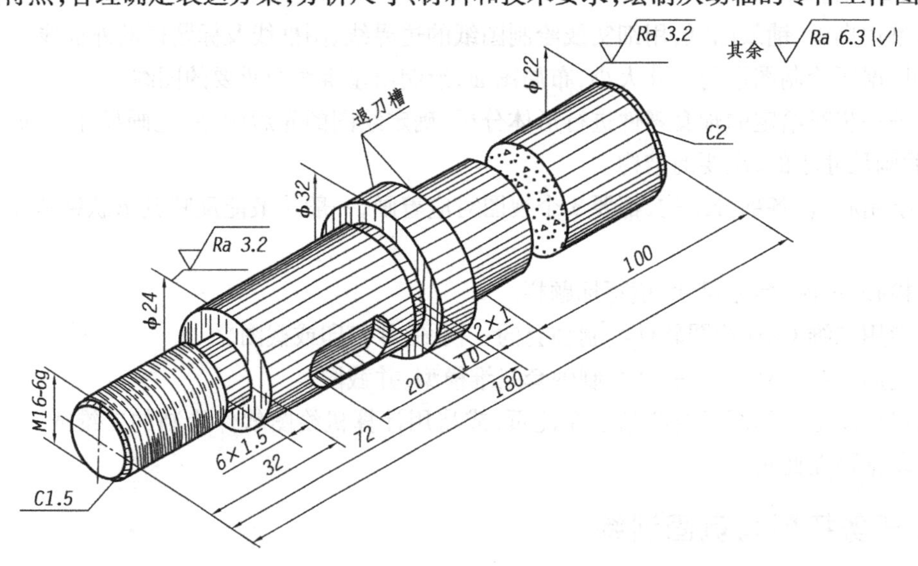

图 4-25　从动轴

学习条件及环境要求:机械制图实训室、计算机、绘图软件(三维、二维)、多媒体、适量轴类零件模型、教材、参考书、网络课程及其他资源等。

教学时间(计划学时):12 学时。

任务目标:

①叙述轴类零件的结构特点(键槽、销孔、简单工艺结构倒角、中心孔、圆角、退刀槽、砂轮越程槽等)。

②能够叙述局部视图、局部剖视图、断面图及断面图的概念、规定画法及标注,并能够正确绘制。

③能够叙述轴类零件的常用表达方案。

④能够对形位公差(同轴度、圆柱度、对称度)及其基准进行正确选用和标注。

⑤能够用文字及符号正确注写零件的常见技术要求(材料、热加工、热处理)。

⑥手工绘制从动轴的零件工作图。

⑦CAD 绘制从动轴的零件工作图(轴的设计)。

2. 任务准备

(1)信息收集

①轴类零件的结构特点(键槽、销孔、简单工艺结构倒角、圆角、退刀槽、砂轮越程槽等)。

②断面图(剖切方法、规定画法、标记)。

③局部视图、局部放大图(方法、规定画法、标记)。

④轴类零件的常用表达方案。

⑤形位公差(同轴度、圆柱度、对称度)、基准。

⑥技术要求(材料、热加工、热处理)。

⑦手工绘制从动轴的零件工作图。

⑧CAD 绘制从动轴的零件工作图(轴的设计)。

(2)材料、工具

所用材料、工具分别见表 4-4 及表 4-5。

表 4-4　材料计划表

材料名称	规格	单位	数量	备注
标准图纸	A4	张	1	—
草稿纸	—	张	若干	—

表 4-5　工具计划表

工具名称	规格	单位	数量	备注
绘图铅笔	2H、2B	支	2	自备
图板	A3 号	块	1	—
丁字尺	60 mm	个	1	—
计算机(CAD 绘图软件)	二维、三维	台	40	—

(3)任务分组

学生按4~6人一组,通常为5人,明确每组的工作任务,填写分组任务表及学生小组任务分配表,每组及每个学生的任务,可以相同也可以有差异性,视情况而定。

具体学生分组及学习小组任务分配见附页。

3. 引导性学习资料

引导问题(1)

①轴类零件的用途、结构特点如何?

②轴类零件的表达方法如何?

③轴类零件的尺寸标注如何?

④轴类零件的技术要求如何?

(1)轴类零件

轴类零件主要是由大小不同的同轴回转体(如圆柱、圆锥)组成,轴的基本结构如图4-26所示。

图4-26　轴的基本结构

通常以加工位置将轴线水平放置画出主视图来表达零件的主体结构,必要时再用局部剖视或其他辅助视图表达局部结构形状。如图4-27所示的轴,采取轴线水平放置的加工位置画出主视图,反映了轴的细长和台阶状的结构特点,各部分的相对位置和倒角、退刀槽、键槽等形状,并采用局部剖视表达了上下的通孔,又补充了两个移出断面图和两个局部放大图,用来表达前后的通孔、键槽的深度、砂轮越程槽和退刀槽的局部结构。

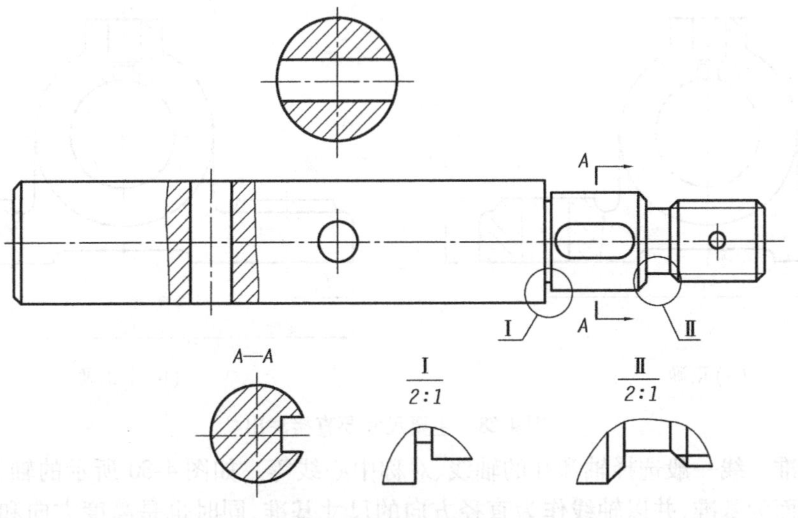

图 4-27 轴的表示方法

引导问题(2)

①如何选择尺寸基准？选在什么位置？基准分为哪些？

②什么是设计基准？什么是工艺基准？

③主要基准与辅助基准如何？零件图中尺寸标注的注意事项如何？

④零件上常见结构的尺寸标注如何？

(2)零件图的尺寸标注

零件图的尺寸是零件加工、制造和检验的重要依据。标注尺寸时必须满足正确、完整、清晰的要求。在零件图中标注尺寸时，还应使标注的尺寸合理。

标注尺寸合理是指所标注的尺寸既要满足设计要求，又要满足加工、测量、检验等制造工艺要求。但要做到标注尺寸的合理性要求，必须具有相关的专业知识和丰富的生产实践经验。这里简要介绍合理标注尺寸应考虑的几个问题。

1)零件图上的主要尺寸必须直接注出

主要尺寸是指直接影响零件在机器或部件中的工作性能和准确位置的尺寸，如零件间的配合尺寸、重要的安装尺寸、定位尺寸等。如图 4-28(a)所示的轴承座，轴承孔的中心高 h_1 和安装孔的间距尺寸 L_1 必须直接注出，而不应采取图 4-28(b)所示的主要尺寸 h_1 和 L_1 没有直接注出，要通过其他尺寸 h_2、h_3 和 L_2、L_3 间接计算得到，从而造成尺寸误差的积累。

2)合理地选择基准

尺寸基准一般选择零件上的一些面和线。面基准常选择零件上较大的加工面、与其他零件的结合面、零件的对称平面、重要端面和轴肩等。如图 4-29 所示的轴承座，高度方向的尺寸基准是安装面，也是最大的面；长度方向的尺寸以左右对称面为基准；宽度方向的尺寸以前后

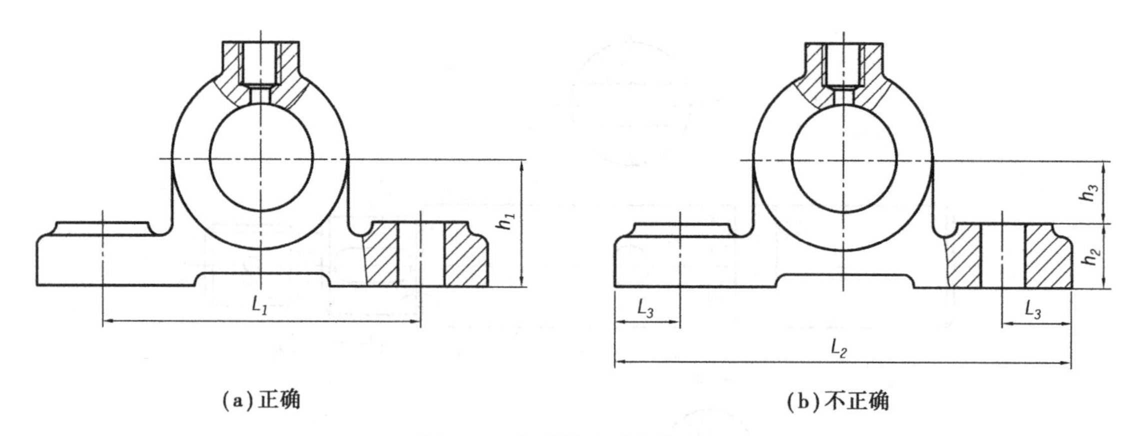

(a)正确　　(b)不正确

图 4-28　主要尺寸要直接注出

对称面为基准。线一般选择轴和孔的轴线、对称中心线等。如图 4-30 所示的轴，长度方向的尺寸以右端面为基准，并以轴线作为直径方向的尺寸基准，同时也是高度方向和宽度方向的尺寸基准。

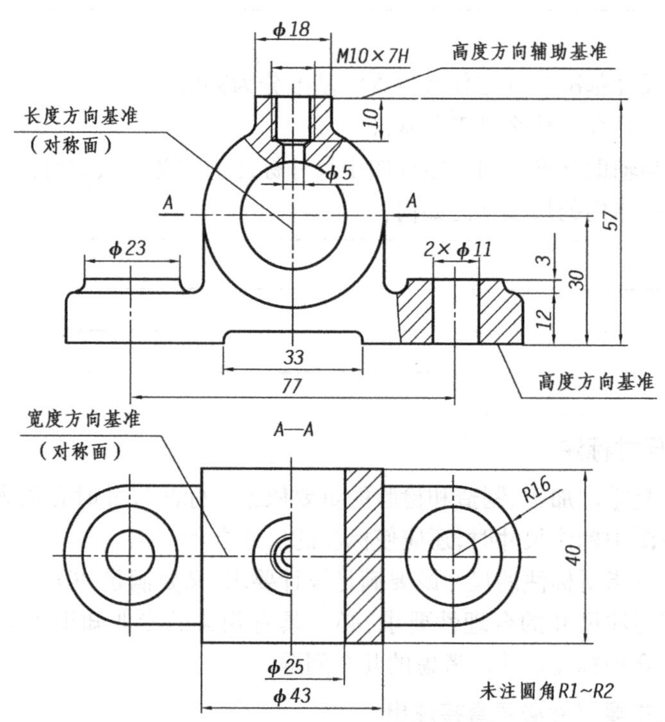

图 4-29　基准的选择(一)

由于每个零件都有长、宽、高 3 个方向尺寸，因此每个方向都有一个主要尺寸基准。在同一方向上还可以有一个或几个与主要尺寸基准有尺寸联系的辅助基准。按用途基准可分为设计基准和工艺基准。设计基准是以面或线来确定零件在部件中准确位置的基准；工艺基准是为便于加工和测量而选定的基准。如图 4-29 所示，轴承座的底面为高度方向的尺寸基准，也是设计基准，由此标注中心孔的高度 30 和总高 57，再以顶面作为高度方向的辅助基准(也是工艺基准)，标注顶面上螺孔的深度尺寸 10。如图 4-30 所示的轴，以轴线作为径向(高度和宽度)尺寸的设计基准，由此标注出所有直径尺寸(ϕ)。轴的右端为长度方向的设计基准(主要基准),由此可以标注出 55、160、185、5、45,4 再以轴肩作为辅助基准(工艺基准),标注 2、38、7 等尺寸。

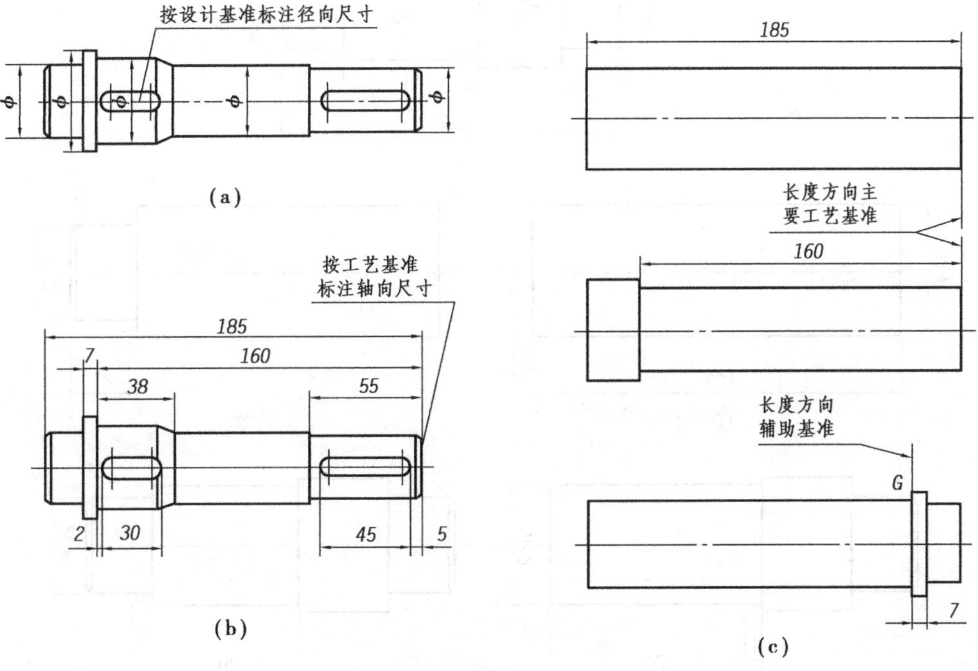

图 4-30　基准的选择(二)

3) 避免出现封闭尺寸链

一组首尾相连的链状尺寸称为尺寸链,如图 4-31(a)所示的阶梯轴上标注的长度尺寸 *D*、*B*、*C*。组成尺寸链各个尺寸称为组成环,未注尺寸一环称为开口环。在标注尺寸时,应尽量避免出现图 4-31(b)所示标注成封闭尺寸链的情况。因为长度方向尺寸 *A*、*B*、*C* 首尾相连,每个组成环的尺寸在加工后都会产生误差,则尺寸 *D* 的误差为 3 个尺寸误差的总和,不能满足设计要求。所以,应选一个次要尺寸空出不注,以便所有尺寸误差积累到这一段,保证主要尺寸的精度。图 4-31(a)中没有标注出尺寸 *A*,就避免了出现标注封闭尺寸链的情况。

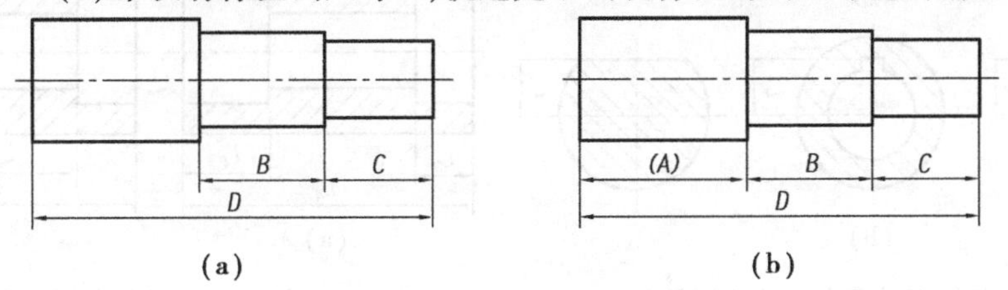

图 4-31　避免出现封闭尺寸链

4) 标注尺寸要便于加工和测量

①考虑符合加工顺序的要求。图 4-32(a)所示的小轴,长度方向尺寸的标注符合加工顺序。从图 4-32(b)所示的小轴在车床上的加工顺序①～④看出,从下料到每一加工工序,都在图中直接标注出所需尺寸(图中尺寸 51 为设计要求的主要尺寸)。

②考虑测量、检验方便的要求。图 4-33 是常见的几种断面形状,图 4-33(a)中标注的尺寸便于测量和检验,而图 4-33(b)的尺寸不便于测量。同样,图 4-34(a)中所示的套筒中所标注的长度尺寸便于测量,图 4-34(b)所示的尺寸则不便于测量。

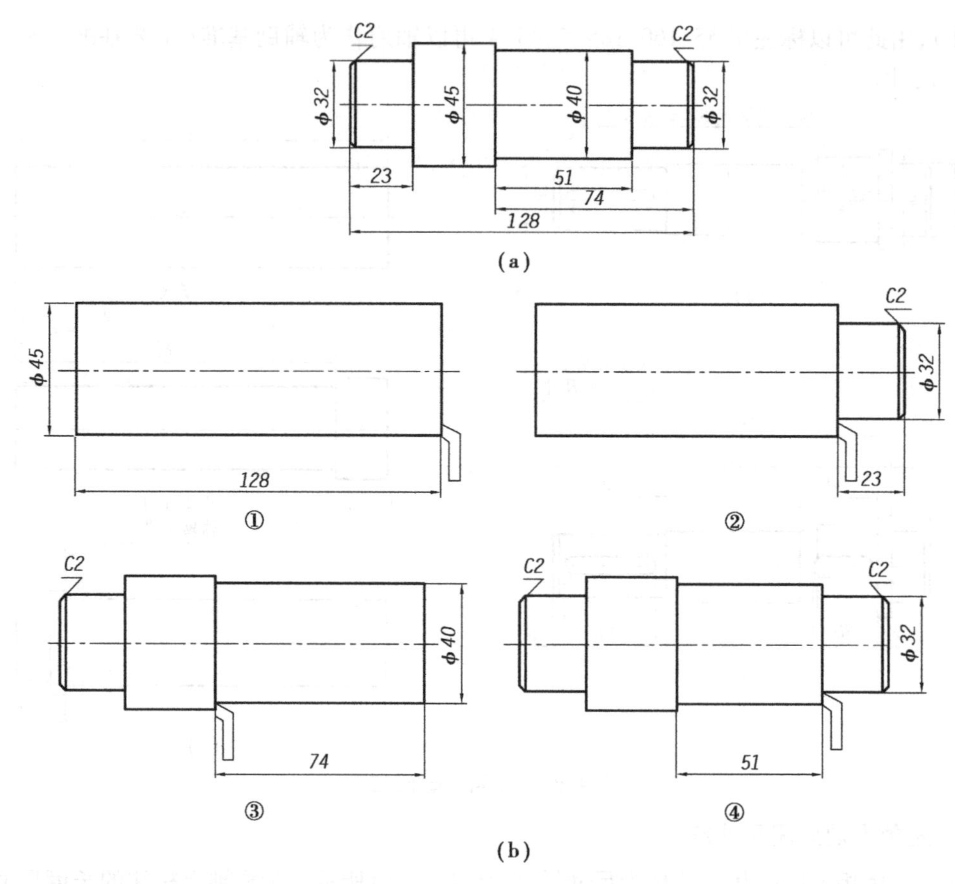

图 4-32　标注尺寸要符合加工顺序

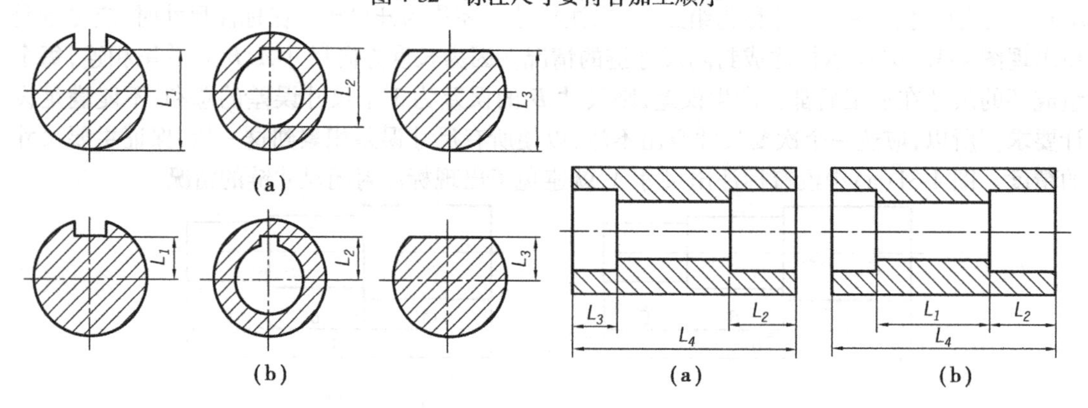

图 4-33　标注尺寸要考虑便于测量(一)

图 4-34　标注尺寸要考虑便于测量(二)

5)典型零件图的尺寸标注示例

如图 4-35 所示,标注踏脚座的尺寸。

选取安装板的左端面作为长度方向的尺寸基准;选取安装板的水平对称面作为高度方向的尺寸基准;选取踏脚座前后方向的对称面作为宽度方向的尺寸基准。

①由长度方向的尺寸基准(左端面)标注出尺寸 74,由高度方向的尺寸基准(安装板的水平对称面)标注出尺寸 95,从而确定上部轴承的轴线位置。

②由长度方向的定位尺寸 74 和高度方向的定位尺寸 95 已确定的轴承的轴线作为径向辅助基准，标注出 $\phi20$ 和 $\phi38$。由轴承的轴线出发，按高度方向分别标注出 22 和 11，确定轴承顶面和踏脚座连接板 $R100$ 的圆心位置。

③由宽度方向的尺寸基准（踏脚座的前后对称面），在俯视图中标注出尺寸 30、40、60，以及在 A 向局部视图中标注出尺寸 60、90。

其他的尺寸请读者自行分析。

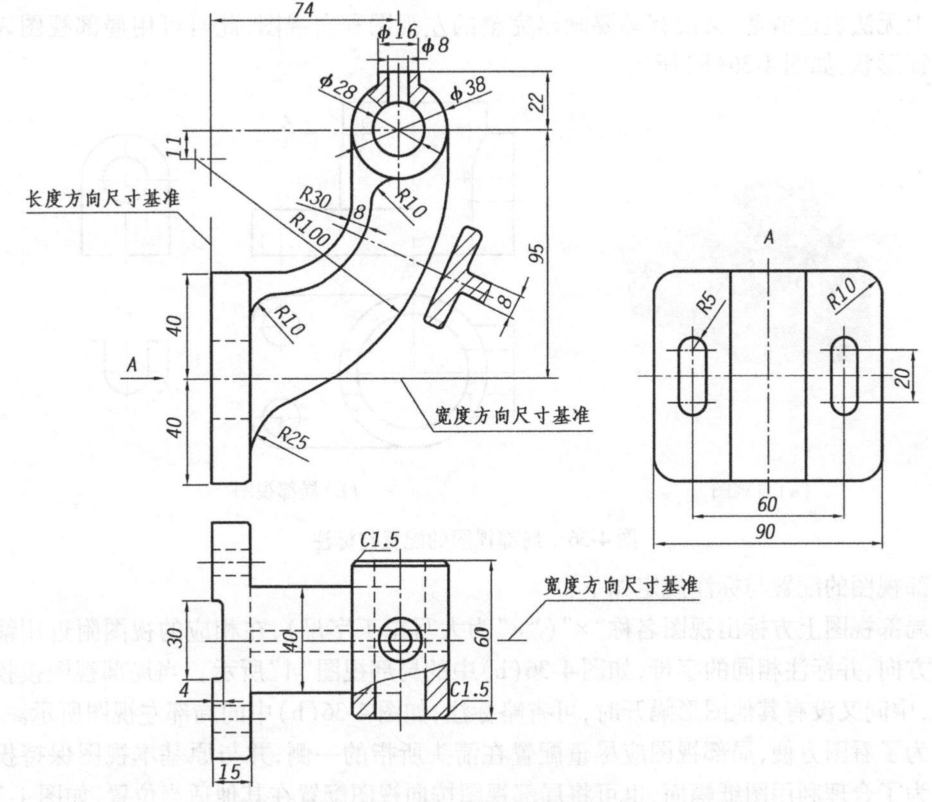

图 4-35　踏脚座的尺寸标注示例

引导问题(3)

①什么是局部剖视图？

②局部剖视图的适用范围是什么？

③画局部剖视图的注意事项有哪些？

④什么情况下需要用断面图来表达？分为哪几种？

⑤什么是移出断面图？移出断面图的画法和配置原则是什么？

⑥移出断面图如何标注？

⑦什么是重合断面图？重合断面图的画法和配置原则是什么？

⑧重合断面图如何标注？

⑨什么是局部放大图？局部放大图可画成什么图？与被放大部分有何关系？放置在哪里？

⑩画局部放大图时，应注意的问题有哪些？

(3)局部视图

将机件的某一部分向基本投影面投射所得的视图,称为局部视图。

局部视图是一个不完整的基本视图,当机件上的某一局部形状没有表达清楚,而又没有必要用一个完整的基本视图表达时,可将这一部分单独向基本投影面投射,表达机件上局部结构的外形,避免因表达局部结构而重复画出别的视图上已经表达清楚的结构。利用局部视图可以减少基本视图的数量。如图4-36(a)所示,机件左侧凸台和右上角缺口的形状,在主、俯视图上无法表达清楚,又没有必要画出完整的左视图和右视图,此时可用局部视图表示两处的特征形状,如图4-36(b)所示。

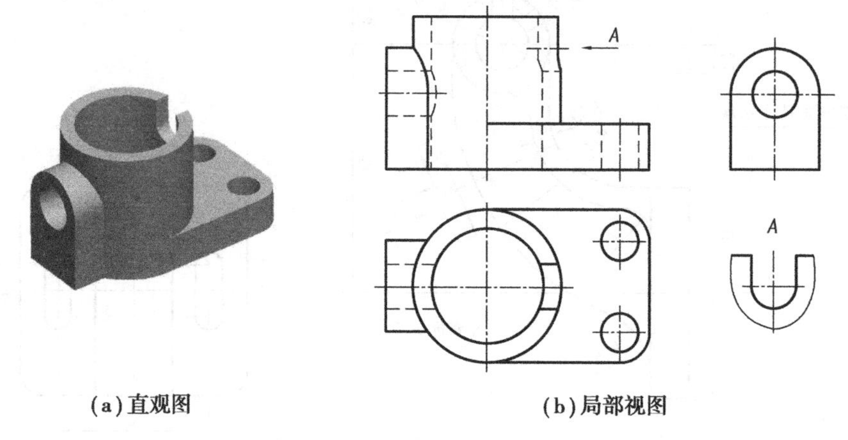

(a)直观图　　(b)局部视图

图4-36　局部视图的配置与标注

局部视图的配置与标注规定如下:

①局部视图上方标出视图名称"×"("×"为大写拉丁字母),在相应的视图附近用箭头指明投影方向,并标注相同的字母,如图4-36(b)中的局部视图"*A*"所示。当局部视图按投影关系配置,中间又没有其他图形隔开时,可省略标注,如图4-36(b)中的局部左视图所示。

②为了看图方便,局部视图应尽量配置在箭头所指的一侧,并与原基本视图保持投影关系。但为了合理利用图纸幅面,也可将局部视图按向视图配置在其他适当位置,如图4-36(b)中的局部视图"*A*"所示。

③局部视图的断裂边界线用波浪线表示,如图4-36(b)中的局部视图"*A*"所示。但当所表达的部分是与其他部分截然分开的完整结构,且外轮廓线自成封闭时,波浪线可以省略不画,如图4-36(b)中的局部左视图所示。画波浪线时应注意:

a.不应与轮廓线重合或画在其他轮廓线的延长线上。

b.不应超出机件的轮廓线。

c.不应穿空而过。

(4)断面图

问题的提出:如图4-37所示,两视图不能清楚的表达键槽等结构的深度。

1)断面图的概念

假想用剖切平面将机件的某处切断,如图4-38(a)所示,仅画出该剖切面与机件接触部分的图形,这种图形称为断面图(简称"断面"),如图4-38(b)所示。

断面图常用来表示机件上某一局部结构的断面形状,如机件上的肋板、轮辐、键槽、小孔、杆件和型材的断面等。

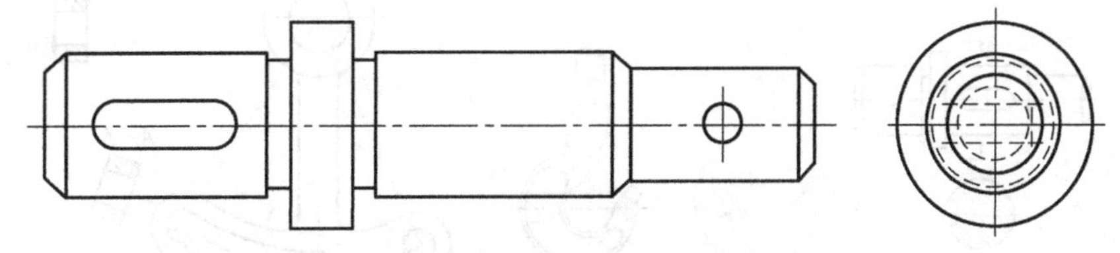

图 4-37　两视图不能清楚的表达键槽等结构的深度

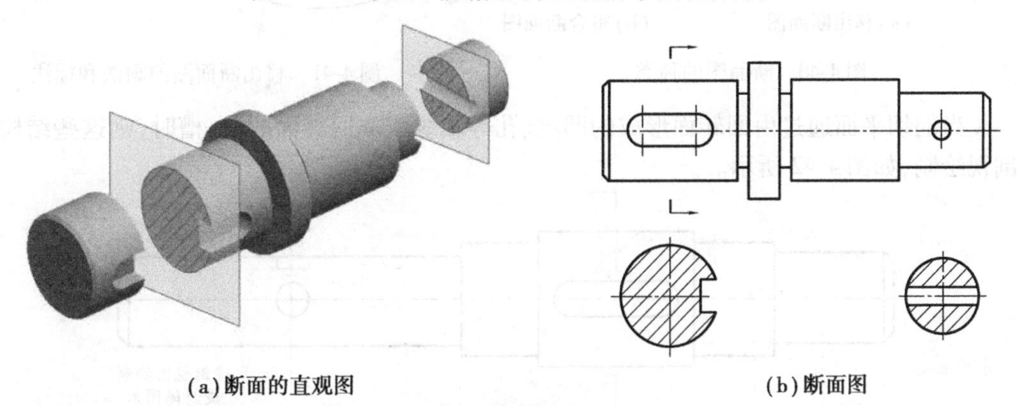

(a)断面的直观图　　(b)断面图

图 4-38　断面图的概念

2)断面图与剖视图的区别

断面与剖视的主要区别是:断面仅画出机件与剖切平面接触部分的图形;而剖视除需要画出剖切平面与机件接触部分的图形外,还要画出其后的所有可见部分的图形。断面图是零件上剖切处断面的投影,如图 4-39(a)所示。而剖视图则是剖切后零件的投影,如图 4-39(b)所示。

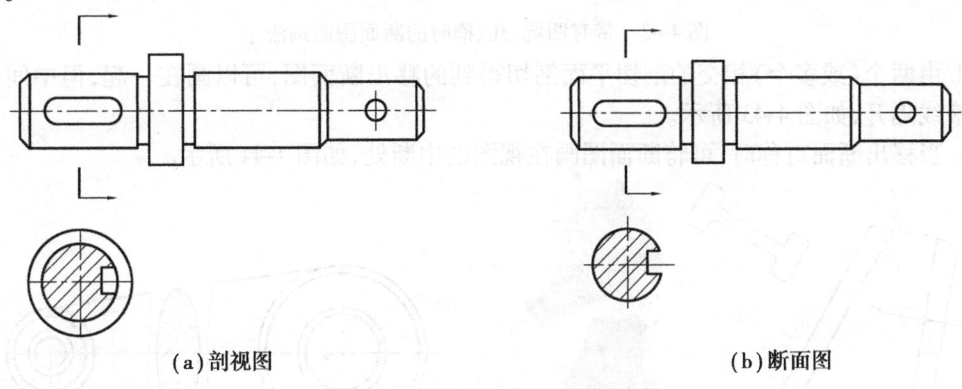

(a)剖视图　　(b)断面图

图 4-39　剖视图与断面图的区别

3)断面图的种类

断面图分为移出断面图和重合断面图两种,如图 4-40 所示。

①移出断面。画在视图外的断面,称为移出断面,如图 4-41 所示。

移出断面的画法如下:

a. 移出断面的轮廓用粗实线绘制,并在断面画上剖面符号,如图 4-40(a)、图 4-41 所示。

b. 移出断面应尽量配置在剖切符号的延长线上,如图 4-40(a)所示。必要时也可画在其他适当位置,如图 4-41 中的“*A—A*”。

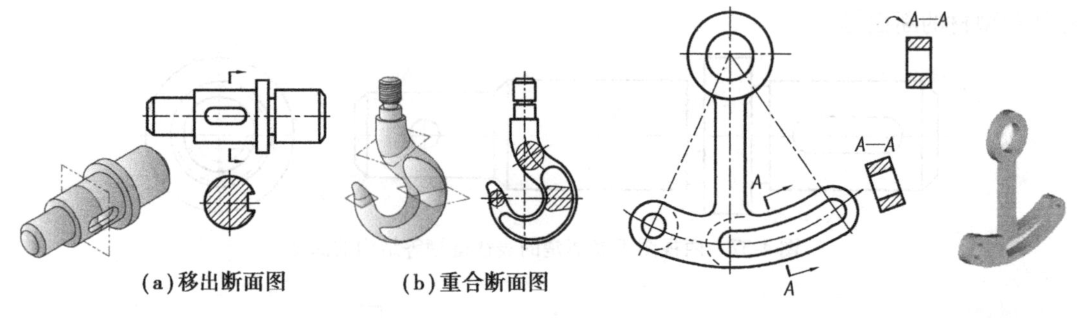

(a)移出断面图　(b)重合断面图

图 4-40　断面图的种类　　图 4-41　移出断面图的画法和标注

c. 当剖切平面通过由回转面形成的凹坑、孔等轴线或非回转面的孔、槽时，则这些结构应按剖视绘制，如图 4-42 所示。

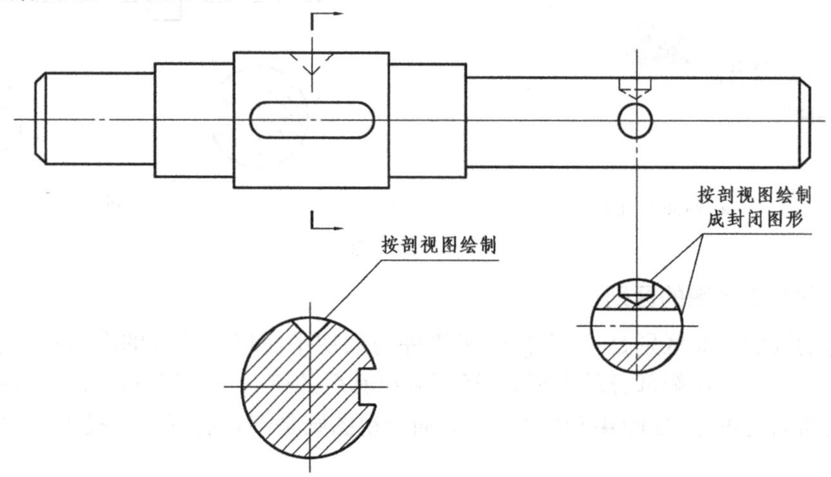

图 4-42　带有凹坑、孔、槽时的断面图的画法

d. 由两个(或多个)相交的剖切平面剖切得到的移出断面图，可以画在一起，但中间必须用波浪线隔开，如图 4-43 所示。

e. 当移出断面对称时，可将断面图画在视图的中断处，如图 4-44 所示。

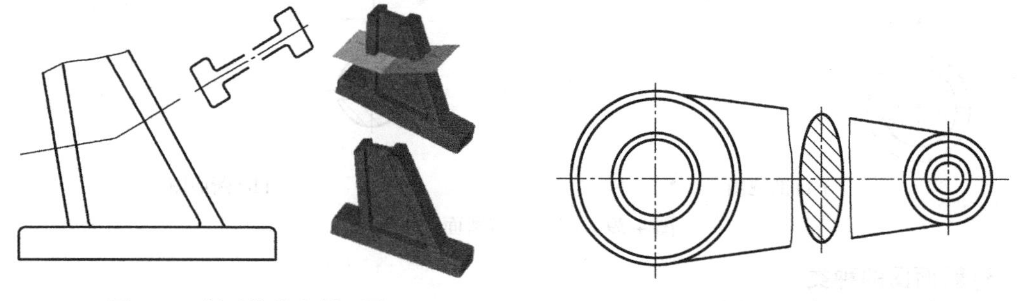

图 4-43　断开的移出断面图　　图 4-44　配置在视图中断处的移出断面图

移出断面一般应用剖切符号表示剖切位置，用箭头表示投射方向并注上大写拉丁字母，在断面图上方，用相同的字母标注出相应的名称。移出断面的标注如下：

a. 完全标注。不配置在剖切符号的延长线上的不对称移出断面或不按投影关系配置的不对称移出断面，必须标注，如图 4-41 所示的“*A*—*A*”。

b. 省略字母。配置在剖切符号的延长线上或按投影关系配置的移出断面，可省略字母，如图 4-40(a)所示断面。

c. 省略箭头。对称的移出断面和按投影关系配置的断面,可省略表示投影方向的箭头,如图 4-42 右侧所示的断面。

d. 不必标注。配置在剖切位置符号的位置的延长线上的对称移出断面和配置在视图中断处的对称移出断面以及按投影关系配置的移出断面,均不必标注,如图 4-43、图 4-44 图 4-45 所示的断面。

②重合断面。画在视图之内的断面,称为重合断面,如图 4-40(b)、图 4-46 所示。

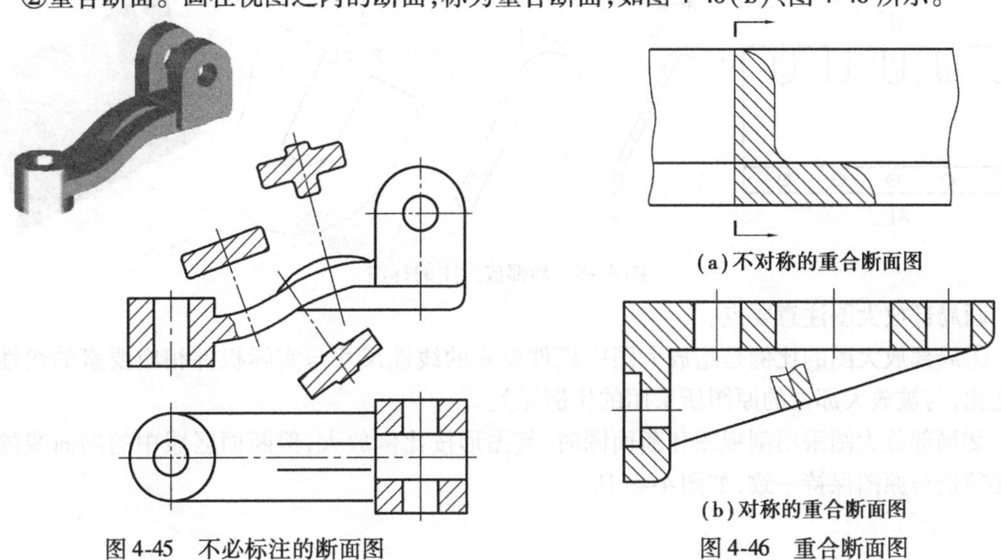

(a)不对称的重合断面图
(b)对称的重合断面图

图 4-45　不必标注的断面图　　图 4-46　重合断面图

a. 重合断面的画法。重合断面的轮廓线用细实线绘制,如图 4-46 所示。当重合断面轮廓线与视图中的轮廓线重合时,视图的轮廓线仍应连续画出,不可间断,如图 4-46(a)所示。

b. 重合断面的标注。因为重合断面直接画在视图内的剖切位置上,标注时可省略字母,如图 4-46(a)所示。不对称地移出断面,仍要画出剖切符号及箭头,如图 4-46(a)所示。对称的重合断面,可不必标注,如图 4-46(b)所示。

(5)局部放大图

当机件上某些细小结构,在视图中不易表达清楚和不便标注尺寸时,可将这些结构用大于原图形所采用的比例画出,这种图形称为局部放大图,如图 4-47 所示。

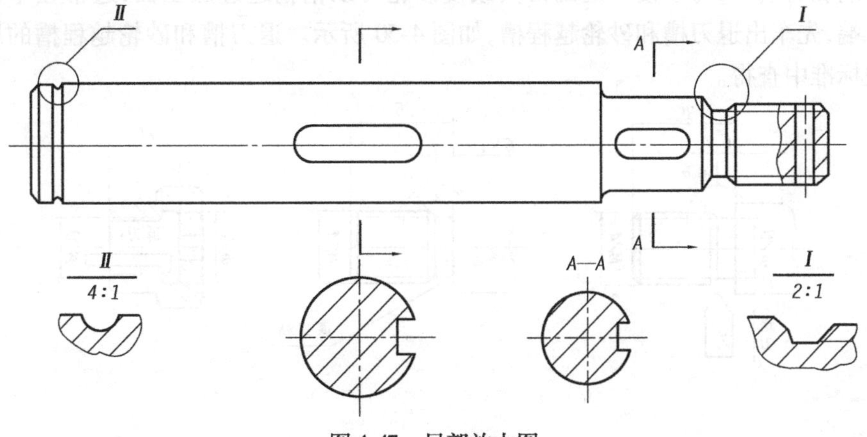

图 4-47　局部放大图

局部放大图可画成视图、剖视图或断面图，它与被放大部分所采用的表达形式无关。局部放大图应尽量配置在被放大部位的附近。

局部放大图必须进行标注，一般应用细实线圈出被放大的部位，如图 4-48 所示。当同一机件上有几处被放大的部分时，必须用罗马数字依次标明被放大的部位，并在局部放大图的上方标注出相应的罗马数字和所采用的比例，如图 4-48 所示。还可以用几个图形表达一个放大结构，如图 4-48 所示。

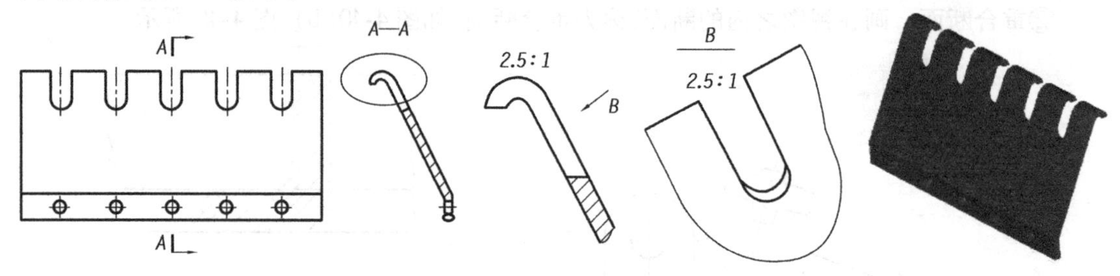

图 4-48　局部放大图的标注

画局部放大图注意要点：

①局部放大图的比例是指放大图中机件要素的线性尺寸与实际机件相应要素的线性尺寸之比，与被放大部位的原图所采用的比例无关。

②局部放大图采用剖视图和断面图时，其图形按比例放大，但断面区域中的剖面线的间距必须仍与原图保持一致，如图 4-49 所示。

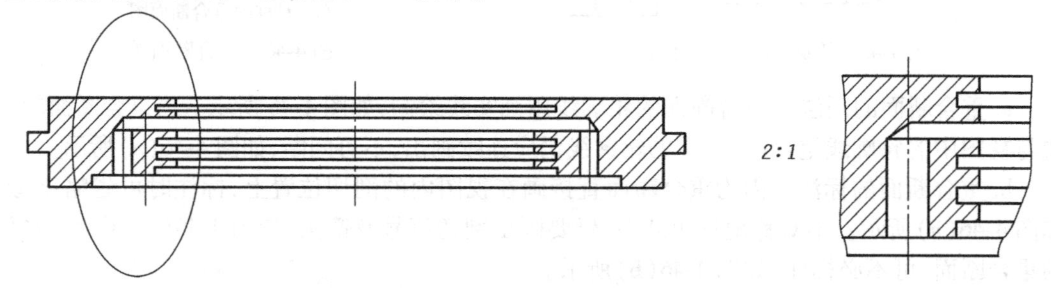

图 4-49　局部放大图中断面区域中的剖面线的间距与原图保持一致

(6)零件上的常见工艺结构退刀槽和砂轮越程槽

在车削和磨削中，为了便于退出刀具或使砂轮可以稍稍越过加工面，通常在零件待加工表面的末端，先车出退刀槽和砂轮越程槽，如图 4-50 所示。退刀槽和砂轮越程槽的尺寸系列可从相关标准中查得。

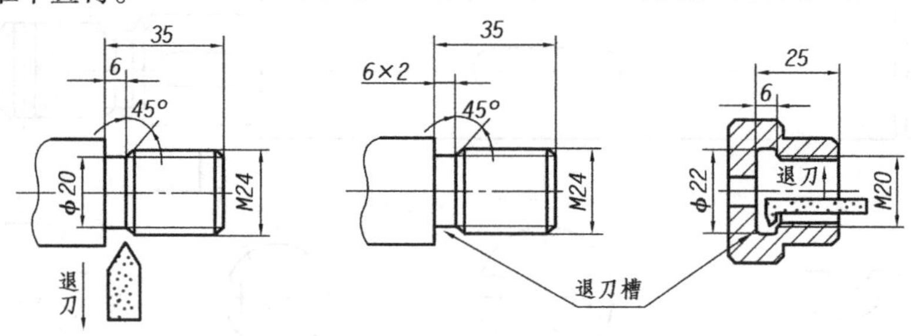

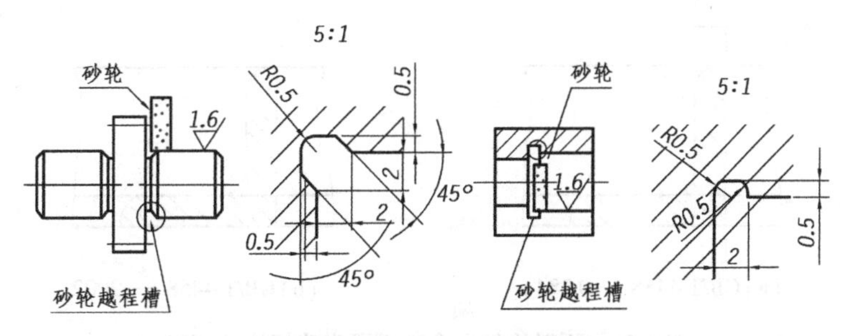

图 4-50　退刀槽和砂轮越程槽

4. 边学边做

①检查所需工具、材料是否齐全;检查工作环境是否干净、整洁。

②对给定的从动轴零件进行形体分析,了解其总体形状和结构,其组合形式如何?由哪几个部分组成?每一部分的形状、结构如何?各部分之间的相对位置关系及表面连接关系如何?

③先确定其主视图的投射方向,再根据其大小确定各个视图的总体尺寸,然后选定绘图的比例及图幅。

④整理干净桌面,铺放图纸,用细实线绘制图纸的边界线、图框线及标题栏的外框线。

⑤根据所绘制图形的尺寸大小,布局图面,绘制出基准线及重要的图线。

⑥进一步对给定的从动轴零件进行形体分析,确定绘图的先后顺序:先画尺寸大的、主要的结构,后画尺寸小的、次要的结构。

⑦绘制底稿,各部分结构,都要 3 个视图对应着画,一般从最能反映其形状结构特征的视图入手。

⑧检查、描深,标注尺寸,填写标题栏。

⑨使用二维 CAD 绘图软件绘制从动轴的零件工作图,并打印或截图。

请将尺规绘制的图样折叠粘贴在此页,或将用计算机绘图软件绘制的二维或三维图样,截图打印粘贴在此页。

5. 任务拓展与巩固训练

(1)局部放大图中剖面线的间隔

当局部放大图画成剖视图或断面图时,其剖面线间隔是随图放大,还是画成与原图一致?答案:同一机件的所有图形(包括局部放大图),其剖面线的间隔和方向都应画成间隔相等,方向相同,无须在放大图中将剖面线间隔放大画出。

(2)重合断面图的标注

①对称的重合断面不必标注,这种情况新旧标准的规定是一致的。

②《机械制图　图样画法　剖视图和断面图》(GB/T 4458.6—2002)规定:“不对称的重合断面可省略标注。”需要注意的是,这里是“可省略标注”,不是“不必标注”,这两种表达方式的含义是不同的。“不必标注”是指不需要标注;“可省略标注”则可理解为:当不致引起误解时,才省略不注,如图 4-51 所示。

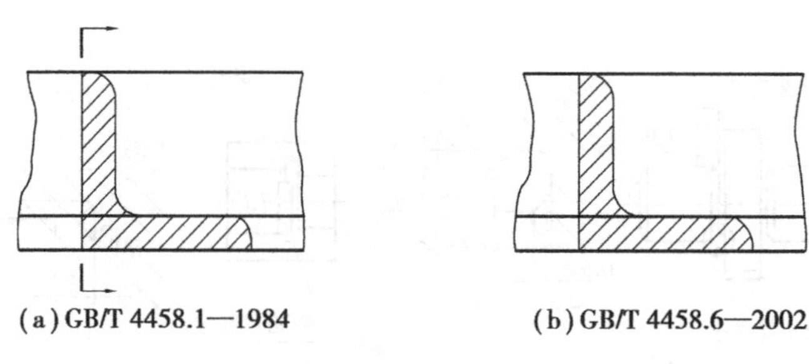

(a) GB/T 4458.1—1984　　(b) GB/T 4458.6—2002

图 4-51　不对称的重合断面可省略标注的情况

学习性工作任务(三)　绘制齿轮

1. 任务描述

根据给定的齿轮,如图 4-52 所示,了解齿轮的功用和分类,分析其结构特点,弄清楚结构参数,按照国家标准中对常用件齿轮的规定画法,绘制其零件工作图及啮合图。

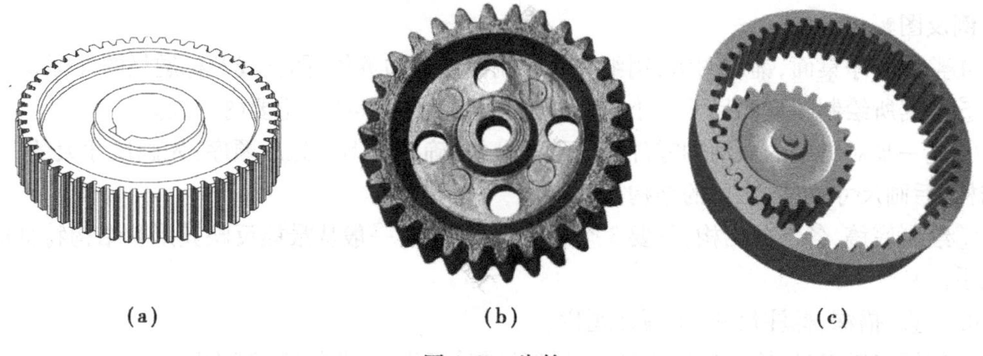

(a)　(b)　(c)

图 4-52　齿轮

学习条件及环境要求:机械制图实训室、计算机、绘图软件(三维、二维)、多媒体、适量齿轮模型、教材、参考书、网络课程及其他资源等。

教学时间(计划学时):4 学时。

任务目标:

①能够叙述齿轮的应用、分类及结构特点。

②能够说出齿轮的基本结构,能够根据基本参数(齿数、模数)对齿轮进行各部分的结构尺寸计算。

③能够按照单个齿轮及齿轮啮合的规定画法进行齿轮投影的绘制。

④能够正确绘制齿轮的零件工作图。

⑤能够应用 CAD 绘图软件正确绘制齿轮的零件工作图。

2. 任务准备

(1)信息收集

①齿轮的应用、分类、结构特点。

②齿轮的基本结构、基本参数(齿数、模数),各部分的结构尺寸计算。

③单个齿轮及齿轮啮合的规定画法。

④齿轮的零件工作图的内容与画法。

(2)材料、工具

所用材料、工具分别见表4-6及表4-7。

表4-6　材料计划表

材料名称	规格	单位	数量	备注
齿轮	—	个	10	—
标准图纸	A4	张	1	—
草稿纸	—	张	若干	—

表4-7　工具计划表

工具名称	规格	单位	数量	备注
绘图铅笔	2H、2B	支	2	自备
图板	A3号	块	1	—
丁字尺	60 mm	个	1	—
计算机(CAD绘图软件)	二维、三维	台	40	—

(3)任务分组

学生按4~6人一组,通常为5人,明确每组的工作任务,填写分组任务表及学生小组任务分配表,每组及每个学生的任务,可以相同也可以有差异性,视情况而定。

具体学生分组及学习小组任务分配见附页。

3.引导性学习资料

引导问题(1)

①齿轮的作用是什么?结构如何?

②常见的齿轮传动形式有哪些?

③描述直齿圆柱齿轮各部分的名称概念。什么是标准齿轮?一对齿轮啮合时应满足什么条件?

④单个齿轮的画法如何?同时用图表示。

⑤齿轮零件图的画法如何?两齿轮啮合的画法如何?同时用图表示。

学习笔记

(1)齿轮的分类及应用

齿轮是用于机器中传递动力、改变转向和改变转速的传动件。根据两啮合齿轮轴线在空间的相对位置不同,常见的齿轮传动可分为下列3种形式,如图4-53所示。其中,图4-53(a)所示的圆柱齿轮用于两平行轴之间的传动;图4-53(b)所示的圆锥齿轮用于垂直相交两轴之间的传动;图4-53(c)所示的蜗杆蜗轮则用于交叉两轴之间的传动。本节主要介绍具有渐开线齿形的标准直齿圆柱齿轮的有关知识和规定画法。

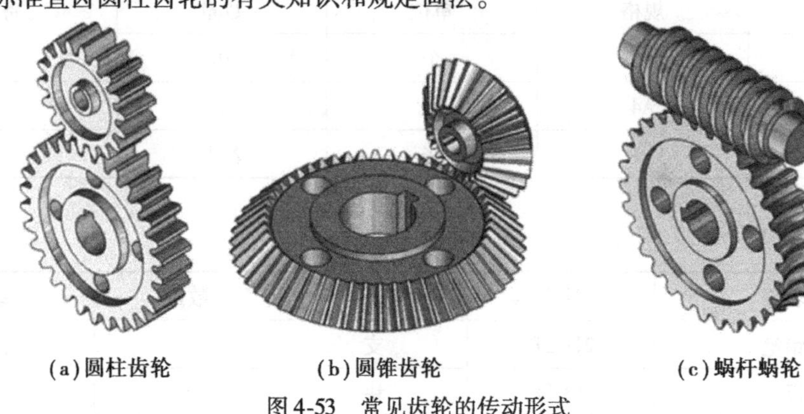

(a)圆柱齿轮　(b)圆锥齿轮　(c)蜗杆蜗轮

图4-53　常见齿轮的传动形式

圆柱齿轮按轮齿方向的不同分为直齿、斜齿和人字齿,如图4-54所示。

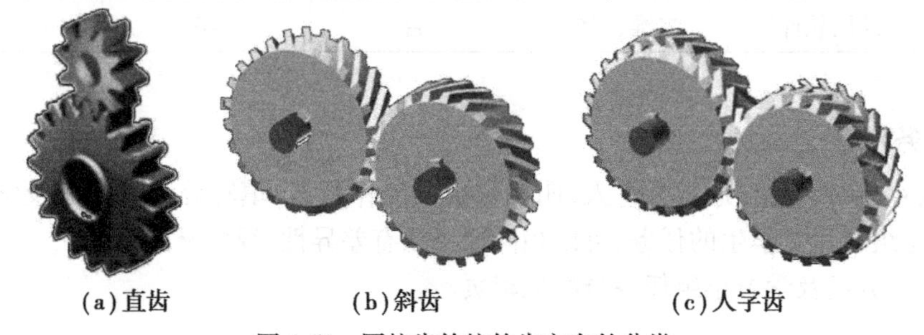

(a)直齿　(b)斜齿　(c)人字齿

图4-54　圆柱齿轮按轮齿方向的分类

(2)直齿圆柱齿轮各部分的名称、代号和尺寸关系

1)直齿圆柱齿轮各部分的名称和代号

直齿圆柱齿轮各部分的名称和代号如图4-55所示。

a. 齿顶圆:轮齿顶部的圆,直径用d_a表示。

b. 齿根圆:轮齿根部的圆,直径用d_f表示。

c. 分度圆:齿轮加工时用以轮齿分度的圆,直径用d表示。在一对标准齿轮互相啮合时,两齿轮的分度圆应相切,如图4-55(b)所示。

d. 齿距:在分度圆上,相邻两齿同侧齿廓间的弧长,用p表示。

e. 齿厚:一个轮齿在分度圆上的弧长,用s表示。

f. 槽宽:一个齿槽在分度圆上的弧长,用e表示。在标准齿轮中,齿厚与槽宽各为齿距的一半,即$s=e=p/2$,$p=s+e$。

g. 齿顶高:分度圆至齿顶圆之间的径向距离,用h_a表示。

h. 齿根高:分度圆至齿根圆之间的径向距离,用h_f表示。

i. 全齿高:齿顶圆与齿根圆之间的径向距离,用h表示。$h=h_a+h_f$。

j. 齿宽:沿齿轮轴线方向测量的轮齿宽度,用 b 表示。

k. 压力角:轮齿在分度圆的啮合点 C 处的受力方向与该点瞬时运动方向线之间的夹角,用 α 表示。标准齿轮 $\alpha=20°$。

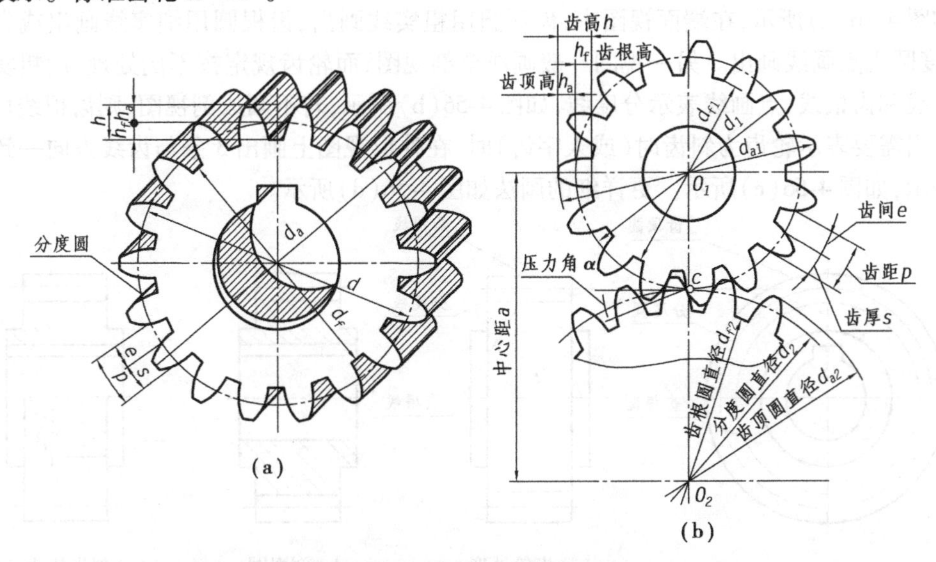

图 4-55　直齿圆柱齿轮各部分的名称和代号

2)直齿圆柱齿轮的基本参数与齿轮各部分的尺寸关系

①模数:当齿轮的齿数为 z 时,分度圆的周长 $=\pi d=zp$。令 $m=p/\pi$,则 $d=mz$,m 即为齿轮的模数。因为一对啮合齿轮的齿距 p 必须相等,所以,它们的模数也必须相等。模数是设计、制造齿轮的重要参数。模数越大,齿距 p 也增大,随之齿厚 s 也增大,齿轮的承载能力也增大。不同模数的齿轮要用不同模数的刀具来制造。为了便于设计和加工,模数已经标准化,我国规定的标准模数数值见表 4-8。

表 4-8　圆柱齿轮标准模数　　单位:mm

第一系列	1,1.25,1.5,2,2.5,3,4,5,6,8,10,12,16,20,25,32,40,50
第二系列	1.75,2.25,2.75,(3.25),3.5,(3.75),4.5,5.5,(6.5),7,9,(11),14,18,22,28,(30),36,45

注:选用时,优先采用第一系列,括号内的模数尽可能不用。

②齿轮各部分的尺寸关系:当齿轮的模数 m 确定后,按照与 m 的比例关系,可计算出齿轮其他部分的基本尺寸,见表 4-9。

表 4-9　标准直齿圆柱齿轮各部分尺寸关系　　单位:mm

名称及代号	公　式	名称及代号	公　式
模数 m	$m=p\pi=d/z$	齿根圆直径 d_f	$d_f=m(z-2.5)$
齿顶高 h_a	$h_a=m$	齿形角 α	$\alpha=20°$
齿根高 h_f	$h_f=1.25m$	齿距 p	$P=\pi m$
全齿高 h	$h=h_a+h_f$	齿厚 s	$s=p/2=\pi m/2$
分度圆直径 d	$d=mz$	槽宽 e	$e=p/2=\pi m/2$
齿顶圆直径 d_a	$d_a=m(z+2)$	中心距 a	$a=(d_1+d_2)/2=m(Z_1+Z_2)/2$

注:如果一个齿轮的模数(m)、压力角(α)、齿顶高系数(ha^*)、顶隙系数(c^*)均为标准值,并且分度圆上 $s=e=p/2$,则该齿轮为标准齿轮。

(3)直齿圆柱齿轮的规定画法

1)单个圆柱齿轮的画法

如图 4-56(a)所示，在端面视图中，齿顶圆用粗实线画出，齿根圆用细实线画出或省略不画，分度圆用点画线画出。另一视图一般画成全剖视图，而轮齿规定按不剖处理，用粗实线表示齿顶线和齿根线，点画线表示分度线，如图 4-56(b)所示；若不画成剖视图，则齿根线可省略不画。当需要表示轮齿为斜齿时(或人字齿)时，在外形视图上画出 3 条与齿线方向一致的细实线表示，如图 4-56(c)所示。更详细的画法如图 4-56(d)所示。

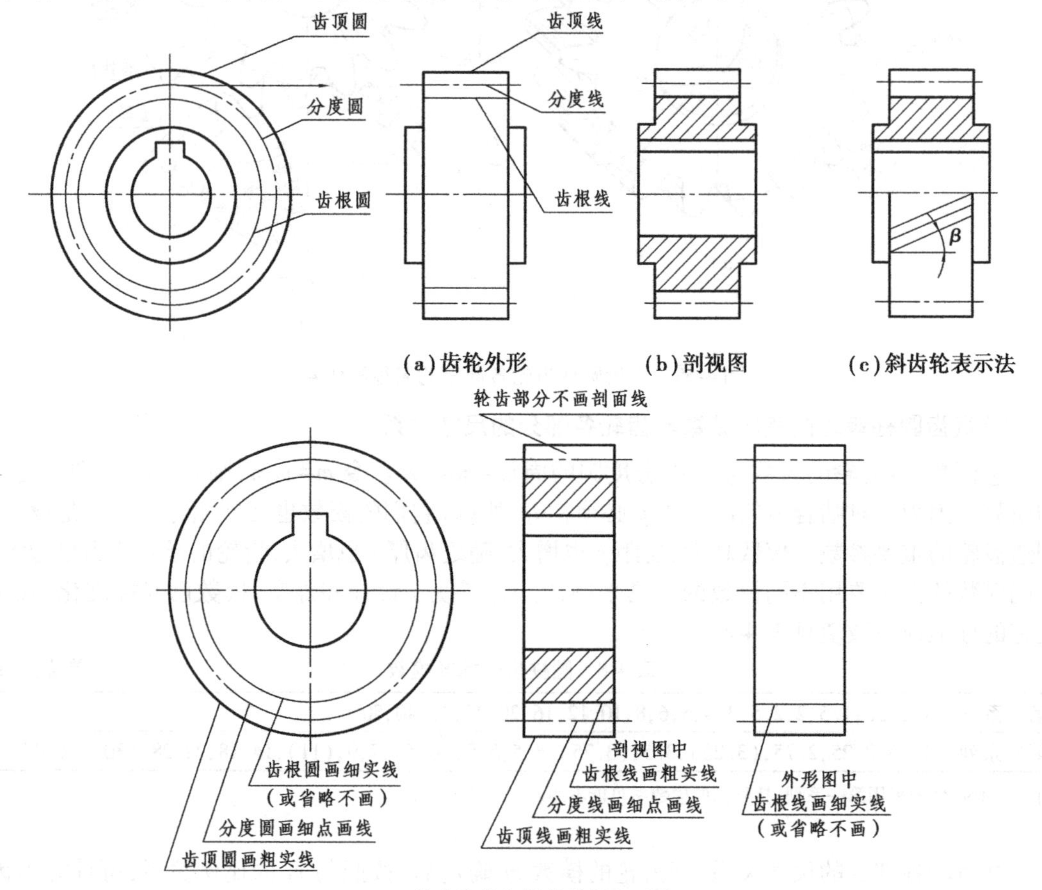

(a)齿轮外形　(b)剖视图　(c)斜齿轮表示法

(d)单个齿轮各部分的规定画法

图 4-56　单个直齿圆柱齿轮的画法

2)圆柱齿轮的啮合画法

如图 4-57(a)所示，在表示齿轮端面的视图中，齿根圆可省略不画，啮合区的齿顶圆均用粗实线绘制。啮合区的齿顶圆也可省略不画，但相切的分度圆必须用点画线画出，如图 4-57(b)所示。若不作剖视，则啮合区内的齿顶线不画，此时分度线用粗实线绘制，如图 4-57(c)所示。更详细的画法如图 4-57(d)所示。

在剖视图中，啮合区的投影如图 4-58 所示，一个齿轮的齿顶线与另一个齿轮的齿根线之间有 0.25 mm 的间隙，被遮挡的齿顶线用虚线画出，也可省略不画。

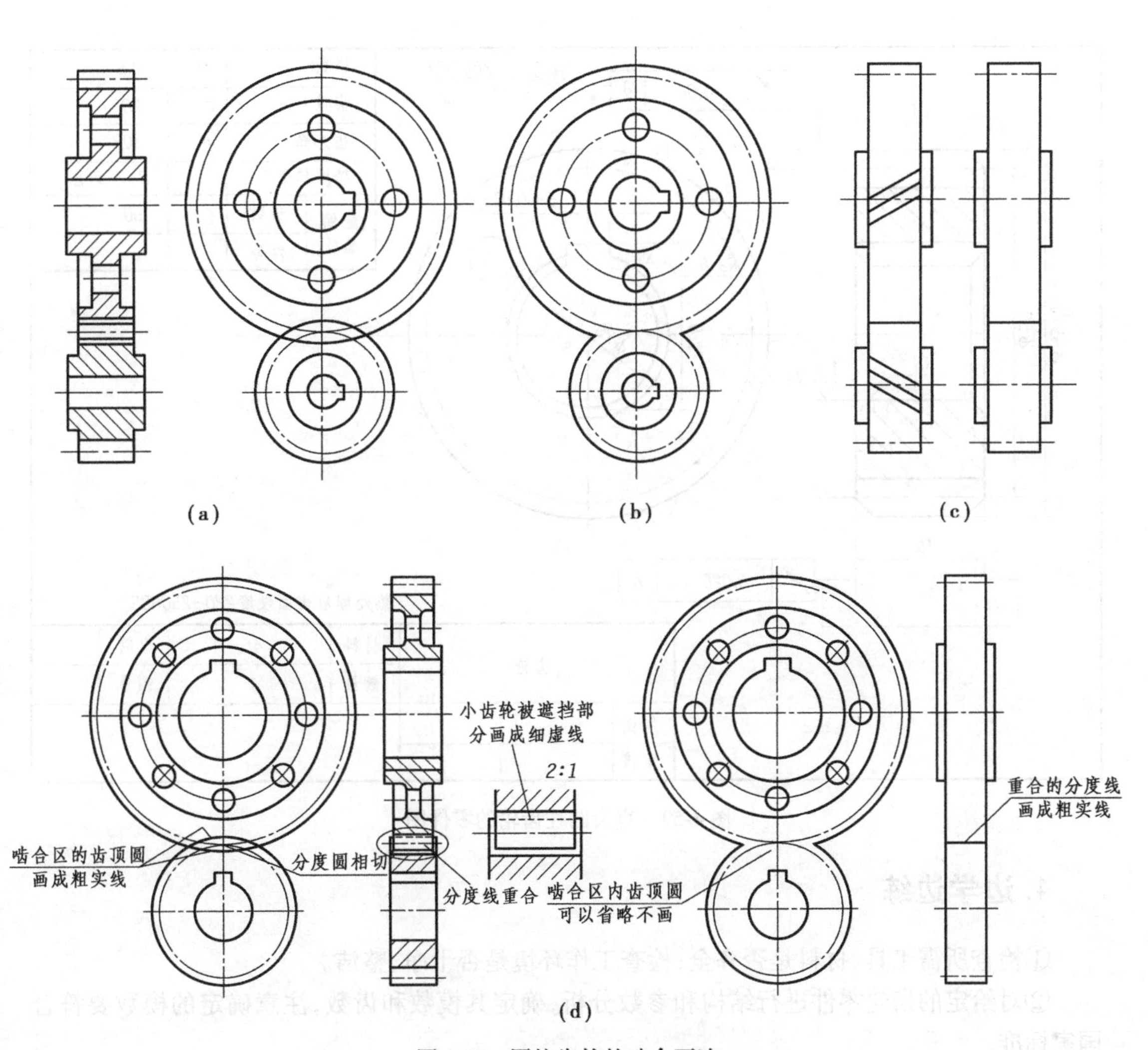

图 4-57　圆柱齿轮的啮合画法

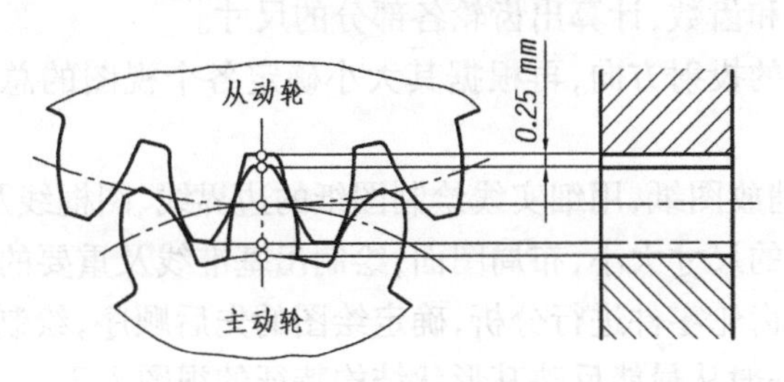

图 4-58　轮齿啮合区在剖视图上的画法

3)直齿圆柱齿轮的零件工作图

直齿圆柱齿轮的零件工作图如图 4-59 所示。

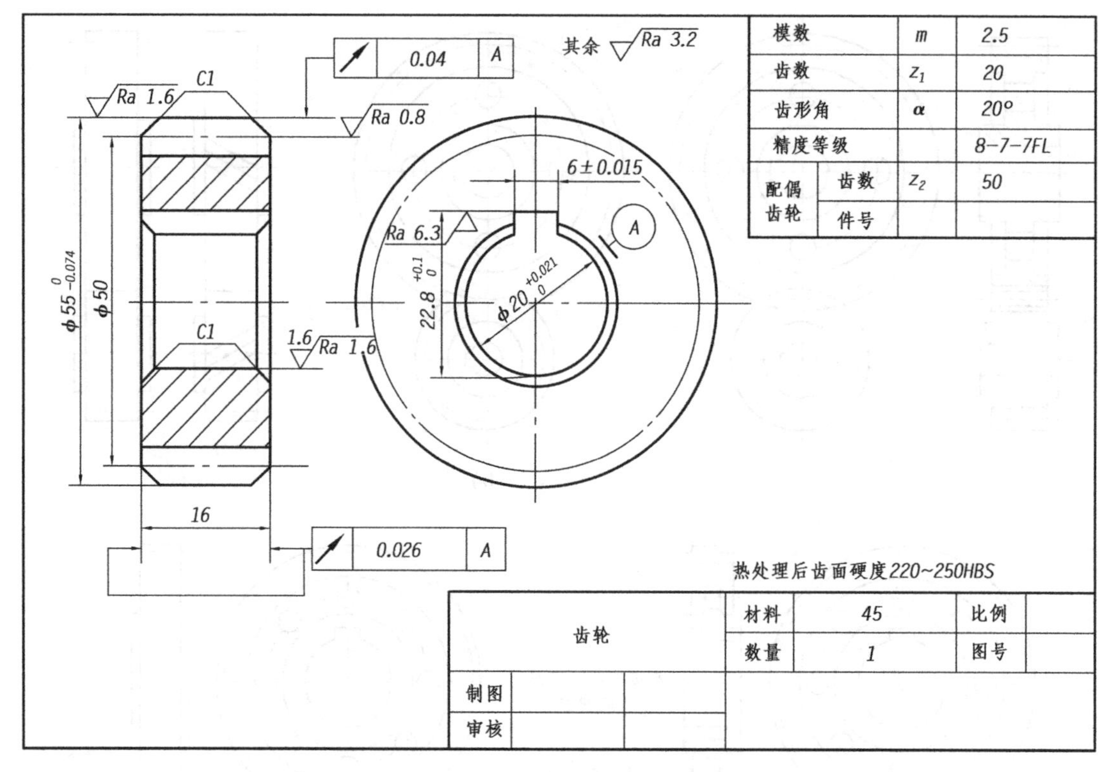

模数		m	2.5
齿数		z_1	20
齿形角		α	20°
精度等级			8-7-7FL
配偶齿轮	齿数	z_2	50
	件号		

齿轮		材料	45	比例	
		数量	1	图号	
制图					
审核					

图 4-59　直齿圆柱齿轮的零件图

4. 边学边练

①检查所需工具、材料是否齐全;检查工作环境是否干净、整洁。

②对给定的齿轮零件进行结构和参数分析,确定其模数和齿数,注意确定的模数要符合国家标准。

③根据确定的模数和齿数,计算出齿轮各部分的尺寸。

④先确定其主视图的投射方向,再根据其大小确定各个视图的总体尺寸,然后选定绘图的比例及图幅。

⑤整理干净桌面,铺放图纸,用细实线绘制图纸的边界线、图框线及标题栏的外框线。

⑥根据所绘制图形的尺寸大小,布局图面,绘制出基准线及重要的图线。

⑦进一步对给定的齿轮零件进行分析,确定绘图的先后顺序,绘制底稿。各部分结构,都要几个视图对应着画,一般从最能反映其形状结构特征的视图入手。

⑧检查、描深。

⑨标注尺寸,注明模数和齿数,注写技术要求,填写标题栏。

⑩使用二维 CAD 绘图软件绘制齿轮的零件工作图,并打印或截图。

请将尺规绘制的图样折叠粘贴在此页,或将用计算机绘图软件绘制的二维或三维图样,截图打印粘贴在此页。

5. 任务拓展与巩固训练

(1)齿轮规定画法注意事项

齿轮规定画法注意事项,详见参考资料(码 4-31)。

码 4-31　齿轮的规定画法

(2)齿轮模数对轮齿大小影响的直观图

齿轮模数对轮齿大小影响的直观图,如图 4-60 所示。

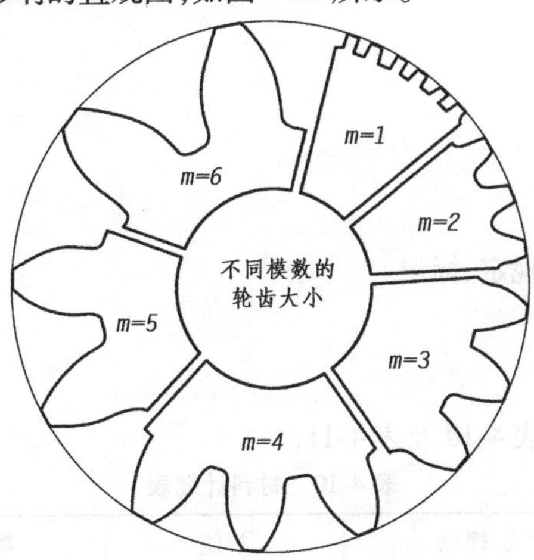

图 4-60　齿轮模数对轮齿大小影响的直观图

学习性工作任务(四)　绘制键联接

1. 任务描述

依据给定的键、轴及齿轮组件,如图 4-61 所示。分析其结构,按照国家制图标准对标准件键的规定画法和标注规定,绘制齿轮轴组件装配图,并进行正确的标记。

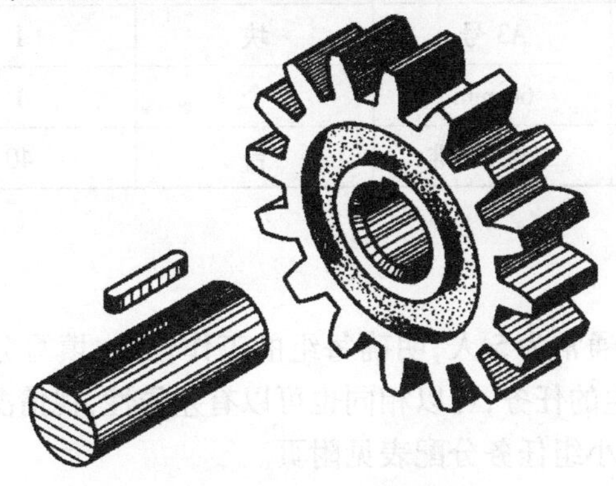

图 4-61　键、轴及齿轮组件

学习条件及环境要求:机械制图实训室,计算机、绘图软件(三维、二维)、多媒体、适量普通平键、轴及齿轮组件模型、教材、参考书、网络课程及其他资源等。

教学时间(计划学时):4 学时。

任务目标：

①叙述配合的概念及种类。

②叙述键的作用及类型。

③叙述普通平键的种类及标记。

④依据国家标准，在教师的指导下，绘制齿轮轴组件的装配图。

⑤依据国家标准，在教师的指导下，利用计算机绘图软件，绘制齿轮轴组件的装配图。

2. 任务准备

(1)信息收集

①配合的概念及种类。

②键的作用、分类。

③键的基本结构、标准规定、标记。

④键联接的画法。

(2)材料、工具

所用材料、工具分别见表4-10及表4-11。

表4-10 材料计划表

材料名称	规格	单位	数量	备注
键、轴及齿轮组件模型	—	套	10	—
标准图纸	A4	张	1	—
草稿纸	—	张	若干	—

表4-11 工具计划表

工具名称	规格	单位	数量	备注
绘图铅笔	2H、2B	支	2	自备
图板	A3号	块	1	—
丁字尺	60 mm	个	1	—
计算机(CAD绘图软件)	二维、三维	台	40	—

(3)任务分组

学生按4~6人一组，通常为5人，明确每组的工作任务，填写分组任务表及学生小组任务分配表，每组及每个学生的任务，可以相同也可以有差异性，视情况而定。

具体学生分组及学习小组任务分配表见附页。

3. 引导性学习资料

(1)连接与配合的概念

在实际应用中，单个零件往往不能单独使用，需要与其他零件联接并配合，如图4-62所示，矿泉水瓶盖与瓶口通过内外螺纹的旋合而联接，其中，内外螺纹的公称直径必须是相同的，它们联接的松紧程度由其各自的公差带的位置来确定，瓶盖为孔，瓶口为轴。

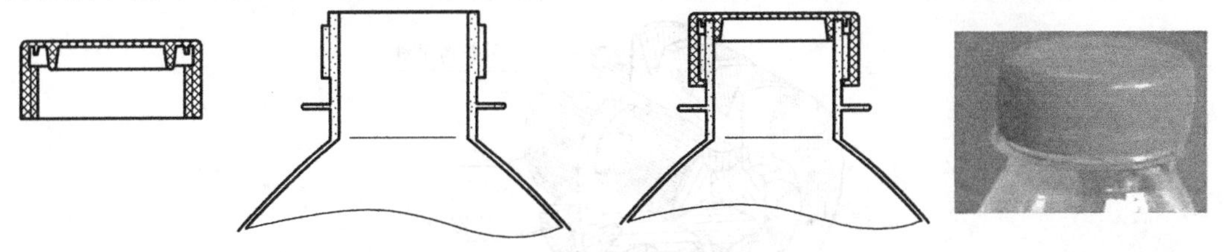

图 4-62　矿泉水瓶盖与瓶口的连接

配合指的是基本尺寸相同的相互结合的孔和轴公差带之间的关系。决定结合的松紧程度。孔的尺寸减去相配合轴的尺寸所得的代数差为正时，称为间隙；为负时，称为过盈，有时也以过盈为负间隙。

按孔、轴公差带的关系，即间隙、过盈及其变动的特征，配合可以分为 3 种情况。

①间隙配合。孔的公差带在轴的公差带之上，具有间隙（包括最小间隙等于零）的配合。间隙的作用为贮藏润滑油、补偿各种误差等，其大小影响孔、轴相对运动程度。间隙配合主要用于孔、轴间的活动联接，如滑动轴承与轴的联接。

②过盈配合。孔的公差带在轴的公差带之下，具有过盈（包括最小过盈等于零）的配合。过盈配合中，由于轴的尺寸比孔的尺寸大，故需采用加压或热胀冷缩等办法进行装配。过盈配合主要用于孔轴间不允许有相对运动的紧固联接，如大型齿轮的齿圈与轮毂的联接。

③过渡配合。孔和轴的公差带互相交叠，可能具有间隙，也可能具有过盈的配合（其间隙和过盈一般都较小）。过渡配合主要用于要求孔轴间有较好的对中性和同轴度，且易于拆卸、装配的定位联接，如滚动轴承内径与轴的联接。

配合中允许间隙或过盈的变动量称为配合公差。它等于相互配合的孔、轴公差之和，表示配合松紧的允许变动范围。

引导问题（1）

①键的功用如何？常用的键有哪些？

②普通平键联接的画法如何？同时用图表示。

③半圆键联接的画法如何？同时用图表示。

④钩头楔键联接的画法如何？同时用图表示。

⑤外花键的画法如何？代号标注如何？内花键的画法和代号标注如何？

⑥矩形花键联接的画法和代号标注如何？

（2）键联接

键通常用于联接轴和装在轴上的齿轮、带轮等传动零件，起传递转矩的作用，如图 4-63 所示。

键是标准件，常用的键有普通平键、半圆键和钩头楔键等，如图 4-64 所示。

本节主要介绍应用最多的 A 型普通平键及其画法。

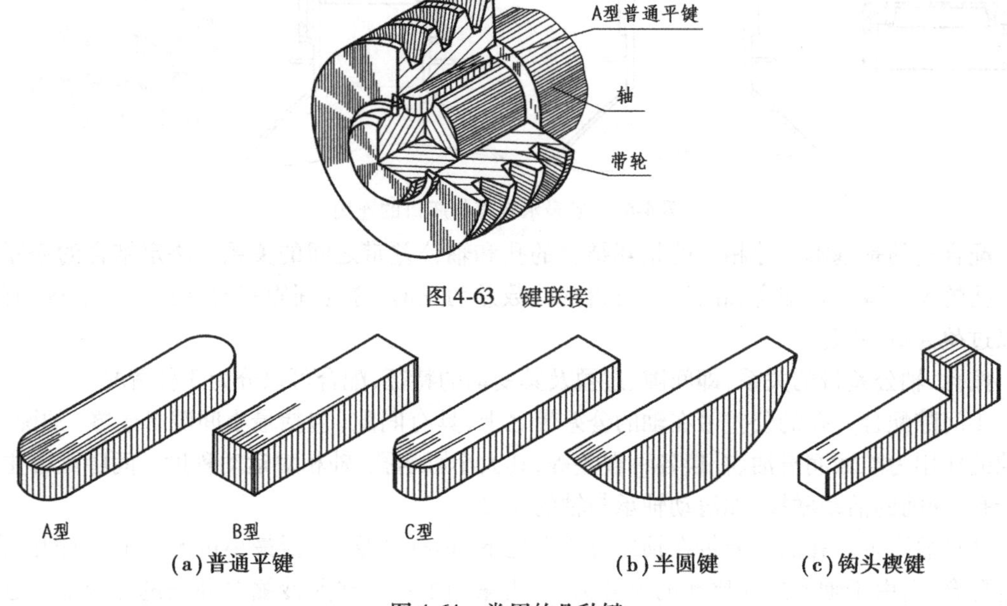

图 4-63　键联接

图 4-64　常用的几种键

(3)键联接的标记

普通平键的公称尺寸为 $b \times h$(键宽×键高)，可根据轴的直径在相应的标准中查得。

普通平键的规定标记为键宽 b×键长 L。例如，$b=18$ mm，$h=11$ mm，$L=100$ mm 的圆头普通平键(A 型)，应标记为：键 18×11×100 GB/T 1096—2003(A 型可不标出 A)。

(4)键联接的规定画法

图 4-65(a)、(b)所示为轴和轮毂上键槽的表示法和尺寸注法(未注尺寸数字)。

图 4-65(c)所示为普通平键联接的装配图法。

图 4-65(c)所示的键联接图中，键的两侧面是工作面，接触面的投影处只画一条轮廓线；键的顶面与轮毂上键槽的顶面之间留有间隙，必须画两条轮廓线，在反映键长度方向的剖视图中，轴采用局部剖视，键按不剖视处理。在键联接图中，键的倒角或小圆角一般省略不画。

(5)钩头楔键与花键

1)钩头楔键联接

钩头楔键联接如图 4-66 所示。

2)花键联接

花键联接的特点是将键和键槽直接做在轴上和轮孔内，与零件制成一体，适用于载荷较大和定心精度较高的联接。比之平键，花键为多齿工作，承载大，能传递较大的扭矩。连接可靠，并且被连接零件之间的同轴度好，也即对中性好，导向性也好，齿根浅，应力集中小，轴与毂强度削弱小。

花键按端面可分为矩形花键、渐开线花键和三角形花键等，最常用的是矩形花键；按配合可分为内花键和外花键。键在轴上的，称外花键或花键轴；键槽在孔内的，称内花键或花键孔，如图 4-67 所示。

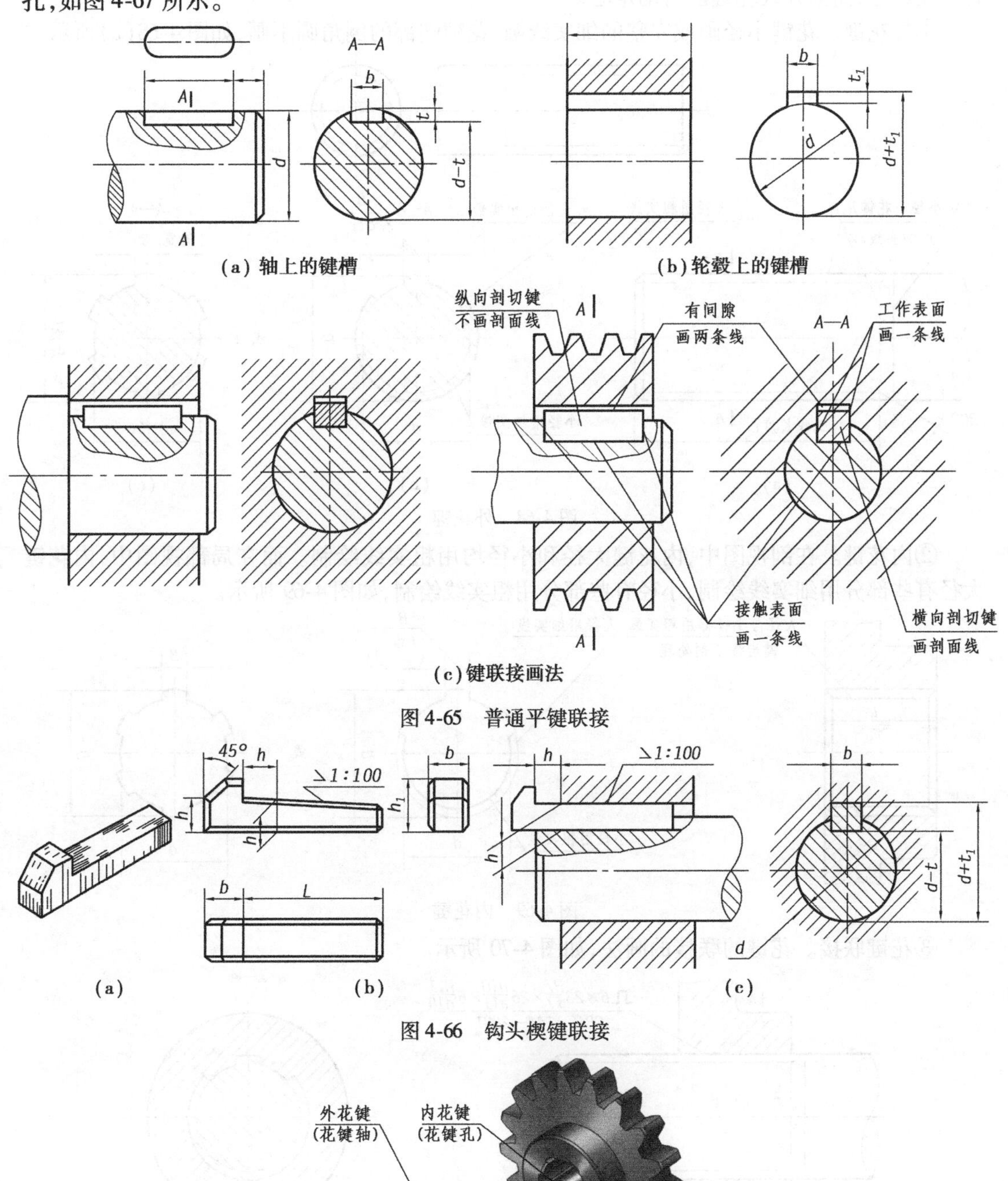

(a) 轴上的键槽　(b) 轮毂上的键槽

(c) 键联接画法

图 4-65　普通平键联接

(a)　(b)　(c)

图 4-66　钩头楔键联接

图 4-67　内花键与外花键

矩形花键的优点是:定心精度高,定心的稳定性好,便于加工制造。矩形花键的定心方式为小径定心,而渐开线花键能自动定心。

①外花键。花键小径画成完整的细实线圆,花键端部的倒角圆不画,如图 4-68(a)所示。

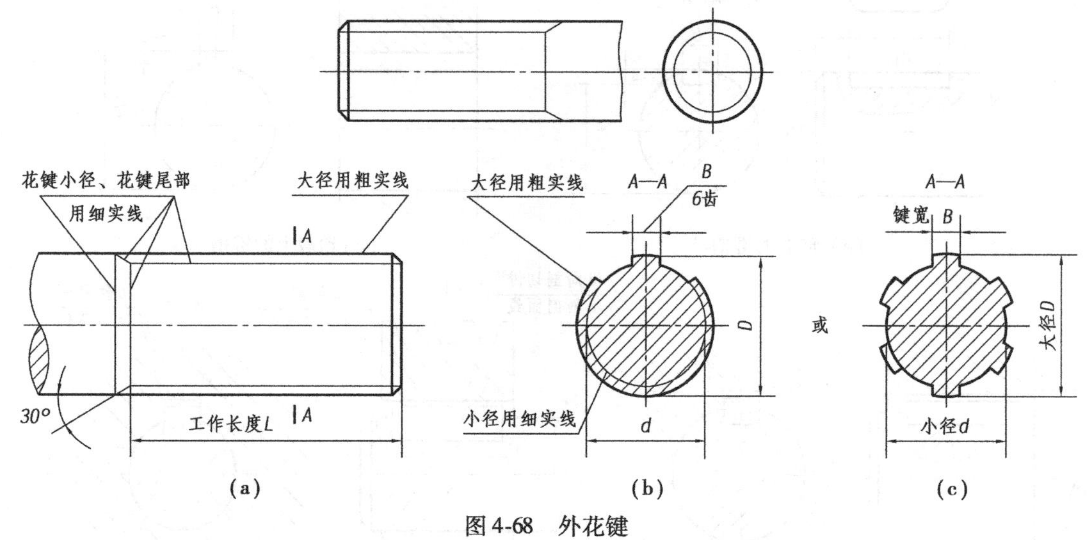

图 4-68　外花键

②内花键。在剖视图中,内花键大径和小径均用粗实线绘制。而在局部视图中,内花键大径有些部分用细实线绘制,小径有些部分用粗实线绘制,如图 4-69 所示。

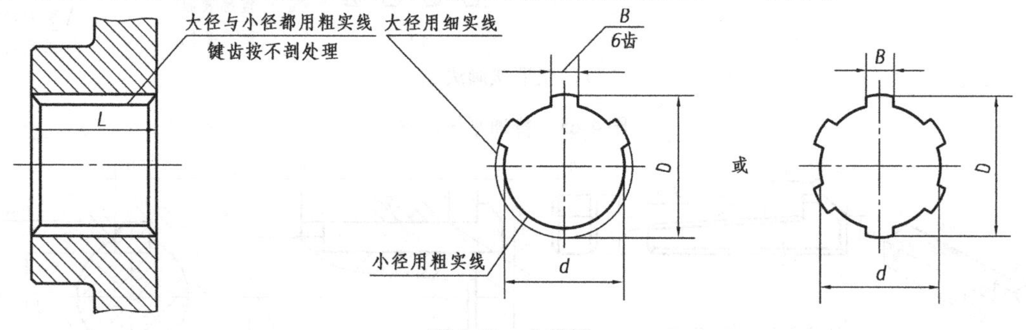

图 4-69　内花键

③花键联接。花键的联接的画法,如图 4-70 所示。

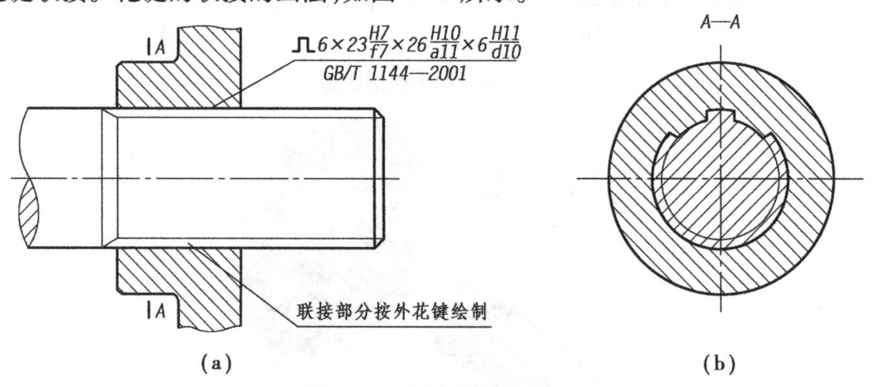

图 4-70　花键联接的画法

注意:花键的标记应注写在指引线的基准线上。花键类型用图形符号表示,矩形花键的图形符号为⎍,渐开线花键的图形符号为⋀。

④花键的标记。花键的标记代号包括图形符号、键数 N、小径 d、大径 D、键宽 B 和花键的公差带代号(大写表示内花键、小写表示外花键),以及矩形花键的国家标准编号。代号标记的格式为:

图形符号 键数×小径×大径×键宽　标准编号

例:已知矩形花键副的基本参数和公差带代号为:键数 $N=6$、小径 $d=26$ H7/f7、大径 $D=32$ H10/a11、键宽 $B=6$ H11/d11,试分别写出内、外花键和花键副的代号。

内花键代号为:

6×26 H7×32 H10×6 H11　(GB/T 1144—2001)

外花键代号为:

6×26 f7×32 a11×6 d10　(GB/T 1144—2001)

花键副代号为:

6×26 H7/f7×32 H10/a11×6 H11/d10　(GB/T 1144—2001)

通过前面对知识的学习,我们深刻感受到知识需要日积月累,我们才能不断进步,化茧成蝶,详见参考资料(码 4-32)。

码 4-32　日积月累,化茧成蝶

4. 边学边练

①检查所需工具、材料是否齐全;检查工作环境是否干净、整洁。

②对给定的键进行零件结构和参数分析,确定其型号、键宽和键长,注意确定的结构型号参数要符合国家标准。

③根据确定的结构参数,查表得出各部分的尺寸。

④先确定其主视图的投射方向,再根据其大小确定各个视图的总体尺寸,然后选定绘图的比例及图幅。

⑤整理干净桌面,铺放图纸,用细实线绘制图纸的边界线、图框线及标题栏的外框线。

⑥根据所绘制齿轮轴组件的尺寸大小,布局图面,绘制出基准线及重要的图线。

⑦进一步对给定的齿轮轴组件进行分析,确定绘图的先后顺序,绘制底稿。各部分结构,都要几个视图对应着画,一般从最能反映其形状结构特征的视图入手。

⑧检查、描深。

⑨标注尺寸,对标准件键进行标记,注写技术要求,填写标题栏。

⑩使用二维 CAD 绘图软件绘制齿轮轴组件的装配图,并打印或截图。

请将尺规绘制的图样折叠粘贴在此页,或将用计算机绘图软件绘制的二维或三维图样,截图打印粘贴在此页。

5. 任务拓展与巩固训练

(1)《平键　键槽的剖面尺寸》(GB/T 1095—2003)的重要改动

《平键　键槽的剖面尺寸》(GB/T 1095—2003)的重要改动,详见参考资料(码 4-33)。

(2)机件的表达方法提示

机件的表达方法提示,详见参考资料(码 4-34)。

码 4-33　国标 2003 键槽重要改动

码 4-34　机件的表达方法提示

学习成果与评价反馈

学生自评(20%);小组互评(30%);教师评价(50%)

小组互评表、学习情境总评成绩表见附页。

学习情境评价表

班级＿＿＿＿		姓名＿＿＿＿			学号＿＿＿＿	
学习情境四		轴套类零件绘制	分值	得分		
评价项目		评价标准		学生自评	小组互评	教师评价
1	轴套类零件的结构特点及常用表达方法	能够叙述轴套类零件的结构特点及常用表达方法	5			
2	局部剖视图、断面图、局部放大图、简化画法	能够叙述局部剖视图、断面图、局部放大图及各种简化画法;能够对局部剖视图、断面图、局部放大图及各种简化画法进行正确的绘制与标注	15			
3	齿轮的作用、结构及画法	能够叙述齿轮的作用、分类及结构组成;能够根据齿轮的模数和齿数进行齿轮各部分结构尺寸的计算;能够按照国家标准的规定正确绘制单个齿轮的零件图及齿轮的啮合图	15			
4	键连接	能够叙述键的作用、种类及各自的特点、应用的场合;能够按照国家标准的规定正确绘制各种键连接装配图	10			
5	轴类零件的常见工艺结构、零件图的尺寸及几何公差的标注	能够叙述轴类零件的常见工艺结构,并说明它们的作用;能够叙述零件图尺寸标注的原则、基准选择及注意事项,并能够正确、完整、清晰、合理地对零件图进行尺寸标注;能够叙述几何公差的种类、应用,能够按照国家标准的规定在零件图上进行正确的选用和标注	15			
6	图纸的总体质量	图面整洁、布局合理、内容完整	15			
7	工作态度	态度端正,无无故缺勤、迟到、早退现象	10			
8	协调能力	与小组成员、同学之间能够顺畅沟通、有效交流,协调工作	5			
9	职业素质	能够做到懂文明讲礼貌,勤俭节约,爱护公共财物及设施、保护环境	5			
10	创新能力	积极思考、善于提问,提出有代表性的问题等	5			
合计(总评)			100			

总结报告

1. 知识思维导图

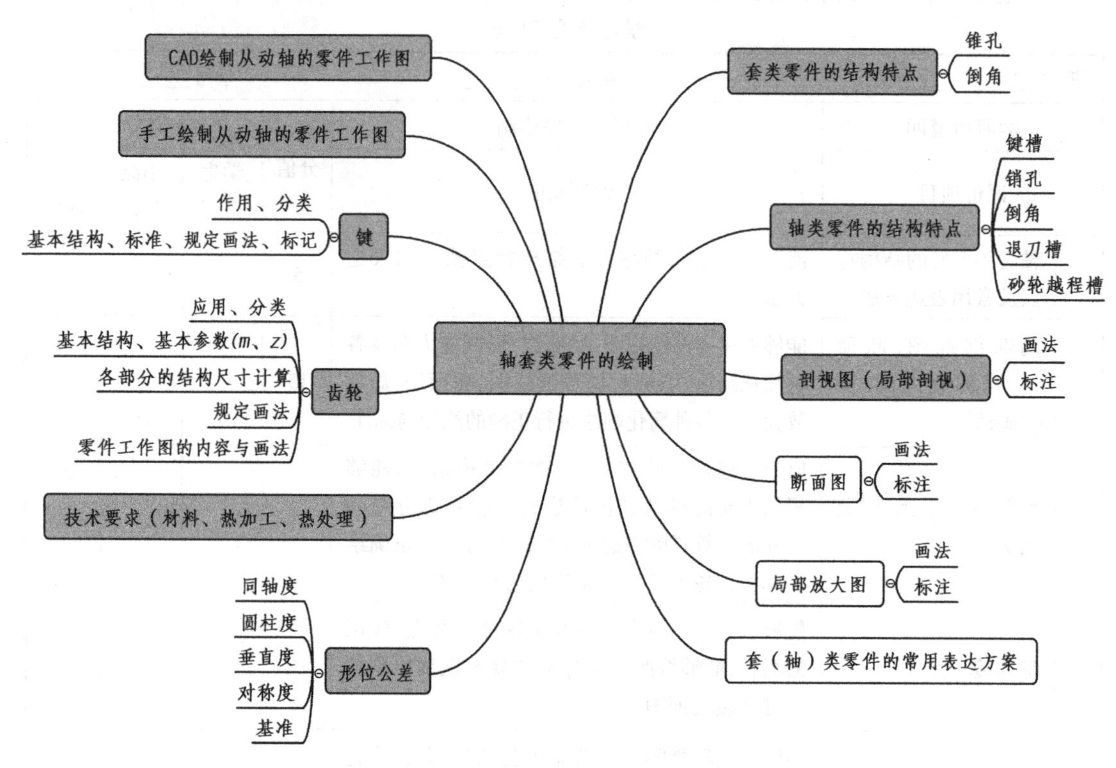

2. 自我反思

①在本学习情境中学会了哪些知识点？掌握了哪些技能？

②任务完成情况如何？应注意哪些问题？

③还有哪些知识与技能尚未完全明白？

④工作过程中有何不足？准备怎么改进？

⑤对教学的意见与建议。

学习笔记

学习情境五　绘制标准件与常用件

学习情境描述

依据给定的螺栓连接组件、滚动轴承及弹簧等标准件与常用件，如图 5-1 所示，分析其结构，按照国家制图标准对标准件、常用件的规定画法和标注规定，绘制螺栓联接图、滚动轴承支撑处的局部装配图及弹簧的零件工作图，并进行正确的标记。

图 5-1　标准件与常用件

知识目标：

①标准件与常用件的区别与联系。

②螺纹的功用、螺纹结构的形成、要素。

③螺纹的规定画法（内螺纹、外螺纹、螺纹联接）。

④常用螺纹紧固件的分类、功用、画法及标记。

⑤螺栓联接的规定画法。

⑥轴承的功用、种类、结构组成。

⑦滚动轴承的代号及规定画法。

⑧弹簧的作用、种类以及圆柱螺旋压缩弹簧的各部分的名称及计算。

⑨圆柱螺旋压缩弹簧的规定画法及标记。

技能目标:

①能够叙述标准件与常用件的区别与联系。

②能够叙述螺纹的功用、螺纹结构的形成、要素及常用螺纹紧固件的分类、应用、画法及标记,并能够根据标记查阅标准。

③能够在教师的指导下,正确绘制螺栓联接。

④能够叙述轴承的功用、种类、结构及代号组成,并能够根据轴承代号查阅标准。

⑤能够在教师的指导下,正确绘制轴承。

⑥能够叙述弹簧的作用、种类,并能够说出圆柱螺旋压缩弹簧各部分的名称,能够对其进行尺寸计算。

⑦能够按照标准正确绘制圆柱螺旋压缩弹簧。

素质培养:

①培养动手实践能力。

②培养严格遵守制图标准的意识和习惯。

③注重培养产品的质量意识。

④注重培养工作的环保意识。

⑤培养规范操作的职业素养。

⑥培养严肃认真的工作态度和一丝不苟的工作精神。

学习性工作任务(一)　绘制螺纹紧固件

1. 任务描述

依据给定的螺栓联接组件,如图 5-2 所示,分析其结构,按照国家制图标准对螺纹紧固件的规定画法和标注规定,绘制螺栓联接图,并进行正确的标记。

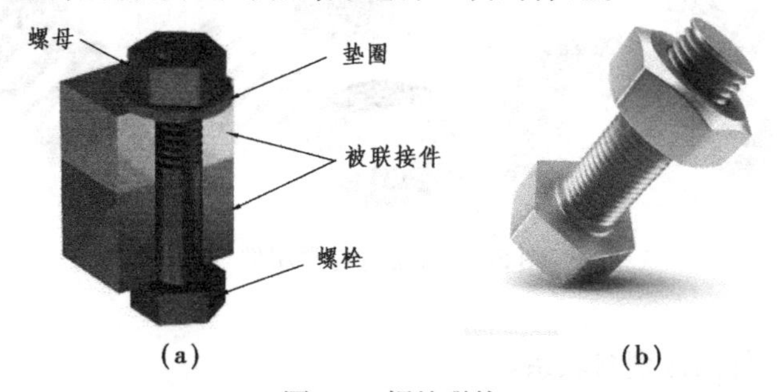

图 5-2　螺栓联接

学习条件及环境要求:机械制图实训室,计算机、绘图软件(三维、二维)、多媒体、适量螺栓组件、螺钉、滚动轴承及圆柱螺旋压缩弹簧模型、教材、参考书、网络课程及其他资源。

教学时间(计划学时):8 学时。

任务目标:

①能够叙述标准件与常用件的区别与联系。

②能够叙述螺纹的功用、螺纹结构的形成、要素及常用螺纹紧固件的分类、功用、画法及标记，并能够根据标记查阅标准。

③能够在教师的指导下，绘制螺栓联接。

④手工绘制螺栓联接。

⑤CAD 绘制螺栓联接。

2. 任务准备

(1)信息收集

①标准件与常用件的区别与联系。

②螺纹的功用、螺纹结构的形成、要素。

③螺纹的规定画法(内螺纹、外螺纹、螺纹联接)。

④常用螺纹紧固件的分类、功用及标记。

⑤螺栓联接的画法。

⑥手工绘制螺栓联接。

⑦CAD 绘制螺栓联接。

(2)材料、工具

所用材料、工具分别见表 5-1 及表 5-2。

表 5-1 材料计划表

材料名称	规格	单位	数量	备注
螺栓组件、螺钉、滚动轴承、圆柱螺旋压缩弹簧	—	套	10	—
标准图纸	A4	张	1	—
草稿纸	—	张	若干	—

表 5-2 工具计划表

工具名称	规格	单位	数量	备注
绘图铅笔	2H、2B	支	2	自备
图板	A3 号	块	1	—
丁字尺	60 mm	个	1	—
计算机(CAD 绘图软件)	二维、三维	台	40	—

(3)任务分组

学生按 4 ~ 6 人一组，通常为 5 人，明确每组的工作任务，填写分组任务表及学生小组任务分配表，每组及每个学生的任务，可以相同也可以有差异性，视情况而定。

具体学生分组及学习小组任务分配见附页。

3. 引导性学习资料

引导问题(1)

①标准件与常用件的区别与联系是什么？请举例说明。

②螺纹是怎样形成的？什么是内螺纹？什么是外螺纹？

③螺纹的种类及参数分别有哪些？

④螺纹的公称直径是什么？

⑤螺纹的三要素是什么？螺纹的五要素是什么？内外螺纹旋合的条件是什么？

⑥什么是标准螺纹？什么是非标准螺纹？

⑦外、内螺纹的规定画法分别是什么？(同时用文字和图表述)

⑧内外螺纹旋合的画法是什么？(同时用文字和图表述)？

(1)标准件与常用件

在机器或部件中，除一般零件外，还广泛使用螺栓、螺钉、螺母、垫圈、键、销和滚动轴承等零件，这类零件的结构和尺寸均已标准化，称为标准件。还经常使用齿轮、弹簧等零件，这类零件仅有部分结构和参数已标准化，称为常用件，如图 5-1 所示。

标准件的结构形式、尺寸大小、表面质量、画法、标记等表示方法均已完全标准化，例如，螺纹紧固件、键、销和滚动轴承等。标准件使用广泛，并由专业厂生产。广义包括标准化的紧固件、联接件、传动件、密封件、液压元件、气动元件、轴承、弹簧等机械零件；狭义仅包括标准化紧固件。国内俗称的标准件是标准紧固件的简称，是狭义概念，但不能排除广义概念的存在。此外还有行业标准件，如汽车标准件、模具标准件等，它们也属于广义标准件。

常用件的某些部分的结构、形状和尺寸已有统一标准，在制图中有规定的画法，如齿轮、花键、弹簧和一些焊接件等。

由于标准化，这些标准件与常用件可组织专业化大批量生产，提高生产效率和获得质优价廉的产品。在进行设计、装配和维修机器时，可以按规格选用和更换。本部分内容主要介绍某些标准件与常用件的基本知识、规定画法、代号与标记以及相关标准的查阅。

(2)螺纹的形成及加工

螺纹是根据螺旋线的形成原理加工而成的，当固定在车床卡盘上的工件作等速旋转时，刀具沿机件轴向作等速直线移动，其合成运动使切入工件的刀尖在机件表面加工成螺纹，由于刀尖的形状不同，加工出的螺纹形状也不同。在圆柱或圆锥外表面上加工的螺纹称为外螺纹，在圆柱或圆锥内表面加工的螺纹称为内螺纹，分别如图 5-3(a)、(b)所示。在箱体、底座等零件上制出的内螺纹(螺孔)，一般先用钻头钻孔，再用丝锥攻出螺纹，如图 5-4 所示。图中加工的是不穿通螺孔，钻孔时钻头顶部形成一个锥坑，其锥顶角应按 120°画出。

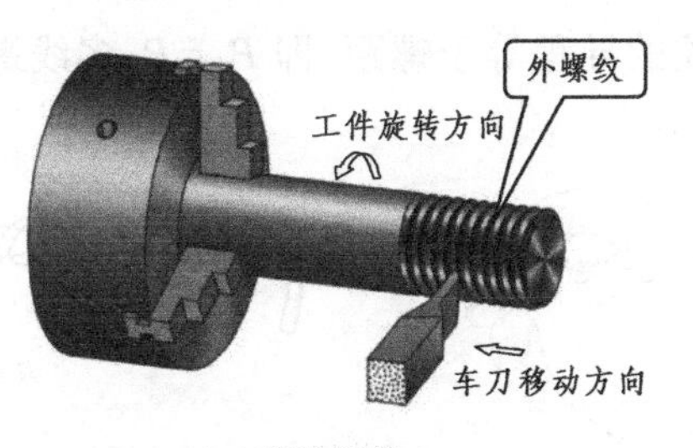

(a)车外螺纹

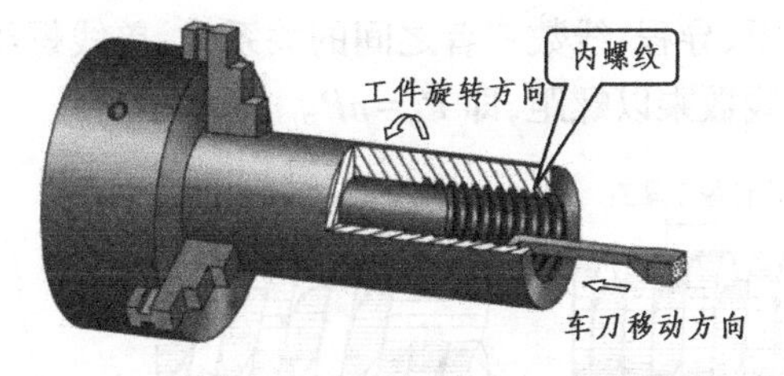

(b)车内螺纹

图 5-3　在车床上加工螺纹

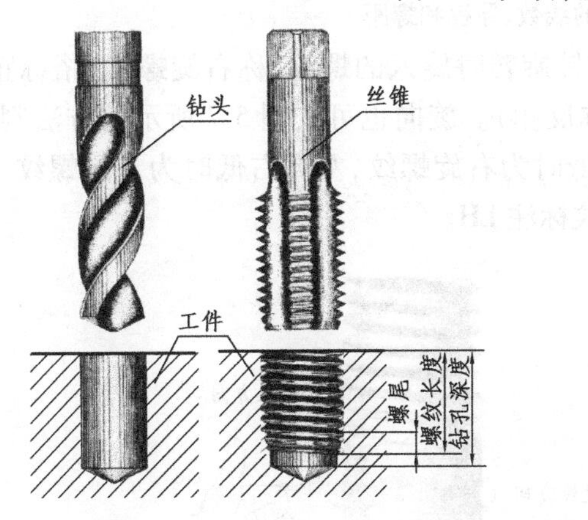

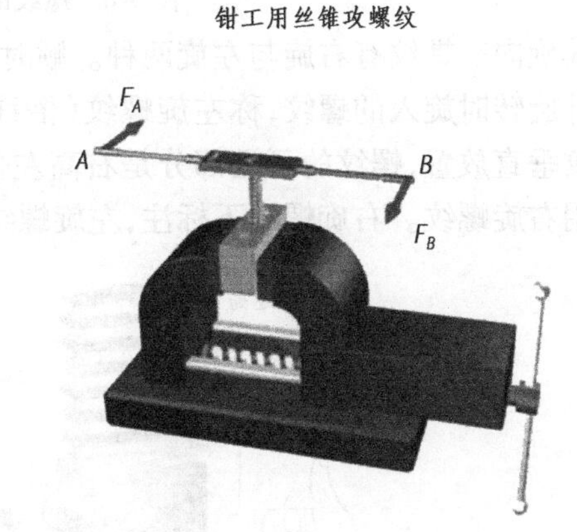

图 5-4　用丝锥攻制内螺纹

(3)螺纹的五要素

①牙型。沿螺纹轴线剖切的断面轮廓形状称为牙型。图 5-5 所示为三角形牙型的内、外螺纹。此外，还有梯形、锯齿形和矩形等牙型。

②直径。螺纹直径有大径(d、D)、中径(d_2、D_2)和小径(d_1、D_1)之分，如图 5-5 所示。其中外螺纹 d 大径和内螺纹小径 D_1 也称顶径。螺纹的公称直径一般为大径。

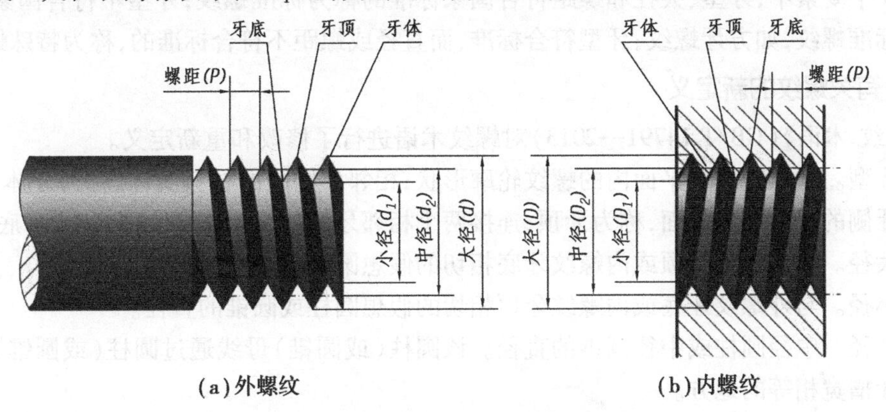

(a)外螺纹　　(b)内螺纹

图 5-5　内外螺纹各部分的名称和代号

③线数(n)。螺纹有单线和多线之分，沿一条螺旋线所形成的螺纹称单线螺纹；沿两条螺旋线所形成的螺纹称多线螺纹，如图 5-6 所示。

④螺距(P)与导程(P_h)。螺距是指相邻两牙在中径线上对应两点间的轴向距离。导程是指在同一条螺旋线上，相邻两牙在中径线上对应两点的轴向距离，如图 5-6 所示。

螺距、导程、线数三者之间的关系式：单线螺纹的导程等于螺距，即 $P_h = P$；多线螺纹的导程等于线数乘以螺距，即 $P_h = nP$。

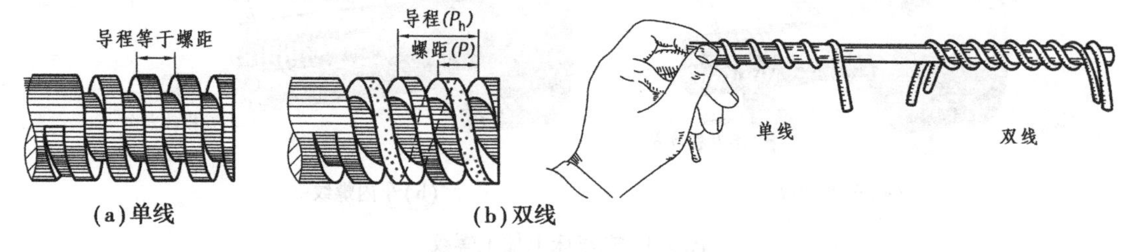

(a)单线 (b)双线

图 5-6 螺纹的线数、导程和螺距

⑤旋向。螺纹有右旋与左旋两种。顺时针旋转时旋入的螺纹，称右旋螺纹（俗称正扣）；逆时针旋转时旋入的螺纹，称左旋螺纹（俗称反扣）。旋向也可按图 5-7 所示的方法判断：将外螺纹垂直放置，螺纹的可见部分是右高左低时为右旋螺纹，左高右低时为左旋螺纹。工程上常用右旋螺纹。右旋螺纹不标注，左旋螺纹标注 LH。

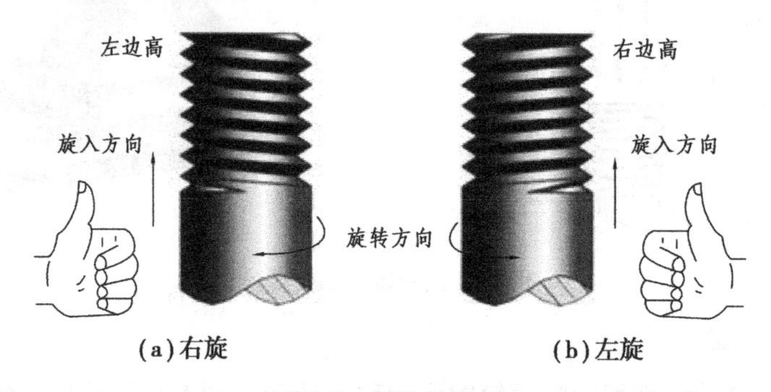

(a)右旋 (b)左旋

图 5-7 螺纹的旋向

只有以上 5 个要素都相同的内外螺纹才能旋合在一起。

牙型、直径和螺距是决定螺纹最基本的要素，称为螺纹的三要素。

在 5 个要素中，牙型、大径和螺距符合国家标准的称为标准螺纹；牙型不符合国家标准的称为非标准螺纹，如方牙螺纹；牙型符合标准，而直径或螺距不符合标准的，称为特殊螺纹。

(4)有关螺纹的新定义

《螺纹 术语》(GB/T 14791—2013)对螺纹术语进行了修改和重新定义。

①牙型。在螺纹轴线平面内的螺纹轮廓形状；相邻牙侧间的材料实体，称为牙体；连接两个相邻牙侧的牙体顶部表面，称为牙顶；连接两个相邻牙侧的牙槽底部表面，称为牙底。

②大径。与外螺纹牙顶或内螺纹牙底相切的假想圆柱或圆锥的直径。

③小径。与外螺纹牙底或内螺纹牙顶相切的假想圆柱或圆锥的直径。

④中径。中径圆柱或中径圆锥的直径。该圆柱（或圆锥）母线通过圆柱（或圆锥）螺纹上牙厚与牙槽宽相等的地方。

⑤公称直径。代表螺纹尺寸的直径称为公称直径。对紧固螺纹和传动螺纹，其大径基本尺寸是螺纹的代表尺寸，也即螺纹的公称直径一般为大径。对管螺纹，其管子公称尺寸是螺纹的代表尺寸，也即管螺纹的公称直径为管子的直径。

⑥线数。只有一个起始点的螺纹，称为单线螺纹；具有两个或两个以上起始点的螺纹，称为多线螺纹。

⑦螺距。相邻两牙体上的对应牙侧与中径线相交两点间的轴向距离。

⑧导程。最邻近的两同名牙侧与中径线相交两点间的轴向距离。

(5)螺纹的规定画法

1)外螺纹的画法

如图5-8所示,外螺纹不论其牙型如何,螺纹的牙顶圆的投影用粗实线表示,牙底圆的投影用细实线表示(按牙顶圆的0.85倍绘制),在螺杆的倒角或倒圆部分也应画出,在垂直于螺纹轴线的投影面的视图中,表示牙底圆的细实线只画3/4圈(空出约1/4圈的位置不作规定)。此时,螺杆倒角的投影不应画出。螺纹终止线在不剖的外形图中画成粗实线,如图5-8(a)所示。在剖视图中的螺纹终止线按图5-8(b)主视图的画法绘制(即终止线只画螺纹高度的一小段)。剖面线必须画到表示牙顶圆投影的实线为止。

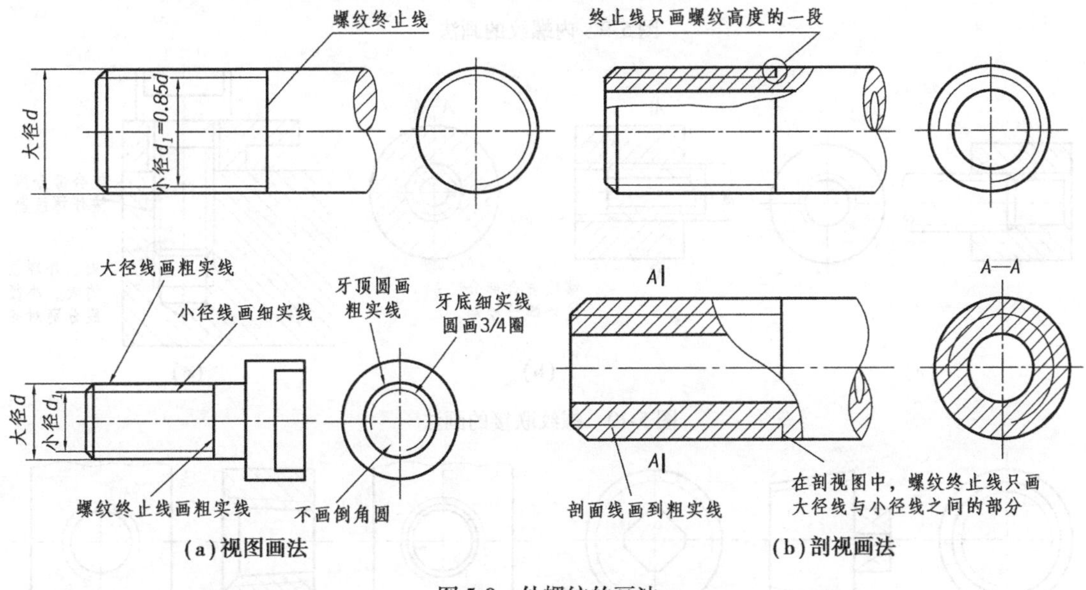

(a)视图画法　　(b)剖视画法

图5-8　外螺纹的画法

2)内螺纹的画法

如图5-9所示,内螺纹不论其牙型如何,在剖视图中,内螺纹牙顶圆(即小径D_1)的投影用粗实线表示,牙底圆用细实线表示,螺纹终止线用粗实线表示,剖面线应画到表示小径的粗实线为止。在垂直于螺纹轴线的投影面的视图上,表示大径的细实线只画约3/4圈,表示倒角的投影不应画出。绘制不穿通的螺孔时,应将钻孔深度和螺孔深度分别画出,钻孔深度往往比螺纹深度大$0.5D$(D为螺纹的公称直径)的距离。如图5-9(a)主视图所示。当螺纹为不可见时,螺纹的所有图线均用虚线画出,如图5-9(b)所示。

3)螺纹联接的画法

在剖视图中,内外螺纹旋合的部分应按外螺纹的画法绘制,其余部分仍按各自的画法画出,如图5-10所示。必须注意,表示内、外螺纹大径的细实线和粗实线,以及表示内、外螺纹小径的粗实线和细实线必须分别对齐。

4)圆锥螺纹的画法

圆锥螺纹的画法规定,只画出可见端牙底圆,如图5-11所示。

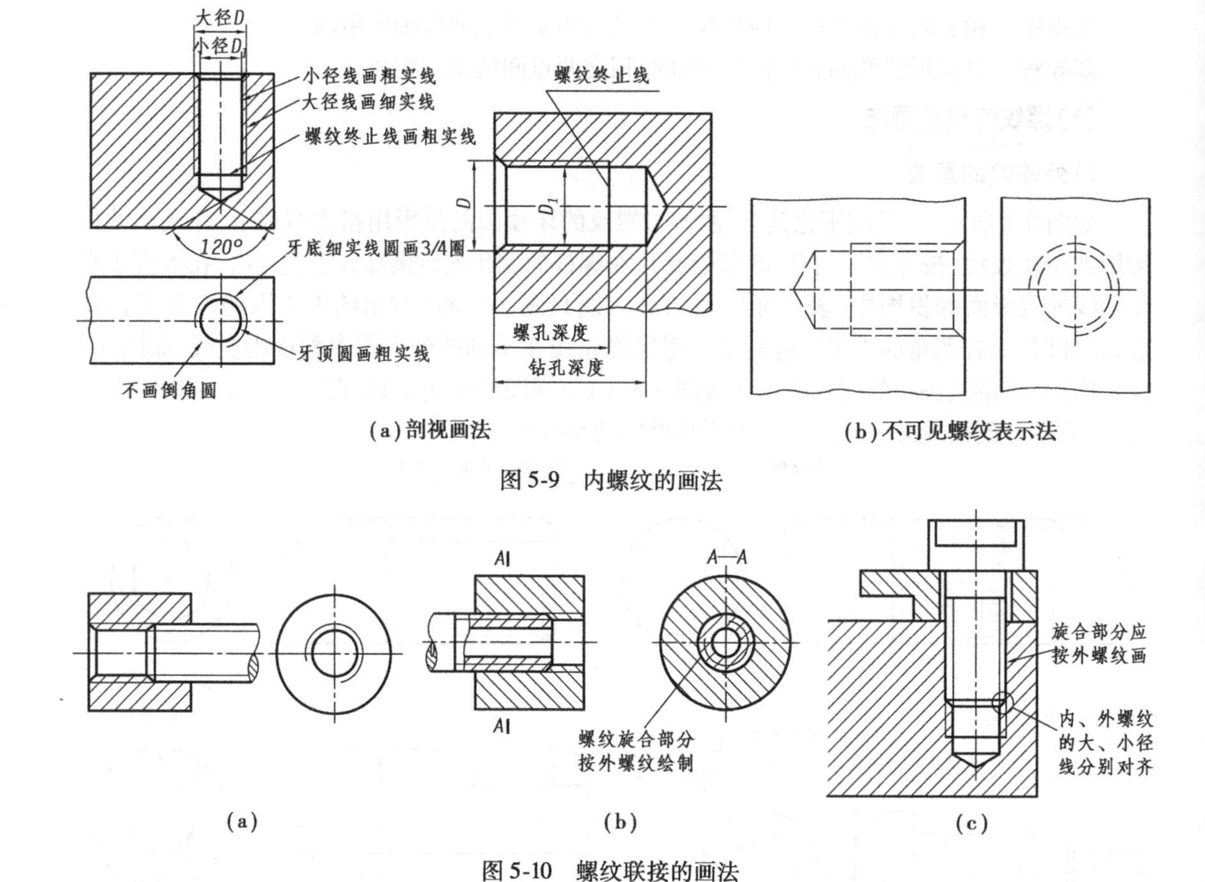

图 5-9　内螺纹的画法

图 5-10　螺纹联接的画法

(a)　(b)

图 5-11　圆锥螺纹的规定画法

5）螺尾、螺纹倒角及内螺纹的钻孔结构

①螺尾。螺尾是螺纹收尾部分，只在有要求时才画，无须标注，如图 5-12 所示。为防止出现螺尾部分，往往在相应部位预先加工出退刀槽，如图 5-13 所示。

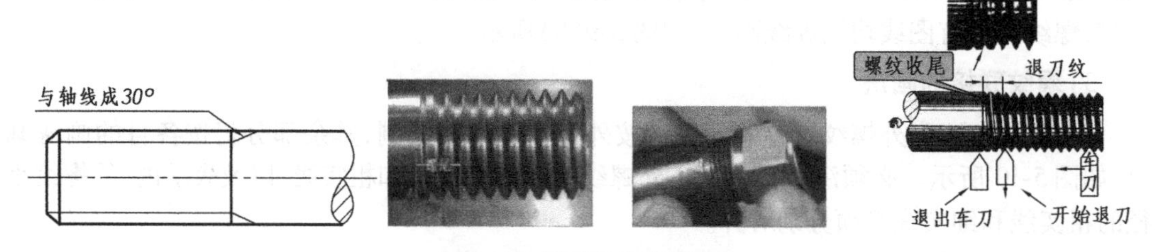

图 5-12　螺尾部分的画法

②螺纹倒角。螺纹件在安装时为防止端部损坏影响旋合，通常在螺纹的端头处制出锥形

的倒角或球形倒圆,如图 5-14 所示。

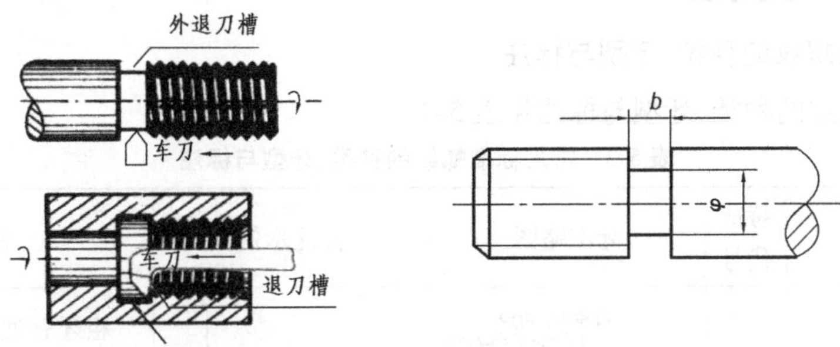

图 5-13 为防止出现螺尾的退刀槽

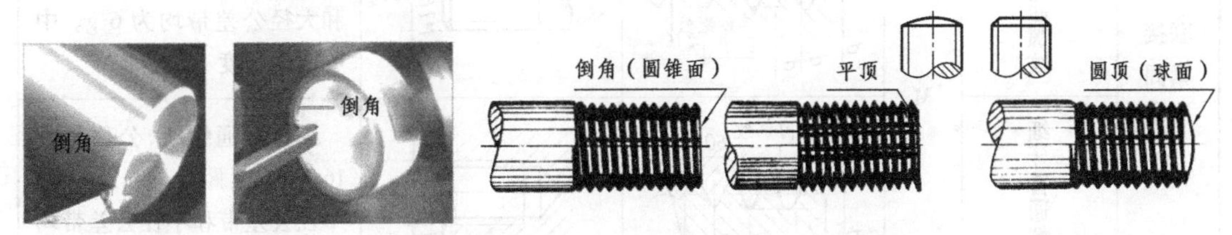

图 5-14 螺纹倒角与倒圆

③内螺纹的钻孔结构。内螺纹的钻孔结构,其底部往往是 120°的锥角,如图 5-15 所示。

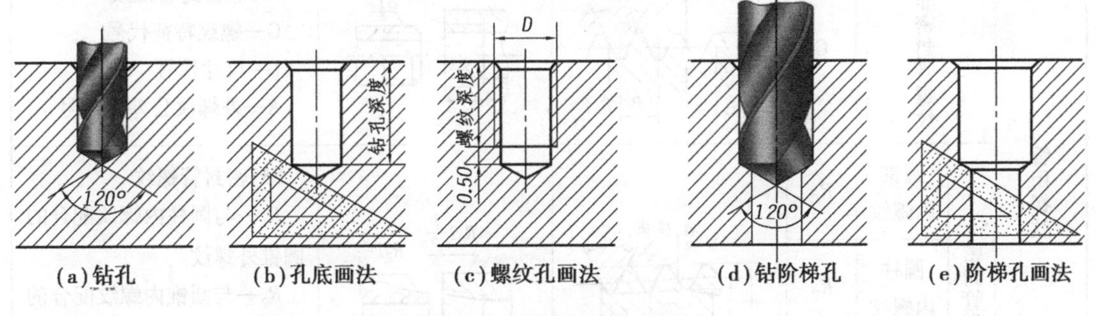

图 5-15 内螺纹的钻孔结构

引导问题(2)

①普通螺纹的尺寸是由什么组成的?

②螺纹标记要标注在什么位置?写出完整的普通螺纹标记。

③标注普通螺纹应注意什么?

④常用管螺纹分为哪些?密封管螺纹标注代号如何表示?螺纹特征代号如何表示?

⑤非密封管螺纹标注代号如何表示?螺纹特征代号如何表示?螺纹公差等级代号如何表示?

⑥管螺纹尺寸代号的含义是什么?

⑦螺纹的标注位置如何?

(6)螺纹的种类与标注

1)常用标准螺纹的种类、牙型与标注

常用标准螺纹的种类、牙型与标注见表5-3。

表5-3 常用标准螺纹的种类、牙型与标注

螺纹类型			特征代号	牙型略图	标注示例	说明
联接紧固用螺纹	粗牙普通螺纹		M		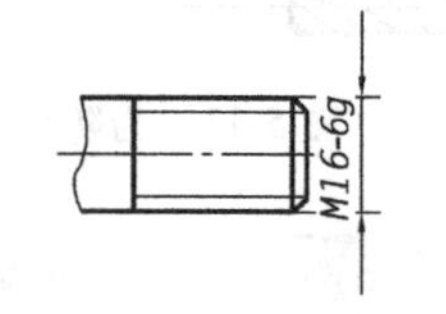 M16-6g	粗牙普通螺纹，公称直径16 mm，右旋。中径公差带和大径公差带均为6 g。中等旋合长度
	细牙普通螺纹		M		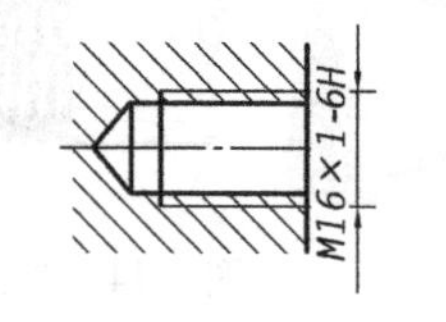 M16×1-6H	细牙普通螺纹，公称直径16 mm，螺距1 mm，右旋。中径公差带和小径公差带均为6H。中等旋合长度
管用螺纹	55°非密封管螺纹		G		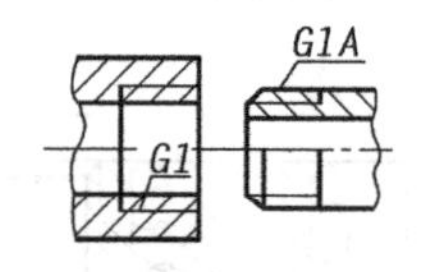 G1A G1	55°非密封管螺纹 G—螺纹特征代号 1—尺寸代号 A—外螺纹公差带代号
	55°密封管螺纹	圆锥内螺纹	R_C		$R_C1\frac{1}{2}$ $R_21\frac{1}{2}$	55°密封管螺纹 R_1—与圆柱内螺纹配合的圆锥外螺纹 R_2—与圆锥内螺纹配合的圆锥外螺纹 $1\frac{1}{2}$—尺寸代号
		圆柱内螺纹	R_P			
		圆锥外螺纹	R_1、R_2			
传动螺纹	梯形螺纹		T_r		$T_r36\times12(P6)$-7H	梯形螺纹，公称直径36 mm，双线螺纹，导程12 mm，螺距6 mm，右旋。中径公差带7H。中等旋合长度
	锯齿形螺纹		B		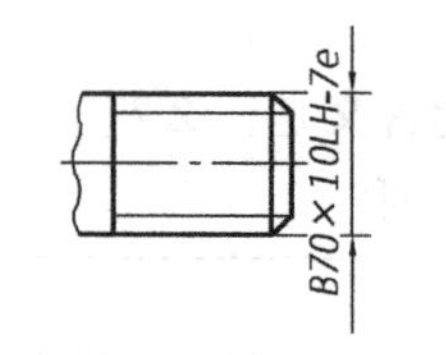 B70×10LH-7e	锯齿形螺纹，公称直径70 mm，单线螺纹，螺距10 mm，左旋。中径公差带为7e。中等旋合长度
专门用途螺纹	如气瓶螺纹、灯泡螺纹、自行车螺纹等					

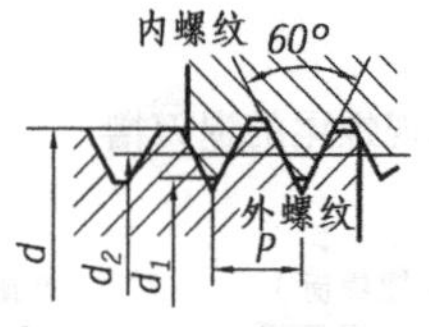

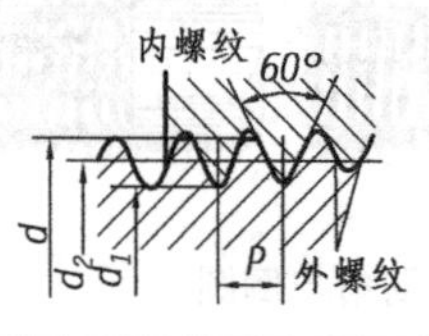

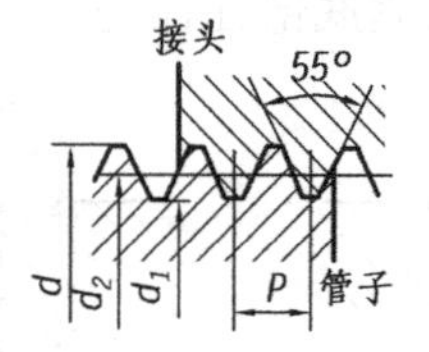

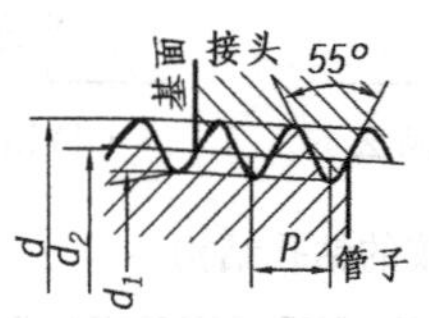

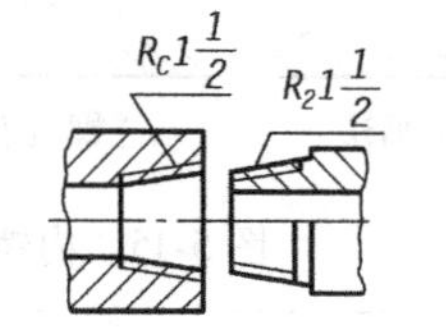

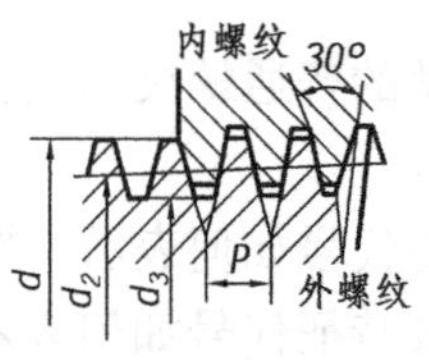

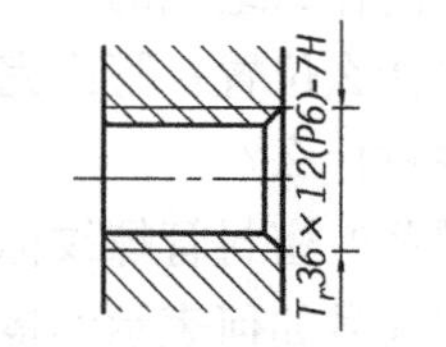

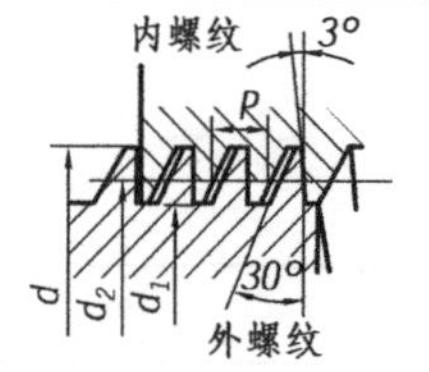

2）普通螺纹的标注

①普通螺纹的标注格式。

新标准：

螺纹特征代号：公称直径×螺距—螺纹公差带代号—旋合长度代号—旋向。

旧标准：

特征代号：公称直径×螺距 旋向—螺纹公差带代号—旋合长度。

M10×1—5g6g 表示：细牙普通螺纹，公称直径（螺纹大径）为 10 mm，螺距 $P=1$ mm，中径公差带代号为 5g，顶径公差带代号为 6g，中等旋合长度，右旋。

M8—LH 表示：粗牙普通螺纹，公称直径（螺纹大径）为 8 mm，螺距 $P=1.25$ mm（查附表 1），中径公差带代号和顶径公差带代号均为 6H，中等旋合长度，左旋。

M20×2—5H/5h6h 表示：内、外螺纹旋合，细牙普通螺纹，公称直径（螺纹大径）为 20 mm，螺距 $P=2$ mm，内螺纹中径公差带代号和顶径公差带代号均为 5H，外螺纹中径公差带代号为 5h，顶径公差带代号为 6h。

牙型符号	公称直径	× 螺距	— 中径公差带代号	顶径公差带代号	— 旋合长度代号	— 旋向
螺纹代号			螺纹公差代号			

普通螺纹的牙型代号用 M 表示，公称直径为螺纹大径。细牙普通螺纹应标注螺距，粗牙普通螺纹不标注螺距。左旋螺纹用“LH”表示，右旋螺纹不标注旋向。螺纹公差代号由表示其大小的公差等级数字和表示其位置的基本偏差的字母（内螺纹为大写，外螺纹为小写）组成，如 6H、6g。如两组公差带不相同，则分别注出代号；如两组公差带相同，则只注一个代号。旋合长度为短（S）、中（N）、长（L）3 种，一般多采用中等旋合长度，其代号 N 可省略不注，如采用短旋合长度或长旋合长度，则应标注 S 或 L。

②普通螺纹标记示例。

【例】解释 M16×Ph3 P1.5-5g6g-L-LH 的含义。

双线细牙普通外螺纹，大径为 16 mm，导程为 3 mm，螺距为 1.5 mm，中径公差带为 5g，大径公差带为 6g，长旋合长度，左旋。

③普通螺纹标注注意事项。

a. 单线螺纹的尺寸代号为“公称直径×螺距”。粗牙普通螺纹不标螺距，细牙普通螺纹必须注出螺距。

b. 中径公差带代号在前，顶径公差带代号在后。每个公差带代号由表示公差等级的数值和表示公差带位置的字母所组成。内螺纹用大写字母，外螺纹用小写字母。

c. 若中径公差带代号和顶径公差带代号相同，只需标注一个公差带代号。

d. 长旋合长度和短旋合长度在公差带代号后标注“L”和“S”，并与公差带代号间用“—”分开。中等旋合长度“N”不标注。

e. 对于左旋螺纹，应在旋合长度代号之后标注“LH”。

f. 最常用的中等公差精度螺纹（公称直径≤1.4 mm 的 5H、6h 和公称直径≥1.6 mm 的 6H、6g）不标公差带代号。

普通螺纹的标记示例及梯形螺纹、管螺纹的标记详见参考资料（码 5-35）。

码 5-35　螺纹的标记

3)查表

螺纹加工制造时,可根据其公称直径,通过查表获得所需尺寸。但管螺纹的尺寸代号并非螺纹的大径,可根据尺寸代号查出螺纹的大径。如尺寸代号为1时,螺纹的大径为33.249。

引导问题(3)

①常用螺纹紧固件及联接件有哪些?

②螺栓联接的画法是怎样的?适用于什么场合?如何联接?螺栓联接的紧固件有哪些?普通螺纹的尺寸由什么组成的?

③画螺纹联接紧固件的装配图时,应遵守的基本规定有哪些?用简化画法画出螺栓联接。

④螺钉联接按用途分为哪几种?各用于什么场合?如何联接?用比例画法画出螺钉联接。

⑤双头螺柱联接适用于什么场合?如何联接?画螺柱联接图时应注意什么?简化画法画出螺柱联接。

(7)常用螺纹紧固件

1)常用螺纹紧固件及其标记

螺纹紧固件的种类很多,常见的有螺栓、双头螺柱、螺钉、螺母、垫圈等,其结构形状如图5-16所示。这类零件的结构型式和尺寸都已标准化,由标准件厂大量生产。在工程设计中,可以从相应的《紧固件标准》(GB/T 1237—2000)中查到所需的尺寸,一般不需绘制其零件图。

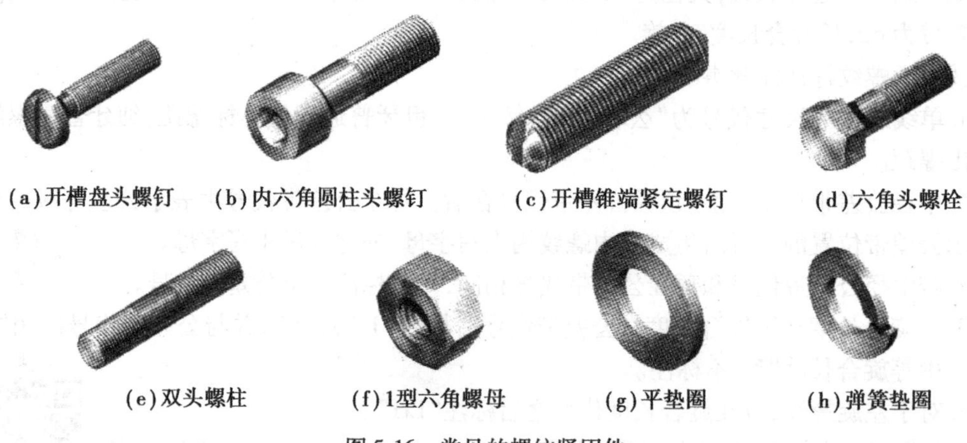

图5-16　常见的螺纹紧固件

紧固件各有规定的完整标记,通常可给出简化标记,只注出名称、标准编号和规格尺寸即可。

①螺栓。由头部和杆部组成。常用头部形状为六棱柱的六角头螺栓,如图5-17所示。根

据螺纹的作用和用途,六角头螺栓有“全螺纹”“部分螺纹”“粗牙”和“细牙”等多种规格。螺栓的规格尺寸指螺纹的大径 d 和公称长度 L。

螺栓规定的标记形式为:名称　标准编号　螺纹代号×公称长度

例如:螺栓　GB/T 5780—2000　M10×40

根据标记可知:螺栓为粗牙普通螺纹,螺纹规格 $d=10$ mm,公称长度 $l=40$ mm,性能等级为4.8级,不经表面处理,杆身为半螺纹,C级的六角头螺栓。其他尺寸可从相应的标准中查得。

②螺母。螺母与螺栓等外螺纹零件配合使用,起连接作用,其中以六角螺母应用为最广泛,如图5-18所示。六角螺母根据高度 m 不同,可分为薄型、1型、2型。根据螺距不同,可分为粗牙、细牙。根据产品等级,可分为A、B、C级。螺母的规格尺寸为螺纹大径 D。

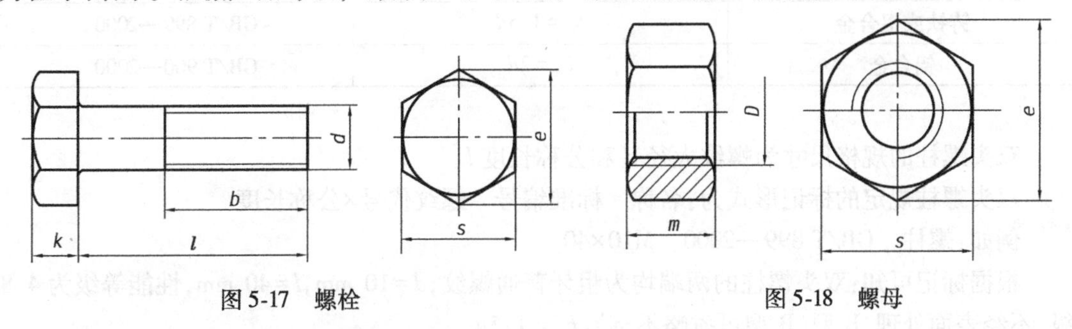

图5-17　螺栓　　　　图5-18　螺母

螺母规定的标记形式为:名称　标准编号　螺纹代号

例如:螺母　GB/T 40—2000　M10

根据标记可知:螺母为粗牙普通螺纹,螺纹规格 $D=10$ mm,性能等级为5级,不经表面处理,C级六角螺母。其他尺寸可从相应的标准中查得。

③垫圈。垫圈有平垫圈和弹簧垫圈之分。平垫圈一般放在螺母与被联接零件之间,用于保护被联接零件的表面,以免拧紧螺母时刮伤零件表面;同时又可增加螺母与被联接零件之间的接触面积。弹簧垫圈可以防止因振动而引起螺纹松动的现象发生。

平垫圈有A级和C级两个标准系列,在A级标准系列平垫圈中,又分为带倒角和不带倒角两种类型,如图5-19所示。垫圈的公称尺寸是用与其配合使用的螺纹紧固件的螺纹规格 d 来表示。

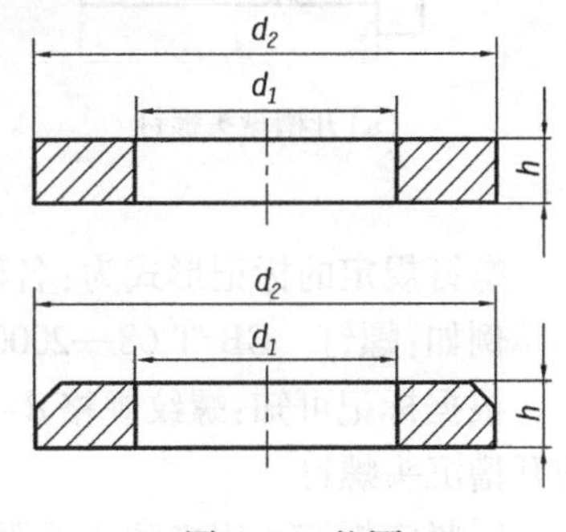

图5-19　垫圈

垫圈规定的标记形式为:名称　标准编号　公称尺寸

例如:垫圈　GB/T 95—2002 10

根据标记可知:平垫圈为标准系列,公称尺寸(螺纹规格)$d=10$ mm,性能等级100HV级,不经表面处理。其他尺寸可从相应的标准中查得。

④双头螺柱。图5-20所示为双头螺柱,它的两端都有螺纹。其中用来旋入被联接零件的一端,称为旋入端;用来旋紧螺母的一端,称为紧固端。根据双头螺柱的结构分为A型和B型两种,如图5-20所示。

根据螺孔零件的材料不同,其旋入端的长度有四种规格,每一种规格对应一个标准号,见表5-4。

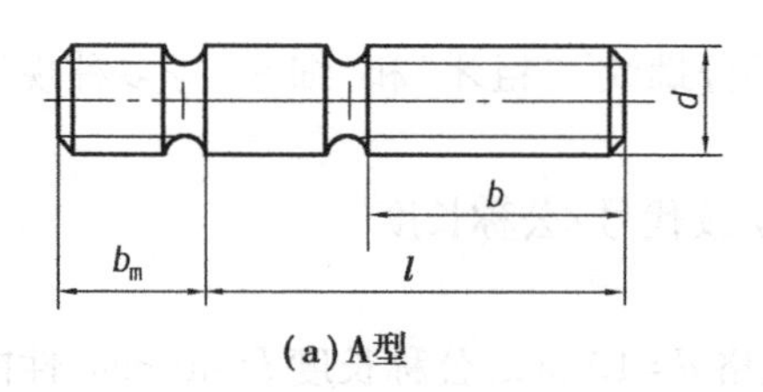

(a) A型

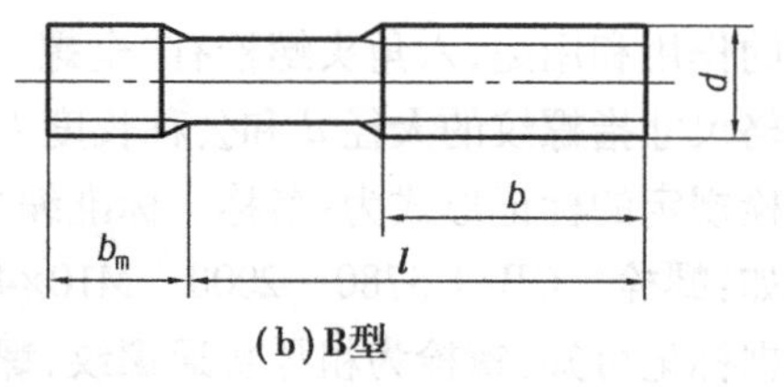

(b) B型

图 5-20　双头螺柱

表 5-4　旋入端长度

螺孔的材料	旋入端的长度(b_m)	标准编号
钢与青铜	$b_m = d$	GB/T 897—2000
铸铁	$b_m = 1.25d$	GB/T 898—2000
铸铁或铝合金	$b_m = 1.5d$	GB/T 899—2000
铝合金	$b_m = 2d$	GB/T 900—2000

双头螺柱的规格尺寸为螺纹大径 d 和公称长度 l。

双头螺柱规定的标记形式为:名称　标准编号　螺纹代号×公称长度

例如:螺柱　GB/T 899—2000　M10×40

根据标记可知:双头螺柱的两端均为粗牙普通螺纹,d=10 mm,l=40 mm,性能等级为4.8级,不经表面处理,B 型(B 型可省略不标),$b_m = 1.5d$。

⑤螺钉。按照其用途可分为联接螺钉和紧定螺钉两种。

a. 联接螺钉。用来联接两个零件。它的一端为螺纹,用来旋入被联接零件的螺孔中;另一端为头部,用来压紧被联接零件。螺钉按其头部形状可分为:开槽圆柱头螺钉、十字槽圆柱头螺钉、开槽盘头螺钉、十字槽沉头螺钉、内六角圆柱头螺钉等,如图 5-21 所示。联接螺钉的规格尺寸为螺钉的直径 d 和螺钉的长度 l。

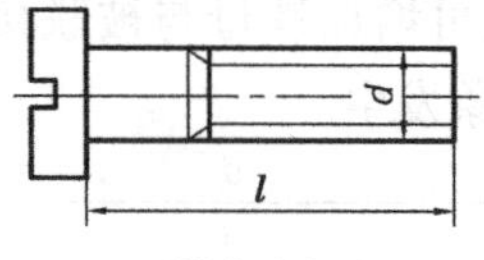

(a) 开槽盘头螺钉

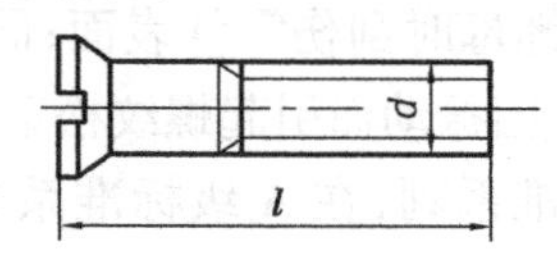

(b) 开槽沉头螺钉

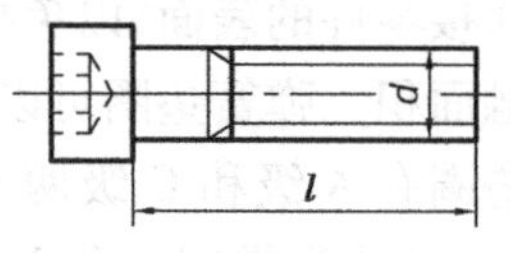

(c) 内六角圆柱头螺钉

图 5-21　不同头部的联接螺钉

螺钉规定的标记形式为:名称　标准编号　螺纹代号×公称长度

例如:螺钉　GB/T 68—2000 M8×30

根据标记可知:螺纹规格 d=8 mm,公称长度 l=40 mm,性能等级为4.8 级,不经表面处理的开槽沉头螺钉。

b. 紧定螺钉。用来防止或限制两个相配合零件间的相对转动。头部有开槽和内六角两种形式,端部有锥端、平端、圆柱端等,如图 5-22 所示。紧定螺钉的规格尺寸为螺钉的直径 d 和螺钉长度 l。

螺钉规定的标记形式为:名称　标准编号　螺纹代号×公称长度

例如:螺钉　GB/T 73—2000 M6×10

根据标记可知:螺纹规格 d=6 mm,公称长度 l=10 mm,性能等级为 14H 级,表面氧化的开槽平端紧定螺钉。

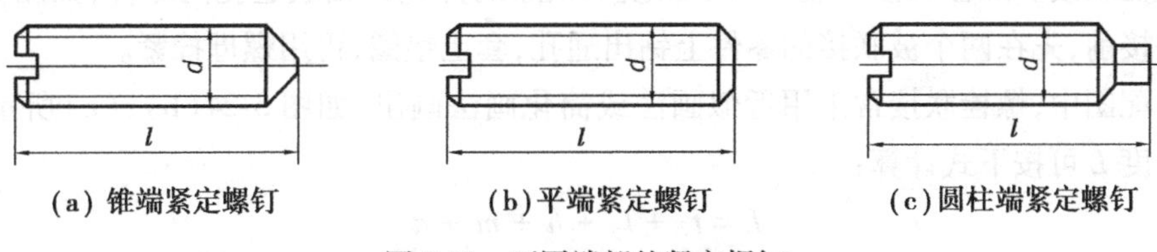

图 5-22　不同端部的紧定螺钉

2) 螺纹紧固件的画法

为提高作图效率,工程上常采用比例画法画螺纹联接图,即根据螺纹公称直径(d 或 D),按与其近似的比例关系计算出各部分尺寸后作图。常用的螺纹紧固件比例画法如图 5-23 所示。

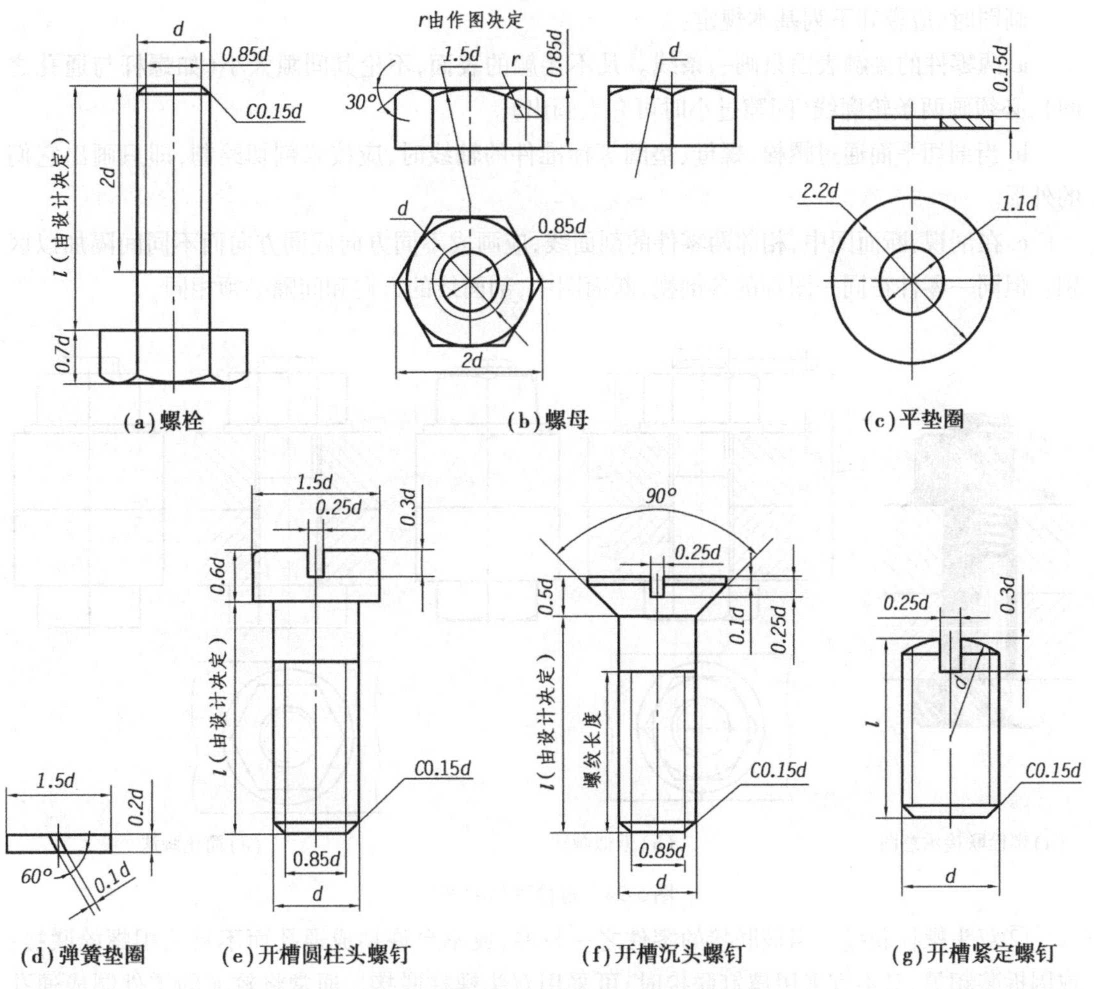

图 5-23　螺栓、螺母、垫圈、螺钉的比例画法

螺纹紧固件的联接形式通常有螺栓联接、双头螺柱联接和螺钉联接 3 类。

注意:比例画法是为了手工画图方便,由三维导图时不必遵守。确定螺栓长度时,不能用比例画法。

①螺栓联接。螺栓联接一般适用于联接不太厚的并允许钻成通孔的零件，如图 5-24(a)所示。联接前，先在两个被联接的零件上钻出通孔，套上垫圈，再用螺母拧紧。

在装配图中，螺栓联接常采用近似画法或简化画法画出，如图 5-24(b)、(c)所示。螺栓的公称长度 L 可按下式计算：

$$L = t_1 + t_2 + h + m + a$$

式中 t_1、t_2——被联接零件的厚度；

h——垫圈厚度，$h=0.15\ d$；

m——螺母厚度，$m=0.85d$；

a——螺栓伸出螺母的长度，$a\approx(0.2\sim0.3)d$。

计算出 L 后，还需从螺栓的标准长度系列中选取与 L 相近的标准值。

画图时，应遵守下列基本规定：

a. 两零件的接触表面只画一条线。凡不接触的表面，不论其间隙大小(如螺杆与通孔之间)，必须画两条轮廓线(间隙过小时可夸大画出)。

b. 当剖切平面通过螺栓、螺母、垫圈等标准件的轴线时，应按未剖切绘制，即只画出它们的外形。

c. 在剖视、断面图中，相邻两零件的剖面线，应画成不同方向或同方向而不同间隔加以区别。但同一零件在同一图幅的各剖视、断面图中，剖面线的方向和间隔必须相同。

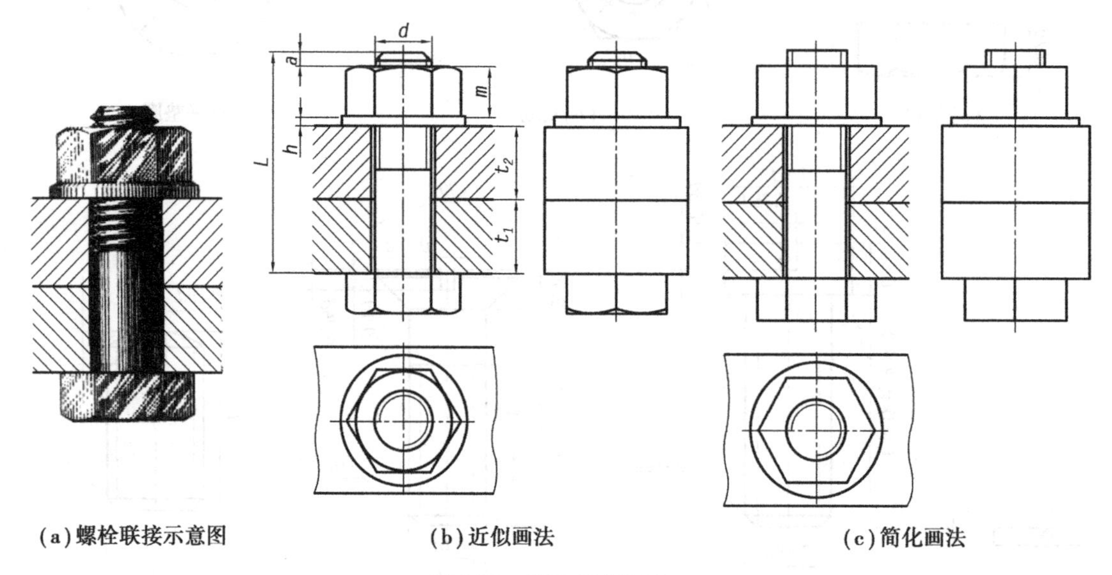

(a)螺栓联接示意图　(b)近似画法　(c)简化画法

图 5-24　螺栓联接的画法

②双头螺柱联接。当被联接的零件之一较厚，或不允许钻成通孔而不易采用螺栓联接；或因拆装频繁，又不宜采用螺钉联接时，可采用双头螺柱联接。通常将较薄的零件制成通孔(孔径≈1.1d)，较厚零件制成不通的螺孔，双头螺柱的两端都制有螺纹，装配时，先将螺纹较短的一端(旋入端)旋入较厚零件的螺孔，再将通孔零件穿过螺纹的另一端(紧固端)，套上垫圈，用螺母拧紧，将两个零件联接起来，如图 5-25(a)所示。

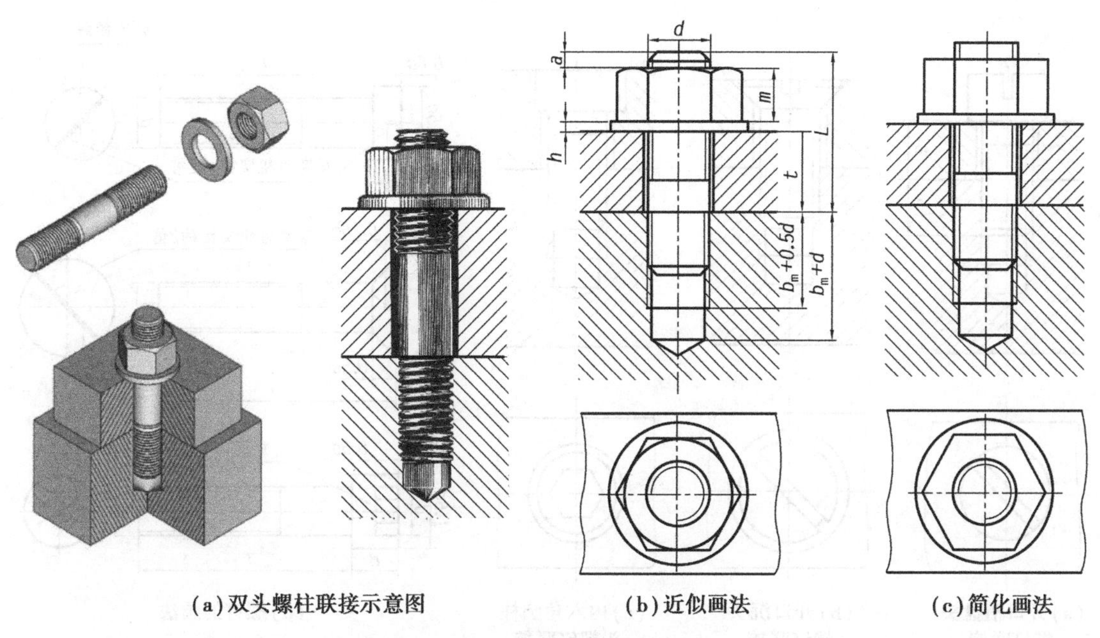

(a)双头螺柱联接示意图　(b)近似画法　(c)简化画法

图 5-25　双头螺柱联接的画法

在装配图中，双头螺柱联接常采用近似画法或简化画法画出，如图 5-25(b)、(c)。画图时，应按螺柱的大径和螺孔件的材料确定旋入端的长度 b_m，见表 5-4。螺柱的公称长度 L 可按下式计算：

$$L = t + h + m + a$$

式中　t——通孔零件的厚度；

h——垫圈厚度，$h=0.15d$(采用弹簧垫圈时，$h=0.2d$)；

m——螺母厚度，$m=0.85d$；

a——螺栓伸出螺母的长度，$a\approx(0.2\sim0.3)d$。

计算出 L 后，还需从螺栓的标准长度系列中选取与 L 相近的标准值。较厚零件上不通的螺孔深度应大于旋入端螺纹长度 b_m，一般取螺孔深度为 $b_m+0.5d$，钻孔深度为 b_m+d。

在联接图中，螺柱旋入端的螺纹终止线应与两零件的结合面平齐，表示旋入端已全部拧入，足够拧紧。

③螺钉联接。螺钉按用途可分为联接螺钉和紧定螺钉两类。

a. 联接螺钉。当被联接的零件之一较厚，而装配后联接件受轴向力又不大时，通常采用螺钉联接，即螺钉穿过薄零件的通孔而旋入厚零件的螺孔，螺钉头部压紧被联接件，如图 5-26(a)、(b)、(c)所示。

螺钉的旋入深度 b_m 参照表 5-4 确定；各种形式螺钉各部分比例尺寸参看图 5-26(d)；螺钉长度 L 可按下式计算：

$$L = \delta + b_m$$

式中　δ——光孔零件的厚度。

计算出 L 后，还需从螺钉的标准长度系列中选取与 L 相近的标准值。

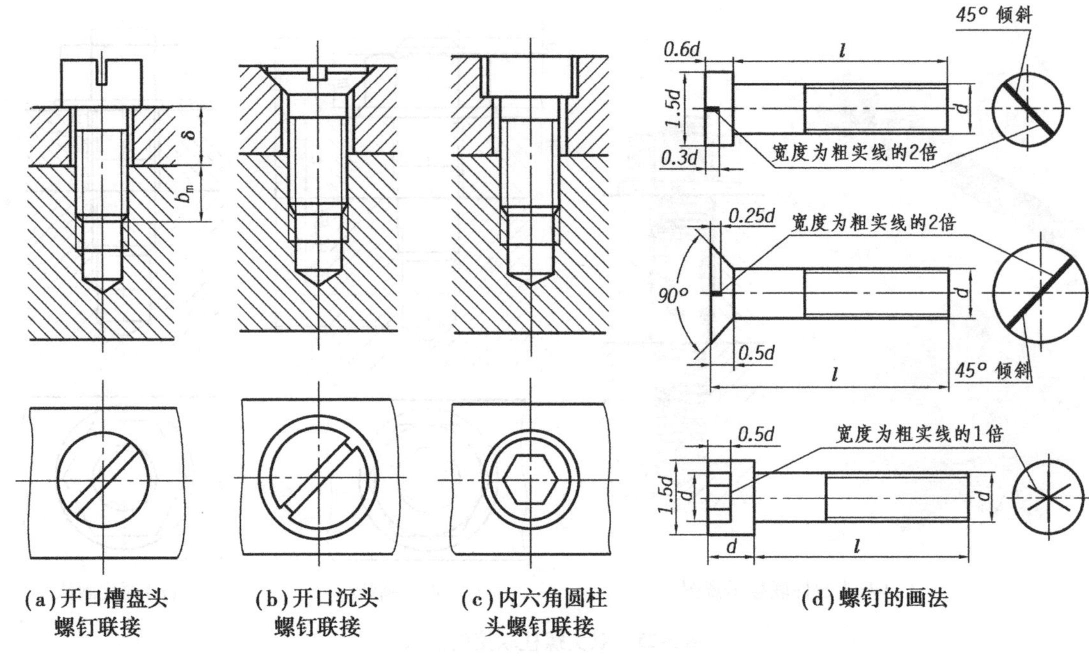

图 5-26 联接螺钉的画法

b. 紧定螺钉。紧定螺钉用来固定两零件的相对位置,使它们不产生相对转运动,如图5-27所示。欲将轴、轮固定在一起,可先在轮毂的适当部位加工出螺孔,然后将轮、轴装配在一起,以螺孔导向,在轴上钻出锥坑,最后拧入螺钉,即可限定轮、轴的相对位置,使其不产生轴向相对移动和径向相对转动。

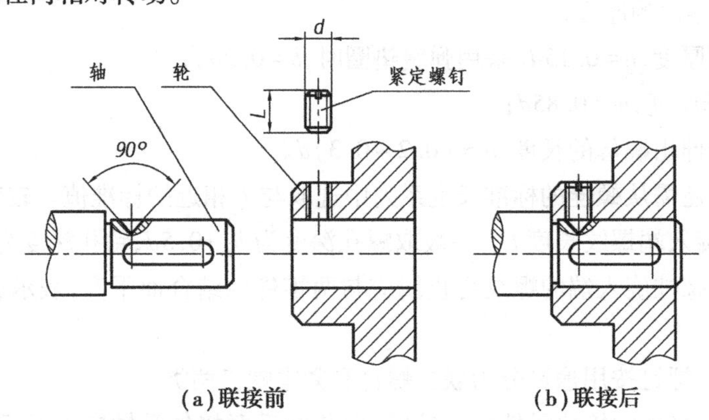

图 5-27 紧定螺钉的联接画法

提到螺钉,我们不禁想到任劳任怨无私奉献的"螺丝钉"精神,详见参考资料(码5-36)。

码 5-36 任劳任怨,无私奉献

(8)常用螺纹紧固件的种类、画法与标记

常用螺纹紧固件的种类、画法与标记,详见参考资料(码5-37)。

码 5-37 螺纹紧固件

4. 边学边练

①检查所需工具、材料是否齐全;检查工作环境是否干净、整洁。

②对给定的螺栓及组件进行零件结构和参数分析，确定其型号、公称直径和长度，注意确定的结构型号参数要符合国家标准。

③根据确定的结构参数，查表得出各部分的尺寸。

④先确定其主视图的投射方向，再根据其大小确定各个视图的总体尺寸，然后选定绘图的比例及图幅。

⑤整理干净桌面，铺放固定图纸，用细实线绘制图纸的边界线、图框线及标题栏的外框线。

⑥根据所绘制螺栓联接组件的尺寸大小，布局图面，绘制出基准线及重要的图线。

⑦进一步对给定的螺栓组件进行分析，确定绘图的先后顺序，绘制底稿。各部分结构，都要几个视图对应着画，一般从最能反映其形状结构特征的视图入手。

⑧检查、描深。

⑨标注尺寸，对标准件螺栓、螺母、垫圈进行标记，注写技术要求，填写标题栏。

⑩使用二维 CAD 绘图软件绘制螺栓联接的装配图，并打印或截图。

请将尺规绘制的图样折叠粘贴在此页，或将用计算机绘图软件绘制的二维或三维图样，截图打印粘贴在此页。

5. 任务拓展与巩固训练

(1)绘制双头螺柱联接

(2)绘制螺钉联接

(3)螺纹紧固件联接画法及标记需要强调的几个问题

螺纹紧固件联接画法及标记需要强调的几个问题，详见参考资料（码 5-37）。

码 5-37　螺纹紧固件

(4)螺纹紧固件画图中应注意的问题

螺纹紧固件画图中应注意的问题，详见参考资料（码 5-37）。

(5)练习题（答案见参考资料码 5-38）

①解释“M16×Ph3 P1.5-7g6g-L-LH”的含义。

②一外螺纹标记为“M16”，其中 M 是________，表示________螺纹，该螺纹为________牙（填粗或细），旋向为________旋，________和________的公差带代号为________，旋合长度为________。

码 5-38　螺纹分类及练习题答案

③对螺纹标记“M12×1-5g6g-L-LH”中的正确称呼是(　　)。

A. M12×1 是尺寸代号　　B. M12×1 是螺纹代号　　C. 12×1 是尺寸代号

④螺纹标记“M20”是指(　　)。

A. 内螺纹　　B. 外螺纹

C. 内螺纹或外螺纹　　D. 螺纹副

⑤管螺纹标记“G3/4”中的数字“3/4”是指(　　)。

A. 以 mm 为单位的管子通径　　B. 以英寸为单位的管子通径

C. 以 mm 为单位的螺纹公称直径　　D. 无单位的尺寸代号

⑥某螺孔的标记为“M10”，这一简化标记无法确定螺纹的公差带代号。 (　　)

⑦凡是左旋标准螺纹，必须在标记中注写“LH”，标记中无“LH”者均应理解为右旋螺纹。 (　　)

(6)螺纹的分类

螺纹的分类详见参考资料(码 5-38)。

码 5-38　螺纹分类及练习题答案

学习性工作任务(二)　绘制滚动轴承

1. 任务描述

依据给定的滚动轴承组件，如图 5-28 所示，分析其结构，按照国家制图标准对标准件滚动轴承的规定画法和标注规定，绘制滚动轴承支撑处的局部装配图，并进行正确的标记。

学习条件及环境要求：机械制图实训室、计算机、绘图软件(三维、二维)、多媒体、适量滚动轴承模型、教材、参考书、网络课程及其他资源等。

图 5-28　滚动轴承

教学时间(计划学时)：4 学时。

任务目标：

①能够叙述轴承的功用、种类、结构组成。

②能够叙述滚动轴承的代号编写规则，并能够对轴承进行正确标记，也能够根据标记代号查阅标准。

③能够在教师的指导下，按照国标中的规定画法绘制装配图中的滚动轴承。

④能够利用 CAD 绘制装配图中的滚动轴承。

2. 任务准备

(1)信息收集

①轴承的功用、种类、结构组成。

②滚动轴承的代号及规定画法。

③手工绘制滚动轴承。

④CAD 绘制滚动轴承。

(2)材料、工具

所用材料、工具分别见表 5-5 及表 5-6。

表 5-5　材料计划表

材料名称	规格	单位	数量	备注
滚动轴承	—	套	10	—
标准图纸	A4	张	1	—
草稿纸	—	张	若干	—

表 5-6　工具计划表

工具名称	规格	单位	数量	备注
绘图铅笔	2H、2B	支	2	自备
图板	A3 号	块	1	—
丁字尺	60 mm	个	1	—
计算机(CAD 绘图软件)	二维、三维	台	40	—

(3)任务分组

学生按 4 ~6 人一组,通常为 5 人,明确每组的工作任务,填写分组任务表及学生小组任务分配表,每组及每个学生的任务,可以相同也可以有差异性,视情况而定。

具体学生分组及学习小组任务分配见附页。

3. 引导性学习资料

引导问题(1)

①滚动轴承的结构如何?

②滚动轴承的类型包括哪些?

③滚动轴承的画法有哪些?通用画法如何?特征画法如何?

④滚动轴承的规定画法如何?

⑤滚动轴承的代号如何?

(1)滚动轴承的用途

轴承是在机械传动过程中起固定、支承和减小载荷摩擦系数的部件。也可以说,当其他机件在轴上彼此产生相对运动时,用来降低运动力传递过程中的摩擦系数和保持转轴中心位置固定的机件。轴承是当代机械设备中一种举足轻重的零部件。其主要功能是支撑机械旋转体,是用来支承轴的组件,用以降低设备在传动过程中的机械载荷摩擦系数,其精度、性能、寿命和可靠性对主机的精度、性能、寿命和可靠性起着决定性的作用。

按运动原件摩擦性质的不同,轴承可分为滚动轴承和滑动轴承两类。滚动轴承,由于其具有摩擦阻力小、结构紧凑等优点,在机器中被广泛应用。滚动轴承的结构形式、尺寸均已标准化,如图 5-29 所示,由专门的工厂生产,使用时可根据设计要求进行选择。

图 5-29　滚动轴承

(2)滚动轴承的构造与种类

1)滚动轴承的组成

①滚动轴承的四大件。滚动轴承一般由外圈、内圈、滚动体和保持架组成,如图 5-30 所示。

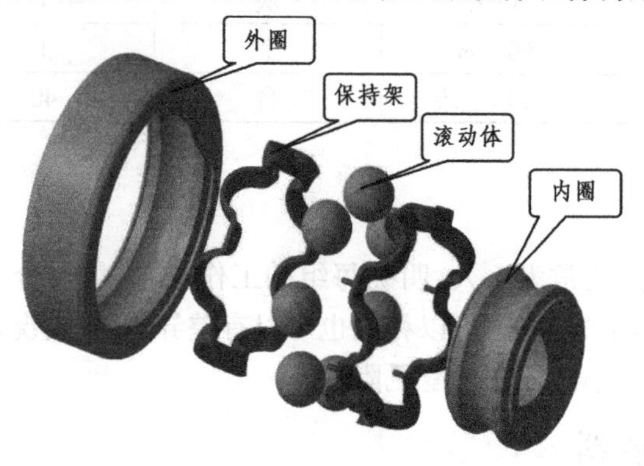

图 5-30　滚动轴承的构造

a. 内圈。通常与轴紧密配合,并与轴一起旋转。

b. 外圈。通常与轴承座孔或机械部件的壳体配合,起支撑作用。

c. 滚动体。借助保持架均匀地排列在内、外圈之间,其形状 、大小和数量直接决定轴承的承载能力。

d. 保持架。将滚动体均匀地分隔开,引导滚动体在正确的轨道上运动。

②滚动体的类型。滚动体根据所承受载荷方向的不同,有球形、鼓形、圆锥形、圆柱形等,如图 5-31 所示。

③保持架的类型。保持架根据其使用材质的不同,有如下类型,如图 5-32 所示。

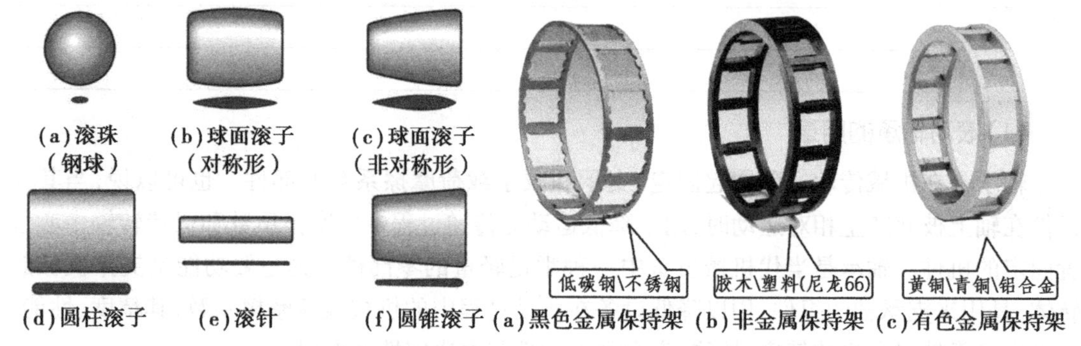

图 5-31　滚动体的类型　　图 5-32　保持架的类型

2)滚动轴承的种类

①按承受载荷的方向分类。

a. 主要承受径向载荷,如图 5-33(a)所示的深沟球轴承。

b. 主要承受轴向载荷,如图 5-33(b)所示的推力球轴承。

c. 同时承受径向载荷和轴向载荷,如图 5-33(c)所示的圆锥滚子轴承。

②按外形尺寸大小的分类。

a. 微型轴承——公称外径尺寸范围 $D<26$ mm 的轴承。

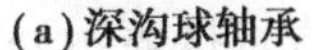

(a)深沟球轴承　(b)推力球轴承　(c)圆锥滚子轴承

图 5-33　滚动轴承按承受载荷的方向分类

b. 小型轴承——公称外径尺寸范围为 $26 \leqslant D<60$ mm 的轴承。

c. 中小型轴承——公称外径尺寸范围为 $60 \leqslant D<120$ mm 的轴承。

d. 中大型轴承——公称外径尺寸范围为 $120 \leqslant D<200$ mm 的轴承。

e. 大型轴承——公称外径尺寸范围为 $200 \leqslant D<400$ mm 的轴承。

f. 特大型轴承——公称外径尺寸范围 $400 \leqslant D<2\ 000$ mm 的轴承。

g. 重大型轴承——公称外径尺寸范围 $D \geqslant 2\ 000$ mm 的轴承。

③常见的滚动轴承。常见的滚动轴承有深沟球轴承、角接触轴承、推力滚针轴承、推力球轴承、调心球轴承、自动调心球轴承、组合类轴承及其他轴承(包括圆柱、圆锥滚子轴承、包角轴承等)。

(3)滚动轴承的代号

滚动轴承常用基本代号表示,基本代号由轴承类型代号、尺寸系列代号、内径代号构成。

1)轴承类型代号

轴承类型代号用数字或字母表示,见表 5-7。

表 5-7　轴承类型代号

《滚动轴承　代号方法》(GB/T 272—2017)

代号	0	1	2		3	4	5	6	7	8	N	U	QJ
轴承类型	双列角接触球轴承	调心球轴承	调心滚子轴承	推力调心滚子轴承	圆锥滚子轴承	双列深沟球轴承	推力球轴承	深沟球轴承	角接触球轴承	推力圆柱滚子轴承	圆柱滚子轴承	外球面球轴承	四点接触球轴承

2)尺寸系列代号

尺寸系列代号由轴承宽(高)度系列代号和直径系列代号组合而成,一般用两位数字表示(有时省略其中一位)。它的主要作用是区别内径(d)相同而宽度和外径不同的轴承,具体代号需查阅相关标准。

3)内径代号

内径代号表示轴承的公称内径,一般用两位数字表示。

a. 代号数字为 00,01,02,03 时,分别表示内径 $d=10$ mm,12 mm,15 mm,17 mm。

b. 代号数字为 04 ~96 时,代号数字乘以 5,即得轴承内径。

c. 轴承公称内径为 1 ~9 mm、22 mm、28 mm、32 mm、500 mm 或大于 500 mm 时,用公称内径毫米数值直接表示,但与尺寸系列代号之间需用"/"隔开,如"深沟球轴承 62/22,$d=22$ mm"。

轴承基本代号举例:

【例】6209　09 为内径代号,$d=45$ mm;2 为尺寸系列代号(02),其中宽度系列代号 0 省略,直径系列代号为 2;6 为轴承类型代号,表示深沟球轴承。

【例】62/22　22 为内径代号,$d=22$ mm(用公称内径毫米数值直接表示);2 和 6 与上一例题的含义相同。

【例】30314　14 为内径代号,$d=70$ mm;03 为尺寸系列代号(03),其中宽度系列代号为 0,直径系列代号为 3;3 为轴承类型代号,表示圆锥滚子轴承。

(4)滚动轴承的画法

在装配图中滚动轴承的轮廓按外径 D、内径 d、宽度 B 等实际尺寸绘制,其余部分用简化画法或用示意画法绘制。在同一图样中,一般只采用其中的一种画法。常用滚动轴承的画法,见表 5-8。

表 5-8　常用滚动轴承的画法

《机械制图 滚动轴承表示法》(GB/T 4459.7—2017)

名称、标准号和代号	主要尺寸数据	规定画法	特征画法	装配示意图
深沟球轴承 60000	D d B	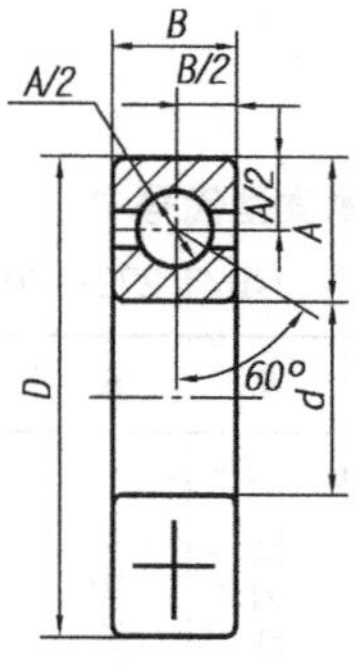 B, B/2, A/2, A/2, A, 60°, D, d	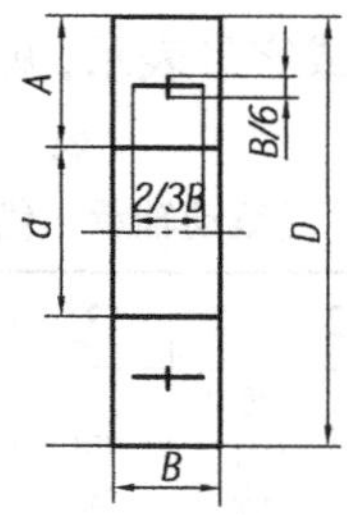 A, B/6, 2/3B, d, D, B	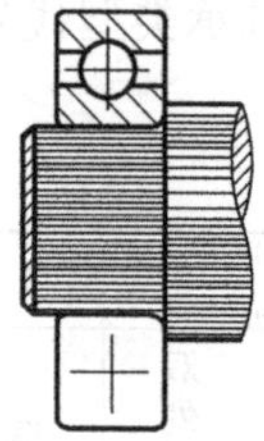
圆锥滚子轴承 30000	D d B T C	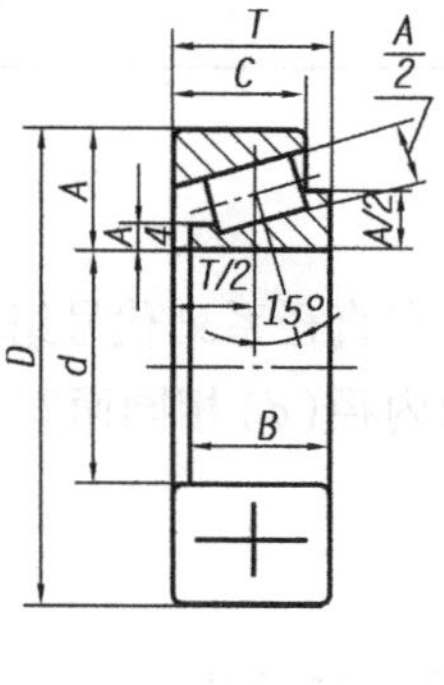 T, C, A/2, A, A/2, T/2, 15°, D, d, B	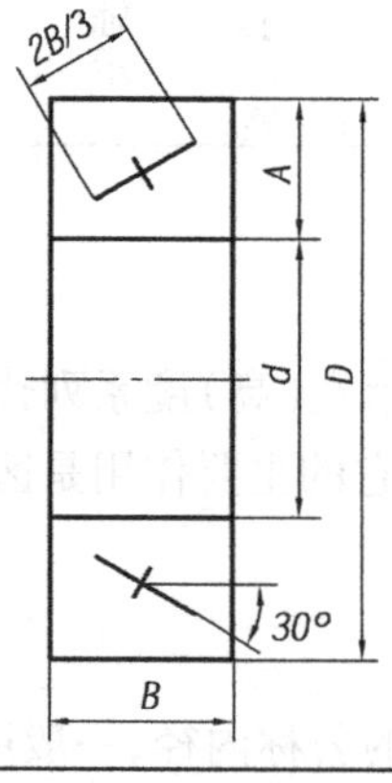 2B/3, A, d, D, 30°, B	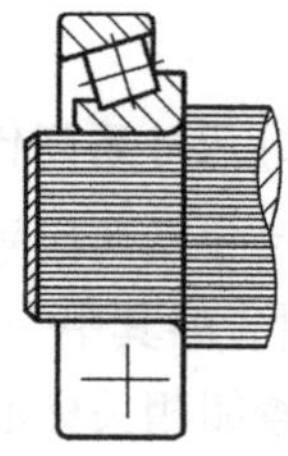

续表

名称、标准号和代号	主要尺寸数据	规定画法	特征画法	装配示意图
推力球轴承 50000	*D* *d* *T*			

1）通用画法

若不必确切地表示滚动轴承的外形轮廓、载荷特性及结构特征时，可采用通用画法，如图5-34所示。

2）特征画法

若需要形象地表达滚动轴承的结构特征时，可采用特征画法，如图5-35所示。

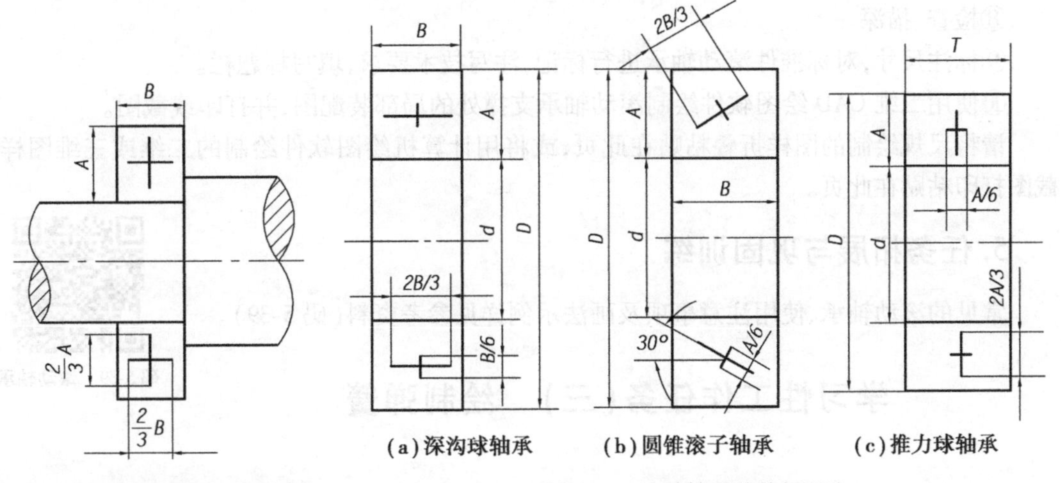

(a)深沟球轴承　(b)圆锥滚子轴承　(c)推力球轴承

图5-34　滚动轴承的通用画法

图5-35　滚动轴承的特征画法

3）规定画法

当需要表达滚动轴承的主要结构时，可采用规定画法，如图5-36所示。

4. 边学边练

①检查所需工具、材料是否齐全；检查工作环境是否干净、整洁。

②对给定的滚动轴承组件进行结构和参数分析，确定其型号、内圈直径、外圈直径和宽度，注意确定的结构型号参数要符合国家标准。

③根据确定的结构参数，查表得出各部分的尺寸。

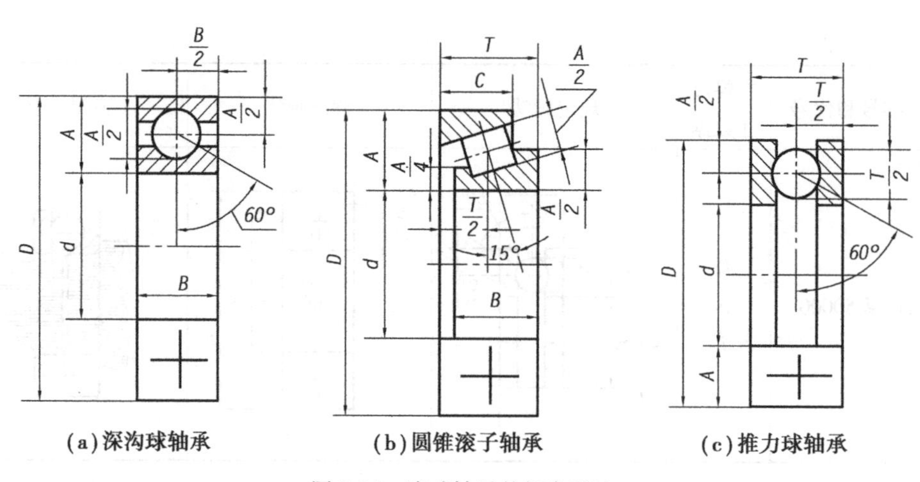

图 5-36　滚动轴承的规定画法

④先确定其主视图的投射方向,再根据其大小确定各个视图的总体尺寸,然后选定绘图的比例及图幅。

⑤整理干净桌面,铺放图纸,用细实线绘制图纸的边界线、图框线及标题栏的外框线。

⑥根据所绘制滚动轴承支撑处的的尺寸大小,布局图面,绘制出基准线及重要的图线。

⑦进一步对给定的滚动轴承组件进行分析,确定绘图的先后顺序,绘制底稿。各部分结构,都要几个视图对应着画,一般从最能反映其形状结构特征的视图入手。

⑧检查、描深。

⑨标注尺寸,对标准件滚动轴承进行标记,注写技术要求,填写标题栏。

⑩使用二维 CAD 绘图软件绘制滚动轴承支撑处的局部装配图,并打印或截图。

请将尺规绘制的图样折叠粘贴在此页,或将用计算机绘图软件绘制的二维或三维图样,截图打印粘贴在此页。

5. 任务拓展与巩固训练

常见的滚动轴承、使用注意事项及画法示例详见参考资料(码 5-39)。

码 5-39　滚动轴承

学习性工作任务(三)　绘制弹簧

1. 任务描述

根据给定的弹簧,如图 5-37 所示,分析其结构,按照国家制图标准对常用件弹簧的规定画法和标注规定,绘制圆柱螺旋压缩弹簧的零件工作图,并进行正确的标记。

图 5-37　圆柱螺旋压缩弹簧

学习条件及环境要求:机械制图实训室,计算机、绘图软件(三维、二维)、多媒体、适量圆柱螺旋压缩弹簧模型、教材、参考书、网络课程及其他资源等。

教学时间(计划学时):8 学时。

任务目标：

①能够叙述弹簧的功用、种类、结构组成。

②能够叙述圆柱螺旋压缩弹簧的基本结构、基本参数（簧丝直径、内径、外径等）。

③能够根据已知参数进行弹簧各部分的结构尺寸计算。

④能够在教师的指导下，按照国标中的规定画法绘制圆柱螺旋压缩弹簧的零件工作图及装配图中的圆柱螺旋压缩弹簧。

⑤CAD 绘制装配图中的圆柱螺旋压缩弹簧。

2. 任务准备

（1）信息收集

①弹簧的功用、种类、结构组成。

②圆柱螺旋压缩弹簧的基本结构、基本参数（簧丝直径、内径、外径等），各部分的结构尺寸计算。

③圆柱螺旋压缩弹簧的规定画法。

④手工绘制圆柱螺旋压缩弹簧。

⑤CAD 绘制圆柱螺旋压缩弹簧。

（2）材料、工具

所用材料、工具分别见表 5-9 及表 5-10。

表 5-9　材料计划表

材料名称	规格	单位	数量	备注
圆柱螺旋压缩弹簧		套	10	—
标准图纸	A4	张	1	—
草稿纸	—	张	若干	—

表 5-10　工具计划表

工具名称	规格	单位	数量	备注
绘图铅笔	2H、2B	支	2	自备
图板	A3 号	块	1	—
丁字尺	60 mm	个	1	—
计算机（CAD 绘图软件）	二维、三维	台	40	—

（3）任务分组

学生按 4 ~ 6 人一组，通常为 5 人，明确每组的工作任务，填写分组任务表及学生小组任务分配表，每组及每个学生的任务，可以相同也可以有差异性，视情况而定。

具体学生分组及学习小组任务分配见附页。

3. 引导性学习资料

引导问题(1)

①弹簧的作用及种类有哪些?

②弹簧的有关术语有哪些?

③圆柱螺旋压缩弹簧的画图方法和步骤如何?

弹簧是在机械中广泛地用来减振、夹紧、储存能量和测力的零件。常用的弹簧有圆柱螺旋压缩弹簧、板弹簧、涡卷弹簧等,其中圆柱螺旋弹簧又分为压缩弹簧、拉伸弹簧和扭转弹簧,如图5-38、图5-39所示。

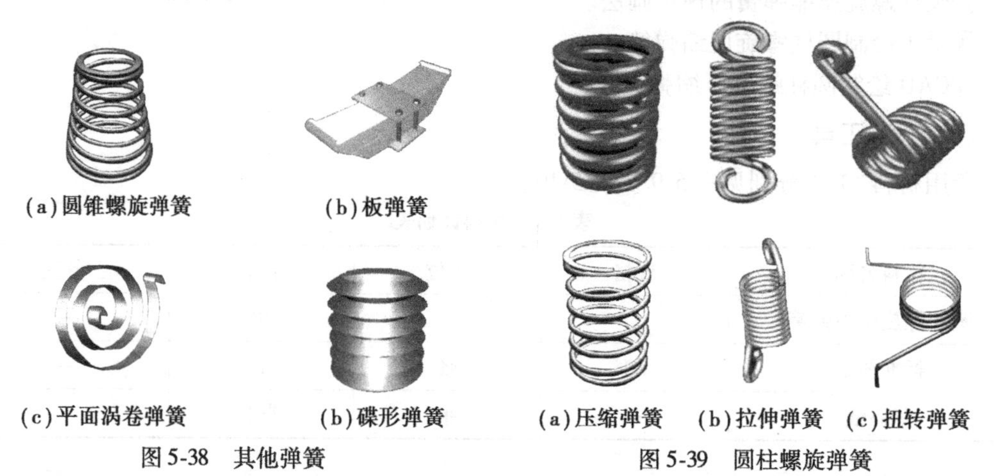
(a)圆锥螺旋弹簧 (b)板弹簧 (c)平面涡卷弹簧 (b)碟形弹簧

图5-38 其他弹簧

(a)压缩弹簧 (b)拉伸弹簧 (c)扭转弹簧

图5-39 圆柱螺旋弹簧

本节主要介绍圆柱螺旋压缩弹簧各部分的名称、尺寸关系及其画法。如图5-40(a)所示,

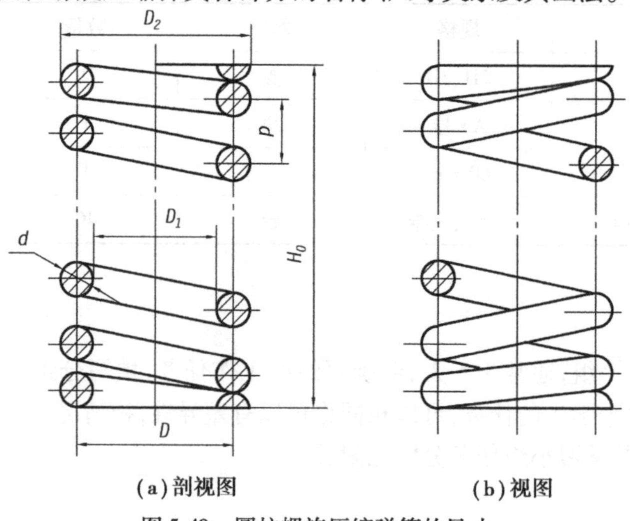

(a)剖视图 (b)视图

图5-40 圆柱螺旋压缩弹簧的尺寸

制造弹簧用的金属丝直径用 d 表示；弹簧的外径、内径和中径分别用 D_2、D_1 和 D 表示；节距用 p 表示；高度用 H_0 表示。

1）圆柱螺旋压缩弹簧的画图方法和步骤

圆柱螺旋压缩弹簧的画图方法和步骤如图 5-41 所示。

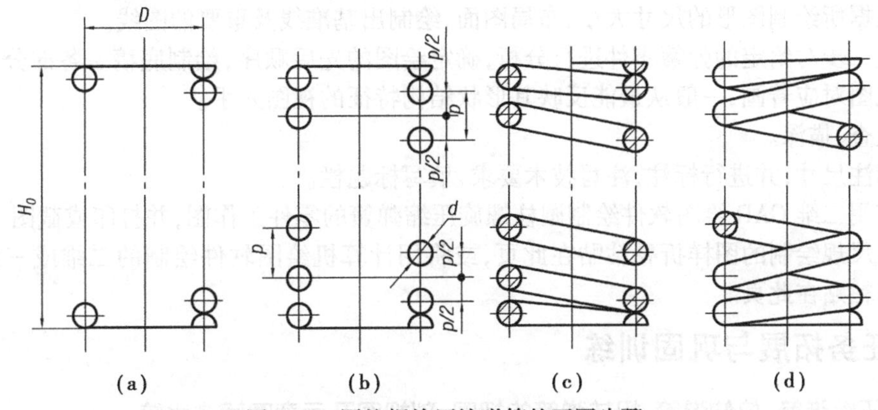

图 5-41　圆柱螺旋压缩弹簧的画图步骤

2）弹簧在装配图中的画法

弹簧在装配图中的画法，如图 5-42 所示。

①弹簧后面被遮挡住的零件轮廓不必画出（一般不画），可见部分的轮廓线画至弹簧外轮廓线或钢丝断面中心线，如图 5-42（a）所示。

②当弹簧的簧丝直径小于或等于 2 mm 时，断面可以涂黑表示，如图 5-42（b）所示。也可采用示意画法画出，如图 5-42（c）所示。

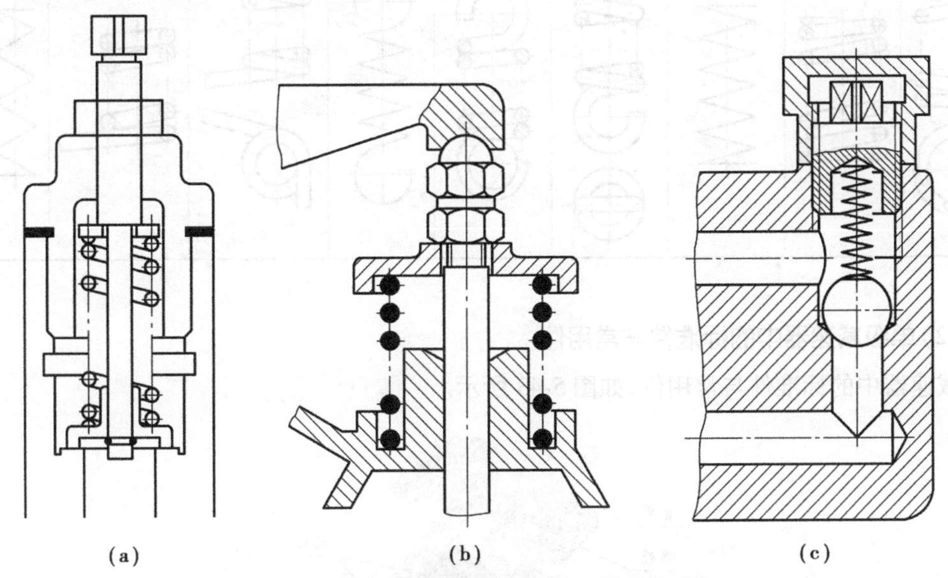

图 5-42　圆柱螺旋压缩弹簧在装配图中的画法

4. 边学边练

①检查所需工具、材料是否齐全；检查工作环境是否干净、整洁。

②对给定的圆柱螺旋压缩弹簧零件进行结构和参数分析，确定其簧丝直径、自由高度、中径、支承圈数、有效圈数等，注意确定的支承圈数要符合国家标准。

③根据确定的簧丝直径、中径,计算出弹簧各部分的尺寸。

④根据国家标准对圆柱螺旋压缩弹簧的规定画法及其尺寸大小的规定,确定各个视图的总体尺寸,然后选定绘图的比例及图幅。

⑤整理干净桌面,铺放图纸,用细实线绘制图纸的边界线、图框线及标题栏的外框线。

⑥根据所绘制图形的尺寸大小,布局图面,绘制出基准线及重要的图线。

⑦进一步对给定的弹簧零件进行分析,确定绘图的先后顺序,绘制底稿。各部分结构,都要几个视图对应着画,一般从最能反映其形状结构特征的视图入手。

⑧检查、描深。

⑨标注尺寸,并进行标注,注写技术要求,填写标题栏。

⑩使用二维 CAD 绘图软件绘制圆柱螺旋压缩弹簧的零件工作图,并打印或截图。

请将尺规绘制的图样折叠粘贴在此页,或将用计算机绘图软件绘制的二维或三维图样,截图打印粘贴在此页。

5. 任务拓展与巩固训练

(1)压缩弹簧、拉伸弹簧、扭转弹簧的视图、剖视图及示意图画法比较

压缩弹簧、拉伸弹簧、扭转弹簧的视图、剖视图及示意图画法比较,见表 5-11。

表 5-11 压缩弹簧、拉伸弹簧、扭转弹簧的视图、剖视图及示意图画法比较

压缩弹簧			拉伸弹簧			扭转弹簧		
视图	剖视图	示意图	视图	剖视图	示意图	视图	剖视图	示意图

(2)单级减速器中的标准件与常用件

减速器中的标准件与常用件,如图 5-43 所示。

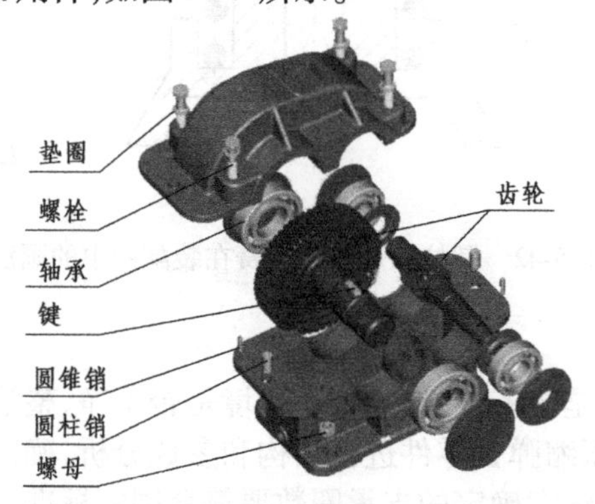

图 5-43 减速器中的标准件与常用件

学习成果与评价反馈

学生自评(20%)；小组互评(30%)；教师评价(50%)

小组互评表、学习情境总评成绩表见附页。

学习情境评价表

班级＿＿＿＿		姓名＿＿＿＿	学号＿＿＿＿			
学习情境五		标准件与常用件绘制		得分		
评价项目		评价标准	分值	学生自评	小组互评	教师评价
1	标准件与常用件的作用、分类	能够叙述标准件与常用件的区别、常用的标准件与常用件的名称及用途	10			
2	CAD 绘图软件的使用	能够较熟练地使用 2D 绘图软件的常用绘图及编辑命令	10			
3	标准件与常用件的规定画法	能够按照国家标准的规定正确表达各种类型的标准件和常用件	15			
4	标准件与常用件的标准查阅及标记	能够根据标记对标准件与常用件进行标准的查阅，也能够对绘制的标准件与常用件进行正确的标记	10			
5	对标准件与常用件基本知识的理解、掌握和应用	能够正确选用、绘制和标注标准件与常用件(重点考查螺栓连接、齿轮啮合的画法)	10			
6	图纸的总体质量	图面整洁、布局合理、内容完整	15			
7	工作态度	态度端正，无无故缺勤、迟到、早退现象	10			
8	协调能力	与小组成员、同学之间能够顺畅沟通、有效交流，协调工作	5			
9	职业素质	能够做到懂文明讲礼貌，勤俭节约，爱护公共财物及设施、保护环境	5			
10	创新能力	积极思考、善于提问，提出有代表性的问题等	5			
合计(总评)			100			

总结报告

1. 知识思维导图

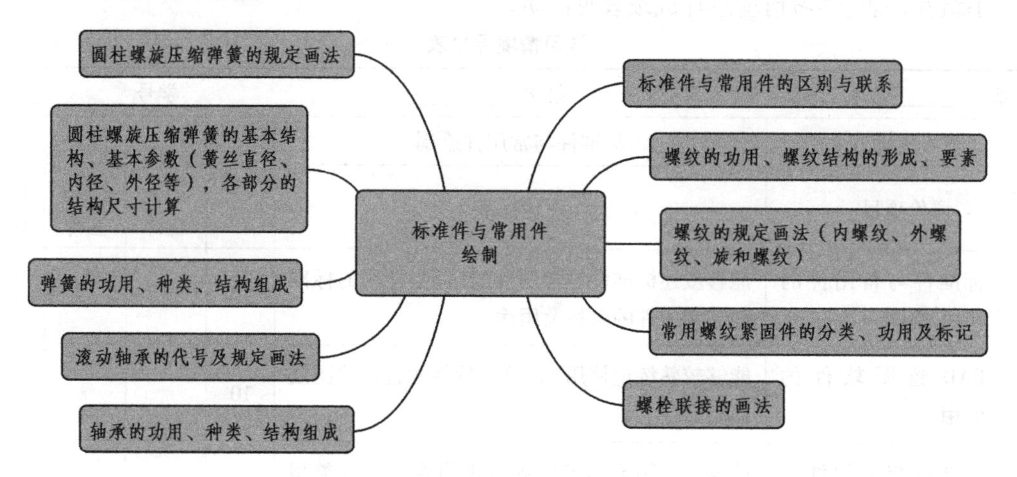

2. 自我反思

①本学习情境学会了哪些知识点？掌握了哪些技能？
②任务完成情况如何？应注意哪些问题？
③还有哪些知识与技能尚未完全明白？
④工作过程中有何不足？准备怎么改进？
⑤对教学的意见与建议。

学习笔记

学习情境六　绘制箱体类零件

学习情境描述

依据给定的底座、箱盖、箱体类零件，如图 6-1 所示，分析其结构，按照国家制图标准，根据箱体类零件的结构特点，合理确定表达方案，分析尺寸和技术要求，绘制底座、箱体的零件工作图。

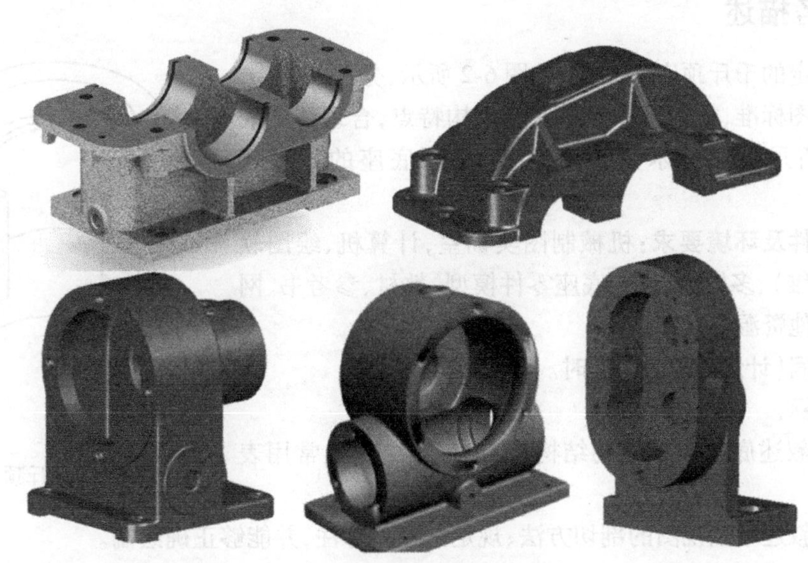

图 6-1　箱体类零件

知识目标：

①箱体类零件的结构特点（铸造圆角、工艺孔槽、凸台、凹坑等）。

②半剖视图的剖切方法、规定画法及标注。

③箱体类零件的常用表达方案。

④局部剖视图、阶梯剖视图的剖切方法、规定画法及标注。

⑤基本视图、向视图及各种简化画法。

技能目标：

①能够叙述箱体类零件的结构特点、工艺结构及常用表达方法。

②能够叙述半剖视图的剖切方法、规定画法及标注，并能够正确绘制。

③能够叙述局部剖视的剖切方法、规定画法及标注,并能够正确绘制。

④能够叙述基本视图的方位关系,向视图的规定画法及标注,并能够正确绘制。

⑤能够叙述国家标准中规定的各种简化画法,并能够正确绘制。

⑥在老师的指导下,能够绘制箱体类零件的零件工作图。

⑦能够使用CAD绘图软件,绘制箱体类零件的零件工作图。

素质培养:

①培养动手实践能力。

②培养严格遵守制图标准的意识和习惯。

③注重培养产品的质量意识。

④注重培养工作的环保意识。

⑤培养规范操作的职业素养。

⑥培养严肃认真的工作态度和一丝不苟的工作精神。

学习性工作任务(一) 绘制千斤顶底座

1.任务描述

依据给定的千斤顶底座零件,如图6-2所示,分析其结构,按照国家制图标准,根据箱体类零件的结构特点,合理确定表达方案,分析尺寸和技术要求,绘制千斤顶底座的零件工作图。

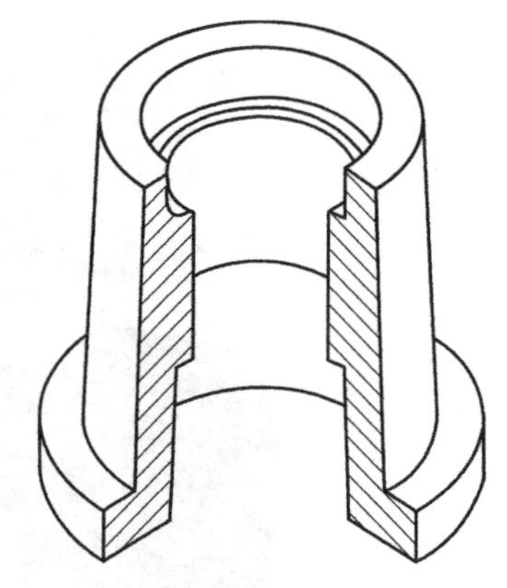

图6-2 千斤顶底座

学习条件及环境要求:机械制图实训室,计算机、绘图软件(三维、二维)、多媒体、适量底座零件模型、教材、参考书、网络课程及其他资源等。

教学时间(计划学时):4学时。

任务目标:

①能够叙述底座类零件的结构特点、工艺结构及常用表达方法。

②能够叙述半剖视图的剖切方法、规定画法及标注,并能够正确绘制。

③能够叙述局部剖视的剖切方法、规定画法及标注,并能够正确绘制。

④在老师的指导下,能够手工绘制底座的零件工作图。

⑤在老师的指导下,能够使用CAD绘制底座的零件工作图。

2.任务准备

(1)信息收集

①底座类零件的结构特点(铸造圆角、工艺孔槽、凸台、凹坑等)。

②半剖视图(剖切方法、规定画法、标注)。

③底座类零件的常用表达方案。

④手工绘制底座的零件工作图。

⑤CAD 绘制底座的零件工作图。

(2)材料、工具

所用材料、工具分别见表 6-1 及表 6-2。

表 6-1　材料计划表

材料名称	规格	单位	数量	备注
千斤顶底座	—	套	10	—
标准图纸	A4（A3）	张	1	—
草稿纸	—	张	若干	—

表 6-2　工具计划表

工具名称	规格	单位	数量	备注
绘图铅笔	2H、2B	支	2	自备
图板	A3 号	块	1	—
丁字尺	60 mm	个	1	—
计算机(CAD 绘图软件)	二维、三维	台	40	—

(3)任务分组

学生按 4 ~6 人一组,通常为 5 人,明确每组的工作任务,填写分组任务表及学生小组任务分配表,每组及每个学生的任务,可以相同也可以有差异性,视情况而定。

具体学生分组及学习小组任务分配见附表。

3. 引导性学习资料

引导问题(1)

①箱体类零件的用途、结构特点如何?

②箱体类零件的表达方法如何?

③箱体类零件的尺寸及技术要求如何标注?

(1)箱体类零件

箱体类零件主要用来支承、包容和保护运动零件或其他零件,也起定位和密封作用。其内外结构都比较复杂,内部有空腔、轴承孔、凸台或凹坑、肋板及螺孔等结构,毛坯多为铸件,经机械加工而成。

由于箱体在机器中的位置是固定的，因此，箱体的主视图通常按工作位置和形状特征原则来选择。为了清晰地表达内外形状结构，需要 3 个或 3 个以上的基本视图，并以适当的剖视表达内部结构。如图 6-3 所示的泵体，主视图（见 *B—B* 局部剖视图）按工作位置来选择，清楚地表达了泵体的内部结构及左、右端面螺纹孔和销孔的深度，而且明显地反映了泵体左右各部分的相对位置。左视图进一步表达了泵体的内部形状以及左端面上螺纹和销孔的分布位置及大小，还采用了局部剖视表达进出油孔的大小及位置。右视图重点表达了泵体右端面凸台的形状。而 *A—A* 剖视反映了安装板的形状、沉孔的位置以及支撑板的端面形状。

码 6-40　抓主要矛盾，养科学思维

视图选择主要是选择主视图，同时兼顾其他视图，为此生活、工作及学习中，我们也要学会抓主要矛盾，养成科学的思维习惯，详见参考资料（码 6-40）。

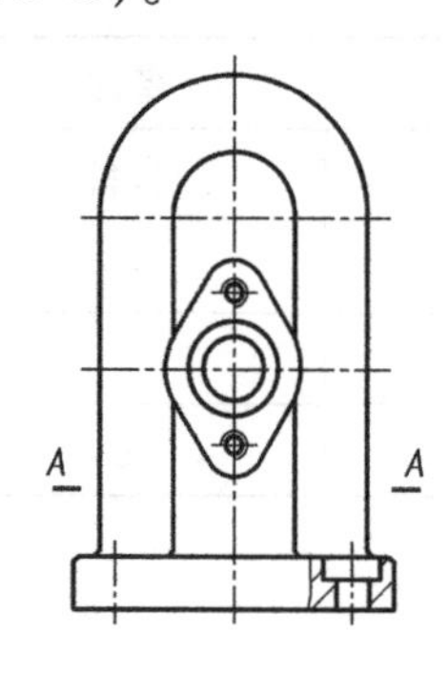

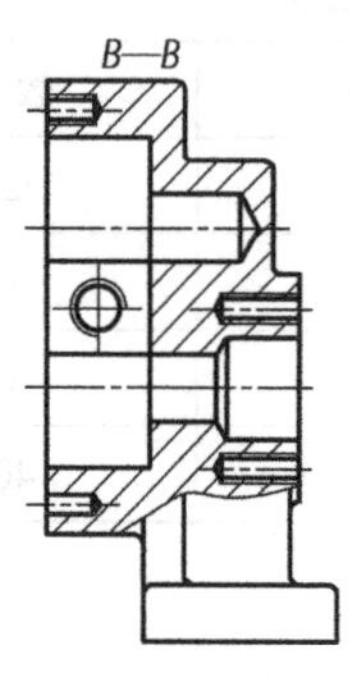

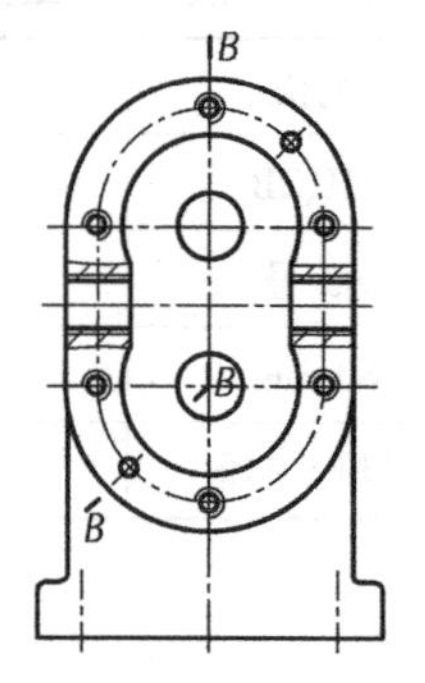

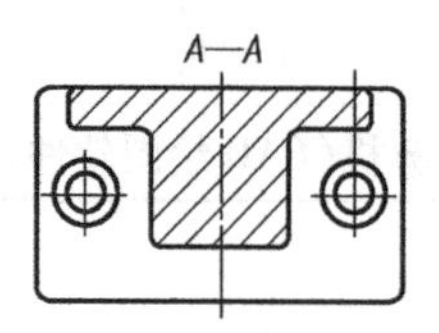

图 6-3　泵体的表示方法

引导问题（2）

①什么是基本视图？如何配置？它的投影关系符合什么规律？

②选择基本视图的原则是什么？

③什么是向视图？如何标注？

④什么是半剖视图？半剖视图的适用范围有哪些？

⑤半剖视图如何标注？画半剖视图的注意事项有哪些？

⑥什么是局部视图？画局部视图应注意什么？

⑦零件的表达方法包括哪些？如何对零件表达方法进行综合识读？

（2）视图

机件向投影面投射所得的图形称为视图。视图主要用于表达机件的外部结构形状，一般只画出机件的可见部分，其不可见部分用虚线表示，必要时虚线可以省略不画。视图可分为基本视图、向视图、局部视图等。

1）基本视图

在原有3个投影面的基础上，再增设3个投影面，构成一个正六面体，这6个面被称为基本投影面。将机件放在正六面体内，分别向各基本投影面投射，所得到的6个视图称为基本视图。除了前面已经介绍过的主、俯、左视图外，还有从右向左投射所得的右视图，从下向上投射所得的仰视图，从后向前投射所得的后视图。

6个基本投影面的展开方法如图6-4所示。6个基本投影面的配置关系如图6-5所示。

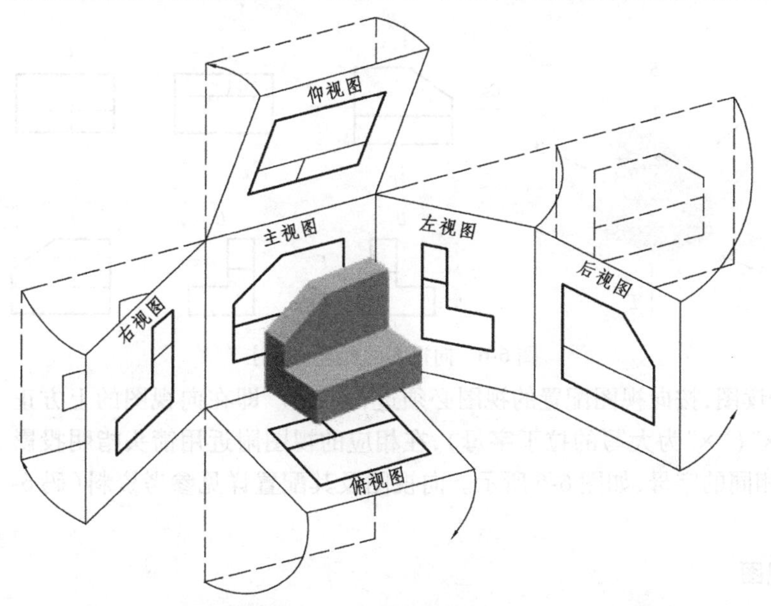

图6-4　6个基本投影面的展开

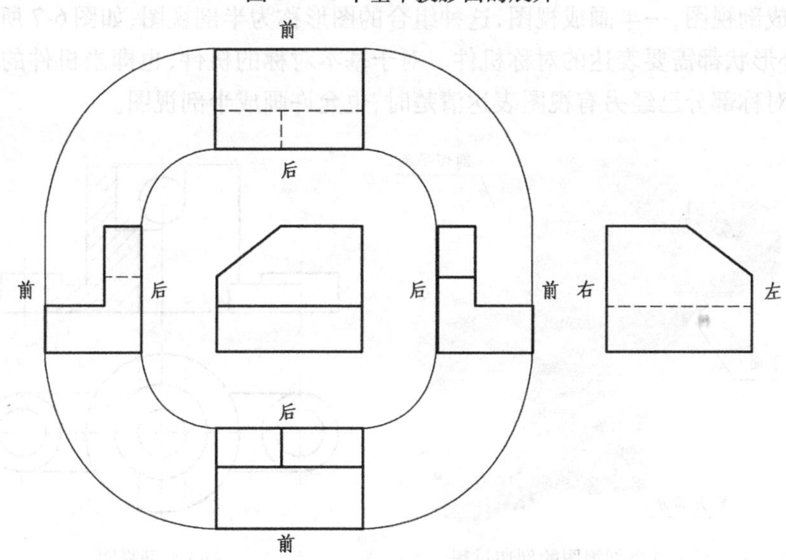

图6-5　6个基本视图的配置关系

6个基本视图若在同一张图纸上，按图6-5所示的规定位置配置视图时，一律不标注视图名称。

如图6-5所示，6个基本视图之间仍保持“长对正、高平齐、宽相等”的投影关系。除后视图外，各视图靠近主视图的一侧均表示机件的后面；各视图远离主视图的一侧均表示机件的前面。

在平时的学习中，我们要勤学好问，不学不成。详见参考资料（码 6-41）。

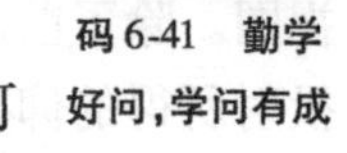

码 6-41 勤学好问，学问有成

2）向视图

向视图是可以自由配置的视图。为了合理地利用图纸的幅面，基本视图可以不按投影关系配置。这时，可以用向视图来表示，如图 6-6 所示。

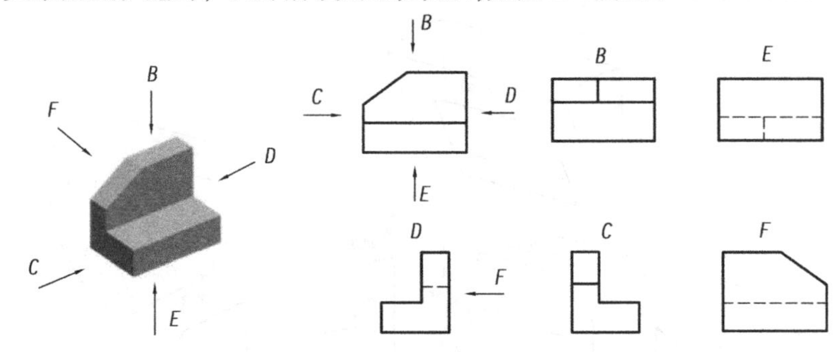

图 6-6 向视图的配置与标注

为了便于读图，按向视图配置的视图必须进行标注。即在向视图的上方正中位置标注“×”（“×”为大写的拉丁字母），在相应的视图附近用箭头指明投影方向，并标注相同的字母，如图 6-6 所示。向视图及其配置详见参考资料（码 6-42）。

码 6-42 向视图及其配置

3）半剖视图

当机件具有对称平面，向垂直于机件的对称平面的投影面上投射所得的图形，以对称线为界，一半画成剖视图，一半画成视图，这种组合的图形称为半剖视图，如图 6-7 所示。半剖视图适用于内外形状都需要表达的对称机件。对于基本对称的机件，也即当机件的形状接近于对称，且其不对称部分已经另有视图表达清楚时，也允许画成半剖视图。

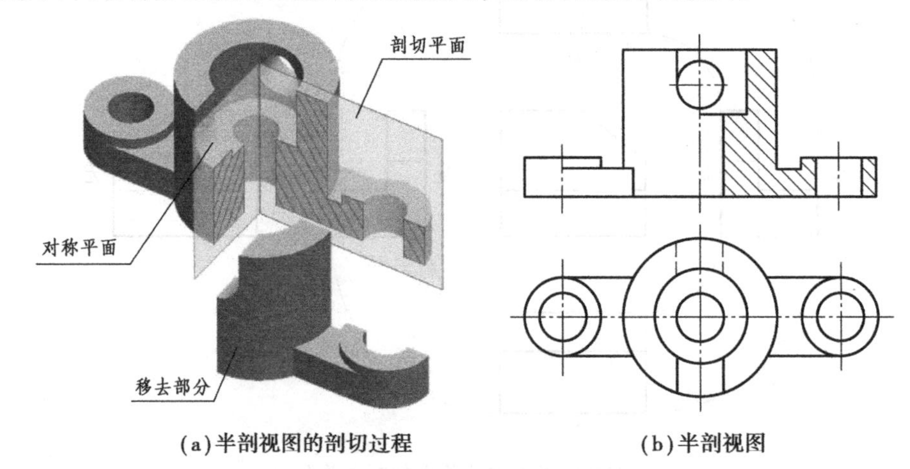

（a）半剖视图的剖切过程　（b）半剖视图

图 6-7 半剖视图的形成及标注

画半剖视图时应注意的问题：

①半个视图与半个剖视图的分界线应以对称中心的细点画线为界，不能画成其他图线，

更不能理解为机件被两个相互垂直的剖切面共同剖切将其画成粗实线，如图6-7所示。

②采用半剖视图后，不剖的一半不画虚线，但对孔、槽等结构要用点画线画出其中心位置。如图6-7所示，左一半不应画出虚线。

③画对称机件的半剖视图时，应根据机件对称的实际情况，将一半剖视图画在主、俯视图的右一半，俯、左视图的前一半上，主、左视图的上一半上，也即剖右不剖左，剖前不剖后，剖上不剖下。基本对称机件的半剖视图，如图6-9、图6-10所示。

注意：半剖视图的标注方法及省略标注的情况与全剖视图完全相同，图6-8所示为错误标注。

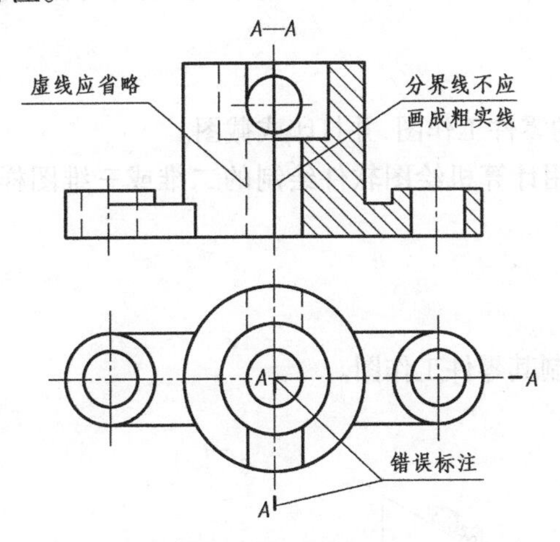

图6-8　半剖视图的错误画法与标注

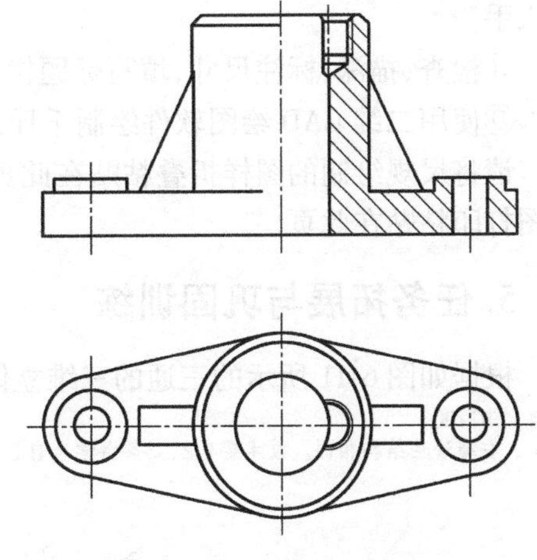

图6-9　基本对称的半剖视图(一)

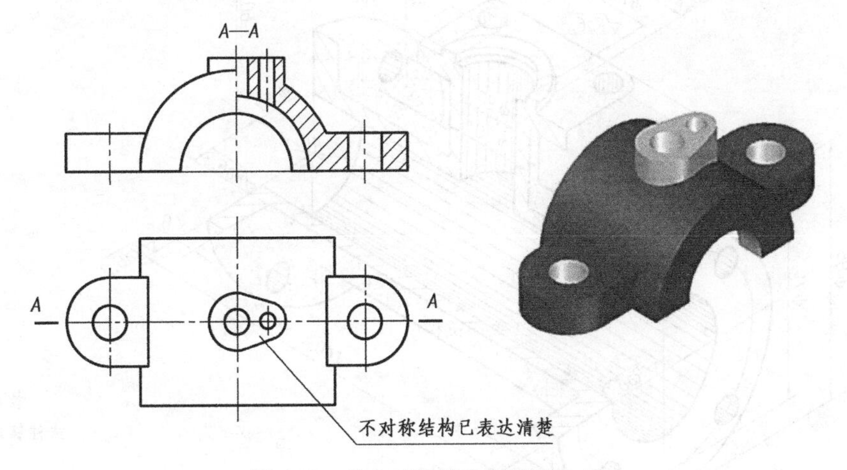

图6-10　基本对称的半剖视图(二)

4. 边学边练

①检查所需工具、材料是否齐全；检查工作环境是否干净、整洁。

②对给定的千斤顶底座零件进行形体分析，了解其总体形状和结构，其组合形式如何？由哪几个部分组成？每一部分的形状、结构如何？各部分之间的相对位置关系及表面连接关系如何？

③先确定其主视图的投射方向,再根据其大小确定各个视图的总体尺寸,然后选定绘图的比例及图幅。

④整理干净桌面,铺放固定图纸,用细实线绘制图纸的边界线、图框线及标题栏的外框线。

⑤根据所绘制图形的尺寸大小,布局图面,绘制出基准线及重要的图线。

⑥进一步对给定的支座零件进行形体分析,确定绘图的先后顺序:先画尺寸大的、主要的结构,后画尺寸小的、次要的结构。

⑦绘制底稿,各部分结构,都要3个视图对应着画,一般从最能反映其形状结构特征的视图入手。

⑧检查、描深,标注尺寸,填写标题栏。

⑨使用二维CAD绘图软件绘制千斤顶底座的零件工作图,并打印或截图。

请将尺规绘制的图样折叠粘贴在此页,或将用计算机绘图软件绘制的二维或三维图样,截图打印粘贴在此页。

5. 任务拓展与巩固训练

根据如图6-11所示的三通的三维立体图,绘制其零件工作图。

材料 HT200
(左、右端法兰结构相同。技术要求2、3条由学生自己确定。)

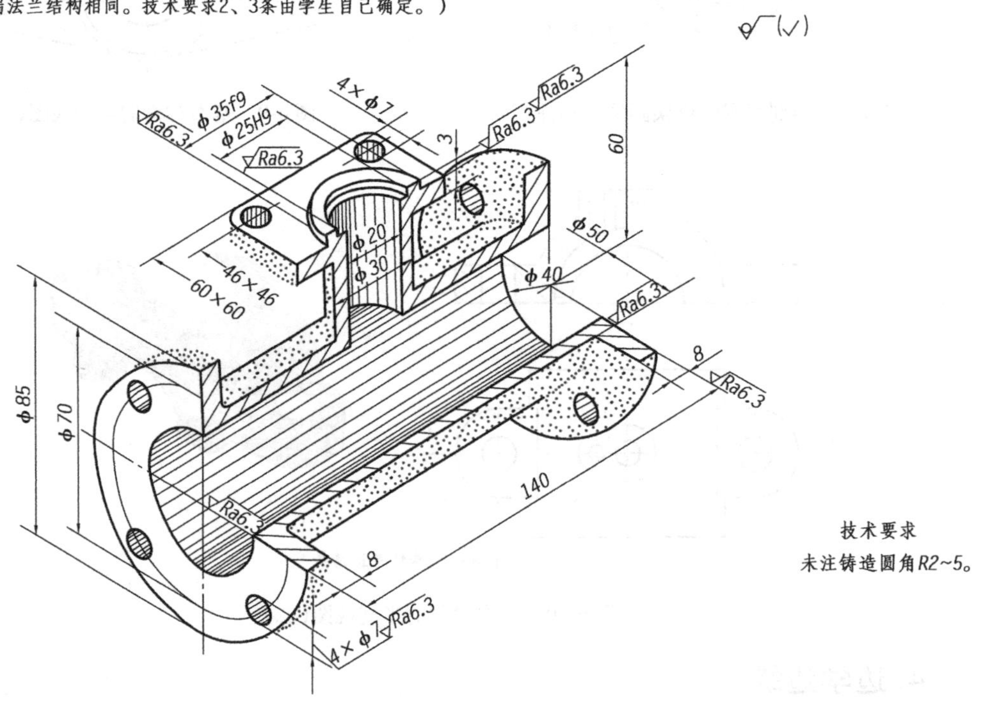

图6-11 三通

学习性工作任务(二)　绘制减速器箱体

1. 任务描述

根据给定的减速器箱体零件,如图 6-12 所示,分析其结构,按照国家制图标准,根据箱体类零件的结构特点,合理确定表达方案,分析尺寸和技术要求,绘制减速器箱体的零件工作图。

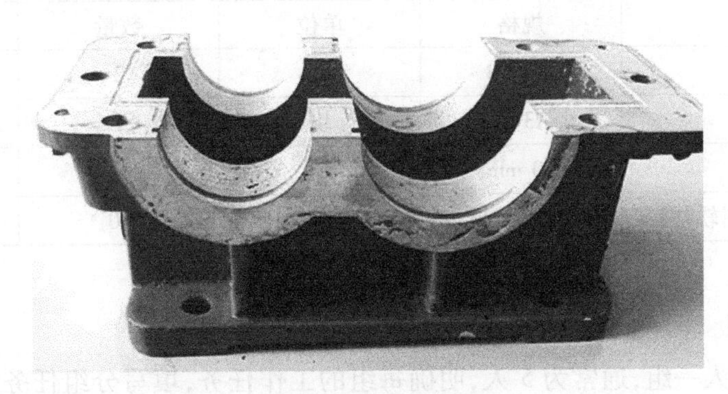

图 6-12　减速器箱体

学习条件及环境要求:机械制图实训室、计算机、绘图软件(三维、二维)、多媒体、适量箱体零件模型、教材、参考书、网络课程及其他资源等。

教学时间(计划学时):8 学时。

任务目标:

①能够叙述底座类零件的结构特点、工艺结构及常用表达方法。

②能够叙述半剖视图的剖切方法、规定画法及标注,并能够正确绘制。

③能够叙述局部剖视的剖切方法、规定画法及标注,并能够正确绘制。

④在老师的指导下,能够手工绘制减速器箱体的零件工作图。

⑤在老师的指导下,能够使用 CAD 绘制减速器箱体的零件工作图。

2. 任务准备

(1)信息收集

①箱体类零件的结构特点(铸造圆角、工艺孔槽等)。

②阶梯剖视图(剖切方法、规定画法、标注)。

③向视图、简化画法。

④销连接。

⑤箱体类零件的常用表达方案。

⑥手工绘制箱体的零件工作图。

⑦CAD 绘制箱体的零件工作图。

(2)材料、工具

所用材料、工具分别见表 6-3 及表 6-4。

表 6-3　材料计划表

材料名称	规格	单位	数量	备注
减速器箱体	—	套	10	—
标准图纸	A3	张	1	—
草稿纸	—	张	若干	—

表 6-4　工具计划表

工具名称	规格	单位	数量	备注
绘图铅笔	2H、2B	支	2	自备
图板	A3 号	块	1	—
丁字尺	60 mm	个	1	—
计算机(CAD 绘图软件)	二维、三维	台	40	—

(3)任务分组

学生按 4 ~6 人一组,通常为 5 人,明确每组的工作任务,填写分组任务表及学生小组任务分配表,每组及每个学生的任务,可以相同也可以有差异性,视情况而定。

具体学生分组及学习小组任务分配见附表。

3. 引导性学习资料

引导问题(1)

①什么是阶梯剖？适用范围有哪些？

②在进行阶梯剖时,应注意的问题有哪些？

③剖视图如何选取？剖切方法又如何选取？

④图形的简化画法有哪些？具体如何简化？

⑤零件的表达方法包括哪些？

(1)几个平行的剖切平面

用两个或两个以上互相平行的剖切平面剖开机件的方法,如图 6-13(a)、(b)所示,在旧标准中,称为阶梯剖。这种剖视用于表达用单一剖切平面不能表达清楚的机件。

用阶梯剖的方法画剖视图时,由于剖切是假想的,应将几个相互平行的剖切面当作一个剖切平面,但在视图中标注转折的剖切位置符号时必须相互垂直。表示剖切位置起讫、转折处的剖切符号和字母必须标注。当视图之间投影关系明确,没有任何图形隔开时,可以省略标注箭头,如图 6-13(b)所示。阶梯剖视图中常见的错误画法及标注如图 6-14 所示。

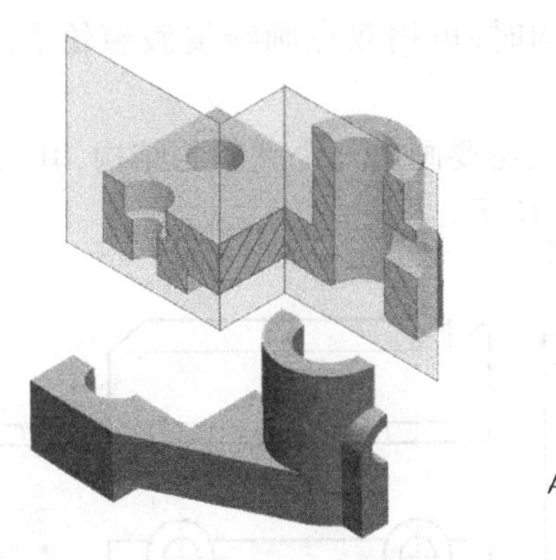

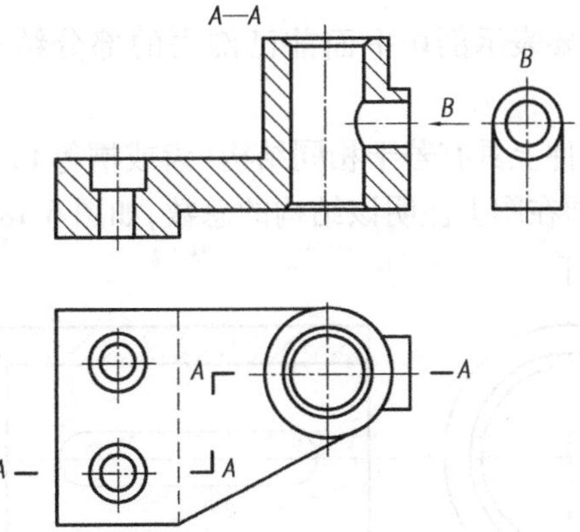

(a)阶梯剖视的直观图　　(b)阶梯剖视图及正确标注

图 6-13　阶梯剖视图的形成及标注

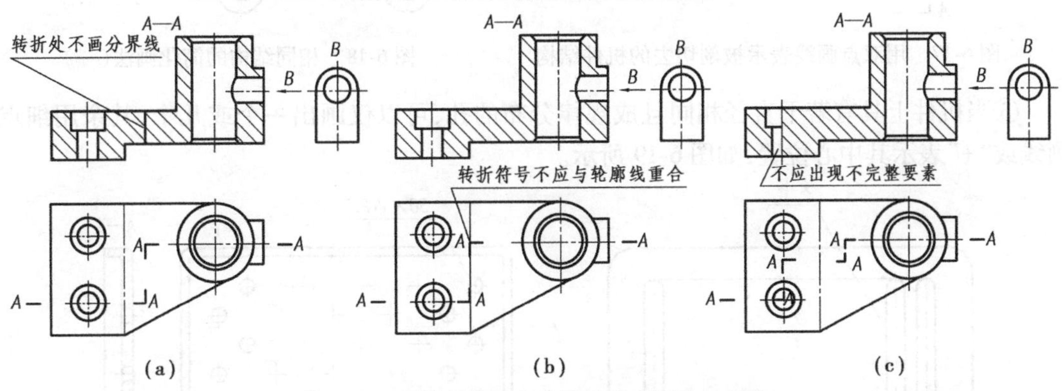

图 6-14　阶梯剖视图中常见的错误画法及标注

(2)简化画法

①对于机件上的肋、轮辐及薄壁等结构，当剖切平面沿纵向剖切时，这些结构不画剖面符号，而用粗实线将它与其邻接部分分开。当剖切平面按横向剖切时，这些结构仍需画上剖面符号，如图 6-15 所示。

②当需要表达形状为回转体的机件上有均匀分布的肋、轮辐、孔等结构，但其不处于剖切平面上时，可将这些结构假想旋转到剖切平面上画出，且无须加任何标注，如图 6-16 所示。

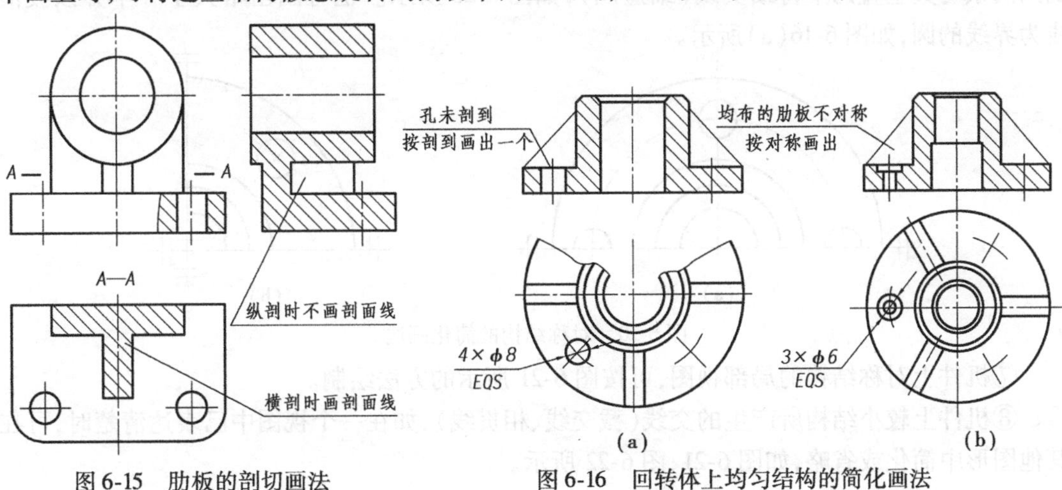

图 6-15　肋板的剖切画法　　图 6-16　回转体上均匀结构的简化画法

③当需要表示剖切平面前已剖去的部分结构时,可用双点画线按假想轮廓画出,如图 6-17 所示。

④当机件上具有若干相同结构(齿或槽等),只需要画出几个完整的结构,其余用细实线连接,但必须在图上注明该结构的总数,如图 6-18 所示。

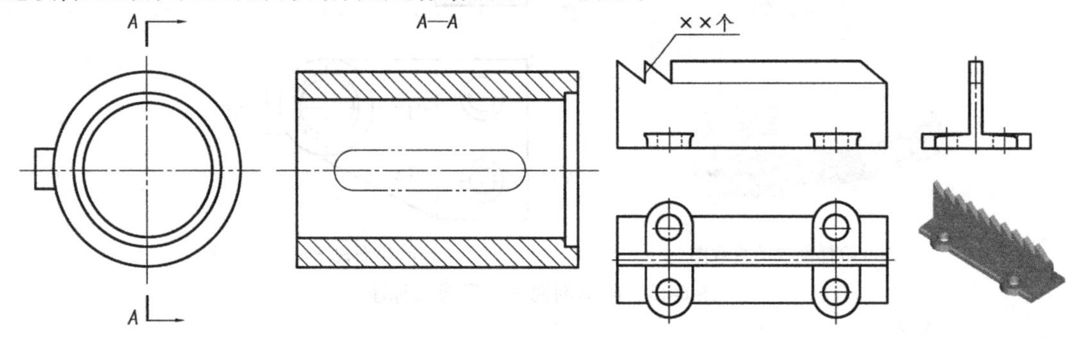

图 6-17 用双点画线表示被剖切去的机件结构　　图 6-18 相同结构的简化画法(一)

⑤当机件上具有若干直径相同且成规律分布的孔,可以仅画出一个或几个,其余用细点画线或“+”表示其中心位置,如图 6-19 所示。

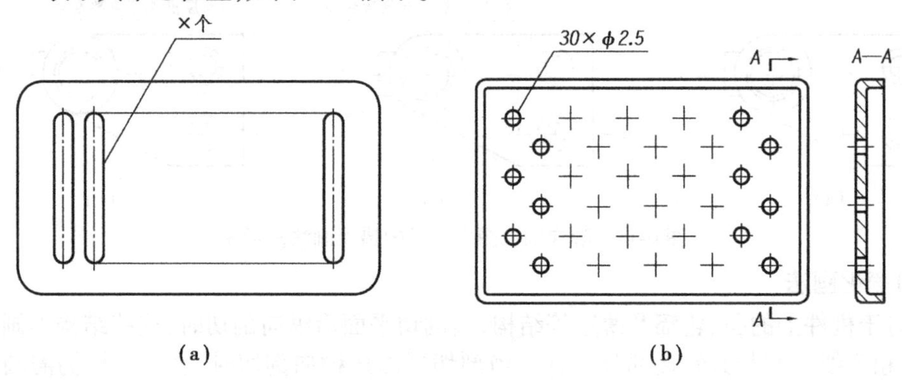

图 6-19 相同结构的简化画法(二)

⑥在不致引起误解时,对称机件的视图可只画 1/2 或 1/4,并在图形对称中心线的两端分别画两条与其垂直的平行细实线(细短画),如图 6-20 所示。也可画出略大于一半并以波浪线为界线的圆,如图 6-16(a)所示。

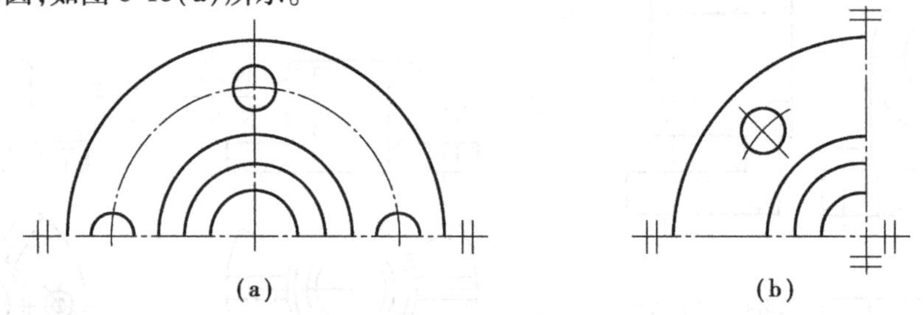

图 6-20 对称结构的简化画法

⑦机件上对称结构的局部视图,可按图 6-21 所示的方法绘制。

⑧机件上较小结构所产生的交线(截交线、相贯线),如在一个视图中已表达清楚时,可在其他图形中简化或省略,如图 6-21、图 6-22 所示。

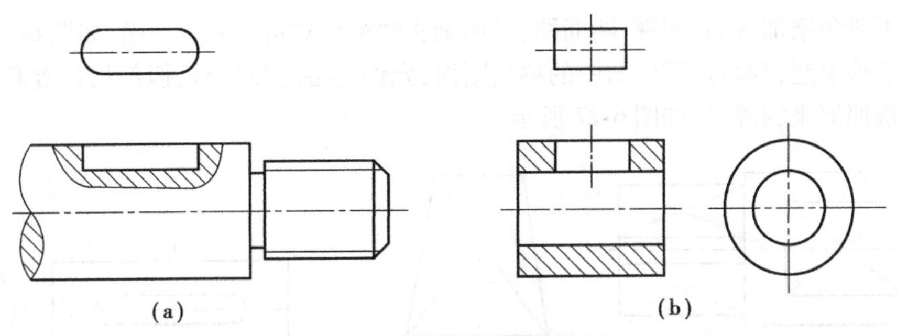

图 6-21　对称结构的局部视图

⑨相贯线的简化画法可按图 6-23 所示的方法画出，但当使用简化画法会影响对图形的理解时，则应避免使用。

⑩较长的机件（轴、型材、连杆等）沿长度方向形状一致，或按一定规律变化时，可断开后绘制，如图 6-24 所示。

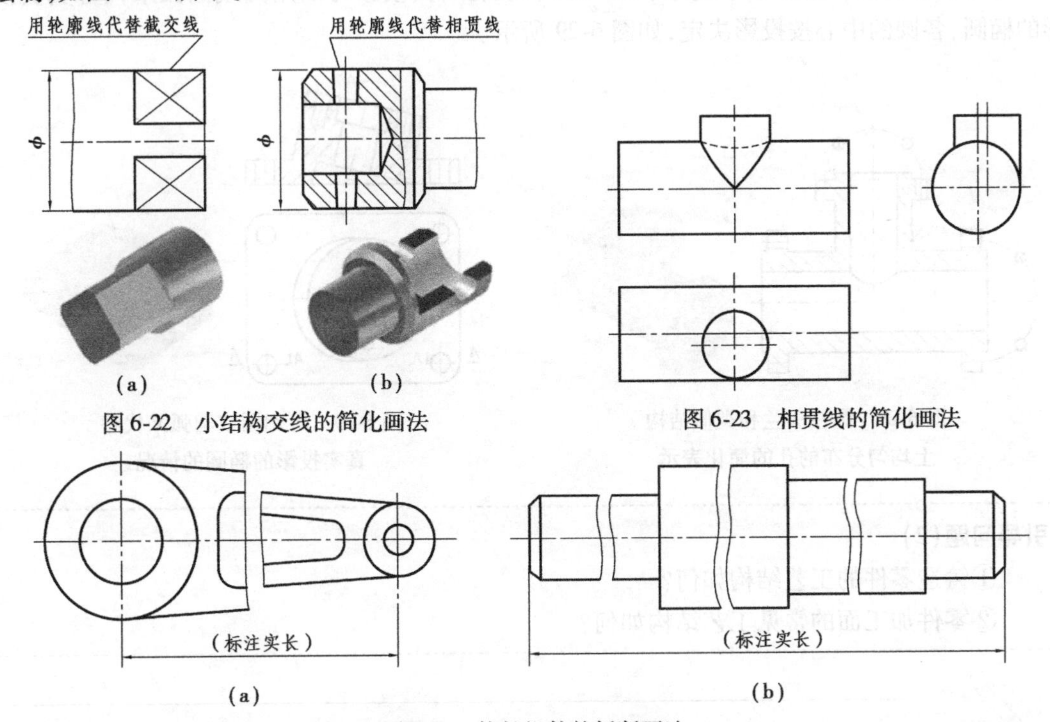

图 6-22　小结构交线的简化画法

图 6-23　相贯线的简化画法

图 6-24　较长机件的折断画法

⑪除确系需要表示的圆角、倒角外，其他圆角、倒角在零件图均可不画，但必须注明尺寸，或在技术要求中加以说明，如图 6-25 所示。

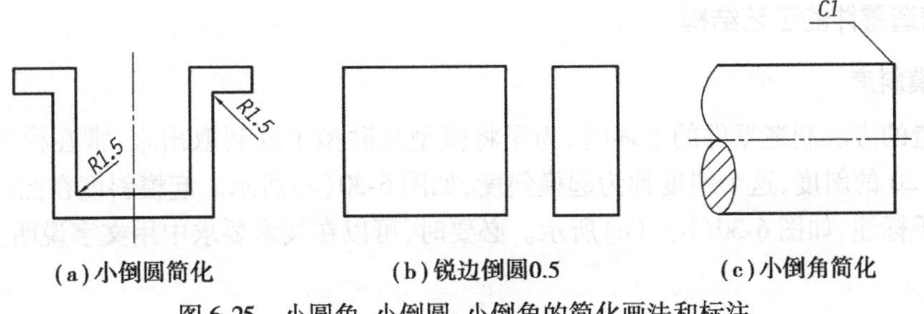

图 6-25　小圆角、小倒圆、小倒角的简化画法和标注

⑫为了避免增加视图、剖视、断面图，可用细实线绘出对角线表示平面，如图 6-26 所示。

⑬在不致引起误解时，零件图中的移出断面，允许省略剖面符号，但剖切位置和断面图的标注必须遵照原来的规定，如图 6-27 所示。

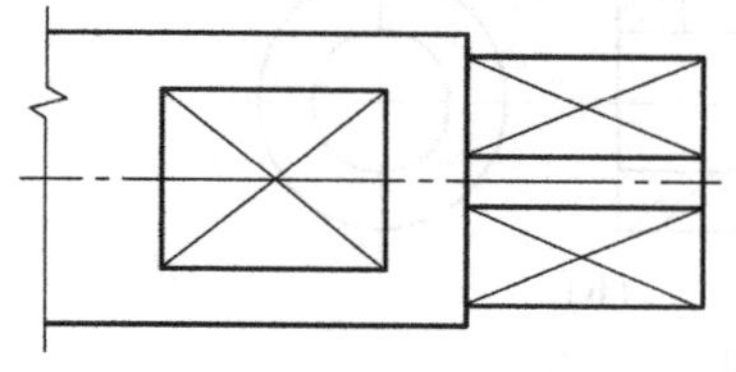

(a)轴上的矩形平面画法

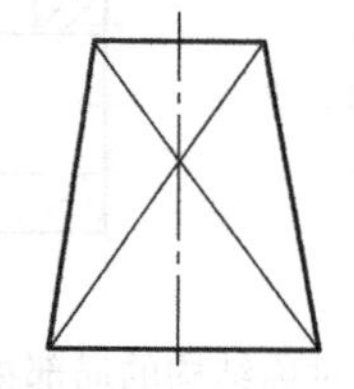

(b)锥形平面画法

图 6-26　用对角线表示平面图

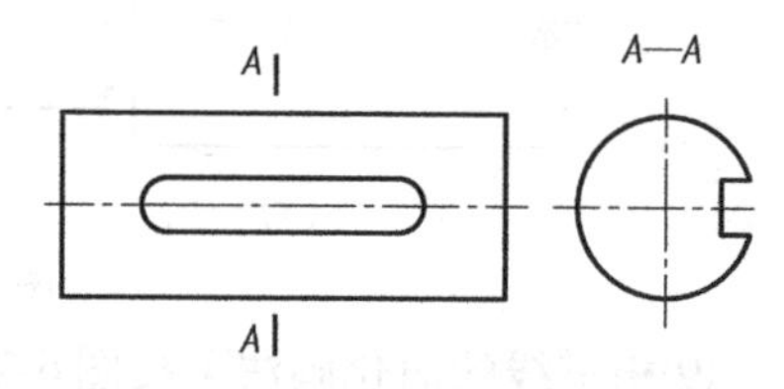

图 6-27　移出断面允许省略剖面符号

⑭机件中圆柱法兰和类似结构上均匀分布的孔的简化表示，如图 6-28 所示。

⑮与投影面倾斜角度小于或等于 30°的圆或圆弧，其投影可以用圆或圆弧来代替真实投影的椭圆，各圆的中心按投影决定，如图 6-29 所示。

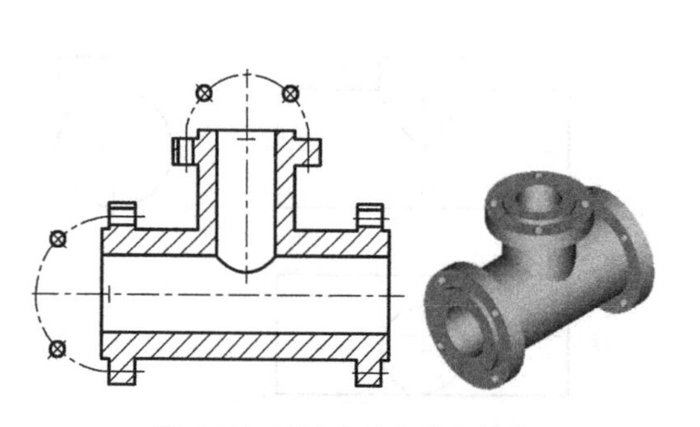

图 6-28　圆柱法兰和类似结构上均匀分布的孔的简化表示

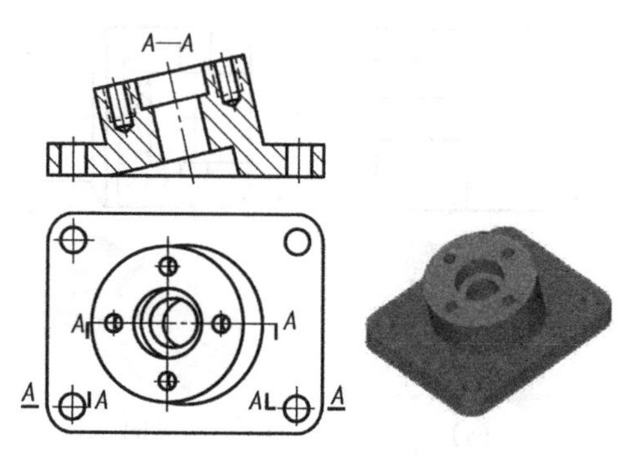

图 6-29　可用圆或圆弧来代替真实投影的椭圆的情况

引导问题(2)

①铸造零件的工艺结构如何？

②零件加工面的常见工艺结构如何？

(3)铸造零件的工艺结构

1)起模斜度

用铸造的方法制造零件的毛坯时，为了将模型从砂型中顺利取出来，常在模型起模方向设计成 1∶20 的斜度，这个斜度称为起模斜度，如图 6-30(a)所示。起模斜度在图样上一般不画出和不予标注，如图 6-30(b)、(c)所示。必要时，可以在技术要求中用文字说明。

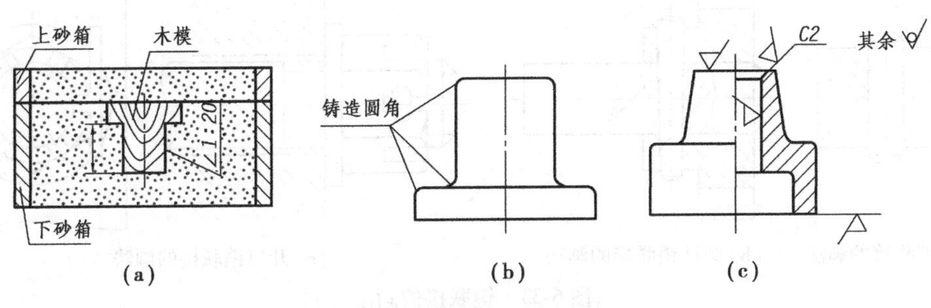

图 6-30　起模斜度和铸造圆角

2)铸件壁厚

在浇铸零件时,为了避免因各部分冷却速度不同而产生裂纹和缩孔,铸件壁厚应保持大致相等或逐渐过渡,如图 6-31 所示。

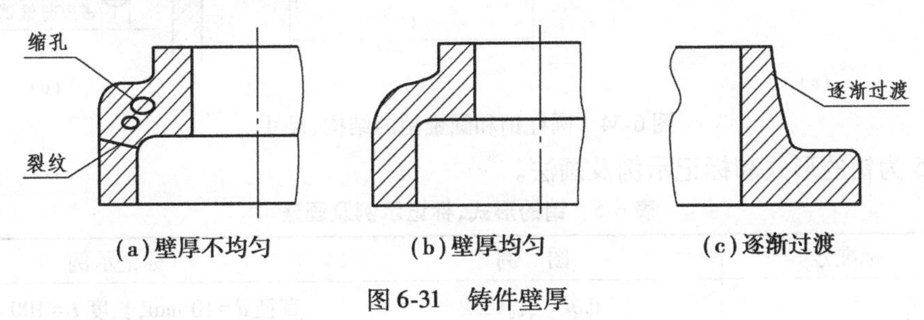

图 6-31　铸件壁厚

3)凸台和凹坑

为保证配合面接触良好,减少切削加工面积,通常在铸件上设计出凸台和凹坑,如图 6-32 所示。

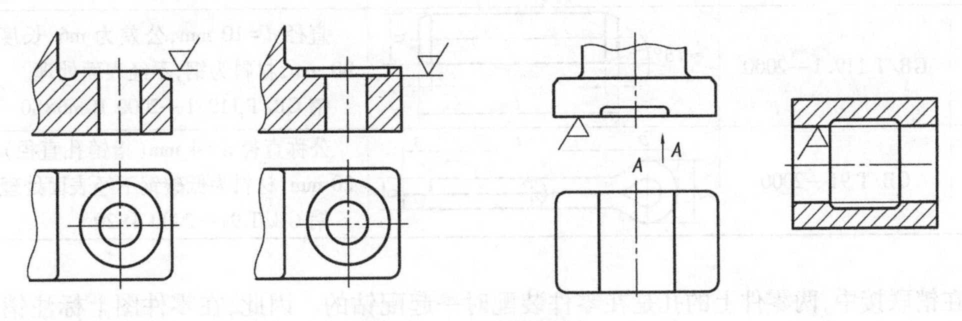

图 6-32　凸台和凹坑

(4)销联接

销通常用于零件之间的联接、定位和防松,常见的有圆柱销、圆锥销和开口销等,它们都是标准件。圆柱销和圆锥销可以联接零件,也可以起定位作用(限定两零件间的相对位置),如图 6-33(a)、(b)所示。开口销常用在螺纹联接装置中,以防止螺母松动,如图 6-33(c)所示。

圆柱销和圆锥销的结构、尺寸分别如图 6-34 所示,圆锥销的公称直径为小端直径。

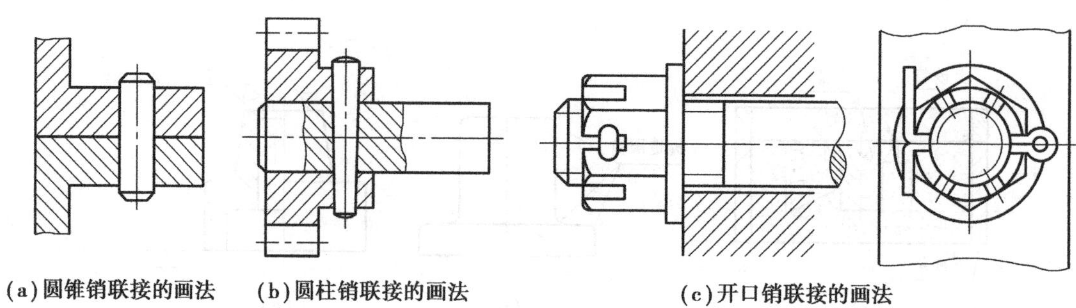

(a) 圆锥销联接的画法　(b) 圆柱销联接的画法　(c) 开口销联接的画法

图 6-33　键联接的画法

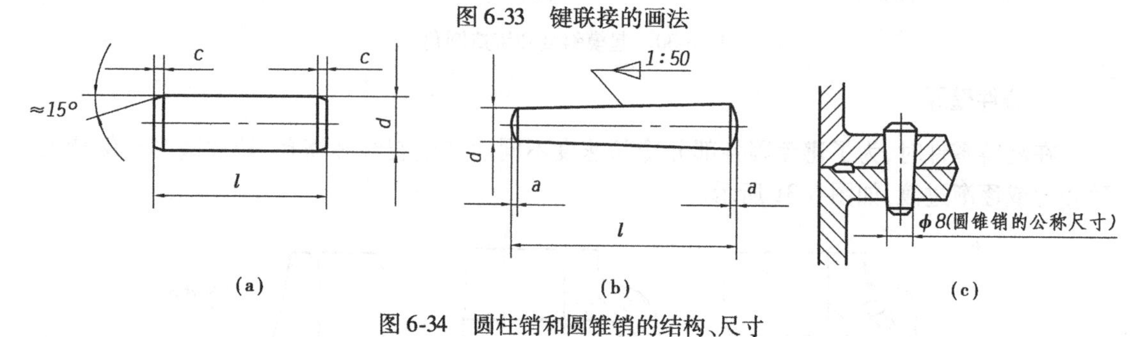

(a)　(b)　(c)

图 6-34　圆柱销和圆锥销的结构、尺寸

表 6-5 为销的形式和标记示例及画法。

表 6-5　销的形式、标记示例及画法

名称	标准号	图　例	标记示例
圆锥销	GB/T 117—2000	0.8　1:50　R_1　R_2　d　a　a　l $R_1 \approx d \quad R_2 \approx d+(L-2a)/50$	直径 d=10 mm,长度 L=100 mm,材料35 钢,热处理硬度 28 ~ 38 HRC,表面氧化处理的圆锥销。 销 GB/T 117—2000 A10×100 圆锥销的公称尺寸是指小端直径
圆柱销	GB/T 119.1—2000	≈15°　d　c　c　l	直径 d=10 mm,公差为 m6,长度 L=80 mm,材料为钢,不经表面处理。 销 GB/T 119.1—2000 10m6×80
开口销	GB/T 91—2000	b　l　a　c　d	公称直径 d=4 mm(指销孔直径),L=20 mm,材料为低碳钢不经表面处理。 销 GB/T 91—2000 4×20

在销联接中,两零件上的孔是在零件装配时一起配钻的。因此,在零件图上标注销孔的尺寸时,应注明“配作”。绘图时,销的有关尺寸从标准中查找并选用。在剖视图中,当剖切平面通过销的回转轴线时,按不剖处理,如图 6-33 及图 6-34 所示。

引导问题(3)

如何对零件图进行综合识读?

学习笔记

(5)读零件图

1)读零件图的要求

正确、熟练地读懂零件图是工程技术人员必须具备的基本素质之一。读零件图的要求就是要根据已有的零件图,了解零件的名称、用途、材料、比例等,并通过分析图形、尺寸、技术要求,想象出零件各部分的结构、形状、大小和相对位置,了解设计意图和加工方法。

2)读零件图的方法与步骤

①概括了解。从标题栏了解零件的名称、材料、比例等内容。根据名称判断零件属于哪一类零件,根据材料可大致了解零件的加工方法,根据绘图比例可估计零件的大小。必要时,可对照机器、部件实物或装配图了解该零件的装配关系等,从而对零件有初步的了解。

②分析视图间的联系和零件的结构形状。分析各零件各视图的配置情况以及各零件相互之间的投影关系,运用形体分析法和线面分析法读懂零件各部分结构,想象出零件的形状。看懂零件的结构和形状是读零件图的重点,前面已讲过的组合体的读图方法和剖视图的读图方法同样适用于读零件图。读图的一般顺序是:先整体,后局部;先主体结构,后局部结构;先读懂简单部分,再分析复杂部分。读图时,应注意是否有规定画法和简化画法。

③分析尺寸和技术要求。分析尺寸时,首先要弄清长、宽、高 3 个方向的尺寸基准,从基准出发查找各部分的定形尺寸、定位尺寸。必要时,联系机器或部件与该零件有关的零件一起进行分析,深入理解尺寸之间的关系并分析尺寸的加工精度要求,以及尺寸公差、形位公差和表面粗糙度等技术要求。

④综合归纳。零件图表达了零件的结构形式、尺寸及精度要求等内容,它们之间是相互关联的。初学者在读图时,首先要做到正确地分析表达方案,运用形体分析法分析零件的结构、形状和尺寸,全面了解技术要求,正确理解设计意图,从而达到读懂零件图的目的。

3)读零件图举例

下面以图 6-35 所示球阀中的主要零件——阀盖为例,说明读零件图的方法和步骤。最后的综合归纳,请读者自行思考。

①概括了解。从标题栏可知,阀盖按 1∶1 绘制,与实物大小一致。材料为铸钢。从图中可以看出,阀盖的方形凸缘不是回转体,但其他部分都是回转体,为轮盘类零件。阀盖的制造过程是先铸造成毛坯,经时效处理后进行切削加工而成。

②分析视图间的联系和零件的结构形状。阀盖零件图采用了两个基本视图,主视图按加工位置将阀盖水平置放,符合加工位置和在装配图中的工作位置。主视图采用全剖视,表达了阀盖左右两端的阶梯孔和中间通孔的形状及其相对位置,同时表达了右端的圆形凸缘和左端的外螺纹。左视图用外形视图清晰地表达了带圆角的方形凸缘、4 个通孔的形状和位置及其他的可见轮廓形状外形。

③分析尺寸和技术要求。阀盖以轴线作为径向尺寸基准,由此分别注出阀盖各部分同轴线的直径尺寸 $\phi28.5$、$\phi20$、$\phi35$、$\phi41$、$\phi50h11(^{0}_{-0.16})$、$\phi53$,以该轴线为基准还可注出左端外螺纹的尺寸 M36×2-6g。以该零件的上下、前后对称平面为基准分别注出方形凸缘高度方向和宽度方向的尺寸 75,以及 4 个通孔的定位尺寸 49。

以阀盖的重要端面作为轴向尺寸基准,即长度方向的尺寸基准。主视图右端凸缘端面注有 Ra 值为 12.5 μm 的表面粗糙度,由此注出 $4^{+0.18}_{0}$、$44^{0}_{-0.39}$、$5^{+0.18}_{0}$、6 等尺寸。其他尺寸请读者

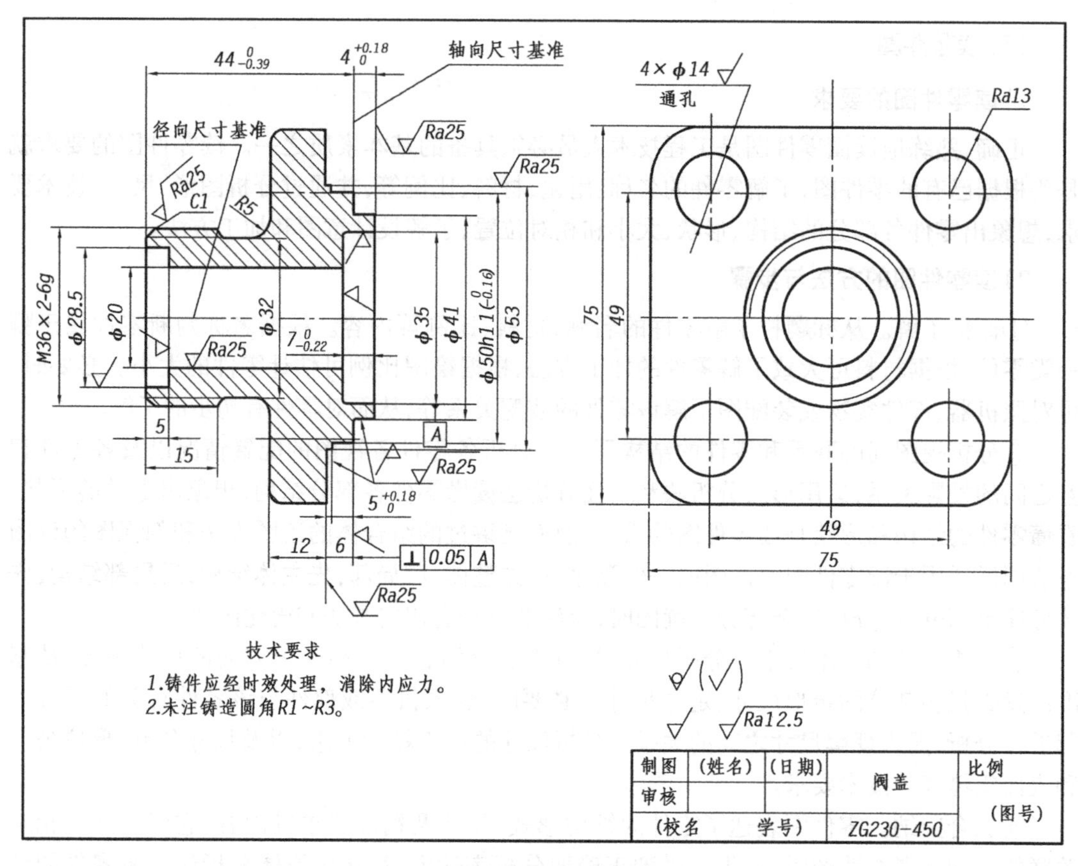

图 6-35　阀盖

自行分析。

阀盖是铸件,需进行时效处理,以消除内应力。铸造圆角 *R*1 ~ *R*3 表示不加工的过渡圆角。注有公差代号和偏差值的 $\phi 50h11(^{\ 0}_{-0.16})$,说明该零件与阀体左端的孔 $\phi 50H11(^{+0.16}_{\ 0})$ 配合。由于该两表面之间没有相对运动,所以表面粗糙度要求不严,*Ra* 值为 12.5 μm。长度方向的主要基准面与轴线的垂直度位置公差为 0.05 mm。

在图中还用文字补充说明了有关热处理和未注圆角 *R*1 ~ *R*3 的技术要求。

4. 边学边练

①检查所需工具、材料是否齐全;检查工作环境是否干净、整洁。

②对给定的减速器箱体零件进行形体分析,了解其总体形状和结构,其组合形式如何?由哪几个部分组成?每一部分的形状、结构如何?各部分之间的相对位置关系及表面连接关系如何?

③先确定其主视图的投射方向,再根据其大小确定各个视图的总体尺寸,然后选定绘图的比例及图幅。

④整理干净桌面,铺放固定图纸,用细实线绘制图纸的边界线、图框线及标题栏的外框线。

⑤根据所绘制图形的尺寸大小,布局图面,绘制出基准线及重要的图线。

⑥进一步对给定的支座零件进行形体分析,确定绘图的先后顺序:先画尺寸大的、主要的

结构,后画尺寸小的、次要的结构。

⑦绘制底稿,各部分结构,都要3个视图对应着画,一般从最能反映其形状结构特征的视图入手。

⑧检查、描深,标注尺寸,填写标题栏。

⑨使用二维CAD绘图软件绘制减速器箱体的零件工作图,并打印或截图。

请将尺规绘制的图样折叠粘贴在此页,或将用计算机绘图软件绘制的二维或三维图样,截图打印粘贴在此页。

5.任务拓展与巩固训练

(1)向视图及其配置

《机械制图 图样画法 视图》(GB/T 4458.1—2002)将主要用于表达机件外形的视图分为基本视图、局部视图、斜视图和旋转视图4种。《技术制图 图样画法 视图》(GB/T 17451—1998)则将视图分为基本视图、向视图、局部视图和斜视图4种。新标准取消了旋转视图,增加了向视图。自由配置的视图称为向视图,如图6-36所示。

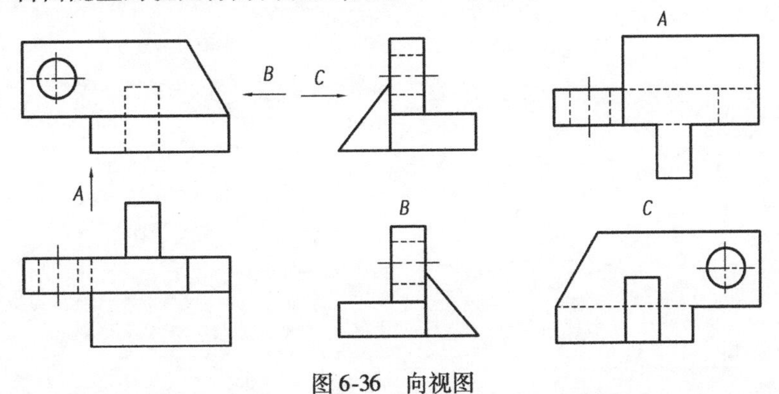

图6-36　向视图

取消旋转视图后,原来能用旋转视图表示的机件,都可改用斜视图来表达机件倾斜结构的外形。《技术制图 图样画法 视图》(GB/T 17451—1998)没有规定旋转视图的表示法,ISO标准中也没有规定旋转视图。在理解向视图的概念时,首先要明确向视图与旋转视图并无概念性的替代或包容关系。

向视图是可以自由配置的视图。但"自由"两字并不意味着完全可以随心所欲,是不能超越一定限度的。

①不能倾斜地投射,应当"正射"。若按倾斜方向投射,则所得图形就不再是向视图,而是斜视图了。

②不能只画出部分图形,必须完整地画出投射所得图形。否则,正射所得的局部图形就是局部视图而不是向视图了。

③不能旋转配置。凡正射后画出的完整图形应与相应的基本视图一一对应,不能是相应的基本视图旋转后的图形,否则,该图形便不再是向视图,而是由换面法生成的辅助视图了。

结论:

①向视图是基本视图的另一种表达形式,是移位(不能旋转)配置的基本视图。

②向视图的投射方向应与基本视图的投射方向一一对应(图6-36),其中后视图C向的箭

头指向：可从右视图的右侧向左指，也可从左视图的左侧向右指。

(2)第三角投影

①第三角投影的投影方法与画法。

②第三角画法的6个基本视图的投影与展开。

③第一角与第三角画法比较。

④利用向视图的标注，可以将第三角投影的视图转化为第一角投影的视图。

⑤第三角画法在局部视图中的应用。

第三角投影详见参考资料(码6-43)。

码6-43 第三角投影

学习成果与评价反馈

学生自评(20%);小组互评(30%);教师评价(50%)

小组互评表、学习情境总评成绩表见附页。

学习情境评价表

班级＿＿＿＿＿＿　姓名＿＿＿＿＿＿　学号＿＿＿＿＿＿

学习情境六		绘制箱体类零件	分值	得分		
评价项目		评价标准		学生自评	小组互评	教师评价
1	箱体类零件的结构特点、应用及常用表达方案的选择	能够对给定的箱体类零件的结构特点进行正确的分析,能够正确选用表达方案	10			
2	CAD绘图软件的使用	能够较熟练地使用2D绘图软件的常用绘图及编辑命令	10			
3	零件表达方案的选择	能够正确进行主视图投射方向及其他视图的选取,能够对箱体类零件进行正确的结构分析并进行零件工作图的绘制及尺寸标注	15			
4	制图基本知识的应用	能够正确选用图幅、图线、字体、比例,能够正确标注尺寸标注、剖视图等	10			
5	对箱体类零件图基本理论知识的理解、掌握和应用	能够正确选用和标注尺寸公差、表面结构、形位公差等技术要求	15			
6	图纸的总体质量	图面整洁、布局合理、内容完整	15			
7	工作态度	态度端正,无无故缺勤、迟到、早退现象	10			
8	协调能力	与小组成员、同学之间能够顺畅沟通、有效交流,协调工作	5			
9	职业素质	能够做到懂文明讲礼貌,勤俭节约,爱护公共财物及设施、保护环境	5			
10	创新能力	积极思考、善于提问,提出有代表性的问题等	5			
合计(总评)			100			

总结报告

1. 知识思维导图

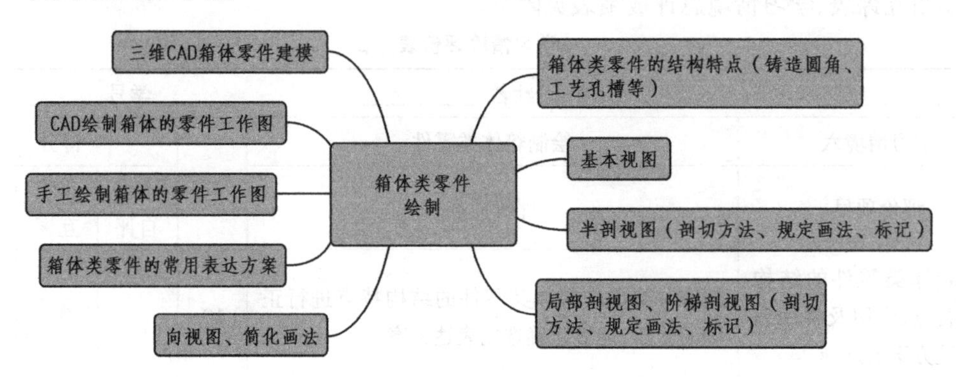

2. 自我反思

①在本学习情境中学会了哪些知识点？掌握了哪些技能？
②任务完成情况如何？应注意哪些问题？
③还有哪些知识与技能尚未完全明白？
④工作过程中有何不足？准备怎么改进？
⑤对教学的意见与建议。

学习笔记

学习情境七　绘制叉架类零件

学习情境描述

依据给定的拨叉、支架零件，如图 7-1 所示，分析其结构，按照国家制图标准，根据叉架类零件的具体结构特点，合理确定其表达方案，分析尺寸、材料和技术要求，绘制拨叉、支架的零件工作图。

图 7-1　叉架类零件

知识目标：

①叉架类零件的结构特点（孔、槽等）。

②叉架类零件的常用表达方案。

③局部视图、局部剖视的概念、剖切方法、规定画法及标记。

④几何公差的几何特征符号、公差框格、被测要素、基准要素的标准规定。

⑤零件的技术要求（材料、热加工、热处理）。

技能目标：

①能够叙述叉架类零件的结构特点及常用表达方法。

②能够叙述局部视图、局部剖视的概念、剖切方法、规定画法及标注，并能够正确绘制。

③能够叙述几何公差的几何特征符号、公差框格、被测要素、基准要素的标准规定，并能够正确绘制。

素质培养：

①培养动手实践能力。

②培养严格遵守制图标准的意识和习惯。
③注重培养产品的质量意识。
④注重培养工作的环保意识。
⑤培养规范操作的职业素养。
⑥培养严肃认真的工作态度和一丝不苟的工作精神。

学习性工作任务(一) 绘制拨叉

1. 任务描述

依据给定的拨叉零件的三维立体图,如图7-2所示,分析其结构,按照国家制图标准,根据叉架类零件的具体结构特点,合理确定其表达方案,分析尺寸、材料和技术要求,绘制支架的零件工作图。

图7-2 拨叉

2. 任务准备

(1)信息收集

①叉架类零件的结构特点(孔、槽等)。
②视图、向视图、斜视图、旋转视图的投影方法、规定画法及标注。
③叉架类零件的常用表达方案。
④手工绘制拨叉的零件工作图。
⑤CAD绘制拨叉的零件工作图。

(2)材料、工具

所用材料、工具分别见表7-1及表7-2。

表7-1 材料计划表

材料名称	规格	单位	数量	备注
拨叉	—	个	10	—
标准图纸	A4(A3)	张	1	—
草稿纸	—	张	若干	—

表7-2 工具计划表

工具名称	规格	单位	数量	备注
绘图铅笔	2H、2B	支	2	自备
图板	A3号	块	1	—
丁字尺	60 mm	个	1	—
计算机(CAD绘图软件)	二维、三维	台	40	—

(3)任务分组

学生按4～6人一组,通常为5人,明确每组的工作任务,填写分组任务表及学生小组任务分配表,每组及每个学生的任务可以相同也可以有差异性,视情况而定。

具体学生分组及学习小组任务分配见附表。

3.引导性学习资料

引导问题(1)

①叉架类零件的用途、结构特点如何?

②叉架类零件的表达方法如何?

③叉架类零件的尺寸标注如何?

④叉架类零件的技术要求如何?

⑤什么是斜视图?画斜视图应注意什么?

⑥单一剖切面有几种?分别是什么?哪一种是斜剖?

⑦采用单一投影面垂直面剖切时应注意什么?

(1)叉架类零件

叉架类零件包括各种拨叉、连杆、摇杆、支架、支座等。此类零件多数由铸造或模锻制成毛坯,经多道工序机械加工而成。零件的外形结构大都比较复杂,形式多样,形状不规则,甚至难以平稳放置,需经多道工序加工而成。这类零件一般由3部分组成,即支承部分、工作部分和连接部分。

1)支承部分

支承部分是支承和安装自身的部分,一般为平面或孔等,其基本形体为一圆柱体,中间带孔(花键孔或光孔),它安装在轴上,或沿着轴向滑动(当孔为花键孔时),或固定在轴(操纵杆)上(当孔为光孔时),由操纵杆支配其运动。

2)工作部分

工作部分为支承或带动其他零件运动的部分,一般为孔、平面、各种槽面或圆弧面等,对其他零件施加作用的部分。其结构形状根据被作用部位的结构而定,如拨叉对三联齿轮施加作用,其作用部位为环形沟,这时,工作部分的结构形状应为与齿轮的环形沟相对应的扇形环。

3)连接部分

连接部分为连接零件自身的工作部分和支承部分的那一部分,其结构主要是连接板,有时还设有加强肋。其截面形状有矩形、椭圆形、工字形、T形、十字形等多种。连接板的形状视支承部分和工作部分的相对位置而异,有对称、倾斜、弯曲等。

叉架类零件上细部结构也较多，如肋、板、杆、销孔、螺纹孔、凸台、凹坑、凸缘、铸(锻)造圆角等。其上常常带有弯曲、扭转和倾斜结构，也常有肋板、轴孔、耳板、底板等倾斜结构，局部结构常有油槽、油孔和沉孔等结构。

(2)叉架类零件的视图选择

前面已介绍了用三视图表达物体的方法，但在工程实际中，机件的结构形状千变万化，有繁有简，尤其是叉架类零件，一般没有统一的加工位置，工作位置也不尽相同，并且结构比较复杂，形状奇特、不规则，有些零件甚至无法自然平稳放置，所以零件的视图表达差异较大，仅用三视图已不能满足将机件内外结构形状表达清楚的需要。画图时应根据机件的实际结构形状和特点，选择恰当的表达方法。在选择主视图时，一般是考虑零件的形状特征和工作位置，也即在反映主要特征的前提下，按工作(安装)位置放置主视图。当工作位置是倾斜的或不固定时，可将其放正后画出主视图。表达叉架类零件通常需要两个以上的基本视图，并多用局部剖视兼顾内外形状来表达。倾斜结构常用向视图、斜视图、旋转视图、局部视图、局部剖视图、单一斜剖的全剖视图、断面图等表达。如图7-3所示的叉架，采用了主、左两个基本视图并作局部剖视，表达了主体结构形状，并采取A向斜视图和B—B移出断面图分别表达圆筒上的拱形形状和肋板的断面形状为十字形状。因此，对叉架类零件的表达，综合归纳为以下几点：

①在选择主视图时，将零件按自然位置或工作位置放置，同时一般把零件主要轮廓放成垂直或水平位置，从最能反映零件工作部分和支承部分结构形状和相互位置关系的方向投影，作为主视方向，画出主视图。

②除主视图外，还需用其他视图表达安装板、肋板等结构的宽度及它们的相对位置。根据零件的结构特点，可以再选用一或两个基本视图，或不再选用基本视图。

③为表达内部结构，常采用局部剖视、半剖视或全剖视表达方式。

④连接部分常采用断面图来表达。

⑤零件的倾斜部分和局部结构，常采用斜视图、斜剖视图、局部视图、局部剖视图等进行补充表达。

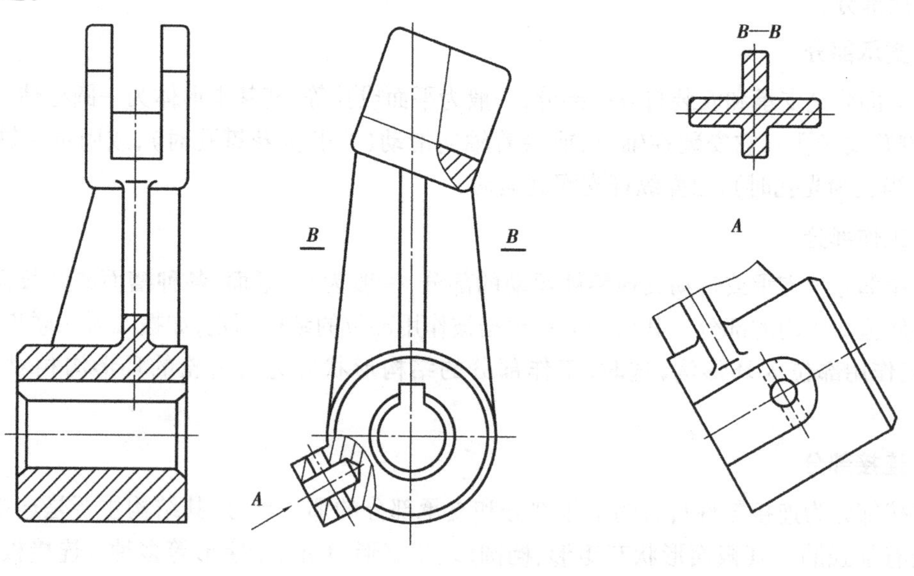

图7-3 叉架的表示方法

（3）斜视图

机件向不平行于基本投影面的平面投射所得的视图，称为斜视图。

当机件上某部分的倾斜结构不平行于任何基本投影面时，在基本视图中不能反映该部分的实形。这时，可增设一个新的辅助投影面，使其与机件的倾斜部分平行，且垂直于某一个基本投影面，如图 7-4 中的平面 *P*。然后将机件上的倾斜部分向新的辅助投影面投射，再将新投影面按箭头所指方向，旋转到与其垂直的基本投影面重合的位置，即可得到反映该部分实形的视图。

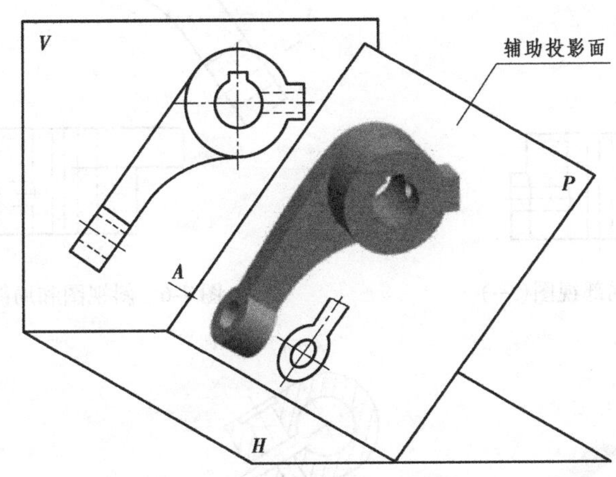

图 7-4　斜视图的直观图

斜视图的配置与标注规定如下：

①斜视图必须用带字母的箭头指明表达部位的投影方向，并在斜视图上方用相同的字母标注“×”（“×”为大写拉丁字母），如图 7-4 和图 7-5 所示“*A*”。

②斜视图一般配置在箭头所指方向的一侧，且按投影关系配置，如图 7-6 中的斜视图“*A*”。有时为了合理地用图纸幅面，也可将斜视图按向视图配置在其他适当的位置，或在不至于引起误解时，将倾斜的图形旋转到水平位置配置，以便于作图。此时，应标注旋转符号，如图 7-6 所示。表示该视图名称的大写字母应靠近旋转符号的箭头端。若斜视图是按顺时针方向转正，则标注为“⌒ *A*”，如图 7-6 所示。若斜视图是按逆时针方向转正，则应标注为“*A* ⌒”，如图 7-7 所示。也允许将旋转角度标注在字母之后，如“⌒ *A*60°”或“*A*60° ⌒”。

旋转符号用半圆形细实线画出，其半径等于字体的高度，线宽为字体高度的 1/10 或 1/14，箭头按尺寸线的终端形式画出。

③斜视图一般只表达倾斜部分的局部形状，其余部分不必全部画出，可用波浪线断开，如图 7-5 和图 7-6 所示的局部斜视图“*A*”。

在同一张图纸上，按投影关系配置的斜视图和按向视图且旋转放正配置的斜视图，画图时只能画出其中之一，如图 7-5 和图 7-6 所示。

④斜剖视图。用一个不平行于任何基本投影面的剖切平面来剖切机件的方法，称为斜剖。这种剖切常用来表达机件上倾斜部分的内部形状结构，如图 7-7 所示。

画这种斜剖视图时，一般应按投影关系将剖视图配置在箭头所指的一侧的对应位置。在不致引起误解的情况下，允许将图形旋转。旋转后的图形要在其上方标注旋转符号（画法同斜视图）。斜剖视图必须标注剖切位置符号和表示投影方向的箭头，如图 7-7 所示。

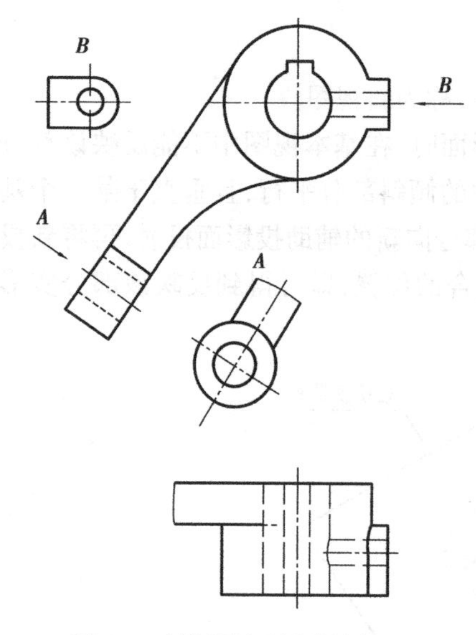

图 7-5　斜视图和局部视图(一)

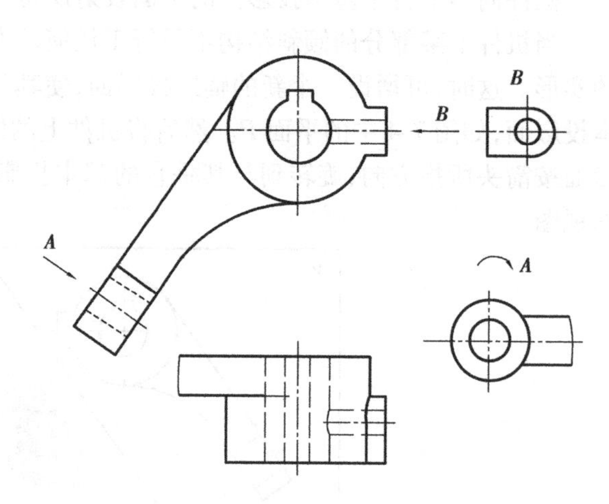

图 7-6　斜视图和局部视图(二)

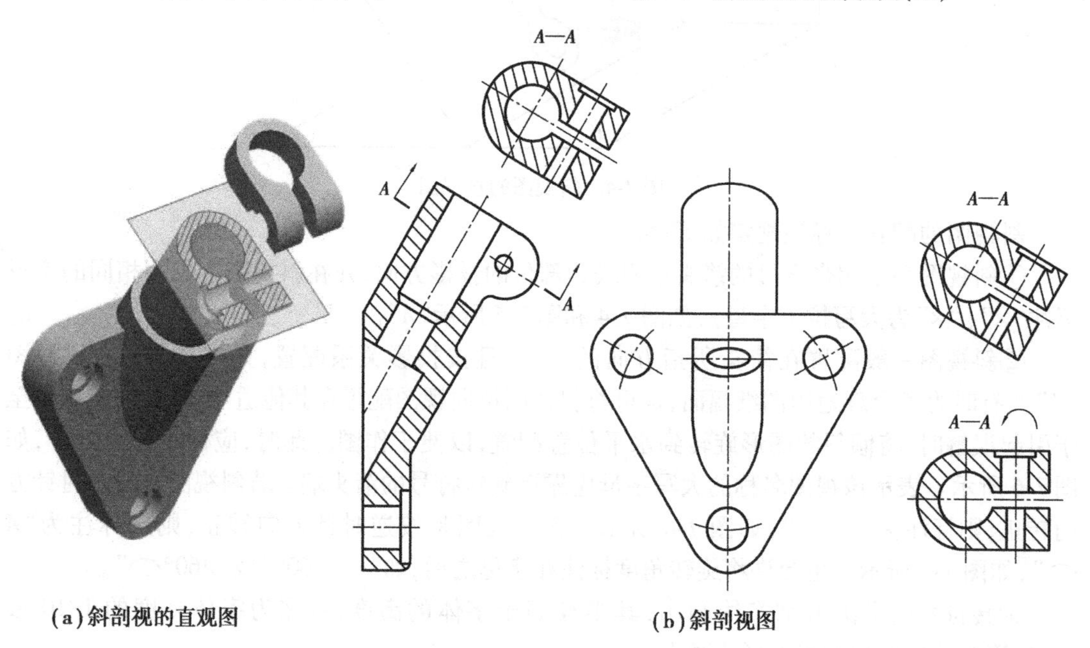

(a)斜剖视的直观图

(b)斜剖视图

图 7-7　斜剖视图的形成

(4)拨叉的零件工作图

前述图 7-2 所示的拨叉的零件工作图,如图 7-8 所示。

4. 边学边练

①检查所需工具、材料是否齐全;检查工作环境是否干净、整洁。

②对给定的拨叉零件进行形体分析,了解其总体形状和结构,其组合形式如何? 由哪几个部分组成? 每一部分的形状、结构如何? 各部分之间的相对位置关系及表面连接关系如何?

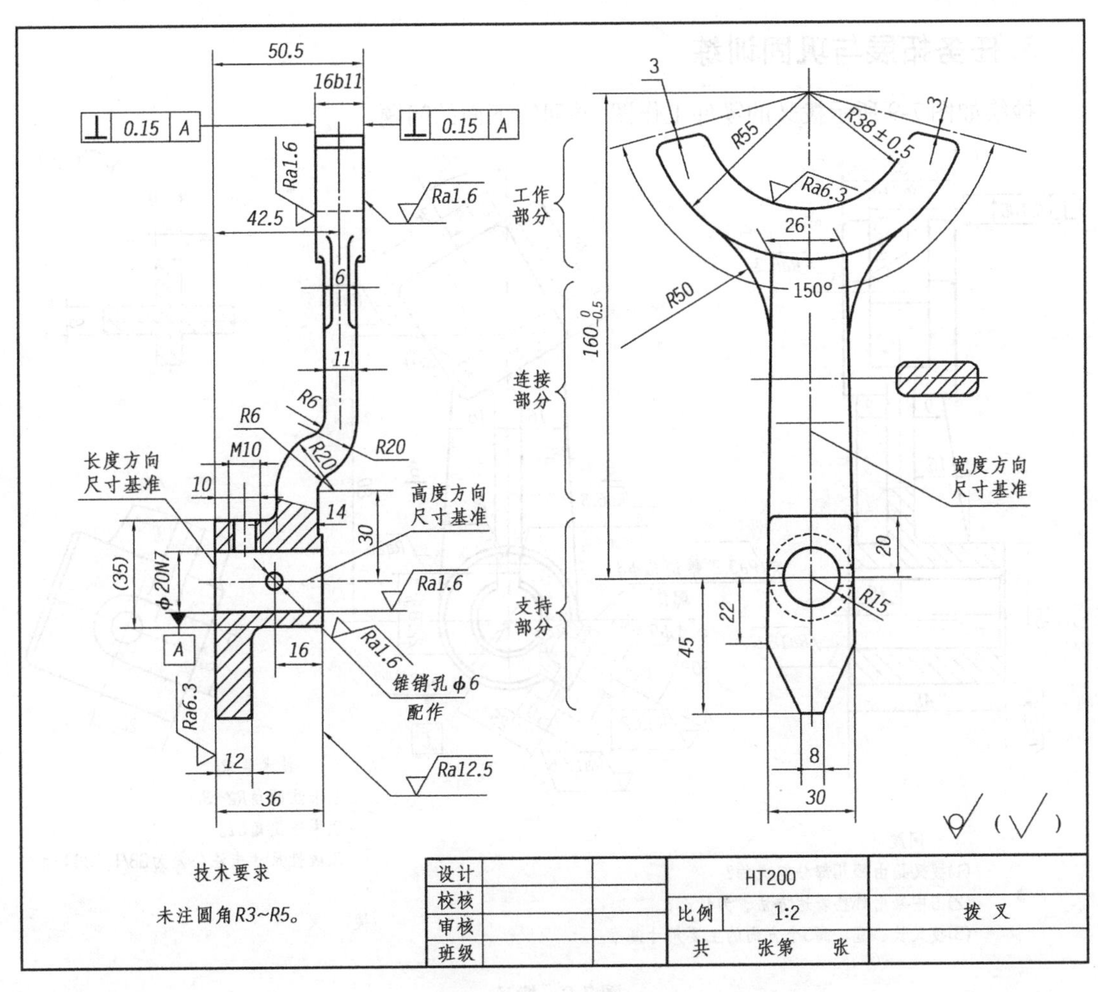

图 7-8　拨叉的零件工作图

③先确定其主视图的投射方向，再根据其大小确定各个视图的总体尺寸，然后选定绘图的比例及图幅。

④整理干净桌面，铺放图纸，用细实线绘制图纸的边界线、图框线及标题栏的外框线。

⑤根据所绘制图形的尺寸大小，布局图面，绘制出基准线及重要的图线。

⑥进一步对给定的拨叉零件进行形体分析，确定绘图的先后顺序：先画尺寸大的、主要的结构，后画尺寸小的、次要的结构。

⑦绘制底稿，各部分结构，都要 3 个视图对应着画，一般从最能反映其形状结构特征的视图入手。

⑧检查、描深，标注尺寸，注写技术要求，填写标题栏。

⑨使用二维 CAD 绘图软件绘制拨叉的零件图，并打印或截图。

请将尺规绘制的图样折叠粘贴在此页，或将用计算机绘图软件绘制的二维或三维图样，截图打印粘贴在此页。

5. 任务拓展与巩固训练

抄绘如图 7-9 所示拨叉的零件工作图，并回答下面的问题。

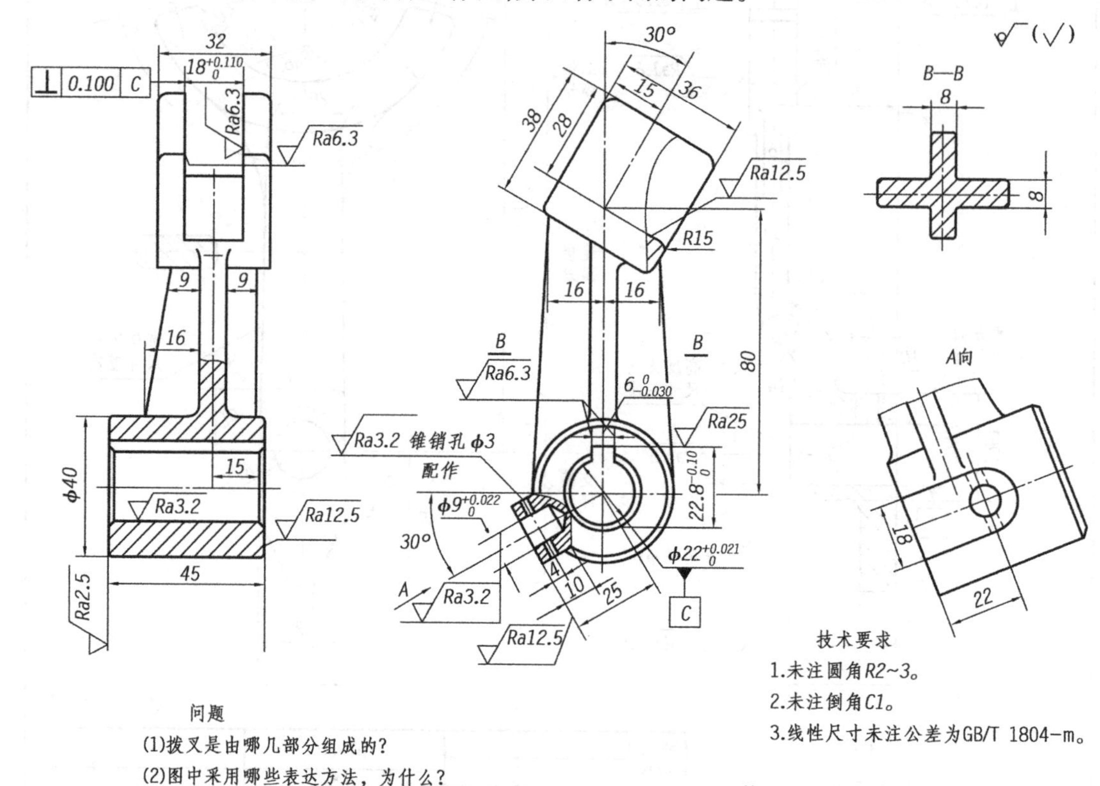

问题
(1)拨叉是由哪几部分组成的？
(2)图中采用哪些表达方法，为什么？
(3)拨叉长、宽、高3个方向的主要尺寸基准。
技术要求
1.未注圆角R2~3。
2.未注倒角C1。
3.线性尺寸未注公差为GB/T 1804-m。
拨　叉
B—B
A向
Ra3.2 锥销孔 ϕ3
配作
Ra6.3
Ra12.5
Ra25
Ra3.2
Ra2.5
R15
30°

图 7-9　拨叉

学习性工作任务(二)　绘制支架

1. 任务描述

依据给定的支架零件，如图 7-10 所示，分析其结构，按照国家制图标准，根据支架类零件的结构特点，合理确定其表达方案，分析尺寸、材料和技术要求，绘制支架的零件工作图。

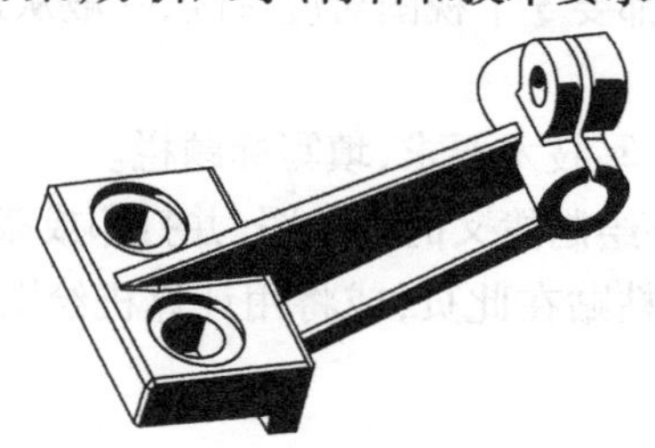

图 7-10　支架

2.任务准备

(1)信息收集

①架类零件的结构特点(孔、槽等)。

②各种表达方法的综合应用。

③架类零件的常用表达方案。

④手工绘制支架的零件工作图。

⑤CAD 绘制支架的零件工作图。

(2)材料、工具

所用材料、工具分别见表 7-3 及表 7-4。

表 7-3 材料计划表

材料名称	规格	单位	数量	备注
支架	—	套	10	—
标准图纸	A4 (A3)	张	1	—
草稿纸		张	若干	—

表 7-4 工具计划表

工具名称	规格	单位	数量	备注
绘图铅笔	2H、2B	支	2	自备
图板	A3 号	块	1	—
丁字尺	60 mm	个	1	—
计算机(CAD 绘图软件)	二维、三维	台	40	—

(3)任务分组

学生按 4 ~6 人一组,通常为 5 人,明确每组的工作任务,填写分组任务表及学生小组任务分配表,每组及每个学生的任务,可以相同也可以有差异性,视情况而定。

具体学生分组及学习小组任务分配见附表。

3.引导性学习资料

引导问题(1)

①斜视图与局部视图的区别是什么?

②单一剖切面有几种?分别是什么?哪一种是斜剖?

③采用单一投影面垂直面剖切时应注意什么?

(1)机件倾斜结构的表达

取消旋转视图后,原来采用旋转视图的场合,可改用斜视图来表达机件倾斜结构的外形。如图 7-11(a)所示,为方便画图、看图和标注尺寸,可以将斜视图旋转,如图 7-11(b)所示。

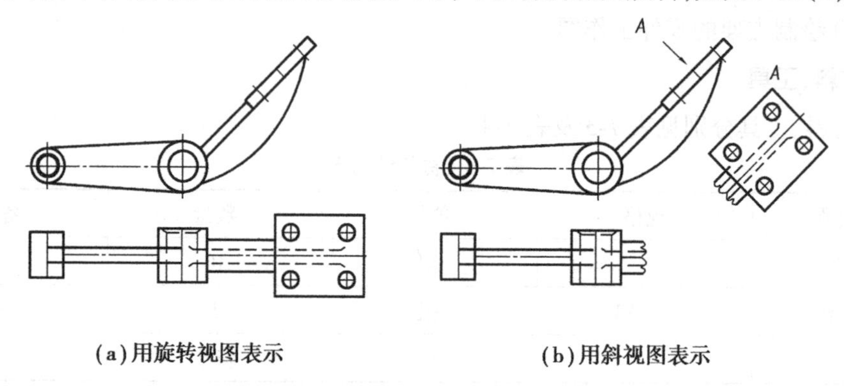

图 7-11　斜视图

(2)斜视图与局部视图的区别

虽然斜视图与局部视图通常都表达机件的一部分,在表现形式上也相似,但二者却有根本性的区别。

①斜视图。将机件的倾斜部分,向与基本投影面相垂直的某一辅助投影面进行投射所得。

②局部视图。将机件的某一部分,向基本投影面投射所得。

在斜视图的上方标注出视图名称"×",在相应的视图附近用箭头指明投射方向,并注写相同的字母。将斜视图旋转配置时,将字母标在旋转符号的箭头端,如图 7-12(a)所示。当局部视图按基本视图的配置形式配置,中间又无其他图形隔开时,则不必标注,如图 7-12(b)所示。

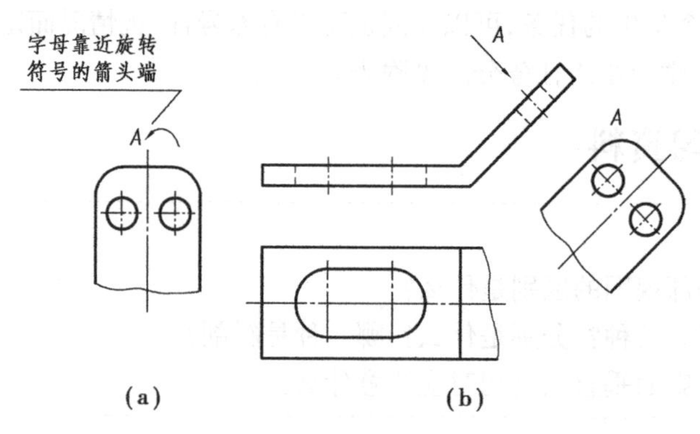

图 7-12　局部视图与旋转的斜视图

注意:在对局部视图和斜视图进行标注时,旧 GB 中的标注为"A 向",新 GB 中取消了汉字,如图 7-12(b)所示。

局部视图的标注,如图 7-13 所示。

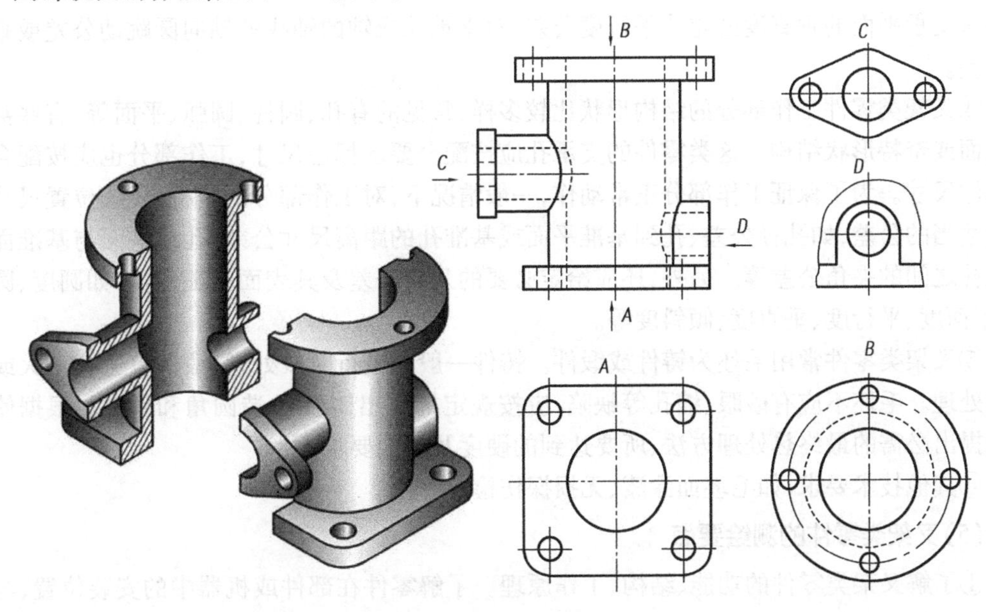

图 7-13　局部视图的标注

(3)叉架类零件的尺寸标注

①叉架类零件的长度方向、宽度方向、高度方向的主要尺寸基准一般为孔的中心线、支承孔的轴线、对称平面、支承平面或较大的加工平面。

②叉架类零件尺寸较多,定位尺寸也多,且常采用角度定位。所以在标注尺寸时,定位尺寸除了要求标注得完整外,还要注意尺寸的精度。定位尺寸一般要标出孔中心线(轴线之间的距离、孔中心线到平面间的距离或平面到平面的距离。一般情况下,内、外结构形状要保持一致。

③叉架类零件的定型尺寸一般按照形体分析法进行标注。

④叉架类零件的毛坯多为铸、锻件,这类零件的圆弧连接较多,零件上的铸(锻)造圆角、斜度、过渡尺寸一般应按铸(锻)件标准取值和标注。

⑤有目的地将尺寸分散标注在各视图、剖视图、断面图上,以防止在一个视图上的尺寸标注过度集中。相关联零件的有关结构尺寸注法应尽量相同,以方便读图,减少差错。

(4)叉架类零件的材料和技术要求

1)叉架类零件的材料

因叉架类零件多为铸件或锻件,其材料也多为灰铸铁、球墨铸铁、铸钢、碳钢等。

2)叉架类零件的技术要求

①一般用途的叉架类零件尺寸公差、表面粗糙度、几何公差无特殊要求。但有时对角度或某部分的长度尺寸却有一定的要求,故应给出公差。

②叉架类零件支承部分的平面、孔或轴应给定尺寸公差、形状公差及表面粗糙度。一般情况下,孔的尺寸公差取 T7,轴取 IT6,孔和轴的表面粗糙度取 *Ra*1.6～6.3 μm,孔和轴可给定

圆度或圆柱度公差。支承平面的表面粗糙度一般取 $Ra6.3\ \mu m$,并可给定平面度公差。

③定位平面应给定表面粗糙度值和几何公差。表面粗糙度值一般取 $Ra6.3\ \mu m$。几何公差有对支承平面的垂直度公差或平行度公差,对支承孔或轴的轴线的轴向圆跳动公差或垂直度公差。

④叉架类零件工作部分的结构形状比较多样,常见的有孔、圆柱、圆弧、平面等,有些甚至是曲面或奇特形状结构。这类零件的支承孔应按配合要求标注尺寸,工作部分也应按配合要求标注尺寸。为了保证工作部分正常动作,一般情况下,对工作部分的结构尺寸、位置尺寸应给定适当的公差,如孔径公差、孔到基准平面或基准孔的距离尺寸公差,孔或平面与基准面或基准孔之间的夹角公差等。另外,还应给定必要的几何公差及其表面粗糙度值,如圆度、圆柱度、平面度、平行度、垂直度、倾斜度等。

⑤叉架类零件常用毛坯为铸件或锻件。铸件一般应进行时效处理,锻件应进行正火或退火热处理。毛坯不应有砂眼、缩孔等缺陷,应按规定标注出铸(锻)造圆角和斜度。根据使用要求提出必需的最终热处理方法、所要达到的硬度及其他要求。

⑥其他技术要求,如毛坯面涂漆、无损探伤检验等。

(5)叉架类零件的测绘要点

①了解叉架类零件的功能、结构、工作原理。了解零件在部件或机器中的安装位置、与相关零件及周围零件之间的相对位置。

②叉架类零件的支承部分和工作部分的结构尺寸及相对位置决定零件的工作性能,应尽可能达到零件的原始设计形状和尺寸。

③对于已标准化的叉架类零件,如滚动轴承座等,测绘时应对照标准,尽量取标准化的结构尺寸。

④对于连接部分,在不影响强度、刚度和使用性能的前提下,可进行合理修整。

(6)轴承支架及支座的表达

轴承支架及支座的表达详见参考资料(码 7-44)。

码 7-44 轴承支架及支座的表达

(7)精益求精,图如其人

在日常生活中我们要一点一滴地培养做事一丝不苟、精益求精的科学精神。精益求精,是要把每一个细节都做足功夫。超越平凡并不是要去做多大的事情,只要我们把生活和工作中的每一件小事都做到细致、完美,就能成就卓越了。一名合格的机械制图人员必须有精益求精、追求完美的工匠精神。有好的心态才能绘制出完美的图纸。“作图犹如做人”。大家用精益求精、追求完美的心态绘就精彩人生。

4. 边学边练

①检查所需工具、材料是否齐全;检查工作环境是否干净、整洁。

②对给定的支架零件进行形体分析,了解其总体形状和结构,其组合形式如何?由哪几个部分组成?每一部分的形状、结构如何?各部分之间的相对位置关系及表面连接关系如何?

③先确定其主视图的投射方向,再根据其大小确定各个视图的总体尺寸,然后选定绘图的比例及图幅。

④整理干净桌面，铺放图纸，用细实线绘制图纸的边界线、图框线及标题栏的外框线。

⑤根据所绘制图形的尺寸大小，布局图面，绘制出基准线及重要的图线。

⑥进一步对给定的支座零件进行形体分析，确定绘图的先后顺序：先画尺寸大的、主要的结构，后画尺寸小的、次要的结构。

⑦绘制底稿，各部分结构，都要3个视图对应着画，一般从最能反映其形状结构特征的视图入手。

⑧检查、描深，标注尺寸，注写技术要求，填写标题栏。

⑨使用二维CAD绘图软件绘制支架的零件图，并打印或截图。

请将尺规绘制的图样折叠粘贴在此页，或将用计算机绘图软件绘制的二维或三维图样，截图打印粘贴在此页。

5. 任务拓展与巩固训练

根据如图7-14所示的支架的三维立体图，绘制其零件工作图。

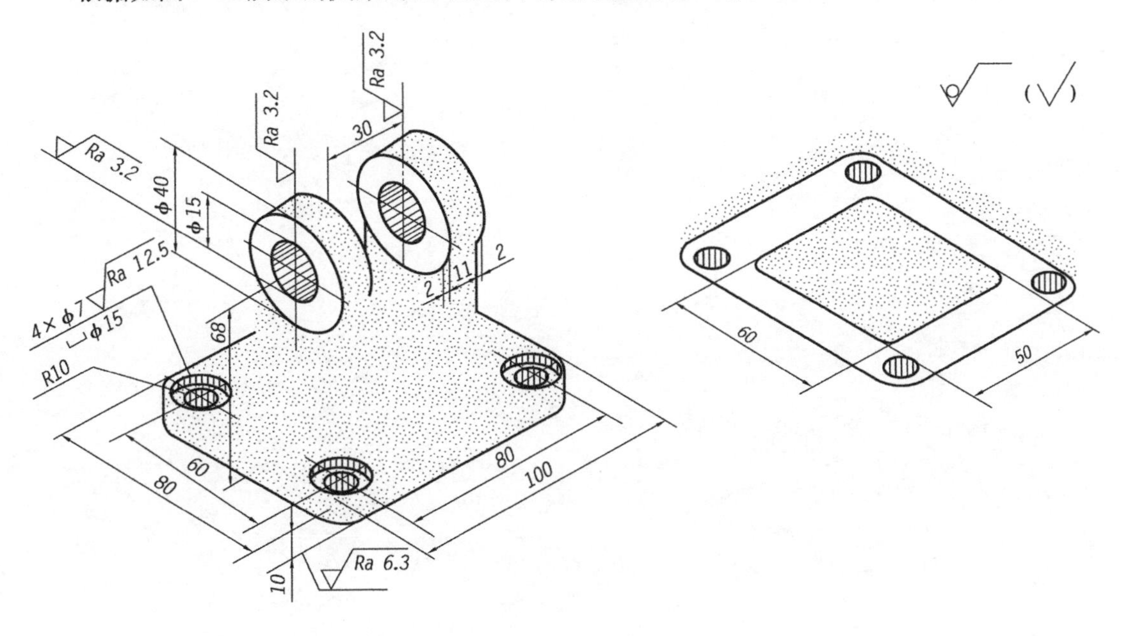

图7-14　支架

学习成果与评价反馈

学生自评(20%);小组互评(30%);教师评价(50%)。

小组互评表、学习情境总评成绩表见附页。

学习情境评价表

班级＿＿＿＿ 姓名＿＿＿＿ 学号＿＿＿＿						
学习情境七		绘制叉架类零件	分值	得分		
评价项目		评价标准		学生自评	小组互评	教师评价
1	叉架类零件的结构特点、应用及常用表达方案的选择	能够对给定的叉架类零件的结构特点进行正确分析,能够正确选用表达方案	10			
2	CAD 绘图软件的使用	能够较熟练地使用 2D 绘图软件的常用绘图及编辑命令	10			
3	零件表达方案的选择	能够正确进行主视图投射方向及其他视图的选取,能够对叉架类零件进行正确的结构分析并进行零件工作图的绘制及尺寸标注	15			
4	制图基本知识的应用	能够正确选用图幅、图线、字体、比例,能够正确标注尺寸标注、剖视图等	10			
5	对叉架类零件图基本理论知识的理解、掌握和应用	能够正确选用和标注尺寸公差、表面结构、形位公差等技术要求	15			
6	图纸的总体质量	图面整洁、布局合理、内容完整	15			
7	工作态度	态度端正,无无故缺勤、迟到、早退现象	10			
8	协调能力	与小组成员、同学之间能够顺畅沟通、有效交流,协调工作	5			
9	职业素质	能够做到懂文明讲礼貌,勤俭节约,爱护公共财物及设施、保护环境	5			
10	创新能力	积极思考、善于提问,提出有代表性的问题等	5			
合计(总评)			100			

总结报告

1. 知识思维导图

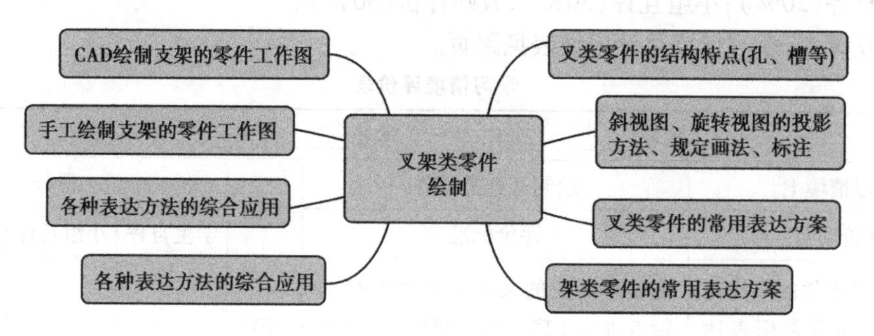

2. 自我反思

①在本学习情境中学会了哪些知识点？掌握了哪些技能？

②任务完成情况如何？应注意哪些问题？

③还有哪些知识与技能尚未完全明白？

④工作过程中有何不足？准备怎么改进？

⑤对教学的意见与建议。

学习笔记

学习情境八　绘制装配体

学习情境描述

依据给定的装配体，如图 8-1 所示。弄清其组成零件的种类、数量及装配关系，了解其传动原理，根据其装配示意图中规定的简化符号绘制其装配示意图；分析所有非标准件的结构，利用正投影原理及三视图的形成规律，按照国家制图标准，合理确定表达方案，绘制所有非标准件的零件草图，并正确使用各种测量工具对其各部分进行测量，合理地标注尺寸和技术要求；按照国家制图标准中对标准件与常用件的规定画法，装配图的规定画法及特殊画法，合理确定千斤顶、减速器装配体的表达方案，绘制千斤顶、减速器的装配草图，并合理地标注尺寸和技术要求，编写零件序号，填写标题栏和明细栏；根据其草图，绘制千斤顶、减速器的装配图。

知识目标：

①装配图的作用、内容。

②装配图中的规定画法。

③装配图中的尺寸种类及标注（配合尺寸）。

④装配图零件序号的注写及明细栏的填写。

⑤装配图的技术要求及注写。

⑥装配图的画图方法和步骤。

⑦装配图的看图方法和步骤。

技能目标：

①能够叙述装配图的作用、内容。

②能够叙述装配图中的规定画法。

③能够叙述装配图中的尺寸种类及标注（配合尺寸），并能够正确标注。

④在老师的指导下，能够正确进行装配图零件序号的注写及明细栏的填写。

⑤能够叙述装配图的技术要求，并能够正确注写。

⑥能够叙述装配图的画图方法和步骤，并能够正确绘制。

⑦能够叙述装配图的看图方法和步骤。

⑧能够手工正确绘制千斤顶、减速器的装配图。

⑨能够用 CAD 软件绘制千斤顶、减速器的装配图。

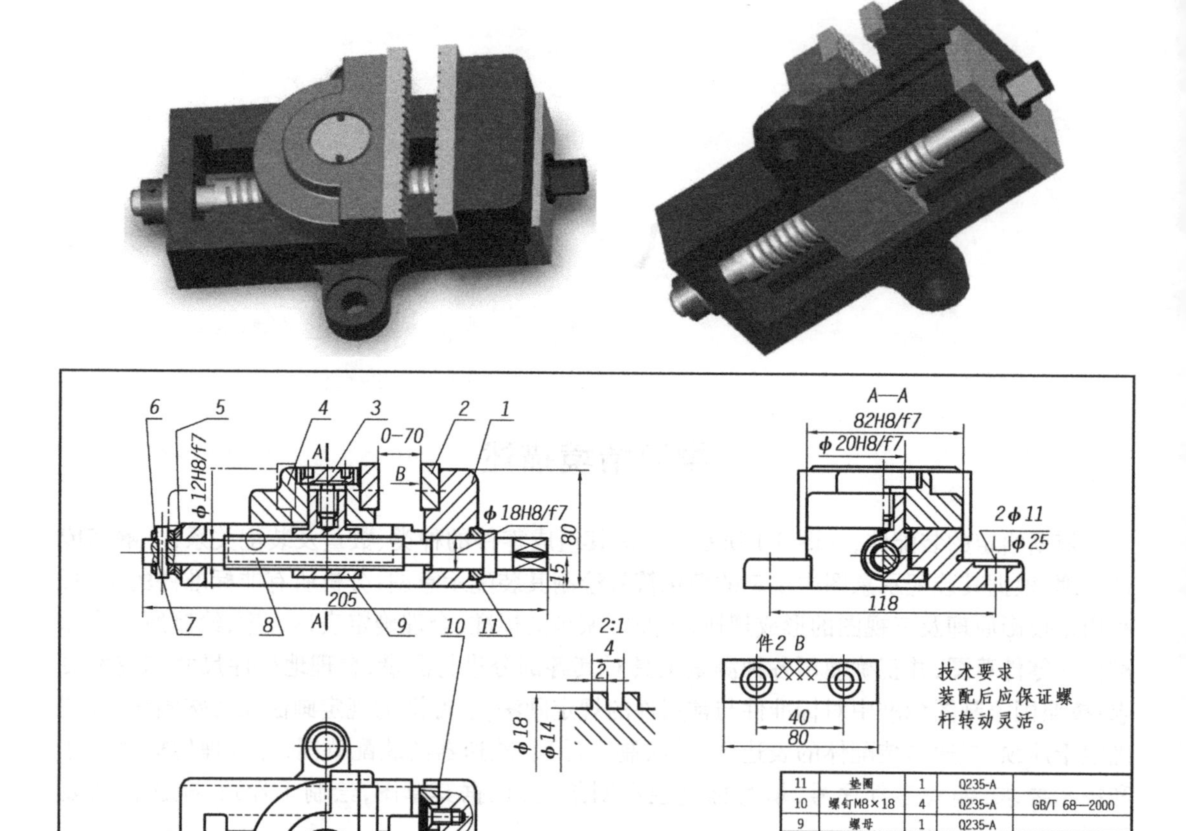

11	垫圈	1	Q235-A	
10	螺钉M8×18	4	Q235-A	GB/T 68—2000
9	螺母	1	Q235-A	
8	螺杆	1	Q235-A	
7	销ϕ4×20	1		GB/T 117—2000
6	环	1	Q235-A	
5	垫圈	1	Q215	
4	活动钳身	1	HT150	
3	螺钉	1	Q235-A	
2	钳口板	2	45	
1	固定钳身	1	HT150	
序号	名称	数量	材料	备注

机用虎钳		比例		图号
		重量		
制图				
审核				

图 8-1　机用虎钳装配体

素质培养：

①培养动手实践能力。

②培养严格遵守制图标准的意识和习惯。

③注重培养产品的质量意识。

④注重培养工作的环保意识。

⑤培养规范操作的职业素养。

⑥培养严肃认真的工作态度和一丝不苟的工作精神。

学习性工作任务(一)　绘制千斤顶

1. 任务描述

依据给定的千斤顶装配体,如图 8-2 所示。弄清其组成零件的种类、数量及装配关系,了解其传动原理,根据其装配示意图中规定的简化符号绘制其装配示意图;分析所有非标准件的结构,利用正投影原理及三视图的形成规律,按照国家制图标准,合理确定表达方案,绘制所有非标准件的零件草图,并正确使用各种测量工具对其各部分进行测量,合理标注尺寸和技术要求;按照国家制图标准中对标准件与常用件的规定画法,装配图的规定画法及特殊画法,合理确定千斤顶装配体的表达方案,绘制千斤顶的装配草图,并合理标注尺寸和技术要求,编写零件序号,填写标题栏和明细栏;根据其草图,绘制千斤顶的装配图。

图 8-2　千斤顶

学习条件及环境要求:机械制图实训室,计算机、绘图软件(三维、二维)、多媒体、适量千斤顶装配体模型、教材、参考书、网络课程及其他资源等。

教学时间(计划学时):8 学时。

任务目标:

①能够叙述装配图的作用、内容。

②能够叙述装配图中的规定画法。

③能够叙述装配图中的尺寸种类及标注(配合尺寸),并能够正确标注。

④在老师的指导下,能够正确进行装配图零件序号的注写及明细栏的填写。

⑤能够叙述装配图的技术要求,并能够正确注写。

⑥能够手工正确绘制千斤顶装配图。

⑦能够用 CAD 软件绘制千斤顶装配图。

2. 任务准备

(1)信息收集

①千斤顶的结构组成、工作原理、传动路线。

②装配图的作用、内容。

③装配图中的规定画法。

④装配图中的尺寸种类及标注(配合尺寸)。

⑤装配图零件序号的注写及明细栏的填写标准与要求。

⑥装配图的技术要求及注写。

⑦装配图的画图方法和步骤。

⑧CAD 绘制装配图的方法和步骤。

(2)材料、工具

所用材料、工具分别见表8-1及表8-2。

表8-1 材料计划表

材料名称	规格	单位	数量	备注
千斤顶装配体	—	套	10	—
零件明细表	—	张	40	—
标准图纸	A3	张	1	—
草稿纸	—	张	若干	—

表8-2 工具计划表

工具名称	规格	单位	数量	备注
绘图铅笔	2H、2B	支	2	自备
图板	A3号	块	1	—
丁字尺	60mm	个	1	—
计算机(CAD绘图软件)	二维、三维	台	40	—
拆装工具	锤子、扳手等	套	10	—

(3)任务分组

学生按4~6人一组,通常为5人,明确每组的工作任务,填写分组任务表及学生小组任务分配表,每组及每个学生的任务可以相同也可以有差异性,视情况而定。

具体学生分组及学习小组任务分配见附表。

3.引导性学习资料

引导问题(1)

①什么是装配图?其作用如何?

②装配图的内容包括什么?

③装配图的视图表达如何?

④装配图的规定画法如何?

⑤装配图有哪些特殊表达方法?

⑥装配图有哪些简化画法?

⑦画装配图表达的重点是什么?

(1)装配图概述

1)装配图的作用

任何机器都是由若干个零件按一定的装配关系和技术要求装配起来的。图8-3是球阀的轴测装配图,由13个零件组成。图8-4是表示球阀的装配图,这种用来表达机器或部件的图样,称为装配图。

装配图主要表达机器或部件的结构形状、装配关系、工作原理和技术要求等内容。设计时,一般先画出装配图,再根据装配图绘制零件图;装配时,则根据装配图把各零件装配成部件或机器;同时,装配图又是安装、调试、操作和检验机器或部件的重要参考资料。由此可见,装配图是生产中主要的技术文件之一。

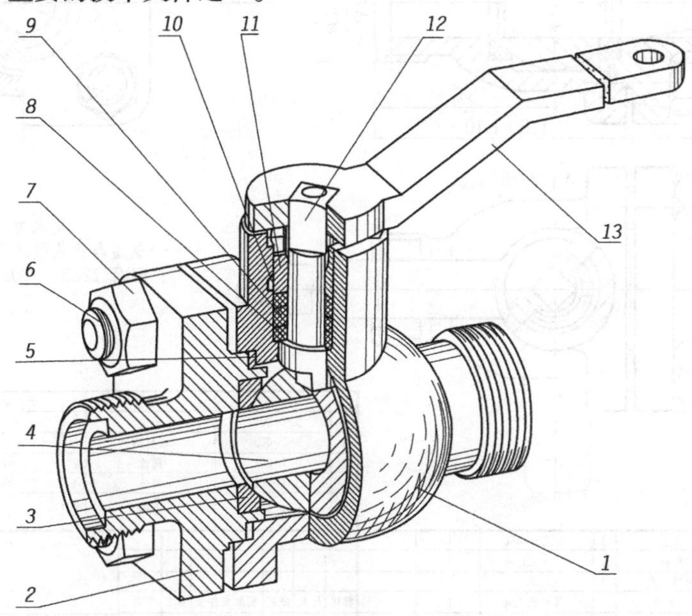

1—阀体;2—阀盖;3—密封圈;4—阀芯;5—调整垫;6—螺柱;7—螺母;
8—填料垫;9—中填料;10—上填料;11—填料压紧套;12—阀杆;13—扳手

图8-3　球阀的轴测装配图

2)装配图的内容

①一组视图。用一组视图表达机器或部件的工作原理、零件间的装配关系、连接方式,以及主要零件的结构形状。如图8-4球阀装配图中的主视图采用全剖视,表达球阀的工作原理和各主要零件间的装配关系;俯视图表达主要零件的外形,并采用局部剖视表达扳手与阀体的连接关系;左视图采用半剖视,表达阀盖的外形以及阀体、阀杆、阀芯间的装配关系。

②必要的尺寸。用来标注机器或部件的规格尺寸、零件之间的配合或相对位置尺寸、机器或部件的外形尺寸、安装尺寸以及设计时确定的其他重要尺寸等。

③技术要求。说明机器或部件的装配、安装、调试、检验、使用与维护等方面的技术要求,一般用文字写出。

④序号、明细栏和标题栏。在装配图中,为了便于迅速、准确地查找每一零件,对每一零件编写序号,并在明细栏中依次列出零件序号、名称、数量、材料等。在标题栏中写明装配体

的名称、图号、比例以及设计、制图、审核人员的签名和日期等。

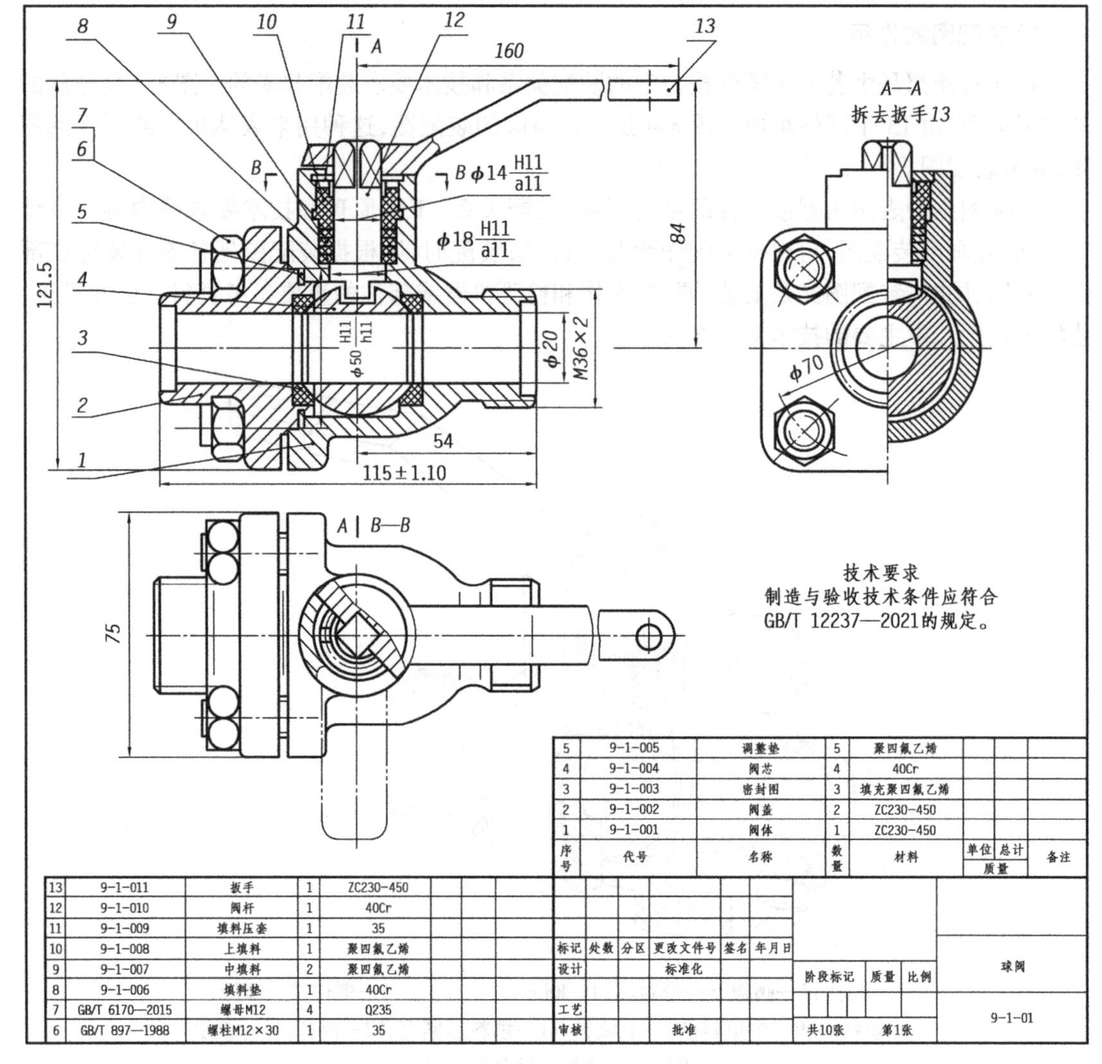

图 8-4　球阀装配图

(2)装配图的表达方法

前面介绍的机件的各种表达方法,在装配图的表达中同样适用。但由于机器或部件是由若干个零件组成,装配图重点表达零件之间的装配关系、零件的主要形状结构、装配体的内外结构形状和工作原理等。国家标准《机械制图》对装配体的表达方法作了相应的规定,画装配图时应将机件的表达方法与装配体的表达方法结合起来,共同完成装配体的表达。

1)规定画法

①相邻两零件的接触面或基本尺寸相同的轴孔配合面,只画出一条线表示公共轮廓。间隙配合即使间隙较大也必须画出一条线。如图 8-4 主视图中螺母与阀盖 2 的接触面和注有 ϕ50H11/h11、ϕ18H11/c11、ϕ14H11/c11 的配合面等,只画出一条线。

②相邻两零件的非接触面或非配合面,应画出两条线,表示各自的轮廓。相邻两零件的基本尺寸不相同时,即使间隙很小也必须画出两条线。如图 8-4 中阀杆 12 的榫头与阀芯 4 的

槽口的非配合面，阀盖 2 与阀体 1 的非接触面等，画出两条线，表示各自的轮廓线。

③在剖视图或断面图中，相邻两零件的剖面线的倾斜方向应相反或方向相同而间隔不同；如两个以上零件相邻时，可改变第三零件剖面线的间隔或使剖面线错开，以区分不同零件。如图 8-4 中的剖面线画法。在同一张图样上，同一零件的剖面线的方向和间隔在各视图中必须保持一致。

④在剖视图中，对于标准键（如螺栓、螺母、键、销等）和实心的轴、手柄、连杆等零件，当剖切平面通过其基本轴线时，这些零件均按不剖绘制，即不画剖面线，如图 8-4 主视图中的阀杆 12。当需表明标准件和实心件的局部结构时，可用局部剖视表示，如图 8-4 中的扳手 13 的方孔处。

2）特殊画法

①拆卸画法。在装配图中，当某些零件遮挡住被表达的零件的装配关系或其他零件时，可假想将一个或几个遮挡的零件拆卸，只画出所表达部分的视图，这种画法称为拆卸画法。图 8-4 中的左视图，是拆去扳手 13 后画出的（扳手的形状在另两视图中已表达清楚）。应用拆卸画法画图时，应在视图上方标注"拆去件××"等字样，如图 8-4 所示。

②沿结合面剖切画法。在装配图中，为表达某些结构，可假想沿两零件的结合面剖切后进行投影，称为沿结合面剖切画法。此时，零件的结合面不画剖面线，其他被剖切的零件应画剖面线。

③假想画法。在装配图中，为了表示运动零件的运动范围或极限位置，可采用双点画线画出其轮廓，如图 8-4 中的俯视图，用双点画线画出了扳手的另一个极限位置。

④夸大画法。在装配图中，对于薄片零件、细丝弹簧、微小的间隙等，当无法按实际尺寸画出或虽能画出但不明显时，可不按比例而采用夸大画法画出。如图 8-4 主视图中件 5 的厚度，就是夸大画出的。

⑤展开画法。为了表达不在同一平面上的空间重叠装配关系，可以假想按其运动顺序进行剖切。然后展开在一个平面上，称作展开画法，如图 8-5 所示。

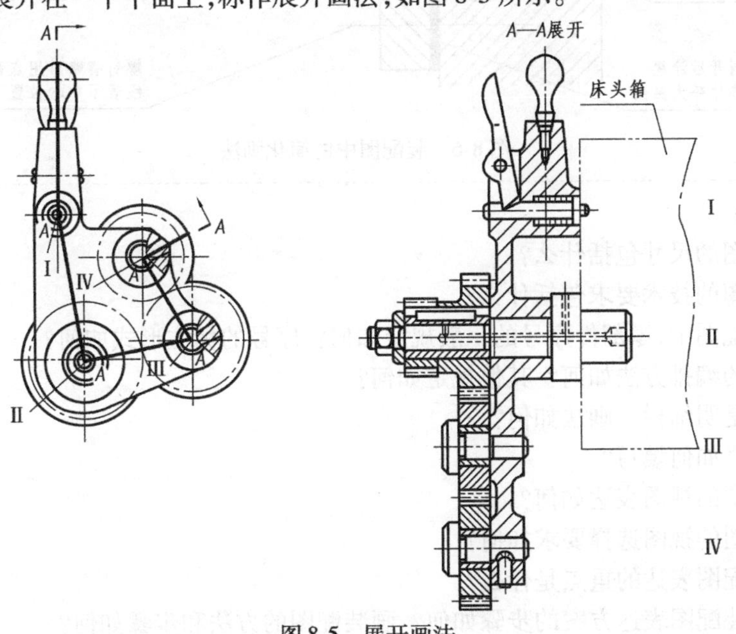

图 8-5　展开画法

3)简化画法

①在装配图中,零件的工艺结构如小圆角、倒角、退刀槽等允许不画出;螺栓、螺母的倒角和因倒角而产生的曲线允许省略,如图8-6所示。

②在装配图中,若干相同的零件组(如螺纹紧固件组等),允许仅详细地画出一处,其余各处以点画线表示其位置,如图8-6的螺钉画法。

③在装配图中,滚动轴承按《机械制图　滚动轴承表示法》(GB/T 4459.7—2017)的规定,可采用特征画法或规定画法。图8-6中滚动轴承采用了规定(简化)画法。在同一图样中,一般只允许采用同一种画法。

④在剖视图或断面图中,如果零件的厚度在2 mm以下,允许用涂黑代替剖面符号,如图8-6中的垫片。

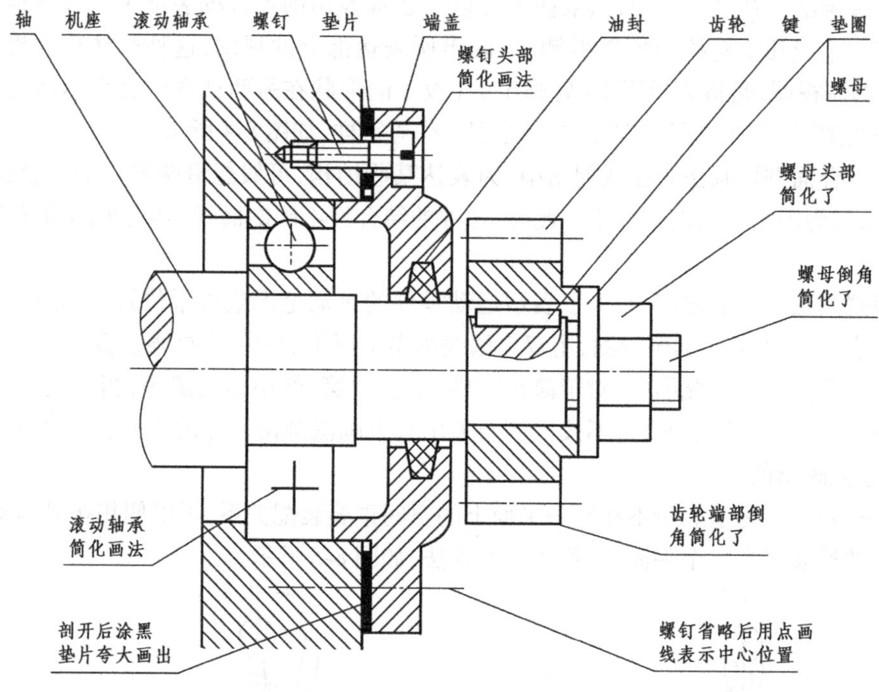

图8-6　装配图中的简化画法

引导问题(2)

①装配图的尺寸包括什么?

②装配图的技术要求包括什么?

③在装配图中,零部件序号的一般规定如何?序号的标注形式如何?

④序号的编排方法如何?其他规定如何?

⑤什么是明细栏?画法如何?

⑥明细栏如何填写?

⑦装配图的视图表达如何?

⑧装配图的视图选择要求如何?

⑨画装配图表达的重点是什么?

⑩选取装配图表达方案的步骤如何?画装配图的方法和步骤如何?

(3)装配图中的尺寸和技术要求

1)装配图的尺寸标注

装配图中,不必也不可能注出所有零件的尺寸,只需标注出说明机器或部件的性能、工作原理、装配关系、安装要求等方面的尺寸。这些尺寸按其作用分为以下几类:

①性能(规格)尺寸。表示机器或部件性能(规格)的尺寸。这类尺寸在设计时就已确定,是设计、了解和选用该机器或部件的依据,如图 8-4 球阀的管口直径 $\phi20$。

②装配尺寸。由两部分组成,一部分是各零件间配合尺寸,如图 8-4 中的 $\phi50H11/h11$ 等尺寸。另一部分是装配有关零件间的相对位置尺寸,如图 8-4 左视图中的 49。

③外形尺寸。表示装配体外形轮廓大小的尺寸,即总长、总宽和总高。它为包装、运输和安装过程所占的空间提供了依据。如图 8-4 中球阀的总长、总宽和总高分别为 115±1.1、75 和 121.5。

④安装尺寸。机器或部件安装时所需的尺寸,如图 8-4 中主、左视图中的 84、54 和 M36×2-6g 等。

⑤其他重要尺寸。它是在设计中确定,又不属于上述几类尺寸的一些重要尺寸,如运动零件的极限尺寸、主体零件的重要尺寸等。

上述 5 类尺寸,并非在每一张装配图上都必须注全,有时同一尺寸可能有几种含义,如图 8-4 中的 115±1.1,它既是外形尺寸,又与安装有关。在装配图上到底应标注哪些尺寸,应根据装配体作具体分析后进行标注。

2)新的配合制选择

基孔制配合的优先配合[摘自《产品几何技术规范(GPS)线性尺寸公差 ISO 代号体系 第 1 部分:公差、偏差和配合的基础》(GB/T 1800.1—2020)],见表 8-3。

表 8-3　基孔制配合的优先配合

基准孔	轴公差带代号																
	b	c	d	e	f	g	h	js	k	m	n	p	r	s	t	u	x
	间隙配合							过渡配合			过盈配合						
H6						H6/g5	H6/h5	H6/js5	H6/k5	H6/m5	H6/n5	H6/p5					
H7					H7/f6	**H7/g6**	**H7/h6**	**H7/js6**	**H7/k6**	H7/m6	**H7/n6**	**H7/p6**	**H7/r6**	**H7/s6**	H7/t6	H7/u6	H7/x6

续表

基准孔	轴公差带代号																
	b	c	d	e	f	g	h	js	k	m	n	p	r	s	t	u	x
	间隙配合							过渡配合			过盈配合						
H8				H8/e7	**H8/f7**		**H8/h7**	H8/js7	H8/k7	H8/m7				H8/s7		H8/u7	
			H8/d8	**H8/e8**	H8/f8		H8/h8										
H9			H9/d8	**H9/e8**	H9/f8		H9/h8										
H10	H10/b9	H10/c9	**H10/d9**	H10/e9			**H10/h9**										
H11	**H11/b11**	**H11/c11**	H11/d10				H11/h10										

注:常用配合 45 种,其中优先配合(已加粗)16 种。

基轴制配合的优先配合[摘自《产品几何技术规范(GPS)线性尺寸公差 ISO 代号体系 第 1 部分:公差、偏差和配合的基础》(GB/T 1800.1—2020)],见表 8-4。

表 8-4 基孔制配合的优先配合

基准轴	孔公差带代号																
	B	C	D	E	F	G	H	JS	K	M	N	P	R	S	T	U	X
	间隙配合							过渡配合			过盈配合						
h5						G6/h5	H6/h5	JS6/h5	K6/h5	M6/h5	N6/h5	P6/h5					
h6					F7/h6	**G7/h6**	**H7/h6**	**JS7/h6**	**K7/h6**	M7/h6	**N7/h6**	**P7/h6**	**R7/h6**	**S7/h6**	T7/h6	U7/h6	X7/h6
h7				E8/h7	**F8/h7**		**H8/h7**										
h8			D9/h8	**E9/h8**	F9/h8		**H9/h8**										
h9				E8/h9	**F8/h9**		**H8/h9**										
			D9/h9	**E9/h9**	F9/h9		**H9/h9**										
	B11/h9	C10/h9	**D10/h9**				H10/h9										

注:常用配合 38 种,其中优先配合(已加粗)18 种。

3)技术要求的注写

装配图上一般注写以下几方面的技术要求:

①装配要求。在装配过程中的注意事项和装配后应满足的要求。如保证间隙、精度要求、润滑和密封的要求等。

②检验要求。装配体基本性能的检验、试验规范和操作要求等。

③使用要求。对装配体的规格、参数及维护、保养、使用时的注意事项及要求。

装配图上的技术要求一般注写在明细栏上方或图样右下方的空白处。如图8-4所示的技术要求,注写在明细栏的上方。

(4)装配图中的零、部件序号和明细栏

为了便于读图、进行图样管理和做好生产准备工作,装配图中的所有零、部件必须编写序号,并填写明细栏。

1)零、部件序号的编排方法

零、部件序号包括:指引线、序号数字和序号排列顺序。

①指引线。

a.指引线用细实线绘制,应从所指零件的轮廓线内引出,并在末端画一圆点,如图8-7所示。若所指零件很薄或为涂黑断面,可在指引线末端画出箭头,并指向该部分的轮廓,如图8-8所示。

b.指引线的另一端可弯折成水平横线、细实线圆或直线段终端,如图8-7所示。

c.指引线相互不能相交,当通过有剖面线的区域时,不应与剖面线平行。必要时,指引线可以画成折线,但只允许曲折一次。

d.一组紧固件或装配关系清楚的零件组,可采用公共指引线,如图8-9所示。

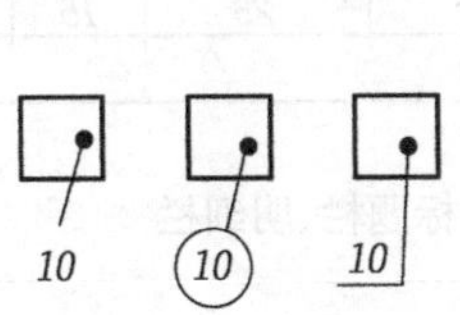

图8-7　指引线画法

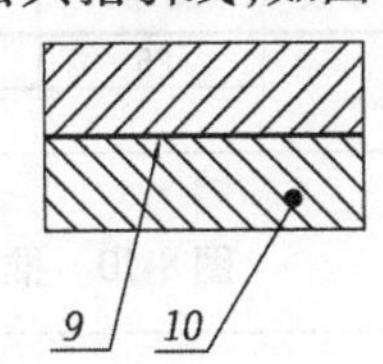

图8-8　指引线末端为箭头的画法

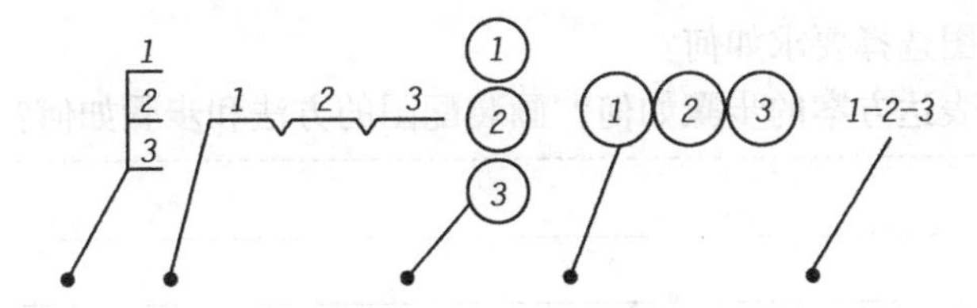

图8-9　公共指引线

②序号数字。

a.序号数字应比图中尺寸数字大一号或两号,但同一装配图中编注序号的形式应一致。

b.相同的零、部件的序号应一个序号,一般只标注一次。多次出现的相同零、部件,必要时也可以重复编注。

③序号的排列。在装配图中,序号可在一组图形的外围按水平或垂直方向顺次整齐排

列，排列时可按顺时针或逆时针方向，但不得跳号，如图 8-4 所示。当在一组图形的外围无法连续排列时，可在其他图形的外围按顺序连续排列。

④序号的画法。为使序号的布置整齐美观，编注序号时应先按一定位置画好横线或圆圈（画出横线或圆圈的范围线，取好位置后再擦去范围线），然后再找好各零、部件轮廓内的适当处，一一对应地画出指引线和圆点。

2）明细栏

明细栏是机器或部件中全部零件的详细目录，应画在标题栏上方，当位置不够用时，可续接在标题栏左方。明细栏外框竖线为粗实线，其余各线为细实线，其下边线与标题栏上边线重合，长度相等。

明细栏中，零、部件序号应按自下而上的顺序填写，以便在增加零件时可继续向上画格。《技术制图　标题栏》（GB/T 10609.1—2009）和《技术制图　明细栏》（GB/T 10609.2—2009）分别规定了标题栏和明细栏的统一格式。学校制图作业明细栏可采用图 8-10 所示的格式。明细栏“名称”一栏中，除填写零、部件名称外，对于标准件还应填写其规格，有些零件还要填写一些特殊项目，如齿轮应填写“$m=$”“$z=$”。

标准件的国标号应填写在“备注”中。

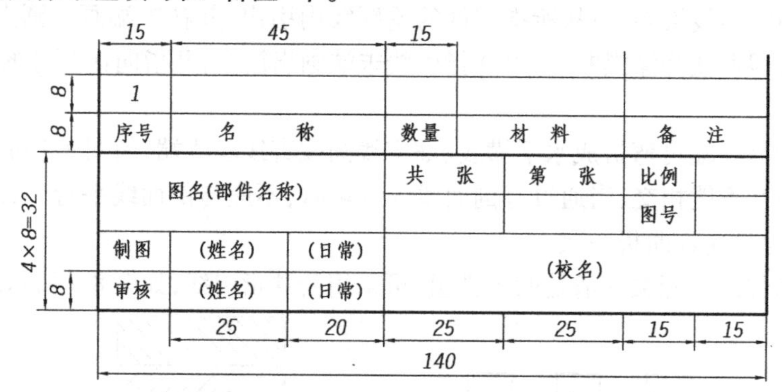

图 8-10　推荐学校使用的标题栏、明细栏

引导问题（3）

①装配图的视图表达如何？

②装配图的视图选择要求如何？

③选取装配图表达方案的步骤如何？画装配图的方法和步骤如何？

学习笔记

(5)画装配图的方法和步骤

部件是由若干零件装配而成的,根据零件图及其相关资料,可以了解各零件的结构形状,分析装配体的用途、工作原理、连接和装配关系,然后按各零件图拼画成装配图。

现以图8-3、图8-4所示的球阀为例,介绍由零件图拼画装配图的方法和步骤。

由零件图拼画装配图应按下列方法和步骤进行。

1)了解部件的装配关系和工作原理

对照图8-3和图8-4仔细进行分析,可以了解球阀的装配关系和工作原理。球阀的装配关系是:阀体1与阀盖2上都带有方形凸缘结构,用4个螺柱6和螺母7可将它们连接在一起,并用调整垫5调节阀芯4与密封圈3之间的松紧。阀体上部阀杆12上的凸块与阀芯上的凹槽榫接,为了密封,在阀体与阀杆之间装有填料垫8、中填料9和上填料10,并旋入填料压紧套11。球阀的工作原理是:将扳手13的方孔套进阀杆12上部的四棱柱,当扳手处于如图12-2所示的位置时,阀门全部开启,管道畅通;当扳手按顺时针方向旋转90°时(图8-4俯视图双点画线所示位置),则阀门全部关闭,管道断流。从俯视图上的*B—B*局部剖视图,可看到阀体1顶部限位凸块的形状(90°扇形),该凸块用来限制扳手13旋转的极限位置。

2)确定表达方案

装配图表达方案的确定,包括选择主视图、其他视图和表达方法。

①选择主视图。一般将装配体的工作位置作为主视图的位置,以最能反映装配体装配关系、位置关系、传动路线、工作原理主要结构形状的方向作为主视图投射方向。由于球阀的工作位置变化较多,故将其置放为水平位置作为主视图的投射方向,以反映球阀各零件从左到右和从上向下的位置关系、装配关系和结构形状,并结合其他视图表达球阀的工作原理和传动路线。

②选择其他视图和表达方法。主视图不可能把装配体的所有结构形状全部表达清楚,应选择其他视图补充表达尚未表达清楚的内容,并选择合适的表达方法。如图8-4所示,用前后对称的剖切平面剖开球阀,得到全剖的主视图,清楚地表达了各零件间的位置关系、装配关系和工作原理,但球阀的外形形状和其他的一些装配关系并未表达清楚。故选择左视图补充表达外形形状,并以半剖视进一步表达装配关系;选择俯视图并作*B—B*局部剖视,反映扳手与限位凸块的装配关系和工作位置。

3)画装配图的方法和步骤

①确定了装配体的视图和表达方案后,根据视图表达方案和装配体的大小,选定图幅和比例,画出标题栏、明细栏框格。

②合理布图,画出各视图的主要轴线(装配干线)、对称中心线和作图基准线。

③画主要装配干线上的零件,采取由内向外(或由外向内)的顺序逐个画每一零件。

④画图时,从主视图开始,并将几个视图结合起来一起画,以保证投影准确和防止缺漏线。

⑤底稿画完后,检查描深图线、画剖面线、标注尺寸。

⑥编写零、部件序号,填写标题栏、明细栏、技术要求。

⑦完成全图后,再仔细校核,准确无误后,签名并填写时间。

图8-11为球阀装配图底稿的画图方法和步骤,图8-4为完成后的球阀装配图。

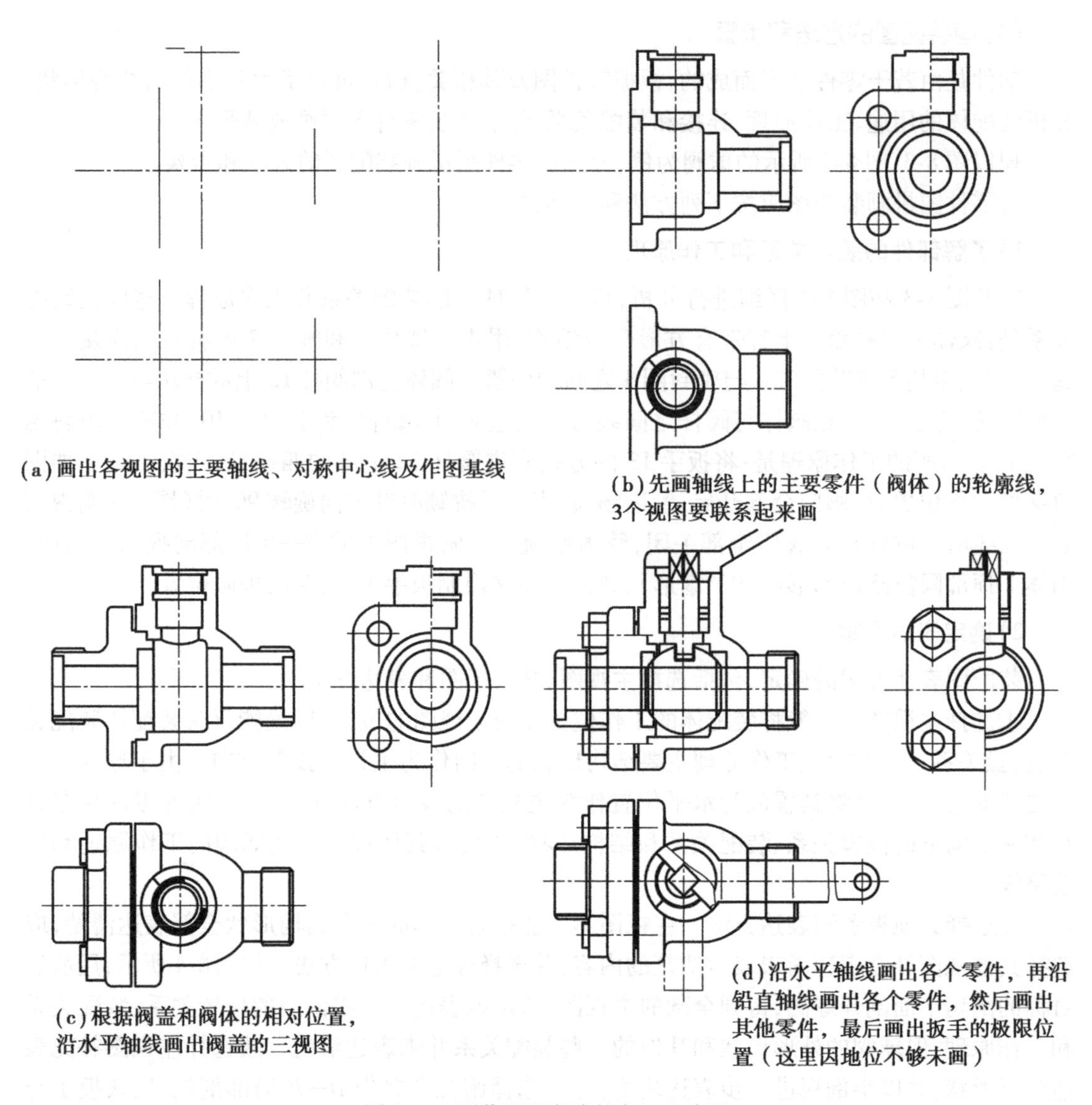

(a)画出各视图的主要轴线、对称中心线及作图基线
(b)先画轴线上的主要零件（阀体）的轮廓线，3个视图要联系起来画
(c)根据阀盖和阀体的相对位置，沿水平轴线画出阀盖的三视图
(d)沿水平轴线画出各个零件，再沿铅直轴线画出各个零件，然后画出其他零件，最后画出扳手的极限位置（这里因地位不够未画）

图 8-11　画装配图底稿的方法和步骤

4)装配图中的标注

在装配图中要标注配合代号，配合代号用分数形式表示，分子为轴的公差带代号，分母为孔的公差带代号。装配图中标注配合代号有 3 种形式，如图 8-12 所示。

a. 标注孔和轴的配合代号，如图 8-12(a)所示，这种注法应用最多。

b. 当需要标注孔和轴的极限偏差时，孔的基本尺寸和极限偏差注在尺寸线上方，轴的基本尺寸和极限偏差注在尺寸线下方，如图 8-12(b)、(c)所示。

c. 零件与标准件或外购件配合时，在装配图中可以只标注该零件的公差带代号，如图 8-12(d)所示。

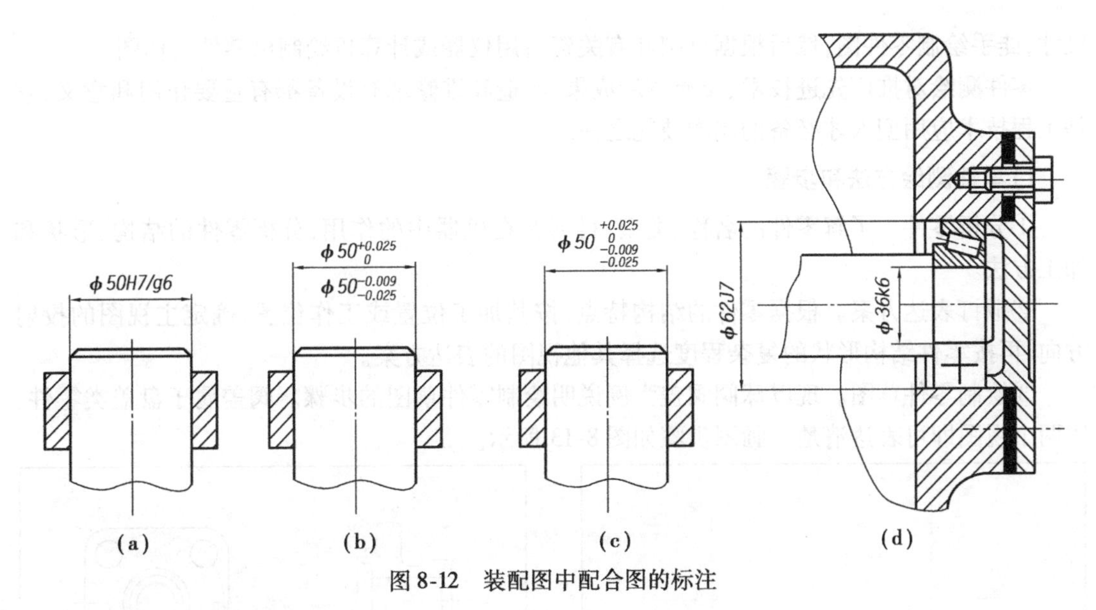

图 8-12　装配图中配合图的标注

5)配合尺寸查表方法示例

例:查表确定配合代号 ϕ60H8/f7 中孔和轴的极限偏差值。

根据配合代号可知,孔和轴采用基孔制的优先配合,其中 H8 孔为基准孔的公差带代号;f7 为配合轴的公差带代号。

①ϕ60H8 基准孔的极限偏差,可由孔的极限偏差表查出(见附录)。在基本尺寸>50～80 的行与 H8 的列的交汇处找到 46、0,即孔的上偏差为+0.046 mm,下偏差为 0。所以,ϕ60H8 可写为 $\phi60^{+0.046}_{0}$。

②ϕ60f7 配合轴的极限偏差,可由轴的极限偏差表查出(见附录)。在基本尺寸>50～65 的行与 f7 的列的交汇处找到-0.030、-0.060,即轴的上偏差为-0.030 mm,下偏差为-0.060。所以,ϕ60f7 可写为 $\phi60^{-0.030}_{-0.060}$。

引导问题(4)

①零件测绘的目的、任务、要求如何?
②部件测绘的目的、任务、要求如何?
③测绘前的准备工作如何?
④零件测绘的注意事项有哪些?
⑤零件测绘的方法、步骤如何?

(6)零件测绘

根据实际零件绘制草图,测量并标注尺寸,给出必要的技术要求的绘图过程,称为零件测绘。测绘零件的工作常在现场进行。由于条件限制,一般是先画零件草图,即以目测比例及尺寸，徒手绘制零件图，然后根据草图和有关资料用仪器或计算机绘制出零件工作图。

零件测绘对推广先进技术、交流革新成果、改造和维修现有设备都有重要作用和意义，它是工程技术应用型人才必备的制图技能之一。

1）零件测绘方法和步骤

①分析零件。了解零件的名称、类型、材料及在机器中的作用，分析零件的结构、形状和加工方法。

②拟订表达方案。根据零件的结构特点，按其加工位置或工作位置，确定主视图的投射方向，再按零件结构形状的复杂程度选择其他视图的表达方案。

③绘制零件草图。现以球阀阀盖为例说明绘制零件草图的步骤。阀盖属于盘盖类零件，用两个视图即可表达清楚。画图步骤如图 8-13 所示。

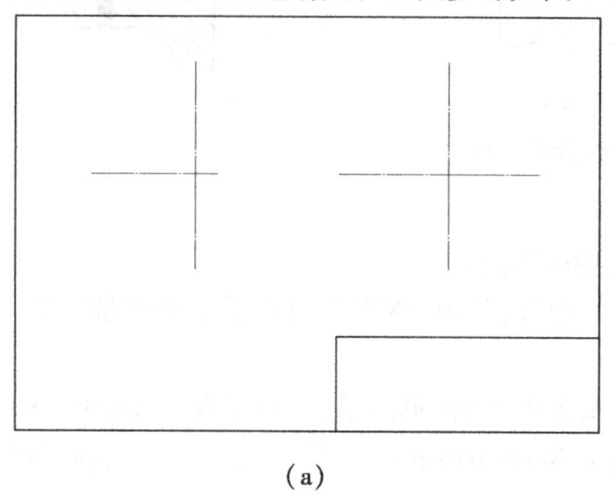

(a)

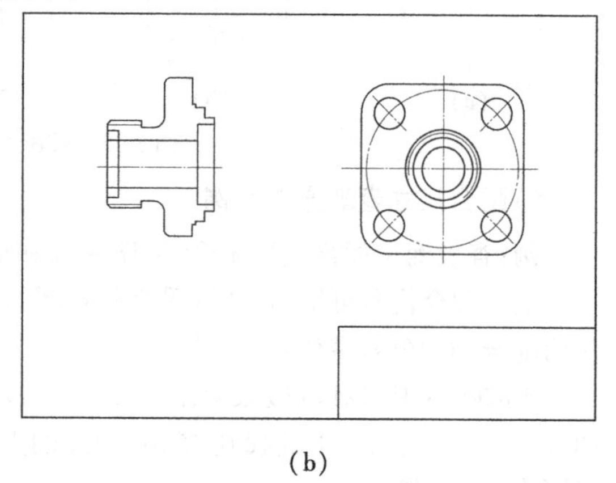

(b)

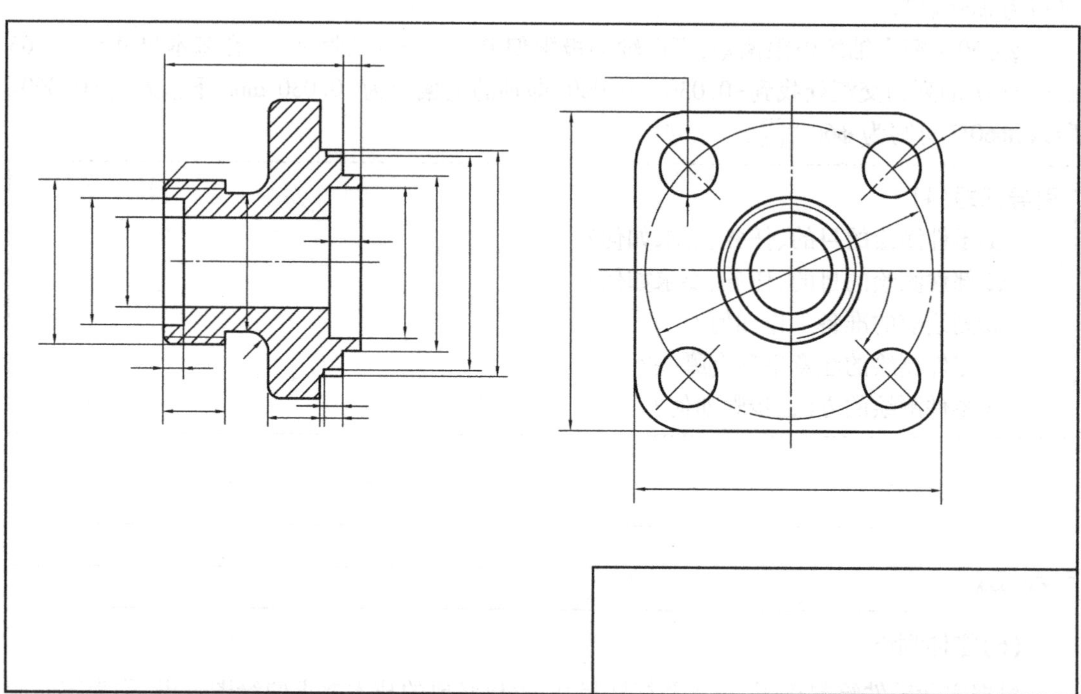

(c)

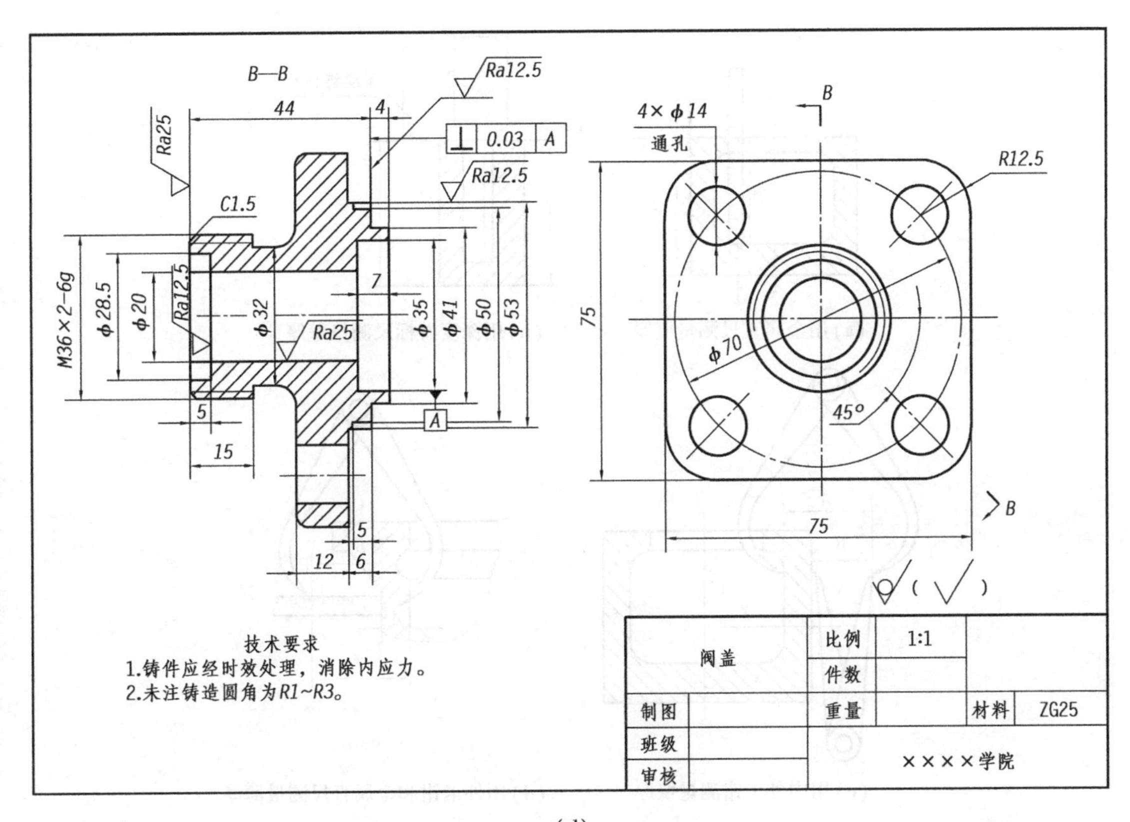

(d)

图 8-13　球阀阀盖零件草图的绘制步骤

a. 布局定位。在图纸上画出主、左视图的对称中心线和作图基准线，如图 8-13(a)所示。布置视图时，要考虑到各视图之间留出标注尺寸的位置。

b. 以目测比例画出零件的内、外结构形状，如图 8-13(b)所示。

c. 选定尺寸基准，按正确、完整、合理的要求画出所有尺寸界线、尺寸线和箭头。经仔细核对后，按规定线型将图线描深，如图 8-13(c)所示。

d. 测量零件上的各个尺寸，在尺寸线上逐个填上相应的尺寸数值，如图 8-13(d)所示。

e. 注写技术要求和标题栏，如图 8-13(d)所示。

2)零件尺寸的测量方法

测绘尺寸是零件测绘过程中必要的步骤，零件上的全部尺寸的测量应集中进行，这样可以提高工作效率，避免遗漏。切勿边画尺寸线，边测量，边标注尺寸。

测量尺寸时，要根据零件尺寸的精确程度选用相应的量具。常用金属直尺、内外卡钳测量不加工和无配合的尺寸；用游标卡尺、千分尺等测量精度要求高的尺寸；用螺纹规测量螺距；用圆角规测量圆角；用曲线尺、铅丝及印泥等测量曲面、曲线。图 8-14、图 8-15 所示为测量壁厚和曲线、曲面的方法。

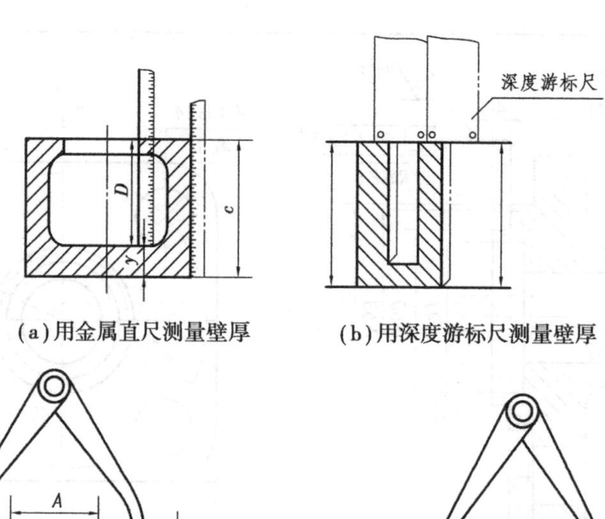

(a)用金属直尺测量壁厚　　(b)用深度游标尺测量壁厚

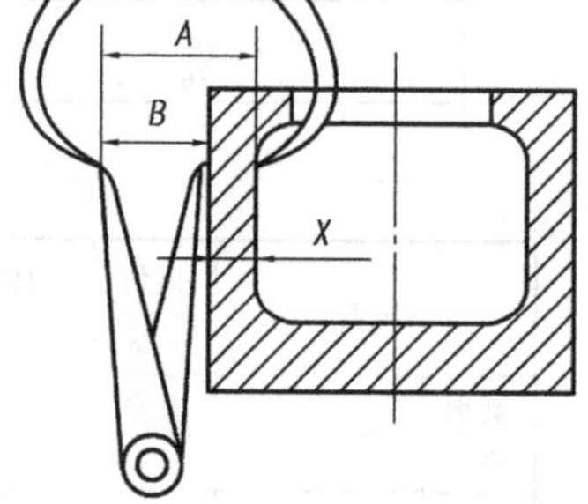

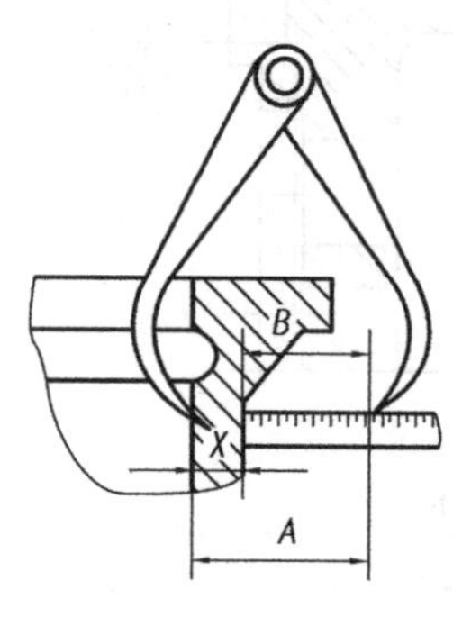

(c)用内外卡钳测量壁厚　　(d)用外卡钳和金属直尺测量薄厚

图 8-14　测量壁厚

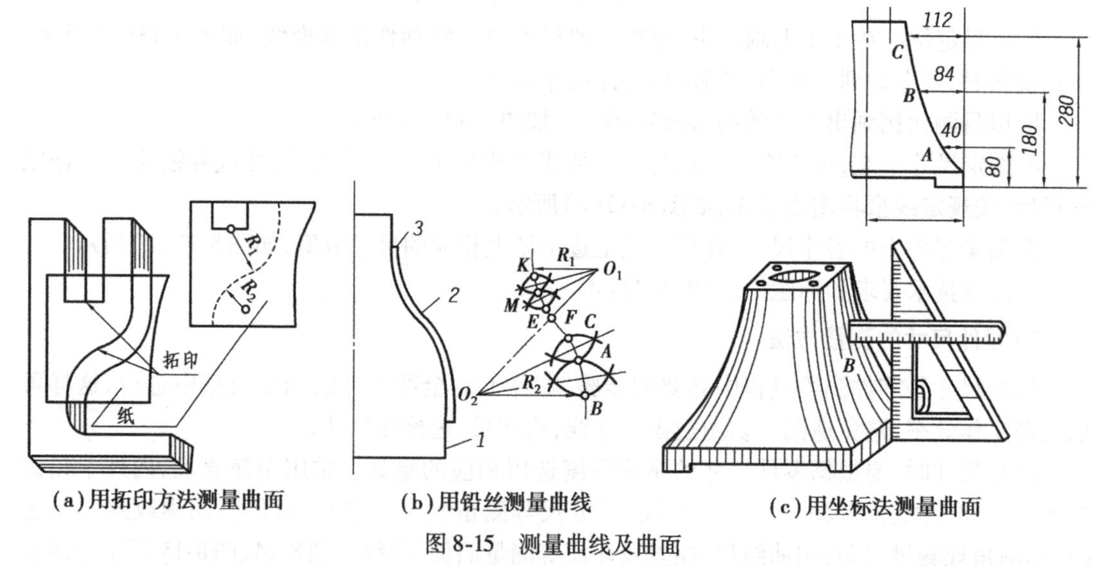

(a)用拓印方法测量曲面　　(b)用铅丝测量曲线　　(c)用坐标法测量曲面

图 8-15　测量曲线及曲面

3)零件测绘时的注意事项

①零件的制造缺陷如砂眼、气孔、刀痕等,以及长期使用所产生的磨损,均不应画出。

②零件上因制造、装配所要求的工艺结构,如铸造圆角、倒圆、倒角、退刀槽等结构,必须查阅有关标准后画出。

③有配合关系的尺寸一般只需要测出基本尺寸。配合性质和公差数值应在结构分析的

基础上,查阅有关手册确定。

④对螺纹、键槽、齿轮的轮齿等标准结构的尺寸,应将测得的数值与有关标准核对,使尺寸符合标准系列。

⑤零件的表面粗糙度、极限与配合、技术要求等,可根据零件的作用参考同类产品的图样或有关资料确定。

⑥根据设计要求,参照有关资料确定零件的材料。

(7)千斤顶

1)千斤顶的功用

千斤顶是一种起重高度小(小于 1 m)的最简单的起重设备,用来支撑和起动重物。

2)千斤顶的分类及工作原理

千斤顶分为液压千斤顶和机械千斤顶两种,原理各有不同。由于起重量小,操作费力,一般只用于机械维修工作。千斤顶的工作原理详见参考资料(码 8-45)。

码 8-45　螺旋千斤顶的工作原理

3)螺旋千斤顶的装配示意图及拆装顺序

千斤顶的装配示意图见学习情境一中的表 1-3。工作时,用可调节力臂长度的绞杠带动螺旋杆在螺旋套中作旋转运动,螺旋作用使螺旋杆上升,装在螺旋杆头部的顶垫顶起重物。骑缝安装的螺钉 M12 阻止螺套回转,顶垫与螺旋杆头部以球面接触,其内径与螺旋杆有较大间隙,既可以减小摩擦力不使顶垫随同螺旋杆回转,又可自调心使顶垫上平面与重物贴平,以防止顶垫脱出。

拆卸顺序依次为:绞杠→螺钉 M8→顶垫→螺钉 M12→螺旋杆→螺套→底座,安装顺序正好相反。

4. 边学边练

千斤顶的测绘指导书详见参考资料(码 8-46)。

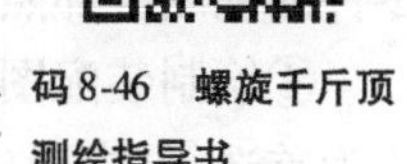

码 8-46　螺旋千斤顶测绘指导书

①检查所需工具、材料是否齐全;检查工作环境是否干净、整洁。

②对给定的千斤顶装配体进行分析,了解其功用、结构组成、工作原理、传动路线。

③徒手绘制所有非标准零件的草图,并测量、标注尺寸,注写技术要求,确定材料,填写技术要求。

④先确定其主视图的投射方向,再根据其大小确定各个视图的总体尺寸,然后选定绘图的比例及图幅。

⑤整理干净桌面,铺放图纸,用细实线绘制图纸的边界线、图框线及标题栏的外框线。

⑥根据所绘制图形的尺寸大小,布局图面,绘制出基准线及重要的图线。

⑦进一步对给定的千斤顶装配体进行分析,确定绘图的先后顺序:从里向外画或从外向里画。

⑧绘制底稿,各部分结构,都要 3 个视图对应着画,一般从最能反映其形状结构特征的视图入手。

⑨检查、描深,编写零件序号,标注尺寸,填写标题栏和明细栏。

⑩使用二维 CAD 绘图软件绘制千斤顶的装配图,并打印或截图。

请将尺规绘制的图样折叠粘贴在此页,或将用计算机绘图软件绘制的二维或三维图样,截图打印粘贴在此页。

5. 任务拓展与巩固训练

用 CAD 软件绘制装配图与手工绘制装配图的方法大体相同,但由于技能考核时,装配图的视图方案、绘图比例和视图数量已经基本确定,所以绘制过程和方法较手工绘图简单。

(1)绘制装配图的方法

一般来说,用 CAD 软件绘制装配图可以从下述的 3 种方法中选取:

①像手工绘图一样,根据零件图的尺寸,按照装配干线,从内到外或从外到内一个零件一个零件地画出它们的图形。

②利用“文件”命令下的“部分存储”和“并入文件”功能,将待装配零件的视图存盘,再用“并入”的方法将其插入待画的装配图中。

③利用“块”功能,将待装配零件的视图定义为块(不必入库),然后利用“平移”命令将其插入待画的装配图中。

(2)注意事项

初级 CAD 技能考核也即机械工程制图“1+X”技能等级考试(初级)装配图的知识点是“根据零件图拼画装配图”。因此画图时应当注意以下几点:

①认真阅读试题中给出的文字材料,了解待画装配图的功能、工作原理以及运动零件的运动方式。

②“装配示意图”是拼画装配图的主要依据,它运用简单的线条或符号表示出装配体的工作原理、零件的位置、装配关系以及零件间的连接方式,因此必须认真阅读“装配示意图”,并从中归纳整理、选定绘制装配图的方法和步骤。

③根据试卷要求的装配图视图数量,确定待装配零件的视图数量,切忌将试题中所给的零件的视图全部照抄,以避免浪费宝贵的考试时间。

④绘制装配图虽然有“从外到内”和“从内到外”之分,但一般情况下以“从外到内”的方法为首选,即先画出主要的(大的)零件,再画小的零件,以便加快画图速度。

⑤零件在装配体中的位置,由其“定位面”决定,但每个零件的定位面不一定在零件的端部,操作者要通过“装配示意图”认真分析和查找,以便确定出绘制该零件的顺序。

⑥具体画图时应当按先画图形,再画剖面线,然后按试题要求标注尺寸、编写零件序号和填写明细表,最后认真检查全图的顺序进行。

学习性工作任务(二) 绘制减速器

1. 任务描述

依据给定的单级直齿圆柱齿轮减速器装配体,如图 8-16 所示,弄清其组成零件的种类、数量及装配关系,了解其传动原理,根据其装配示意图中规定的简化符号绘制其装配示意图;分析所有非标准件的结构,利用正投影原理及三视图的形成规律,按照国家制图标准及常用件的规定画法,合理确定表达方案,绘制所有非标准件的零件草图,并正确使用各种测量工具对其各部分进行测量,合理地标注尺寸和技术要求;按照国家制图标准及装配图的规定画法及特殊画法,合理确定减速器装配体的表达方案,绘制减速器的装配草图,并合理地标注尺寸和技术要求,编写零件序号,填写标题栏和明细栏;根据其草图,绘制减速器的装配图。

图 8-16 单级直齿圆柱齿轮减速器

学习条件及环境要求:机械制图实训室,计算机、绘图软件(三维、二维)、多媒体、适量单级直齿圆柱齿轮减速器装配体模型、教材、参考书、网络课程及其他资源等。

教学时间(计划学时):12 学时。

任务目标:

①能够叙述装配图的作用、内容。

②能够叙述装配图中的规定画法。

③能够叙述装配图中的尺寸种类及标注(配合尺寸)要求,并能够正确标注。

④在教师的指导下,能够正确进行装配图零件序号的注写及明细栏的填写。

⑤能够叙述装配图的技术要求,并能够正确注写。

⑥能够手工正确绘制减速器装配图。

⑦能够用 CAD 软件绘制减速器装配图。

2. 任务准备

(1)信息收集

①减速器的功用、工作原理,传动路线。

②装配图中的规定画法。

③装配图中的尺寸种类及标注(配合尺寸)要求。

④装配图零件序号的注写及明细栏的填写。

⑤装配图的技术要求及注写。

⑥装配图的画图方法和步骤。

⑦装配图的看图方法和步骤

⑧CAD 绘制装配图的方法和步骤。

(2)材料、工具

所用材料、工具分别见表 8-5 及表 8-6。

表 8-5　材料计划表

材料名称	规格	单位	数量	备注
减速器装配体	—	套	10	—
零件明细表	—	张	40	—
标准图纸	A1（A2）	张	1	—
草稿纸	—	张	若干	—

表 8-6　工具计划表

工具名称	规格	单位	数量	备注
绘图铅笔	2H、2B	支	2	自备
图板	A3 号	块	1	—
丁字尺	60 mm	个	1	—
计算机(CAD 绘图软件)	二维、三维	台	40	—

(3)任务分组

学生按 4 ~6 人一组,通常为 5 人,明确每组的工作任务,填写分组任务表及学生小组任务分配表,每组及每个学生的任务可以相同也可以有差异性,视情况而定。

具体学生分组及学习小组任务分配见附表。

3. 引导性学习资料

引导问题(1)

①在装配体的工艺结构中,两零件间的接触面有什么要求?

②并紧、定位及锁紧结构有哪些?

③在装配体的工艺结构中,对拆装有什么要求?

(1)装配结构简介

在绘制装配图时,为保证装配体达到应用的性能要求,又考虑安装与拆卸方便,应注意装配结构的合理性。

1）接触面的数量和结构

两零件在同一方向（横向、竖向或径向）只能有一对接触面，这样既能保证接触良好，又能降低加工要求，否则将使加工困难，并且不可能同时接触，如图 8-17 所示。锥面的配合，如图 8-18 所示。

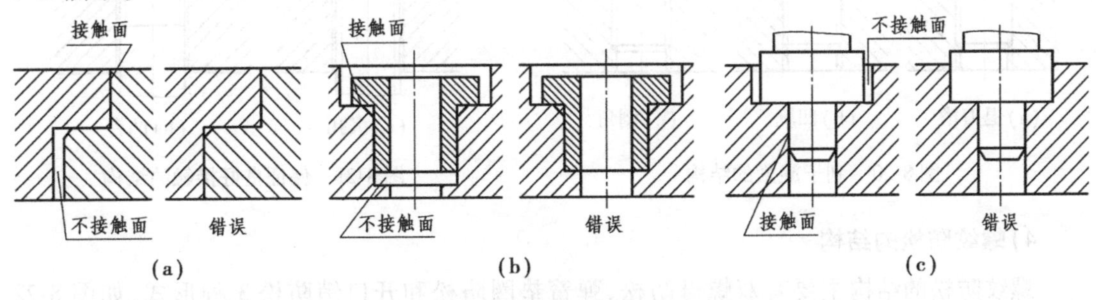

图 8-17　接触面的画法

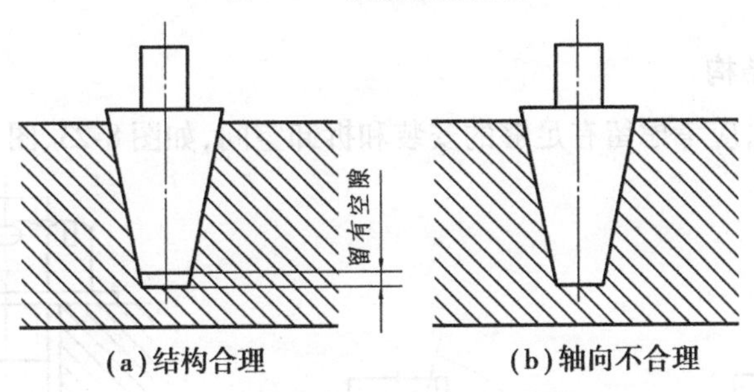

图 8-18　锥面的配合

2）转折处的结构

零件两个方向的接触面应在转折处做成倒角、倒圆或凹槽，以保证两个方向的接触面接触良好。转折处不应加工成直角或尺寸相同的圆角，应孔边倒角或轴上切槽，否则会使装配时零件无法定位，转折处发生干涉，因接触不良而影响装配精度，如图 8-19 所示。

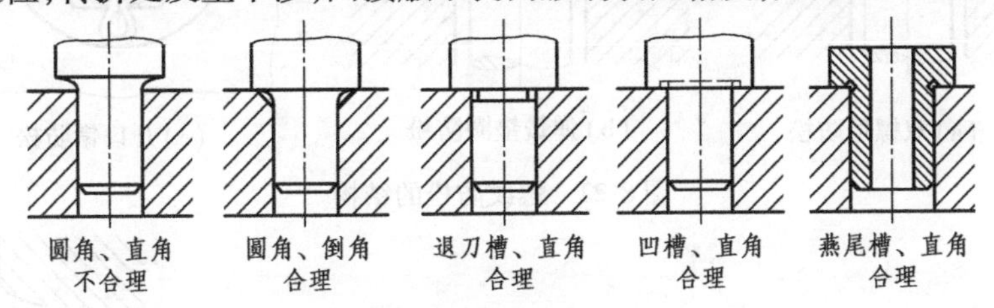

图 8-19　接触面转折处的结构

3）螺纹连接的结构

为了保证螺纹旋紧，应在螺纹尾部留出退刀槽或在螺孔端部加工出凹坑或倒角，如图 8-20 所示。

为了保证连接件与被连接件间接触良好，被连接件上应做成沉孔或凸台，被连接件通孔的直径应大于螺孔大径或螺杆直径，如图 8-21 所示。

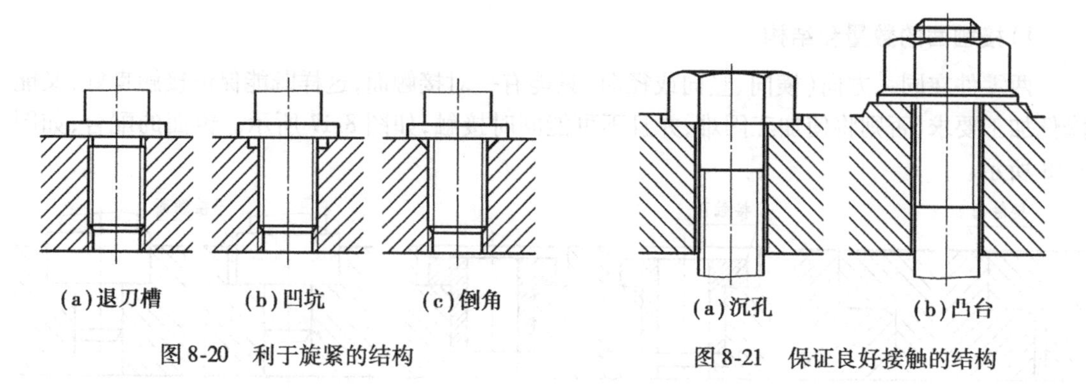

(a)退刀槽　(b)凹坑　(c)倒角

图 8-20　利于旋紧的结构

(a)沉孔　(b)凸台

图 8-21　保证良好接触的结构

4)螺纹防松的结构

螺纹防松的结构主要有双螺母防松、弹簧垫圈防松和开口销防松 3 种形式,如图 8-22 所示。

5)维修、拆卸的结构

当用螺栓连接时,应考虑留有足够的安装和拆卸空间,如图 8-23、图 8-24 所示。

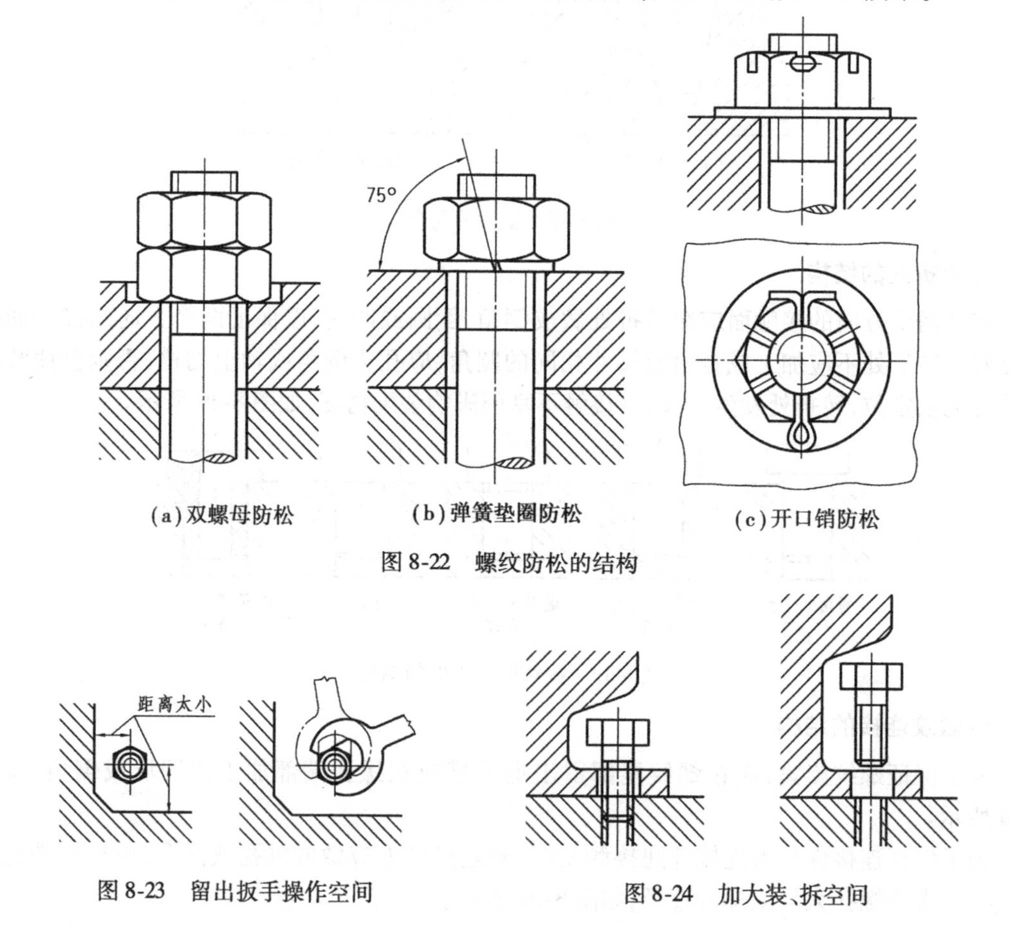

(a)双螺母防松　(b)弹簧垫圈防松　(c)开口销防松

图 8-22　螺纹防松的结构

图 8-23　留出扳手操作空间

图 8-24　加大装、拆空间

在用孔肩或轴肩定位滚动轴承时,应考虑维修时拆卸的方便与可能。即孔肩高度必须小于轴承外圈厚度;轴肩高度必须小于轴承内圈厚度,如图 8-25 所示。

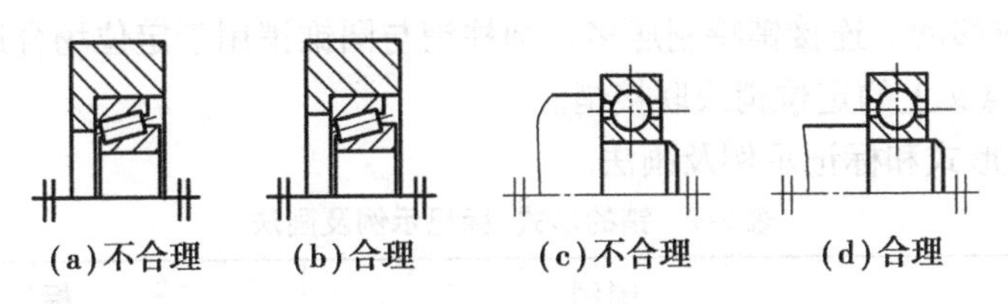

(a)不合理　(b)合理　(c)不合理　(d)合理

图 8-25　滚动轴承用孔肩或轴肩定位的结构

为使两零件装配时准确定位及拆卸后不降低装配精度，常用圆柱销或圆锥销将两零件定位，如图 8-26(a)所示。为了加工和拆卸的方便，在可能时，将销孔做成通孔，如图 8-26(b)所示。

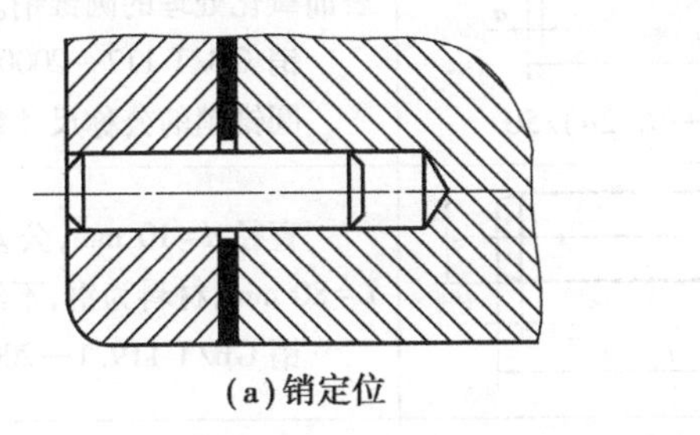

(a)销定位

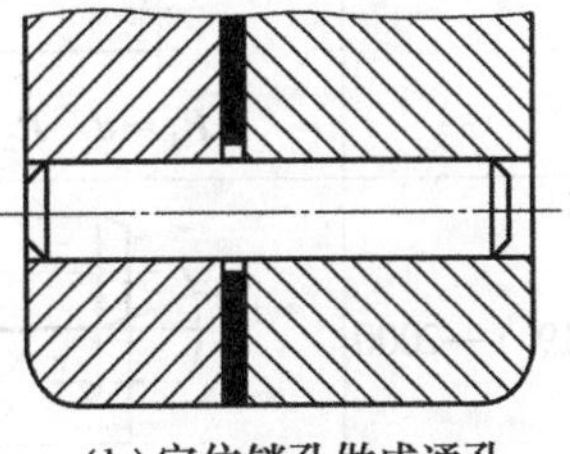

(b)定位销孔做成通孔

图 8-26　销定位结构

引导问题(2)

销的功用如何？类型有哪些？销连接的画法如何？销的标记如何？

(2)销联接

1)销的作用、种类、画法及标记

销通常用于零件之间的定位、联接和防松，常见的有圆柱销、圆锥销和开口销等，它们都是标准件。圆柱销和圆锥销可以联接零件，也可以起定位作用(限定两零件间的相对位置)，如图 8-27(a)、(b)所示。开口销常用在螺纹联接的装置中，与开槽螺母配合使用，以防止螺母的松动，如图 8-27(c)所示。

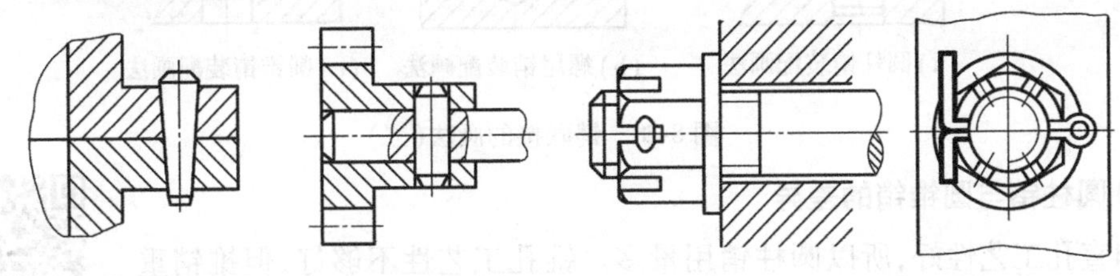

(a)圆锥销联接的画法　(b)圆柱销联接的画法　(c)开口销联接的画法

图 8-27　销联接的画法(一)

销定位，通常指用销完全限制两零件安装平面之间的错动。所以，定位销总是和螺纹连接件合作工作的，且成对使用。销连接，通常指用销将两个轴或轴与带孔零件强制连接，以共

同转动(类似键)或移动。连接销特制居多。圆柱销与圆锥销用于定位场合远多于联接场合。开口销,不是严格意义上的定位销或联接销。

表8-7为销的形式和标记示例及画法。

表8-7　销的形式、标记示例及画法

名称	标准号	图例	标记示例
圆锥销	GB/T 117—2000	0.8　1:50　R_1　R_2　d　a　l　a $R_1\approx d\quad R_2\approx d+(L-2a)/50$	直径d=10 mm,长度L=100 mm,材料35钢,热处理硬度28～38 HRC,表面氧化处理的圆锥销。 销 GB/T 117—2000 A10×100 圆锥销的公称尺寸是指小端直径
圆柱销	GB/T 119.1—2000	≈15°　d　c　c　l	直径d=10 mm,公差为m6,长度L=80 mm,材料为钢,不经表面处理。 销 GB/T 119.1—2000 10m6×80
开口销	GB/T 91—2000	b　l　a　c　d	公称直径d=4 mm(指销孔直径),L=20 mm,材料为低碳钢不经表面处理。 销 GB/T 91—2000 4×20

在销联接中,两零件上的孔是在零件装配时一起配钻的。因此,在零件图上标注销孔的尺寸时,应注明“配做”。

绘图时,销的有关尺寸从标准中查找并选用。在剖视图中,当剖切平面通过销的回转轴线时,按不剖处理,如图8-27、图8-28所示。

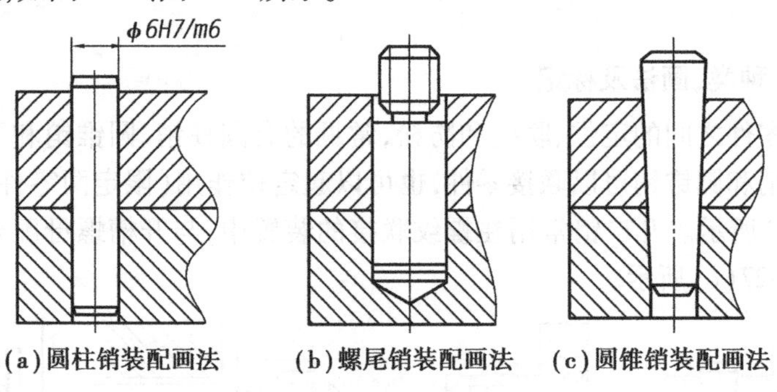

(a)圆柱销装配画法　(b)螺尾销装配画法　(c)圆锥销装配画法

图8-28　销联接的画法(二)

2)圆柱销与圆锥销的差异

因直孔工艺性好,所以圆柱销用量多。锥孔工艺性不够好,但锥销重复定位精度比柱销高,所以需多次拆卸的场合要用锥销。

码8-47　销孔配做装配及销

3)销孔配做及销的装配过程

销孔配做及销的装配过程等详见参考资料(码8-47)。

引导问题(3)

①识读装配图的目的是什么?

②识读装配图的方法和步骤如何?

③由装配图拆画零件图有何重要性?

④由装配图如何拆画零件图?

(3)读装配图及由装配图拆画零件图

读装配图的目的是:了解装配体的作用和工作原理,了解各零件间的装配关系、拆装顺序及各零件的主要结构形状和作用,了解主要尺寸、技术要求和操作方法。在设计时,还要根据装配图画出该部件的零件图。

1)读装配图及由装配图拆画零件图的方法和步骤

①概括了解。读装配图时,首先由标题栏了解该机器或部件的名称;由明细栏了解组成机器或部件中各零件的名称、数量、材料及标准件的规格,估计部件的复杂程度;由画图的比例、视图大小和外形尺寸,了解机器或部件的大小;由产品说明书和有关资料,并联系生产实践知识,了解机器或部件的性能、功用等,从而对装配图的内容有一个概括的了解。

②分析视图。首先找到主视图,再根据投影关系识别其他视图的名称,找出剖视图、断面图所对应的剖切位置。根据向视图或局部视图的投射方向,识别出表达方法的名称,从而明确各视图表达的意图和侧重点,为下一步深入看图做准备。

③分析零件,读懂零件的结构形状。分析零件,就是弄清每个零件的结构形状及其作用。一般应先从主要零件入手,然后是其他零件。当零件在装配图中表达不完整时,可对有关的其他零件仔细观察和分析,然后再作结构分析,从而确定该零件的内外结构形状。

④分析装配关系和工作原理。对照视图仔细研究部件的装配关系和工作原理,是深入看图的重要环节。在概括了解装配图的基础上,从反映装配关系、工作原理明显的视图入手,找到主要装配干线,分析各零件的运动情况和装配关系;再找到其他装配干线,继续分析工作原理、装配关系、零件的连接、定位以及配合的松紧程度等。

⑤由装配图拆画零件图。由装配图拆画零件图是设计过程中的重要环节,也是检验看装配图和画零件图的能力的一种常用方法。拆画零件图前,应对所拆零件的作用进行分析,然后把该零件从与其组装的其他零件中分离出来。分离零件的基本方法是:首先在装配图上找到该零件的序号和指引线,顺着指引线找到该零件;再利用投影关系、剖面线的方向找到该零件在装配图中的轮廓范围。经过分析,补全所拆画零件的轮廓线。有时,还需要根据零件的表达要求,重新选择主视图和其他视图。选定或画出视图后,采用抄注、查取、计算的方法标注零件图上的尺寸,并根据零件的功用注写技术要求,最后填写标题栏。

2)读装配图及由装配图拆画零件图举例

读齿轮油泵的装配图,如图 8-29 所示,并拆画右端盖 8 的零件图。

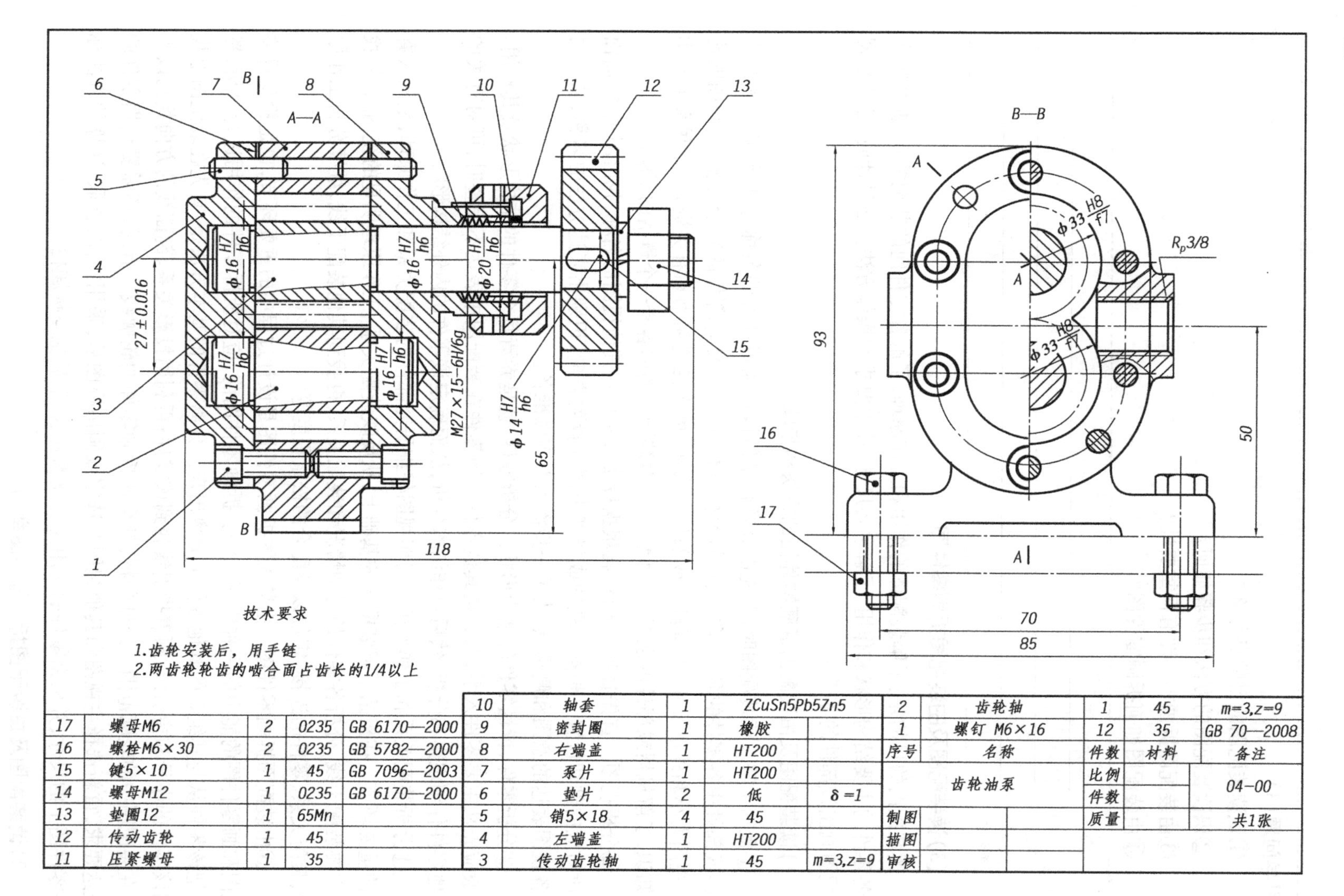

A—A
B—B
1 2 3 4 5 6 7 8 9 10 11 12 13 14 15 16 17
27±0.016
φ16 H7/h6
φ20 H7/h6
φ14 H7/h6
M27×15—6H/6g
φ33 H8/f7
R_p3/8
118
65
93
50
70
85
技术要求
1.齿轮安装后，用手链
2.两齿轮轮齿的啮合面占齿长的1/4以上
17 螺母M6 2 0235 GB 6170—2000
16 螺栓M6×30 2 0235 GB 5782—2000
15 键5×10 1 45 GB 7096—2003
14 螺母M12 1 0235 GB 6170—2000
13 垫圈12 1 65Mn
12 传动齿轮 1 45
11 压紧螺母 1 35
10 轴套 1 ZCuSn5Pb5Zn5
9 密封圈 1 橡胶
8 右端盖 1 HT200
7 泵片 1 HT200
6 垫片 2 低 δ=1
5 销5×18 4 45
4 左端盖 1 HT200
3 传动齿轮轴 1 45 m=3,z=9
2 齿轮轴 1 45 m=3,z=9
1 螺钉 M6×16 12 35 GB 70—2008
序号 名称 件数 材料 备注
齿轮油泵
比例
件数
04-00
制图
描图
审核
质量
共1张

图8.29 齿轮油泵的装配图

①概括了解。齿轮油泵是机器中用来输送润滑油的一个部件。对照零件序号和明细栏可知:齿轮油泵由泵体、左右端盖、运动零件(传动齿轮、齿轮轴等)、密封零件和标准件等17种零件装配而成,属于中等复杂程度的部件。长、宽、高3个方向的外形尺寸分别是118、85、93 mm,体积不大。

②分析视图。齿轮油泵采用两个基本视图表达。主视图采用全剖视图,反映了组成齿轮油泵的各个零件间的装配关系。左视图采用了沿垫片6与泵体7结合面处的剖切画法,产生了"*B—B*"半剖视图,又在吸、压油口处画出了局部剖视图,清楚地表达了齿轮油泵的外形和齿轮的啮合情况。

③分析零件,读懂零件的结构形状。从装配图看出,泵体7的外形形状为长圆,中间加工成8字形通孔,用以安装齿轮轴2和传动齿轮轴3;四周加工有2个定位销孔和6个螺孔,用以定位和旋入螺钉1并将左端盖4和右端盖8连接在一起;前后铸造出凸台并加工成螺孔,用以连接吸油和压油管道;下方有支承脚架与长圆连接成整体,并在支承脚架上加工有通孔,用以穿入螺栓将齿轮油泵与机器连接在一起。左端盖4的外形形状为长圆,四周加工有2个定位销孔和6个阶梯孔,用以定位和装入螺钉1将左端盖4与泵体连接在一起;在长圆结构左侧铸造出长圆凸台,以保证加工支承齿轮轴2、传动齿轮轴3的孔的几个深度;右端盖8的右上方铸造出圆柱形结构,外表面加工螺纹,用以零件压紧螺母,内部加工成通孔以保证齿轮传动轴伸出,其他结构与左端盖4相似。其他零件的结构形状请读者自行分析。

④分析装配关系和工作原理。泵体7是齿轮油泵中的主要零件之一,它的空腔中容纳了一对吸油和压油的齿轮。将齿轮轴2、传动齿轮轴3装入泵体后,两侧有左端盖4、右端盖8支承这一对齿轮轴的旋转运动。由销5将左、右端盖定位后,再用螺钉1将左、右端盖与泵体连接,为了防止泵体与端盖的结合面处和传动齿轮轴3伸出端漏油,分别用垫片6和密封圈9、衬套10、压紧螺母11密封。

齿轮轴2、传动齿轮轴3、传动齿轮12等是齿轮油泵中的运动零件。当传动齿轮12按逆时针方向(从左视图观察)转动时,通过键15将扭矩传递给传动齿轮轴3,结构齿轮啮合带动齿轮轴2,使齿轮轴2按顺时针方向转动,如图8-30所示。齿轮油泵的主要功用是通过吸油、压油,为机器提供润滑油。当一对齿轮在泵体中作啮合传动时啮合区内右边空间的压力降低,产生局部真空,油池内的油在大气压力作用下进入油泵低压区的吸油口。随着齿轮的转动,齿槽中的油不断沿箭头方向被带到左边的压油口把油压出,送到机器需要润滑的部位。

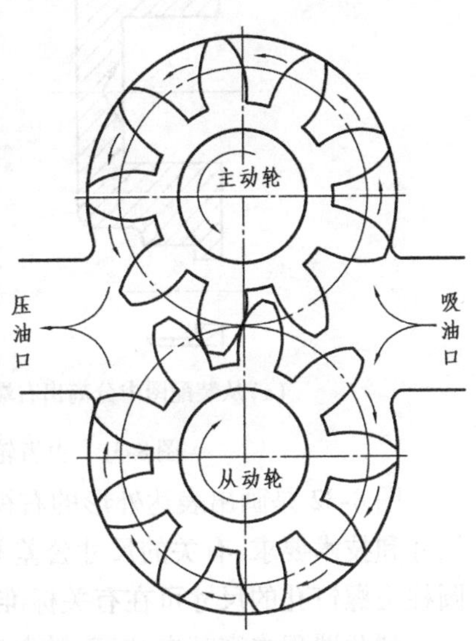

图8-30　齿轮油泵工作原理

⑤齿轮油泵装配图中的配合和尺寸分析。根据零件在部件中的作用和要求,应注出相应的公差带代号。由于传动齿轮12要通过键15传递扭矩并带动传动齿轮轴3转动,因此需要定出相应的配合。在图中可以看到,它们之间的配合尺寸是ϕ14H7/k6;齿轮轴2和传动齿轮轴3与左、右端盖的配合尺寸是ϕ16H7/h6;衬套10右端盖8的孔配合尺寸是ϕ20H7/h6;齿轮轴2和传动齿轮轴3的齿顶圆与泵体7内腔的配合尺寸是ϕ33H8/f7。各处配合的基准制、配合类别请读者自行判断。

尺寸 27±0.016 是齿轮轴 2 和传动齿轮轴 3 的中心距，准确与否将直接影响齿轮的啮合传动。尺寸 65 是传动齿轮轴线离泵体安装面的高度尺寸。这两个尺寸分别是设计和安装所要求的尺寸。吸、压油口的尺寸 Rp3/8 表示尺寸代号为 3/8 的 55°密封圆柱内螺纹。两个螺栓之间的尺寸 70 表示齿轮油泵与机器连接时的安装尺寸。

⑥由装配图拆画右端盖的零件图。现以拆画右端盖 8 的零件图为例进行分析。拆画零件图时，先在装配图上找到右端盖8 的序号和指引线，再顺着指引线找到右端盖 8，并利用“高平齐”的投影关系找到该零件在左视图上的投影关系，确定零件在装配图中的轮廓范围和基本形状。在装配图的主视图上，由于右端盖 8 的一部分轮廓线被其他零件遮挡，因此分离出来的是一幅不完整的图形，如图 8-31(a)所示。经过想象和分析，可补画出被遮挡的可见轮廓线，如图 8-31(b)所示。从装配图的主视图中拆画出的右端盖 8 的图形，反映了右端盖 8 的工作位置，并表达了各部分的主要结构形状，仍可作为零件图的主视图。因为右端盖 8 属于轮盘类零件，一般需要用两个视图表达内外结构形状。因此，当右端盖 8 的主视图确定后，还需要用右视图辅助完成主视图尚未表达清楚的外形、定位销孔和 6 个阶梯孔的位置等。

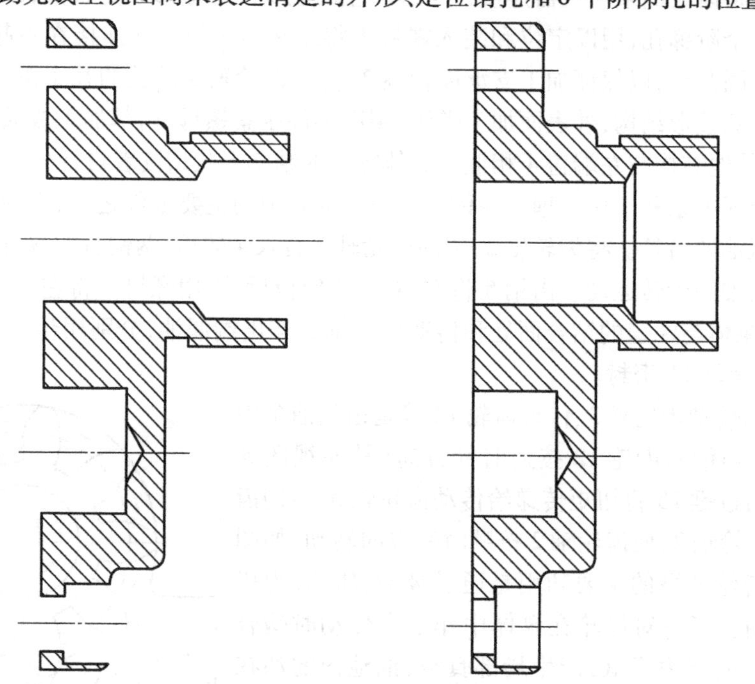

(a)从装配图中分离出右端盖的主视图　　(b)补全右端盖主视图上的图线

图 8-31　由齿轮油泵装配图拆画右端盖零件图的思考过程

图 8-32 是画出表达外形的右视图后的右端盖 8 零件图。在图中按零件图的要求标注出尺寸和技术要求，有关的尺寸公差和螺纹的标记是根据装配图中已有的要求抄注的，内六角圆柱头螺钉孔的尺寸可在有关标准中查找，最后填写标题栏。

到此课程内容基本结束，随着对机械制图课程的学习及掌握，作为未来的机械人，我们要勇于担当、不忘初心，详见参考资料(码 8-48)。

码 8-48　勇于担当 不忘初心

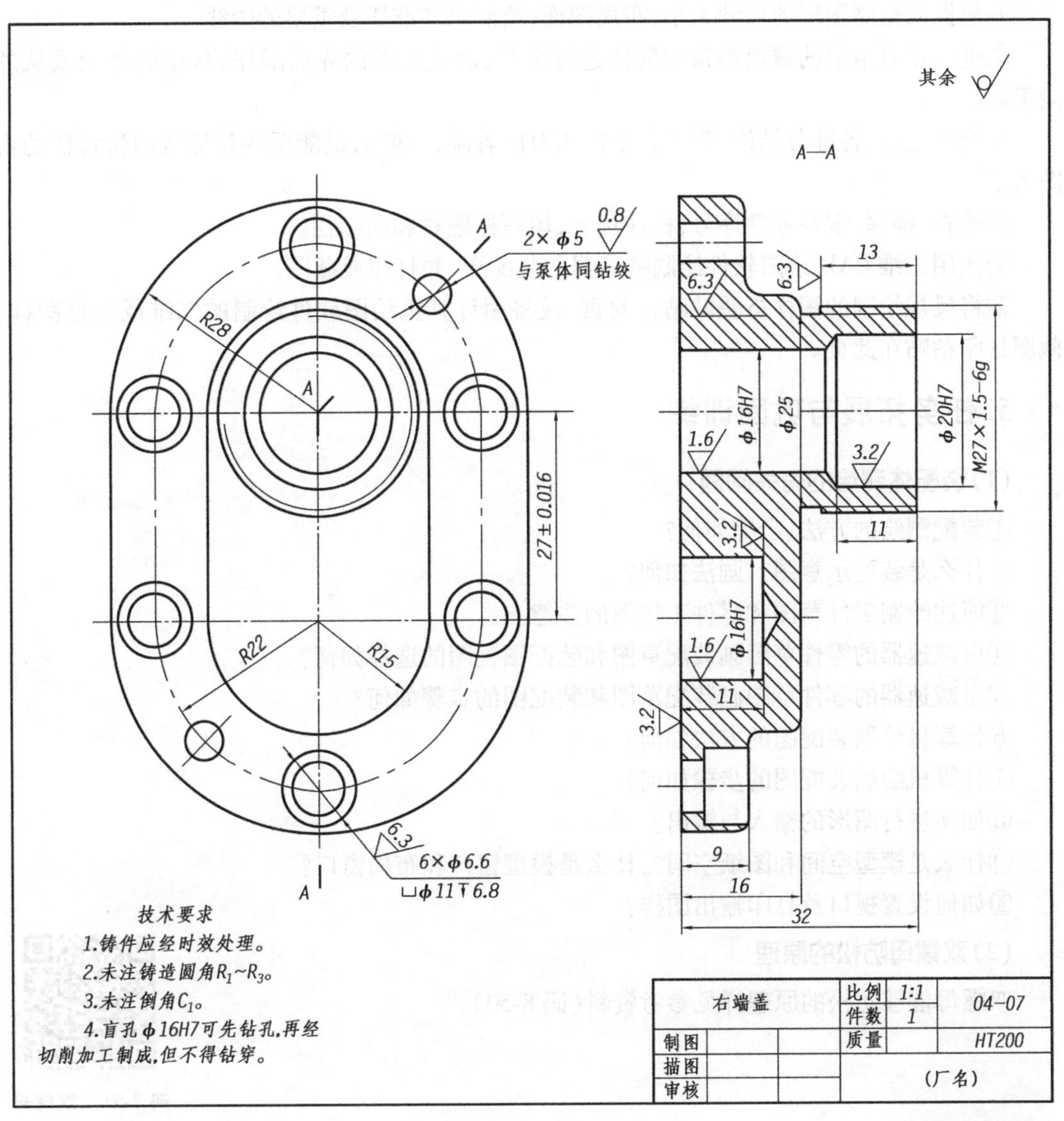

图 8-32　右端盖零件图

码 8-49　减速器测绘指导书

4. 边学边练

单级直齿圆柱齿轮减速器的测绘指导书,详见参考资料(码 8-49)。

①检查所需工具、材料是否齐全;检查工作环境是否干净、整洁。

②对给定的减速器装配体进行分析,了解其功用、结构组成、工作原理、传动路线。

③徒手绘制所有非标准零件的草图,并测量、标注尺寸,注写技术要求,确定材料,填写技术要求。

④先确定其主视图的投射方向,再根据其大小确定各个视图的总体尺寸,然后选定绘图的比例及图幅。

⑤整理干净桌面,铺放图纸,用细实线绘制图纸的边界线、图框线及标题栏的外框线。

⑥根据所绘制图形的尺寸大小,布局图面,绘制出基准线及重要的图线。

⑦进一步对给定的减速器顶装配体进行分析,确定绘图的先后顺序:从里向外画或从外向里画。

⑧绘制底稿,各部分结构,都要3个视图对应着画,一般从最能反映其形状结构特征的视图入手。

⑨检查、描深,编写零件序号,标注尺寸,填写标题栏和明细栏。

⑩使用二维CAD绘图软件绘制减速器的装配图,并打印或截图。

请将尺规绘制的图样折叠粘贴在此页,或将用计算机绘图软件绘制的二维或三维图样,截图打印粘贴在此页。

5.任务拓展与巩固训练

(1)装配体测绘的有关问题

①装配测绘的方法、步骤如何?

②什么是装配示意图?画法如何?

③简述绘制零件草图和零件工作图的注意点。

④由减速器的零件草图画装配草图和装配图视图的选择如何?

⑤由减速器的零件草图画装配草图和装配图的步骤如何?

⑥计算机绘制装配图的方法如何?

⑦计算机绘制装配图的步骤如何?

⑧如何进行图形的输入与输出?

⑨什么是模型空间和图纸空间?什么是模型窗口和布局窗口?

⑩如何设置视口及打印输出图样?

(2)双螺母防松的原理

双螺母能够防松的原理详见参考资料(码8-50)。

码8-50　双螺母防松原理

学习成果与评价反馈

学生自评(20%);小组互评(30%);教师评价(50%)

小组互评表、学习情境总评成绩表见附页。

学习情境评价表

班级____________ 姓名____________ 学号____________						
学习情境七		绘制装配体	分值	得分		
评价项目		评价标准		学生自评	小组互评	教师评价
1	装配体的理解	能够叙述装配体(千斤顶、减速器)的功用、工作原理及结构组成	10			
2	装配图的作用、内容及画法	能够说出装配图的作用、内容及画法,并且能够列出装配图的规定画法、特殊画法及简化画法	10			
3	装配图的表达及画法	能够说出装配图的画图方法和步骤,并能够正确绘制装配图,尤其是装配结构的表达	15			
4	装配图的尺寸标注、零件序号、明细栏及技术要求的注写	能够列出装配图中的尺寸种类,能够对装配图上的尺寸、零件序号、明细栏及技术要求进行正确的注写	15			
5	零件的测绘	能够充分考虑零件测绘的注意事项,进行正确的测量,按照零件测绘的方法和步骤进行零件测绘	10			
6	部件的测绘	能够充分考虑部件测绘的注意事项,按照部件测绘的方法和步骤进行零件测绘	10			
7	工作态度	态度端正,无无故缺勤、迟到、早退现象	10			
8	协调能力	与小组成员、同学之间能够顺畅沟通、有效交流,协调工作	5			
9	职业素质	能够做到懂文明讲礼貌,勤俭节约,爱护公共财物及设施、保护环境	10			
10	创新能力	积极思考、善于提问,提出有代表性的问题等	5			
合计(总评)			100			

总结报告

1. 知识思维导图

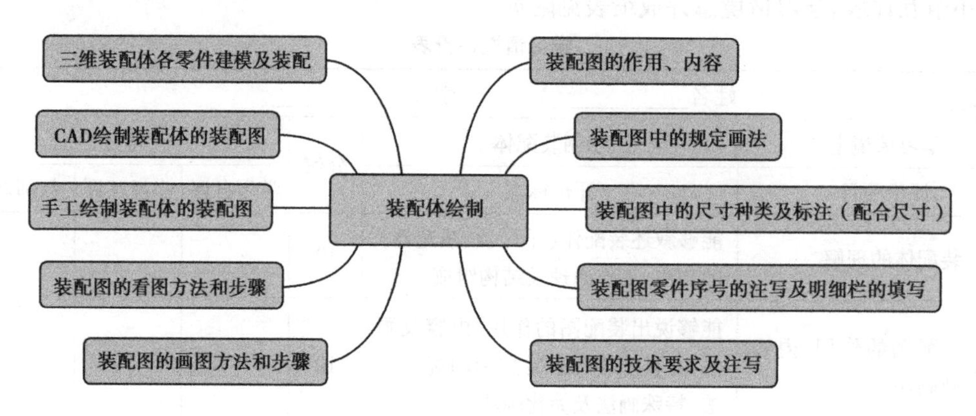

2. 自我反思

①在本学习情境中学会了哪些知识点？掌握了哪些技能？
②任务完成情况如何？应注意哪些问题？
③还有哪些知识与技能尚未完全明白？
④工作过程中有何不足？准备怎么改进？
⑤对教学的意见与建议。

学习笔记

附　录

序号	名称	二维码
1	机械制图 机构运动简图符号	
2	标准公差数值	
3	轴与孔优先、常用公差带	
4	螺纹	
5	螺栓	
6	螺母	
7	双头螺柱	

续表

序号	名称	二维码
8	螺钉	
9	垫圈	
10	平键	
11	销	
12	滚动轴承	
13	表面粗糙度 *Ra* 的推荐选用值	
14	常用工程材料及用途	
15	常用热处理和表面处理工艺	
16	学生及任务分组表	

续表

序号	名称	二维码
17	小组互评表	
18	学习情境总评成绩表及课程总评成绩表	

参考文献

[1] 宋巧莲,徐连孝. 机械制图与 AutoCAD 绘图[M]. 北京:机械工业出版社,2012.
[2] 邢邦圣,张元越. 机械制图与计算机绘图[M]. 4 版. 北京:化学工业出版社,2019.
[3] 赵国增,张勇,武秋俊. 机械制图及计算机绘图[M]. 2 版. 北京:高等教育出版社,2019.
[4] 王兰美,孙玉峰. 机械制图实验教程[M]. 济南:山东大学出版社,2005.
[5] 钱可强. 零部件测绘实训指导[M]. 3 版. 北京:高等教育出版社,2017.
[6] 杨文,程应科,张雪梅. 机械 CAD[M]. 北京:航空工业出版社,2020.
[7] 冯桂辰,崔素华. 你不可不知的机械制图 200 个关键点[M]. 北京:科学出版社,2013.
[8] 李晓星,滕淑珍. 机械产品测绘[M]. 北京:北京理工大学出版社,2019.
[9] 胡建生. 机械制图[M]. 北京:机械工业出版社,2019.
[10] 国家质量技术监督局. 中华人民共和国国家标准 技术制图[M]. 北京:中国标准出版社,2018
[11] 蒋继红,何时剑,姜亚南. 机械零部件测绘[M]. 2 版. 北京:机械工业出版社,2018.
[12] 闫文平. 机械制图教学工作页[M]. 北京:机械工业出版社,2019.
[13] 郑雪梅,黄小良. 机械零部件的测绘造型 [M]. 北京:清华大学出版社,2010.
[14] 陈桂芳. 机械零部件测绘[M]. 北京:机械工业出版社,2010.
[15] 郭献崇,安伦. 看图学机械零件测绘[M]. 北京:化学工业出版社,2011.
[16] 李茗. 机械零部件测绘 [M]. 北京:中国电力出版社,2011.
[17] 沈保庆,罗林. 机械制图与 CAD [M]. 长春:吉林大学出版社,2017.
[18] 张明明,刘飞飞. 机械制图(简明版)[M]. 北京:高等教育出版社,2022.